新型电力指导手册

主　编　杨天宝

副主编　封连杰　王国华　夏玉雄

　　　　刘家男　刘　刚

哈爾濱工業大學出版社

内 容 简 介

本书共 6 篇，第 1 篇为新型电力系统概述；第 2 篇介绍新型电力系统——源端；第 3 篇介绍新型电力系统——网端；第 4 篇介绍新型电力系统——荷端；第 5 篇介绍新型电力系统——储端；第 6 篇介绍能源互联网，并通过专业与理论、数据与案例、图文结合的形式进行详细解析。

本书具有较强的实用性，可供科研单位、高等院校研究人员及能源行业和电力行业的从业者参考与学习。

图书在版编目（CIP）数据

新型电力指导手册 / 杨天宝主编. —哈尔滨：哈尔滨工业大学出版社，2024.3（2025.6 重印）
ISBN 978-7-5767-1276-6

Ⅰ. ①新… Ⅱ. ①杨… Ⅲ. ①电力系统-技术手册 Ⅳ. ①TM7-62

中国国家版本馆 CIP 数据核字（2024）第 039345 号

策划编辑　王桂芝
责任编辑　苗金英
出版发行　哈尔滨工业大学出版社
社　　址　哈尔滨市南岗区复华四道街 10 号　邮编 150006
传　　真　0451-86414749
网　　址　http://hitpress.hit.edu.cn
印　　刷　哈尔滨铭忆包装印刷有限公司
开　　本　787 mm×1 092 mm　1/16　印张 29.75　字数 633 千字
版　　次　2024 年 3 月第 1 版　2025 年 6 月第 2 次印刷
书　　号　ISBN 978-7-5767-1276-6
定　　价　279.10 元

编审委员会

主　编　杨天宝

副主编　封连杰　王国华　夏玉雄

　　　　刘家男　刘　刚

参　编　（按姓氏首字母拼音排序）

　　　　高文姣　李吉峰　秦和锋　单　良

　　　　隋朋洲　谢迎南　邢军毅　杨晓东

　　　　杨志永　袁　凤　岳中石　张圆明

前　言

2021 年 3 月，习近平总书记在中央财经委员会第九次会议上指出“着力提高利用效能，实施可再生能源替代行动，深化电力体制改革，构建以新能源为主体的新型电力系统”。构建新型电力系统，促进电力领域脱碳，是推动能源清洁低碳转型、实现“双碳”目标的必由之路。

为更加全面和系统地对新型电力系统进行综合性的解读与分析，帮助更多的企事业单位、科研人员、专业人士、电力从业者等快速了解新型电力系统，编者联合国内外一流专家、学者编写了本书。

本书共 6 篇，第 1 篇为新型电力系统概述；第 2 篇介绍新型电力系统——源端；第 3 篇介绍新型电力系统——网端；第 4 篇介绍新型电力系统——荷端；第 5 篇介绍新型电力系统——储端；第 6 篇介绍能源互联网，并通过专业知识与理论、数据与案例、图文结合的形式进行详细解析。

本书作为全国电力职业教育规划教材，秉持通俗易懂的原则，结合国内外的新技术、新动向和未来的发展趋势等编写而成。本书具有较强的实用性，可供科研单位、高等院校研究人员及能源行业和电力行业的从业者参考与学习。

本书旨在助力“双碳”业务的发展及培养更多的专业人才，引领广大科研机构协力推动绿色低碳的科技创新、科学创新，为实现“双碳”目标，全面建设低碳乐园做出贡献。

特此感谢中国电力工程技术协会、国家电网有限公司、中国南方电网有限责任公司、中国电力科学研究院有限公司、中国华能集团有限公司、国家能源投资集团有限责任公司、协鑫（集团）控股有限公司、隆基绿能科技股份有限公司、宁德时代新能源科技股份有限公司、惠州亿纬锂能股份有限公司、法国电力集团、剑桥大学、马里兰大学帕克分校、华北电力大学、北京万众久合电力科技有限公司、山东兆电智能科技有限公司、福建华鼎智造技术有限公司、山东雅拓集团有限公司等对本书的指导。

由于编者水平有限，书中难免存在疏漏及不足之处，敬请读者批评指正。联系邮箱：ytbvip@qq.com。

编　者

2024 年 1 月

目　录

第 1 篇

新型电力系统概述

第 1 章　新型电力系统的定义

1.1　新型电力系统的内涵

新型电力系统是以确保能源电力安全为基本前提，以满足经济社会高质量发展的电力需求为首要目标，以高比例新能源供给消纳体系建设为主线任务，以源网荷储多向协同、灵活互动为坚强支撑，以坚强、智能、柔性电网为枢纽平台，以技术创新和体制机制创新为基础保障的新时代电力系统，是新型能源体系的重要组成部分和实现“双碳”目标的关键载体，具有绿色低碳、安全可控、智慧灵活、开放互动、数字赋能、经济高效等基本特征。

1.2　新型电力系统的外延

新型电力系统是适应大规模高比例新能源的全面低碳化电力系统，是保障能源安全和社会发展的高度安全性电力系统，是符合灵活开放电力市场体系的高效率电力系统。

新型电力系统需要依托数字化技术，统筹源网荷储资源，完善调度运行机制，多维度提升系统灵活调节能力、安全保证水平和综合运行效率，满足新能源开发利用、经济社会用电需求，以及综合用能成本等综合性目标。

第 2 章　新型电力系统的“新”

新型电力系统是以电源清洁低碳化、电网柔性智能化、负荷弹性多元化、储能安全经济化为主要特征，源网荷储多环节深度融合互动，在开放共享的电力市场体系下安全有效运行的电力系统。

新型电力系统到底“新”在哪里?

2.1　新　形　势

任何重大战略的制定都与其特定的时代背景和具体的国内外形势紧密相连，构建新型电力系统也不例外。

（1）减排降碳、应对气候变化已成为全球的高度共识。这种共识主要体现为联合国倡导的气候变化国际公约或议程，已经得到了世界大部分国家的认同和接受。目前《巴黎气候变化协定》的缔约方已近 200 个，既包括欧美发达经济体，也包括大量发展中国家和欠发达国家。

（2）我国已进入高质量发展新阶段。当前，我国经济体量已成为全球第二，并积累了庞大规模的社会资产。未来发展中，我国需要在确保规模增长的同时，更加重视发展质量和发展效益。

这些都要求我们在构建新型电力系统的时候，更加强调其在安全底线、可靠保障和创新引领等方面的作用。

2.2　新　视　野

构建新型电力系统是我国实现“双碳”目标的关键所在，要将其置于经济社会发展全局统筹谋划。在我国 2020 年 9 月正式向国际社会做出实现“双碳”目标的承诺后，中央进一步提出构建新型电力系统的任务，抓住了电力系统作为实现“双碳”目标的关键，推动能源自身清洁低碳转型的同时，更加强调电力系统需要深度融入由生态、经济、社会构成的整体中，从全局性、系统性的更高视野去思考构建新型电力系统的任务。

（1）在生态方面，围绕源头清洁化、用能高效化和碳排放“双控”，坚持系统观念，加强发电资源多元化和清洁化，将风能、光能、水能、地热能、波浪能、生物质能等就地转化为清洁电能使用，减少化石能源发电量；加强电能供需两侧协同联动，在交通运输、建筑用能、工业用能等方面积极推进电能替代，实现清洁用能；推进产业结构优化和产业空间布局合理化，产业布局要满足“三线一单”要求，降低单位产品能耗电耗，减少中间产品或原材料长途转运造成的能耗电耗，推动能耗“双控”向碳排放“双控”转变等。

（2）在经济方面，国际经验和国内研究均表明，随着新能源规模化发展和占比（主要是电量占比）的提高，终端电价水平将显著提高，社会用能成本将明显增加。因此，要重视社会承受能力，考虑电力系统清洁低碳转型全成本，加强投资合理性监管，建立价格高效传导机制，在源网荷储各环节合理分摊责任与收益。当前最紧迫的两个问题：一是电力系统灵活性资源（包括储能）价值的市场化显现；二是煤电从主体电源向基础性、调节性电源转变后其价值的市场化显现。

（3）在社会方面，在终端用能成本不断增长的情况下，对发展相对滞后地区、脆弱群体要做好用能用电普遍服务和兜底保障，避免能源贫困现象发生。同时，重视在构建新型电力系统过程中促进区域协调发展、平衡发展，服务传统能源资源富集区的经济转型发展，服务农业农村用能用电清洁化和现代化，带动当地清洁能源特色产业发展，提高当地就业，改善当地基础设施和生活环境。

以更高的新视野思考和落实构建新型电力系统任务，处理好多重关系，包括政府与市场的关系、减排与发展的关系、远期目标与近期目标的关系、整体与局部的关系等。“十四五”是碳达峰的关键期、窗口期，顶层设计、宏观指导、部门协同在此阶段非常重要。

（1）提高能源、电力规划的严肃性、指导性和科学性，加强规划落实情况的督查。

（2）提高行政措施的实效性，增强政策的可执行性，对重大问题不光要出文，还要出措施，尤其是在一些规模化新能源开发政策上，还需要考虑接网、消纳、市场化、调度、投资、成本回收等具体问题。

（3）提高不同部门间职责协调性，特别是在处理排放和发展相关问题方面，应该避免“一刀切”“运动式减碳”对经济社会发展，甚至社会稳定的影响，加大力度建立减排与发展之间的预警预报机制和基于预案库的处置机制等。

（4）提高地方政府间的协调性，尤其是区域间、区域内各地能源电力的互济机制，建立主要基于市场机制的跨省跨区电力市场交易机制，减少“计划+市场”双轨制的负面影响。

2.3 新含义

基于对新型电力系统面临的新形势、采取的新视野的分析，明确构建新型电力系统应坚持以下原则。

（1）坚定不移地推动我国电力系统多元发展、清洁低碳发展，推动节能降碳，实现生态文明健康有序发展。

（2）加快提高终端用能电气化水平，积极开展电能替代，降低我国石油、天然气对外依存度，实现以高水平的电力安全保障高水平的国家能源安全。

（3）大力推进电力系统科技创新，利用科技赋能、数字赋能，促进节能增效，做到“存能于技”和“产能于技”，实现电力生产力水平的质的飞跃。

（4）深化电力体制机制创新，建立适应规模化高比例新能源的调度、交易、规划、标准、监管体系，实现有为政府与有效市场的协同发力。

（5）重视国际市场、国际资源的开拓与开发，密切跟踪国际地缘政治、大宗交易市场变化，通过创新金融服务、开展资源互换、本币结算等方式与资源国建立长期稳定的互利共赢合作。

构建新型电力系统具有3层含义。

（1）最底层含义，即新型电力系统要以确保能源安全和可靠供应为前提。这要求新型电力系统建设一定要端牢“能源饭碗”，一定要坚持“先立后破”，一定不能自缚手脚，依然坚持国内国际两个市场、两种资源共同开发利用。

（2）核心层含义，即新型电力系统要以实现新能源对传统能源的逐渐替代为核心任务。这要求新型电力系统建设一定要坚持系统观念，将煤电与新能源作为一个问题的两个方面，而不是对立方考虑，将促进煤电稳妥转型与新能源加快发展有机结合。在“无风”“无光”或供需关系紧绷的特殊阶段，煤电的保供作用还是非常重要和必要的。多个权威机构研究表明，即使2060年左右实现了碳中和，我国电力系统的安全稳定运行还需保留10亿kW左右的煤电。

（3）价值层含义，即新型电力系统要以促进创新（技术、业务、模式等）为手段，围绕绿色能源、高效用能、经济用能培育新主体、新生态、新市场，支撑经济社会高质量发展。这突出表现在以下3个方面。

①新能源发电规模化高比例发展，给电力系统带来新问题、新挑战的同时，也创造了新技术需求、新业务需求和新模式需求，会吸引更多市场主体和资本参与，产生更多的创新活力和就业机会。

②新型电力系统与数字化、智能化技术深度融合后，具有网络覆盖广、用户联络紧密、站塔线点资源丰富的特点，将成为我国新型基础设施的重要组成部分，实现对工业、交通运输和建筑的数智赋能，对促进我国产业结构优化调整、升级意义重大。

③“源网荷储”集成一体化开发利用模式在提高能源综合利用效率、减少中间环节成本、实现源荷协同互动、降低用能费用等方面的作用明显，对有效降低实体经济用能成本、提高国际市场竞争力意义重大，将有力推动我国实体经济高质量发展。

2.4 新　要　求

构建新型电力系统是新发展阶段我国电力系统适应新要求、实现高质量发展的必然选择。近年来，我国电力系统已处于新能源逐渐替代传统能源发电的过程之中，电力清洁转型取得了显著成绩。以风电、光伏发电为例，国家能源局数据显示，2023 年我国并网风电和太阳能发电合计装机规模从 2022 年底的 7.6 亿 kW，连续突破 8 亿 kW、9 亿 kW、10 亿 kW 大关，于 2023 年底达到 10.5 亿 kW，占总装机容量的 36%，同比提高 6.4 个百分点。其中，并网太阳能发电装机规模从 2022 年底的 3.9 亿 kW，提高到 2023 年底的 6.1 亿 kW。工业企业向来是煤电、石油等传统能源的需求大户，除电力、石油等能源企业纷纷布局新能源以外，工业企业也在强化新能源布局，扩大绿电应用比例。当前我国已进入新发展阶段，经济社会高质量发展对新型电力系统结构提出了更高的要求。

（1）在系统平衡方面，电力系统平衡包括电量平衡和电力平衡。电量平衡是一段时间内的总发电量（单位是 kW·h）等于总用电量与损失电量之和，与负荷随时间的变化无关，是总量上的平衡。电力平衡是发电出力（单位是 kW）等于用电负荷与线损之和，与负荷随时间的变化紧密相关，即当负荷发生变化时，发电出力可以及时可靠地随之实现新的平衡状态。在以火电为主的电力系统中，由于火电具有良好的可控性和可调节性，系统电量平衡与电力平衡具有一致性，均可通过调节火电机组实现，是“源随荷动”的基础。但大规模高比例新能源接入电力系统后，由于新能源发电具有间歇性、变动性特点，可控性和可调节性低，因此当用电负荷发生变化时，新能源发电几乎不可能及时可靠地跟上负荷变化，导致系统电力平衡与电量平衡出现分化。“量力分化”是大规模高比例新能源电力系统运行的最底层逻辑，很多问题均与此有关，如系统调控、电力市场建设等。此时系统的电力平衡需要通过加强“源荷协同”，发挥各类灵活性可调节资源价值得以解决。

（2）在系统环节方面，电源侧，电源类型更加多元，结构更加清洁、低碳，集中式与分布式发展并举；电网侧，网架结构更加坚强、合理，电网功能更加灵活、智能、可靠，能更好地适应和服务于各类新能源规模化发展；用电侧，全社会节能意识更强，用电设备更加高效智能，能与电网形成良性互动，可调节负荷，需求侧灵活性资源能及时、主动参与到系统运行中。

（3）在调控方面，调控体系适应新能源发电规模化高比例发展需要，能很好地解决电力、电量平衡分化难题，新能源发电调度与气象、天气预测紧密结合，可观可测可控性要求向下不断延伸，从浅层调控向深层调控转变，从“源荷”单一调控向“源网荷储”综合调控转变。

（4）在市场方面，建立适应大规模高比例新能源市场体系，保障系统有充足、经济的灵活性资源，保障有效发电容量成本可合理回收，保障上游发电燃料市场与电力市场价格合理传导，打破省间壁垒和“隔墙售电”等限制，提升新能源消纳能力，电力市场变得更加规范、高效、开放，灵活性资源、高可靠性发电、绿色电力等均应实现价值变现。

这些新要求涉及电力系统发展的方方面面，落实这些新要求仅靠对现有电力系统的“小修小补”是不够的，应从思想上重视起来，按照“四个革命，一个合作”的能源安全新战略要求，对电力系统进行一场深刻的革命。通过深化改革，破除各种制约新能源规模化发展的障碍；通过创新，进一步提高电力系统开发消纳新能源的能力，从形态、功能、机制、标准等各方面加快电力系统从“传统”向“新型”的蜕变和转型。而且，新型电力系统具有继承性的特点，即它不能脱离我国现有的电力系统从零开始，只能是在一个目前以煤电为主的电源结构和以交流电网为主的电网体系基础上起步，因此，从处理好存量与增量关系入手是一个可行、低风险的思路。

第 3 章　新型电力系统的核心特征

3.1　数字技术赋能形成多网融合

物联网时代的突出特征是机器社交，能源真正的终端用户并不是个体的人，而是各类用能设备，能源网的终极形态一定是用能设备之间互联互通和机器社交。未来能源网将以能源的分布式生产和利用为突出特征，在物联网等数字化技术驱动下进化成自平衡、自运行、自处理的源网荷储一体化智慧能源系统。

因此，能源不会单独发展形成孤立的能源网，未来电力基础设施将变成一个平台，数字技术将深化能源网与政务网、社群网的融合互动，实现多网融合、共同发展。

3.2　用户侧深度参与电力系统平衡

受限于新能源的出力特性，灵活性资源将是保障电力系统稳定运行的重要因素，有效挖掘用户侧的灵活性、减少电力系统峰谷差、提高电源利用效率将成为经济可行的重要措施。

源网荷储互动将成为新型电力系统运行常态，可中断负荷和虚拟电厂得到普及应用，电力负荷将实现由传统的刚性、纯消费型向柔性、生产与消费兼具型转变。

3.3　配电网成为电力发展主导力量

构建新型电力系统的过程，实际上是一次配电网的革命。传统电力系统中通常骨干电网最为坚强，越到电网末端系统越脆弱。但是，新型电力系统中配电网将承担绝大部分系统平衡和安全稳定的责任，绝大多数交易也将在配电网内完成。现有的配电网最终需要在物理层面实现重构，成为电力系统的主导力量。

3.4　电力交易主导调度体系

未来，新型电力系统将以满足用户的交易需求为主，调度的主要目的是确保用最小的系统成本完成用户交易行为的实施。用户与发电企业的直接交易将成为绝大部分电量的销售模式，灵活性资源也将随着现货市场机制的逐步完善成为核心交易内容，并且大部分交易将在配电网内完成，“隔墙售电”将成为主要交易方式。

第 4 章　新型电力系统带来的新挑战

4.1　新的功能定位

据预测，到 2060 年，非化石能源占一次能源比重将达 80%，电能占终端能源消费比重将达 70%，电力对国民经济全局性、系统性的影响更明显。所以，建设新型电力系统时，要从全局系统视角来看待这个问题，它承载着支撑实现全社会碳达峰、碳中和的使命，而不是简单地看某一个行业或地区是否实现了碳达峰、碳中和。

4.2　新的供需特点

由于新能源电力具有强不确定性和低保障性，要重新审视电力系统安全的定义和相关理论，保障电力系统供给安全、运行安全，要有底线思维。严峻的供需形势不仅造成了停电损失，更带来了用户难以承受的极端电价。因此，结合新型电力系统的特点和新能源的特点，调动各方积极性，稳定投资者的预期至关重要。

4.3　新的产业链

风电抢装潮使得巴沙木原材料供应紧张，锂矿价格大幅上涨，锂电池产业原材料面临供应难题。如何稳定新能源产业链的需求与供应是整个行业要思考的关键。

4.4　新的电网形态

新能源发电空间分布广、单体数量大、运行特性复杂。目前，国家电网有限公司接入的大型新能源场站超过 4 000 个、低压接入的分布式发电系统约 170 万个。未来，全国集中式和分布式新能源发电单元将达数千万个，运行控制层级多，信号数量可达数十亿，这使得新型电力系统成为一个多时空尺度、多层级、多系统耦合的复杂巨系统。随着越来越多利益主体参与，电网形态将发生深刻变革。

4.5　新的体制机制

丰饶和短缺交织的市场形态将催生新的商业模式，物质链、信息链和价值链可能被重塑。市场和政策机制设计需要考虑新能源与常规电源以及用户的配合机制，协调市场内多利益主体，实现价值提升和价值创造。

4.6 新的技术融合

随着跨学科融合与新技术的应用，数字孪生和人工智能技术可应用于能源电力多个领域。要应对复杂性和不确定性，就要提升系统的智能化水平。

4.7 新的政策法规

新型电力系统构建是一项复杂的系统工程，需要各级政府、各行各业协同配合，通过政策、法规和体制机制创新，业态、市场和电价机制创新，以及技术创新共同来完成。

第 5 章　新型电力系统构成要素

5.1　源端构成要素

源端主要体现各类能源生产形式，包括风能、太阳能（光伏和光热）、水能、生物质能、氢能和核能等清洁能源的生产和利用，煤电、气电等常规化石能源发电的低碳化、灵活化转型，以及风光水火储一体化、源网荷储融合互动应用。

新能源具有集中式和分布式两种形式：集中式接入位置更加偏远，分布式更加深入低电压等级（用户侧）。新能源发电，首先发展光伏和风电，其次是水能、生物质能、氢能和核能，最后为煤电、气电等常规化石能源发电的低碳化、灵活化转型。构建新型电力系统，国家大力倡导可再生清洁能源为主，煤电兜底的策略。

“风光水火储一体化”侧重于电源基地开发，结合当地资源条件和能源特点，因地制宜采取风能、太阳能、水能、煤炭等多能源品种发电互相补充，并适度增加一定比例储能。

“源网荷储融合互动”是一种可实现能源资源最大化利用的运行模式和技术，通过源源互补、源网协调、网荷互动、网储互动和源荷互动等多种交互形式，从而更经济、高效和安全地提高电力系统功率动态平衡能力，是构建新型电力系统的重要发展路径。

氢能因其特殊性并未列入“储能”环节，是因为氢可以像石油、煤炭、天然气一样作为燃料直接转换为动力或电力。未来，氢燃料发电或氢储能电站在电力系统中将具有非常重要的作用。

5.2　网端构成要素

网指连接电源侧与负荷侧的线路，包括特高压电网、超高压电网、配电网和微电网。

1. 特高压电网

800 kV 及以上直流电网、1 000 kV 及以上交流电网称为特高压电网，包括特高压线路、变电站和换流站。

与现代电力系统相比，该部分增加了高温超导输电线路。

2. 超高压电网

220～750 kV 输电线路和变电站，以架空线路为主，220 kV 有地下电缆线路。

与现代电力系统相比，该部分基本没有差异。

3. 配电网

0.4～110 kV 配电架空线路和电缆线路、变电站、配电室、环网柜等，配电网中电缆线路规模较大，结构也比较复杂。

4. 微电网

微电网（micro-grid）也译为微网，是指由分布式电源、储能装置、能量转换装置、负荷、监控和保护装置等组成的小型发配电系统，是能够实现自我控制、保护和管理的自治系统，既可以与外部电网联网运行，也可以孤立运行，具有就地消纳、输送成本低、灵活可靠、电压低以及污染小等特点。

微电网的提出旨在实现分布式电源的灵活、高效应用，解决数量庞大、形式多样的分布式电源并网问题。

5.3 荷端构成要素

荷指用电侧的载荷，如电动机、照明、空调、压缩机、电视机等用电设备的载荷，主要分为工业用电、商业用电和居民用电。

新型电力系统中将涌现出大量灵活供用能主体，传统的单向能量流将发生改变，大型用电负荷将普遍采用综合能源系统，这是新型电力系统中负荷侧最明显的变化；普遍采用综合能源系统的临近大型用电负荷形成能源互联微网。新型电力系统示意图如图 5.1 所示。

另外，电动汽车将成为微电网中的重要能源供应者，国家电网有限公司华北分部将车网互动（V2G）充电桩资源正式纳入华北电力调峰辅助服务市场，并正式结算。V2G 双向充放电技术可以实现电动汽车和电网之间的互动。在此方式下，电动汽车可以看作是大型“移动电源”。当电网负荷较低时，电动汽车吸纳电能；当电网负荷较高时，向电网反向送电释放电能，缓解电网供电压力，赚取峰谷差价收益。

V2G 可以提高充电桩 50% 的利用率，这一平台将电动汽车作为储能平台使用，既平衡了电网用电负荷，也提高了充电企业的盈利空间。

再有，虚拟电厂将在负荷端得到快速推广运用。可以将分布式电源、可控负荷和储能系统、电动汽车等有机结合，在需要时通过降低可控负荷、启动储能系统和电动汽车放电进行调峰，按照少用电即是多发电的理念构建虚拟电厂，作为一个特殊电厂参与电力市场和电网运行，对外等效成一个可控的电源。虚拟电厂可以看作是一种先进的区域性电能集中管理模式，为配电网和输电网提供管理和辅助服务。

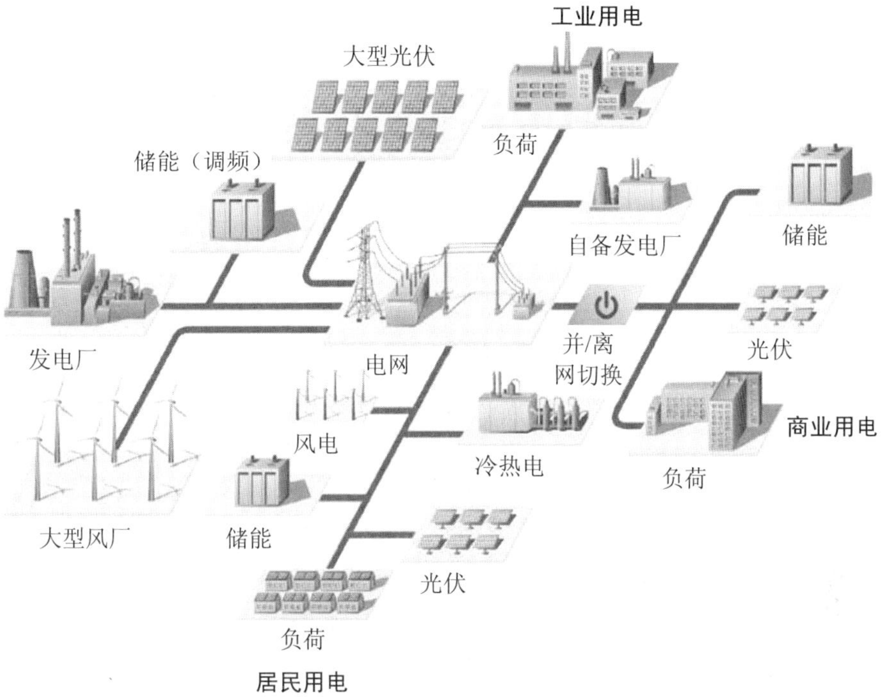

图 5.1　新型电力系统示意图

5.4　储端构成要素

储能系统是新型电力系统的关键构成要素，利用储能装置存储电量，可以起到削峰填谷、稳定电能质量的作用，能够提高新型电力系统的调节能力和电力供应保障能力，满足不同时空尺度的存储需要。

储能系统具有集中式储能和分布式储能两种，所用技术包括电化学储能技术、机械与电磁储能技术、抽水蓄能技术、相变储能技术等。

集中式储能系统以储能电站形式接入输电网络，它将对电力系统主网运行管理和协调调度产生影响。集中式储能电站，一般布置或接入 35 kV 及以上高压变电站的 10 kV 母线。

分布式储能系统以负荷侧储能系统（相当于微小型储能电站）的形式就近接入配电网，分布式储能系统接入位置灵活，目前多在中低压配电网、分布式发电及微电网、用户侧应用。

分布式储能系统的推广运用，可与就地高渗透率的新能源互补，在解决风电、光伏出力的不确定性和高波动率上效果显著。

第 6 章 新型电力系统与传统电力系统比较

6.1 发电侧形态

从发电侧形态上看，将从以火电为主变为以风、光等新能源发电为主。特征变化方面，从高碳电力系统变为低碳电力系统，从连续可控电源变为随机波动电源。

6.2 电网侧形态

从电网侧形态上看，将从单一大电网变为大电网与微电网互补并存。特征变化方面，从刚性电网变为灵活韧性电网，电网数字化水平从低到高。

6.3 用户侧形态

从用户侧形态上看，将从电力消费者变为电力“产消者”。特征变化方面，从静态负荷资源变为动态可调负荷资源，从单向电能供给变为双向电能互济，终端电能替代比例从低到高。

6.4 电能平衡方式

从电能平衡方式上看，将从“源随荷动”变为“源网荷储融合互动”。特征变化方面，从自上而下调度模式变为全网协同的调度模式，从实时平衡模式变为非完全实时平衡模式。

6.5 技术基础形态

从技术基础形态上看，将从以同步机为主的机械电磁系统变为以同步机和电力电子设备共同主导的混合系统。特征变化方面，从高转动惯量系统变为弱转动惯量系统。

新型电力系统与传统电力系统比较如图 6.1 所示。

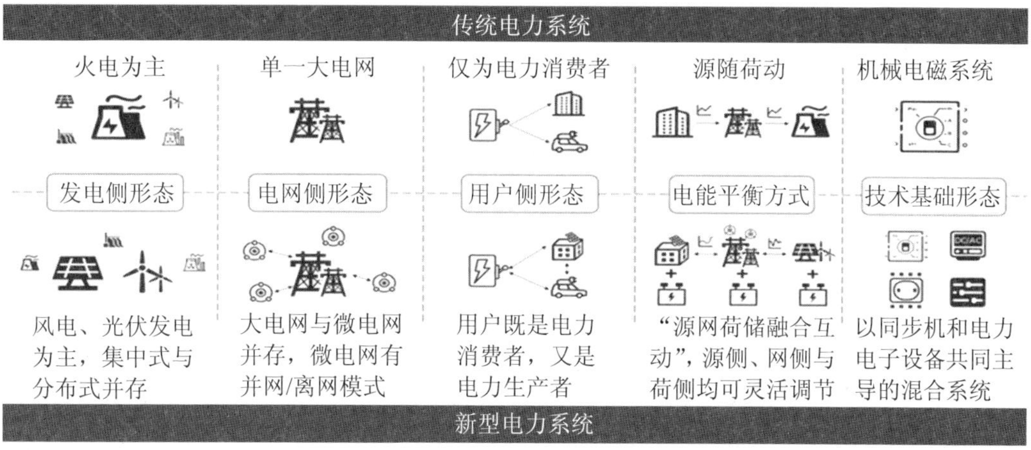

图 6.1　新型电力系统与传统电力系统比较

第7章　新型电力系统建设方向

落实碳达峰、碳中和目标，电力行业责任重大，构建以新能源为主体的新型电力系统是时代赋予的责任和使命，需要电源、电网、用户等产业链各方的共同努力，要以大力发展新能源为基础，以增加系统灵活性资源为保障，推动分布式、微电网与大电网融合发展，构筑坚强电网，加强技术创新和推广应用，实现发电、输配和电力消费系统协同融合、共同发展，助力电力行业率先实现碳中和。

7.1　大力发展新能源

坚持集中式与分布式并举，有序推进资源富集区新能源开发以及中东部负荷地区分布式能源建设，加大新能源产业开发力度。

同时，推动新能源产业与传统水电、环保、农业等融合发展，构建生态能源体系，推广水风光互补、渔光互补、农光互补、光伏治沙等新业态，探索多能互补、智慧协同的能源生态发展道路。

7.2　增加系统灵活性资源

鼓励新能源项目配置一定规模的煤电、水电、储能等调节性资源，通过“新能源+调节性资源”的模式提高新能源出力的稳定性。

积极推动具备条件的火电项目进行灵活性改造，努力为系统提供经济可行、规模较大的调节能力。以增加清洁能源消纳、增强调频调峰能力为目标，科学有序发展抽水蓄能、电化学储能项目。加强可调节负荷、虚拟电厂等技术的研究和应用，实现源网荷储一体化协同发展。

7.3　推动分布式、微电网与大电网融合发展

加强数字技术应用，通过配电资产的深度链接构建基于传统电网物理架构的数字电网。支持分布式可再生能源+储能系统建设，通过就近取材、就地消纳，摆脱对大电网的依赖，形成多个独立微电网，各个微电网之间互相备用支撑，实现“绿能”身边取。

研究显示，当风电、光伏发电量占比超过40%时，大电网系统的频率、电压、功率稳定极限及高昂的成本决定了其消纳新能源的天花板。因此，分布式、微电网与大电网的融合发展将成为未来电力系统的重要支撑。

7.4　加强技术创新和推广应用

加强新能源功率预测、虚拟同步发电机、柔性直流输电、分布式调相机等技术设备研发，充分挖掘工业大用户、电动汽车等需求侧响应资源，通过电源、电网以及用户侧技术创新提高新能源消纳利用水平，保障电力系统安全稳定。

同时，虚拟电厂和直流微网技术等具有削峰填谷、调频调压作用，是支撑新能源跨越式发展的重要技术手段，因此应加强产业引导，加大技术攻关，积极推动相关技术标准的制定，助力行业科学、规范、有序发展。

第 2 篇

新型电力系统——源端

随着分布式电源接入配电网技术的成熟，在考虑配电网可靠性规划时，既要考虑传统配电网的设备，又要考虑分布式电源接入对可靠性的影响，本篇对风电出力及预测的模型进行了综述，指出预测误差可能受到其他相关因素的影响，应从经济性和可靠性的角度通过建立计算可靠性成本的优化目标函数，得到包含配电网资产（包括线路、变电站和变压器）和分布式电源（包括风力发电机和光伏发电机等）的最优协同规划方案。

构建新型电力系统的清洁低碳化能源生产技术主要包括清洁能源及可再生能源开发与利用、常规化石能源低碳化技术，以及风光水火储一体化、源网荷储一体化应用。清洁低碳化能源生产技术框图如图1所示。

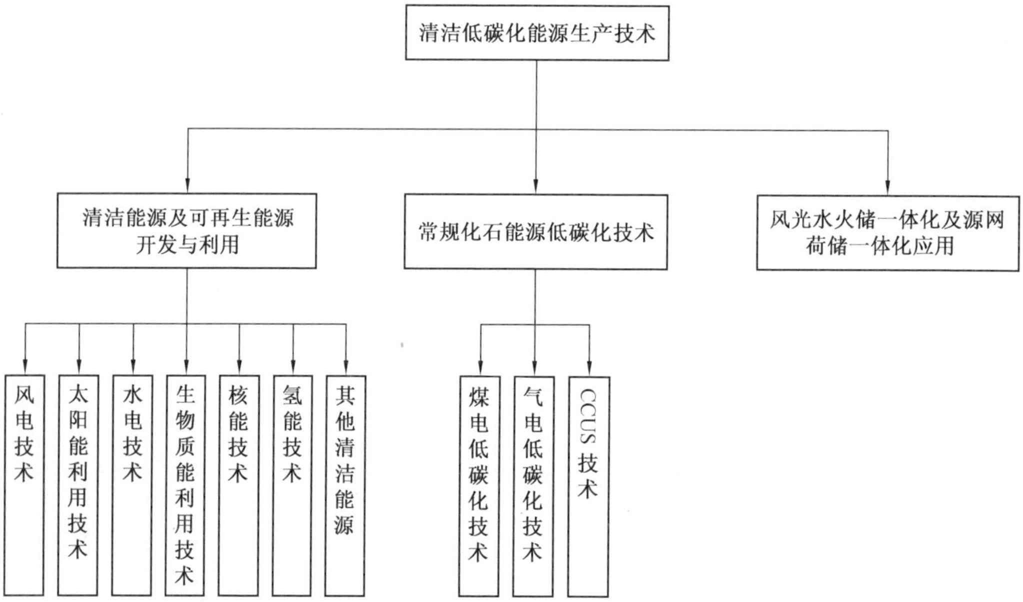

图1　清洁低碳化能源生产技术框图

第 8 章　清洁能源及可再生能源开发与利用

8.1　风力发电

风力发电技术是利用风能来发电的一项新能源技术，通过风力发电机组（简称风电机组）将风能转化为电能并将电能输送到电网中。这项技术需要气象学、航空动力学、材料学、机械学、电机学和控制、计算机等多学科知识和技能。通过对气流特性以及天气特性如气温、气压以及地形、障碍物的研究，人类掌握了这些特性对风能资源的影响程度。

8.1.1　风力发电概述

风能是一种干净的自然能源，没有常规能源（如煤电、油电）与核电会造成环境污染的问题。平均每装一台单机容量为 1 MW 的风能发电机，每年可以减排 2 000 t CO_2、10 t SO_2、6 t NO_2。风能产生 1 MW·h 的电量可以减少 0.8～0.9 t 的温室气体，相当于煤或矿物燃料一年产生的气体量。而且风能发电机不会危害鸟类和其他野生动物。在常规能源告急和全球生态环境恶化的双重压力下，风能作为一种高效清洁的新能源有着巨大的发展潜力。

风电技术日趋成熟，产品质量可靠，可用率达 95% 以上，是一种安全可靠的能源，风力发电的经济性日益提高，发电成本已接近煤电，低于油电与核电，若计及煤电的环境保护与交通运输的间接投资，则风力发电的经济性将优于煤电。风力发电场（简称风电场）建设工期短，单台机组安装仅需几周，从筹建、安装到投产，只需半年至一年时间。此外，风电场投资规模灵活，对沿海岛屿、交通不便的山区、地广人稀的草原牧场，以及远离电网和近期内电网还难以达到的地区来说，可作为解决生产和生活能源的一种有效途径。

风电是清洁能源的重要组成部分，对我国能源结构清洁低碳化发展、实现体系化的安全高效发展具有重要的意义，是实现“双碳”目标的必由路径。风电是构建新型电力系统的主体能源，是支持电力系统率先脱碳，进而推动能源系统和全社会实现碳中和的主力军。风电不仅是零碳电力，也正在成为最具经济性的能源，在地方经济社会转型发展中将发挥越来越重要的基础性支撑作用。

8.1.2 风力发电现状

风电市场的扩大、风电机组产量和单机容量的增加以及技术上的进步，使风电机组每千瓦的生产成本在过去近20年中稳定下降。

风电场是将多台大型并网式的风力发电机（简称风电机）安装在风能资源好的场地，按照地形和主风向排成阵列，组成机群向电网供电。风电机就像种庄稼一样排列在地面上，故形象地称为“风力田”。

风电场的风电机相互之间需要有足够的距离，以免造成过强的湍流相互影响，或由于“尾流效应”而严重降低后排风电机的输出功率，为了配合运送大型设备（特别是叶片）到安装现场，需要建设道路，亦需要建设输电线，把风电场的输出连接到电网接入点。

8.1.3 风能及其利用

风能指的是风的动能，是指风所负载的能量，特定质量的空气的动能可以用下列公式计算：

$$E=\frac{1}{2}mv^2 \tag{8.1}$$

式中，E 为风能，W；m 为物体的质量，kg；v 为风速，m/s。

风能的利用主要就是将它的动能转化为其他形式的能，因此计算风能的大小也就是计算气流所具有的动能。在单位时间内流过垂立于风速截面积 A（m^2）的风能计算公式为

$$E=\frac{1}{2}\rho v^3 A \tag{8.2}$$

式中，E 为风能，W；ρ 为空气密度，kg/m^3，一般取 1.225 kg/m^3；v 为风速，m/s。

在海平面高度和15 ℃的条件下，干空气的密度为1.225 kg/m^3。空气密度随气压和温度而变化。随着高度的提升，空气密度将会下降。

由式（8.2）可以看出，风能大小与气流通过的面积和空气密度成正比，与气流速度的立方成正比。实际上，风轮只能提取风能中的一部分，而非全部。在风能计算中，最重要的是风速，风速取值准确与否对风能的估计有决定性影响。如风速大1倍，风能可大8倍。

风功率密度是气流垂直通过单位截面积（风轮面积）的风能，它是表征一个地方风能资源多少的指标。将式（8.2）除以相应的面积 A，当 $A=1$ 时，即

$$E=\frac{1}{2}\rho v^3 \tag{8.3}$$

由于风速是一个随机性很大的量，必须通过一定时间长度的观测来了解它的平均状况。因此，一段时间内的平均风功率密度计算公式为

$$\overline{\omega}=\frac{1}{T}\int_0^T\frac{1}{2}\rho v^3\mathrm{d}t \tag{8.4}$$

式中，$\overline{\omega}$ 为平均风功率密度，W/m^2；T 为总时间，h。

风电机需要根据一个固定的风速来确定额定功率，这个风速称为额定风速。在这个风速下，风电机功率达到最大。在风力工程中，将风电机开始运行做功时的这个风速称为启动风速或切入风速。当风速达到某一极限时，风电机就有损坏的危险，必须停止运行，这一风速称为停机风速或切出风速。因此，在统计风速资料计算风能潜力时，必须考虑这两个因素。通常将切入风速到切出风速之间的风能称为有效风能。有效风能密度是有效风能范围内的风能平均密度。

8.1.4　风力发电基本原理

1. 典型风电机基本结构

以目前使用最为广泛的水平轴风电机为例，其主要由叶轮、调速或限速装置、偏航系统、传动系统、发电机系统、塔架等组成。

（1）叶轮。

风电机区别于其他机械的最主要特征就是叶轮。叶轮一般由 2～3 个叶片和轮毂所组成，其功能是将风能转换为机械能。除小型风电机的叶片部分采用木质材料外，中、大型风电机的叶片都采用玻璃纤维或高强度复合材料制成。风电机叶片都要装在轮毂上。轮毂是叶轮的枢纽，也是叶片根部与主轴的连接件。所有从叶片传来的力，都通过轮毂传递到传动系统，再传到风电机驱动的对象。同时轮毂也是控制叶片桨距（使叶片做俯仰转动）的所在。轮毂的作用是连接叶片和低速轴，要求能承受大的、复杂的载荷。中、小型风电机常采用刚性连接方式，兆瓦级风电机常采用跷跷板连接方式。

（2）调速或限速装置。

在很多情况下，要求风电机不论风速如何变化转速总保持恒定或不超过某一限定值，为此采用了调速或限速装置。当风速过高时，这些装置还用来限制功率，并减小作用在叶片上的力。调速或限速装置有各种各样的类型，但从原理上来看大致有 3 类，第一类是使叶轮偏离主风向；第二类是利用气动阻力；第三类是改变叶片的桨距角。

（3）偏航系统。

为了让叶轮能自然地对准风向，通常风电机都会采用调向装置，对大型风电机组而

言，一般采用的是电动机驱动的风向跟踪系统。整个偏航系统由电动机及减速机构、偏航调节系统和扭缆保护装置等部分组成。偏航调节系统包括风向标和偏航系统调节软件。风向标对应每一个风向都有一个相应的脉冲输出信号，通过偏航系统软件确定其偏航方向和偏航角度，然后将偏航信号放大传送给电动机，通过减速机构转动风电机平台，直到对准风向为止。风电机各部件组成图如图 8.1 所示。

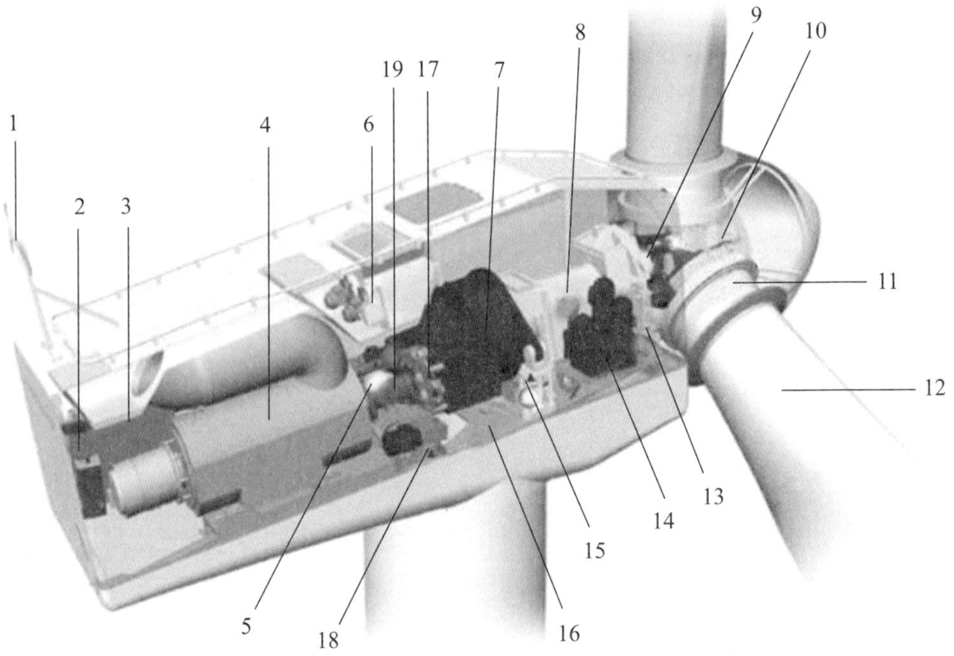

1—超声波风传感器；2—维修用吊车；3—带变频器的 VMP 顶部控制器；4—发电机；
5—斜角调节液压缸；6—油/水冷却器；7—齿轮箱；8—主轴；9—斜角调节系统；
10—轮毂；11—叶片轴承；12—叶片；13—风轮锁定系统；14—液压控制单元；
15—扭矩臂；16—机舱底座；17—碟式机械制动器；18—偏航齿轮；19—复合型碟式耦合器。

图 8.1 风电机各部件组成图

（4）传动系统。

风电机的传动系统一般包括低速轴、高速轴、齿轮箱、联轴节和制动器等。但不是每一种风电机都必须具备所有这些环节。有些风电机的轮毂直接连接到齿轮箱上，不需要低速轴。也有一些风电机设计成无齿轮箱的，叶轮直接连接到发电机。

叶轮叶片产生的机械能由机舱里的传动系统传递给发电机，它包括一个齿轮箱及离合器和一个能使风电机在停止运行时的紧急情况下复位的刹车系统。齿轮箱用于增加叶轮转速，从 20～50 r/min 到 1 000～1 500 r/min，后者是驱动大多数发电机所需的转速。

齿轮箱可以是一个简单的平行轴齿轮箱，其中输出轴是不同轴的，它也可以是较昂贵的一种，允许输入、输出轴共线，使结构更紧凑。传动系统要按输出功率和最大动态扭矩载荷来设计。由于叶轮功率输出有波动，一些设计者试图通过增加机械适应性和缓冲驱动来控制动态载荷，这对大型的风电机来说是非常重要的，因其动态载荷很大，而且感应发电机的缓冲余地比小型风电机的小。

（5）发电机系统。

风力发电包含了由风能到机械能和由机械能到电能两个能量转换过程，发电机及其控制系统承担了后一种能量转换任务。恒速恒频发电机系统一般来说比较简单，所采用的发电机主要有两种，即同步发电机和鼠笼型感应发电机。变速恒频发电机系统是 20 世纪 70 年代中期以后逐渐发展起来的一种新型风电机系统，其主要优点在于叶轮以变速运行，可以在很宽的风速范围内保持近乎恒定的最佳叶尖速比，从而提高了风电机的运行效率，从风中获取的能量可以比恒速恒频风电机高得多。此外，这种风电机在结构上和使用中还有很多的优越性。利用电力电子学是实现变速运行最佳化的最好方法之一，虽然与恒速恒频系统相比可能使风电转换装置的电气部分变得较为复杂和昂贵，但电气部分的成本在中、大型风电机组中所占比例不大，因而发展中、大型变速恒频风电机组受到很多国家的重视。

（恒速）同步发电机，优点是励磁系统可控制发电机的电压和无功功率，发电机效率高。同步发电机要通过同步设备的整步操作达到准同步并网（并网困难），由于风速变化大，以及同步发电机要求转速恒定，风电机必须装有良好的变桨距调节机构。

（恒速）异步发电机，优点是结构简单，坚固，造价低。异步发电机投入系统运行时，由于是靠转差率来调节负荷，因此对机组的调节精度要求不高，不需要同步设备的整步操作，只要转速接近同步转速时就可并网，且并网后不会产生振荡和失步。缺点是并网时冲击电流幅值大，不能产生无功功率。

（6）塔架。

风电机的塔架除了要支撑风电机的质量，还要承受吹向风电机和塔架的风压，以及风电机运行中的动载荷。它的刚度与风电机的振动有密切关系。水平轴风电机的塔架主要可分为管柱型和桁架型两类，管柱型塔架中塔杆可从最简单的木杆，一直到大型钢管和混凝土管柱。小型风电机塔杆为了增加抗弯矩的能力，可以用拉线来加强。中、大型风电机塔杆为了运输方便，可以将钢管分成几段。一般圆柱形塔架对风的阻力较小，特别是对于下风向风电机，产生紊流的影响要比桁架型塔架小。桁架型塔架常用于中、小型风电机上，其优点是造价不高，运输也方便。但这种塔架会使下风向风电机的叶片产生很大的紊流。

2. 风电机的工作原理与运行

现代风电机采用空气动力学原理，就像飞机的机翼一样。风并非“推”动风轮叶片，而是吹过叶片形成叶片正反面的压差，这种压差会产生升力，令风轮旋转并不断横切风流。

风电机的风轮并不能提取风的所有功率。根据贝茨定律（理想情况下风能所能转换成电能的极限比值为 16∶27，约为 59.26%，是风力发电中关于风能利用效率的一条基本理论，由德国物理学家 Albert Betz 于 1919 年提出），理论上风电机能够提取的最大功率是风的功率的 59.26%。大多数风电机只能提取风的功率的 40% 或者更少。

大型与电网连接的风电机的最常见的结构，是横轴式三叶片风轮，并安装在直立管状塔杆上。叶轮叶片由复合材料制造。不像小型风电机，大型风电机的叶轮转动相当慢。比较简单的风电机是采用固定速度的。通常采用两个不同的速度，在弱风下用低速和在强风下用高速。这些定速风电机的感应式异步发电机能够直接产生电网频率的交流电。比较新型的设计一般是可变速的（比如 Vestas 公司的 V52～850 kW 风电机转速为 14～31.4 r/min）。利用可变速操作，叶轮的空气动力效率可以得到改善，从而提取更多的能量，而且在弱风情况下噪声更低。因此，变速的风电机设计越来越受欢迎。

机舱上安装的传感器探测风向，透过转向机械装置令机舱和叶轮自动转向，面向来风。叶轮的旋转运动通过齿轮变速箱传送到机舱内的发电机（如果没有齿轮变速箱则直接传送到发电机）。在风电工业中，配有变速箱的风电机是很普遍的。不过，为风电机而设计的多极直接驱动式发电机也有显著的发展。设于塔底的变压器（或者有些设于机舱内）可提升发电机的电压到配电网电压。

所有风电机的功率输出是随着风力而变的。强风下最常见的两种限制功率输出（从而限制叶轮所承受压力）的方法是失速调节和斜角调节。使用失速调节的风电机，超过额定风速的强风会导致通过叶片的气流产生扰流，令叶轮失速。当风力过强时，叶片尾部制动装置会令叶轮刹车。使用斜角调节的风电机，每片叶片能够以纵向为轴而旋转，叶片角度随着风速不同而转变，从而改变叶轮的空气动力性能。当风力过强时，叶片转动至迎气边缘面向来风，从而令叶轮刹车。叶片中嵌入了避雷条，当叶片遭到雷击时，可将闪电中的电流引导到地下去。

目前，在我国得到广泛应用的风电机主要是水平轴式风电机，这是目前技术最成熟、生产量最多的一种风电机。从大的结构划分来说，风电机一般由叶轮和发电机两部分构成，空气流动的动能作用在叶轮上，将动能转换为机械能，从而推动叶轮旋转。这样就通过叶轮将风能转换为机械能，低速转动的叶轮通过传动系统由增速齿轮箱增速，将动力传递给发电机，然后由高速转动的叶轮经过电机将机械能转变成电能。在这里齿轮箱可以将很低的叶轮转速（600 kW 的风电机通常为 27 r/min）变为很高的发电机转速（通常为 1 500 r/min），同时也使得发电机易于控制，实现稳定的频率和电压输出。

整个机舱由高大的塔架举起，由于风向经常变化，为了有效地利用风能，还安装有迎风装置，它根据风向传感器测得的风向信号，由控制器控制偏航电机，驱动与塔架上大齿轮啮合的小齿轮转动，使机舱始终对风（注：一般 600 kW 的风电机机舱总重约 20 t），所以偏航系统的作用就是可以使叶轮扫掠面总是垂直于主风向。

3. 风电机的功率曲线

在风速很低的时候，风电机风轮会保持不动。当到达切入风速（通常为 3～4 m/s）时，风轮开始旋转并牵引发电机开始发电。随着风力越来越强，输出功率会增加。当达到额定风速时，风电机会输出其额定功率，之后输出功率会保持大致不变。当风速进一步增加，达到切出风速的时候，风电机会刹车，不再输出功率，以避免受损。风电机的性能可以用功率曲线来表达，如图 8.2 所示。功率曲线是用作显示在不同风速下（切入风速到切出风速）风电机的输出功率。为特定地点选取合适的风电机，一般方法是采用风电机的功率曲线和该地点的风力资料以进行产电量估算。

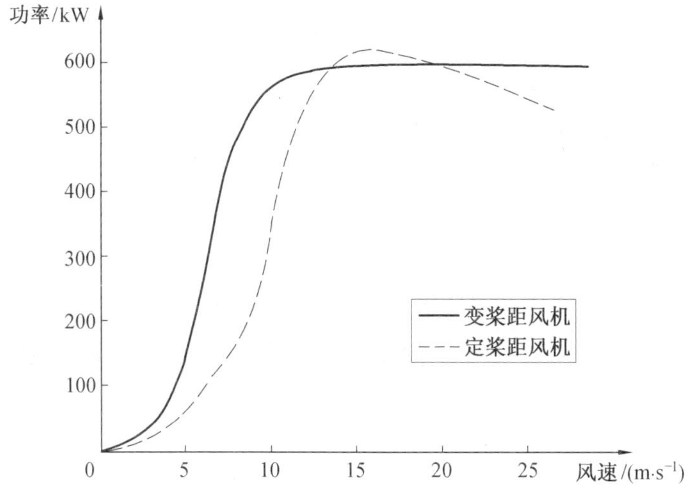

图 8.2　风电机功率曲线图

4. 风电机的额定输出功率

风电机的额定输出功率是配合特定的额定风速而设定的。由于能量与风速的立方成正比，因此，风电机的功率随风速变化会很大。同样构造和风轮直径的风电机可以配以不同大小的发电机。因此两座同样构造和风轮直径的风电机可能有相当不同的额定输出功率值，这取决于它的设计是配合强风地带（配较大型发电机）还是弱风地带（配较小型发电机）。

8.1.5 风力发电并网运行方式

风能是一种波动不稳定的能源，如果没有储能装置或与其他发电装置互补，风力发电装置本身难以提供连续稳定的电能输出，而大型风电机与电力网并网运行则可解决此问题。对应于风电机的规模，通常有 3 种运行方式。

（1）大、中型风电机（100 kW 以上）与电力网并网运行。

（2）小型风电机（10～100 kW）与柴油发电机或其他发电装置并联互补运行。

（3）微型风电机（10 kW 以下）主要采用直流发电系统并配合蓄电池储能装置独立运行。

所以，与就近的电力网并网，是风电场最常见的运行方式。

风力发电固有的趋势规律很适合并入电网系统，为电力网负载能力曲线起到填谷补偿作用。

（1）适合每日电力消耗的规律。典型的天气模式是晚上风比较小，白天风比较大。

（2）适合季节性电力消耗的规律。夏天的风通常比冬天的风弱，而电力消耗正好也是一般冬天比夏天大。在寒冷的冬季，电力加热和风能结合是一种理想的方式，因为房屋寒冷降温的状况，随风的速度变大而严重，而风电机电能的产生正好也随风速变大而增加。

风电场发电系统并网时都应该备有防孤岛功能，当附近一带电网失去主要电力供应时，自动把可再生能源发电系统与电网脱离。在直接并网的情况下，防孤岛功能的作用主要是避免风电场发电系统继续向已经失去主要电力供应的电网部分提供电力，形成一个脱离主电网的“岛屿”。在间接并网的情况下，防孤岛功能的作用主要是避免风电场发电系统继续向已经失去主要电力供应的场地配电系统提供电力，亦防止风电场发电系统向电网逆向施加电压。防孤岛功能的动作时间要求比较短，以避免影响到电网里断路器自动开关或者自动重合的动作。

8.1.6 风电项目投资收益分析

1. 测风

在项目开发实践中，测风时间短、测风点不具有代表性，都可能造成业主错误地估计项目点的发电量，造成经济测算不能达到预期。

（1）测风时间短。由于风速通常以年为周期变化，因此按照规定，每个项目点的测风时间至少需要一年。但在实践中，在我国很多地区，同一项目点的同一测风塔实际年与年之间的测得的风速还是有变化的，很多地区年与年之间风速变化甚至超过了 1 m/s。而 1 m/s 的风速差异造成的一台 600 kW 的风电机组一年发电量差异达到 2×10^5 kW·h。消除这种差异的方式是必须利用其他气象观测站的长期数据做相关性分析，得到常年平均风速。但在实践中，风电场区域往往地处偏僻，周围没有气象观测站，因此很难得到常年平均风速。而且一些项目点往往在没有测满一年的情况下仓促上马，这样后期的经济效益更加难以保证。

（2）测风点不具有代表性。一般要求风电场在位于风电场中央地势开阔比较具有代表性的地方设立测风塔。但是由于一些地形比较复杂的地方，比如山地，为了减少周围地形和障碍物的干扰，往往会把测风塔设立在山顶上，而实际在排布风电机组时却不可能把风电机都排布在山顶上，这个点测得的风速相对于全场其他位置的风速偏大，因此直接用这个风速代表整个风电场风速来估算发电量显然偏离了实际值。

2. 设备选型

通常我们在设备选型中需要考虑很多因素，如设备的价格、技术先进性等。在实践中，往往由于对风电设备不熟悉，选择了一些不合适的设备，给业主造成了很大的损失。在我国的风电项目中，不但出现了对国外设备厂家不了解，采购回来的风电机设备不能用的情况，也出现了合同执行过程中设备厂家破产致使合同无法执行的问题，给投资方造成了巨大损失。因此在设备选择过程中，应对设备供应商进行充分考察，选择优秀讲信誉的供应商，同时选择成熟可靠的设备，这样才有可能从根本上解决投资商无法获得稳定回报的问题。

3. 运行维护

风电项目的投资回收期比较长，往往都在 7 年以上，很多项目回收期甚至超过 10 年，因此在此期间保证设备稳定运行至关重要，除了选择好的设备，提高运行维护水平也很重要。风电机组长期在恶劣环境下运行，必须进行很好的保养，才能保证设备长期稳定运行。风电设备涉及的零部件众多，受风电机制造商产品更新换代的影响，大多数整机在若干年后都已经停产，其中的很多零部件很难继续采购，需要设备运行方去改进更替，以保证设备长期正常运行。如果没有好的运行维护队伍，必然造成设备长期的运行可靠性问题，从而影响业主的投资收益。因此，风电场建立专业的运行维护队伍至关重要。在欧洲非常流行的请专业公司代维不失为一种抗风险的好形式，目前国内已经有一些比较早期进入风电行业的公司开始提供这种服务，并取得了很好的效果。

8.1.7　风力发电技术的优缺点

风力发电的突出优点是环境效益好，不排放任何有害气体和废弃物。风电场虽然占了大片土地，但是风电机组基础使用的面积很小，不影响农田和牧场的正常生产。多风的地方往往是荒滩或山地，建设风电场的同时也开发了旅游资源。风电机组的单机容量小，风力发电的规模就显得十分灵活，可以根据投资能力及实际情况确定发展的目标和规划。由于风电机组与常规火力发电机组相比结构要简单一些，运行自动化程度又很高，所以运行人员比其他发电厂少，而且不需要厂房及十分复杂的厂区，如生活设施。

由于风速是随机变化的，当风电的容量在电网中所占比例足够大时，风能的不稳定性会给电网带来一定影响，但目前风电容量小且许多电网内都建设有调峰用的抽水蓄能电站，风电的这个缺点还未导致严重问题。

8.2 太阳能利用（光伏发电）技术

光伏发电是根据光生伏特效应原理，利用太阳能电池将太阳光能直接转化为电能。不论是独立使用还是并网发电，光伏发电系统主要由太阳电池板（组件）、控制器和逆变器组成，它们主要由电子元器件构成，不涉及机械部件，所以，光伏发电设备极为简单，可靠稳定、寿命长、安装维护简便。理论上讲，光伏发电技术可以用于任何需要电源的场合。上至航天器，下至家用电源，大到兆瓦级电站，小到玩具，光伏电源可以无处不在。

8.2.1 光伏发电系统工作原理

太阳能发电的工作原理是利用电池组件的半导体界面光生伏特效应将光能转换成为电能，要顺利将光能转换成电能，并实现较高的转换效率，就必须要有性能可靠的电池。将太阳能电池串联之后，就能够形成覆盖一定面积的组件，在封装后与功率控制器统一装配，就能够形成一个完整系统的光伏发电系统。该系统具有安全可靠的优点，由于是利用阳光进行发电，因此不会产生噪声污染，只需要利用输电线路就可以直接将电能输送出去。根据光伏发电系统的原理，绘制出相应的模拟原理电路图，具体如图 8.3 所示。

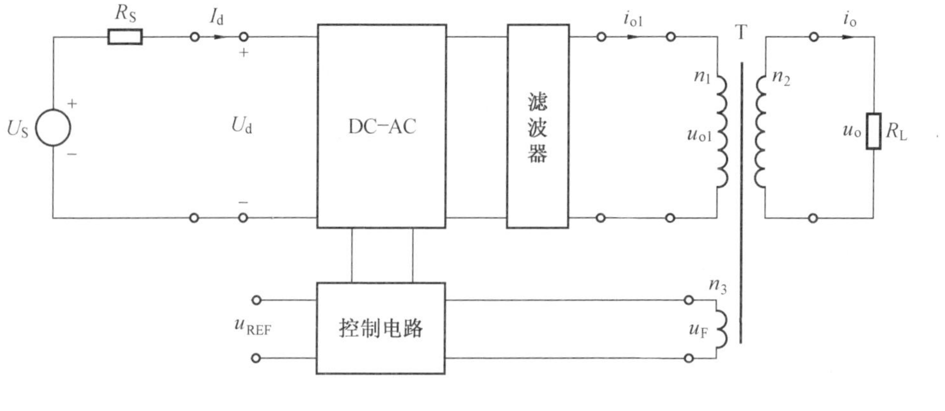

图 8.3　光伏发电系统的模拟原理电路图

8.2.2　太阳能资源等级

根据《太阳能资源评估方法》（GB/T 37526—2019），太阳能资源丰富程度等级见表 8.1。

表 8.1　太阳能资源丰富程度等级

太阳总辐射年总量	资源丰富程度
≥1 750 (kW·h)/m^2	资源最丰富
≥6 300 MJ/m^2	
1 400～1 750 (kW·h)/m^2	资源很丰富
5 040～6 300 MJ/m^2	
1 050～1 400 (kW·h)/m^2	资源较丰富
3 780～5 040 MJ/m^2	
<1 050 (kW·h)/m^2	资源一般
<3 780 MJ/m^2	

8.2.3　光伏发电的应用领域

1. 用户太阳能电源

（1）小型电源 10～100 W 不等，用于边远无电地区，如高原、海岛、牧区、边防哨所等军民生活用电，如照明、电视、收录机等。

（2）3～5 kW 家庭屋顶并网发电系统。

（3）光伏水泵。用于无电地区的深水井饮用、灌溉。

2. 交通领域

航标灯、交通/铁路信号灯、交通警示/标志灯、路灯、高空障碍灯、高速公路/铁路无线电话亭等。

3. 通信领域

太阳能无人值守微波中继站、光缆维护站、广播/通信/寻呼电源系统；农村载波电话光伏系统、小型通信机等。

4. 石油、海洋、气象领域

石油管道和水库闸门阴极保护太阳能电源系统、石油钻井平台生活及应急电源、海洋检测设备、气象/水文观测设备等。

5. 家庭灯具电源

庭院灯、路灯、手提灯、野营灯、登山灯、垂钓灯、黑光灯、割胶灯、节能灯等。

6. 大型光伏电站

10 kW～50 MW 独立光伏电站、风光（柴）互补电站、各种大型停车场充电站等。

7. 太阳能建筑

太阳能建筑将太阳能发电与建筑材料相结合，使得大型建筑实现电力自给，是未来一大发展方向。

8. 其他领域

（1）与汽车配套的有太阳能汽车/电动车、电池充电设备、汽车空调、换气扇、冷饮箱等。

（2）太阳能制氢加燃料电池的再生发电系统。

（3）海水淡化设备供电。

（4）卫星、航天器、空间太阳能电站等。

8. 2. 4 光伏发电组成

太阳能光伏发电系统由太阳能电池板、太阳能控制器、蓄电池组成。如输出电源为交流 220 V 或 110 V，还需要配置逆变器。各部分的作用如下。

1. 太阳能电池板

太阳能电池板是太阳能光伏发电系统中的核心部分，也是太阳能光伏发电系统中价值最高的部分。其作用是将太阳的辐射能力转换为电能，或送往蓄电池中存储起来，或推动负载工作。

2. 太阳能控制器

太阳能控制器的作用是控制整个系统的工作状态，并对蓄电池起到过充电保护、过放电保护的作用。在温差较大的地方，合格的控制器还应具备温度补偿的功能。其他附加功能如光控开关、时控开关都应当是控制器的可选项。

3. 蓄电池

一般为铅酸电池，小微型系统中，也可用镍氢电池、镍镉电池或锂电池。其作用是在有光照时将太阳能电池板所发出的电能储存起来，到需要的时候再释放出来。

4. 逆变器

太阳能的直接输出直流电压一般都是 12 V、24 V、48 V。为向交流电压为 220 V 的电器提供电能，需要将太阳能光伏发电系统所发出的直流电能转换成交流电能，因此需要使用 DC-AC 逆变器。

8.2.5　光伏发电系统

1. 离网光伏发电系统

离网光伏发电系统也叫独立光伏发电系统，主要由太阳能电池组件、蓄电池组、控制器组成，若要为交流负载供电，还需要配置交流逆变器，产生直流电源可直接供负载使用或储存在蓄电池组中，用于在夜间或在多云或下雨的日子提供电力。独立光伏电站包括边远地区的村庄供电系统，太阳能户用电源系统，通信信号电源、阴极保护、太阳能路灯等各种带有蓄电池的可以独立运行的光伏发电系统。离网光伏发电系统如图 8.4 所示。

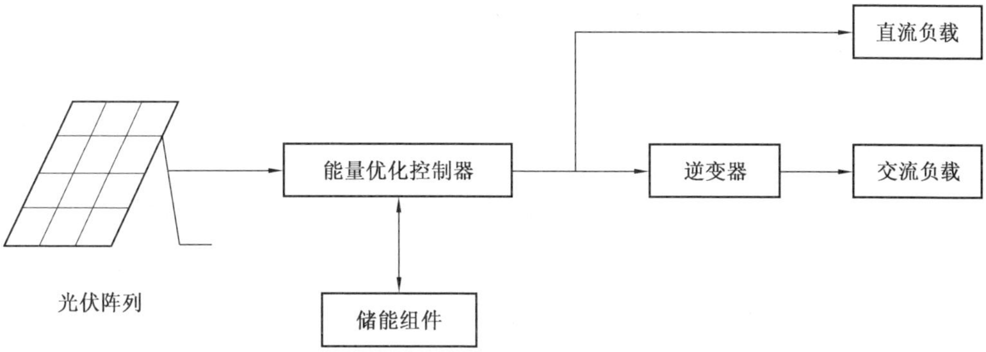

图 8.4　离网光伏发电系统

2. 微电网系统的应用

微电网系统是一个独立控制单元，使得各种类型的发电设备、能源存储、负载和控制设备集成在一起产生电能或供热给用户。它可以满足用户的多样化需求，系统的容量从数十千瓦到数百千瓦甚至兆瓦。

该系统可以支持诸多负载，如照明、桌面电风扇、彩色电视、台式计算机、空调等。具体可应用于以下供电领域。

（1）家庭供电。

特别适用于独立式居住的家庭，如城市别墅区、农村家庭。对于城市居民小区，居住在顶楼的住户或私家阳台较大的家庭也较合适。

（2）学校供电。

特别适用于中小学和幼儿园，在这些地方，一般白天用电较多，且用电量不大。

（3）医院供电。

可与医院的应急供电系统融合在一起，可有效提高医院的应急电源的可靠性和经济性。

（4）城市小区公共供电。

可安装在城市小区公共部分，接入小区的公用电房，作为小区公用电使用。

（5）政府部门、企事业单位办公大楼供电。

集中安装在办公大楼的顶层，作为公用电接入大楼低压配电柜中。

3. 离网系统设备规格与技术

（1）光伏电池容量等级：1～100 kW（可根据用户要求定制）。

（2）蓄电池容量等级：10～1 000 A·h（可根据用户要求配置）。

（3）蓄电池组电压等级：48 V、96 V、192 V、216 V、240 V、384 V。

（4）离网系统设备主要技术参数见表 8.2～8.4。

表 8.2　光伏控制器技术参数

项目	技术参数
控制器额定输出功率/kW	1～50
额定输出电压/V	48、96、192、216、240、384
输出电压精度/V	220±1%
动态响应时间/ms（负载 0←→100%）	≤5
转换效率	≥90%
绝缘强度（输入和输出）	1 500 V，1 min
噪声（1 m）/dB	≤40

表 8.3　交流逆变器技术参数

项目		技术参数							
技术指标/kW		1	2	5	10	20	30	50	100
直流侧输入	额定输入电压/V	参见表 8.2							
	输入电压允许范围/V	参见表 8.2							
交流输出	额定输出功率/kW	1	2	5	10	20	30	50	100
	额定输出电压及频率	220 V，50 Hz			220 V，50 Hz；380 V（三相）				
	输出电压精度/V	220±1%							
	输出频率精度/Hz	50±0.1%							
	波形	纯正弦波							
	波形失真率	≤4%							
	动态响应时间/ms（负载 0←→100%）	≤5							
	逆变效率（80% 阻性负载）	≥85%							
绝缘噪声	绝缘强度（输入和输出）	1 500 V，1 min							
	噪声（1 m）/dB	≤40							

表 8.4　逆变电源直流侧输入电压

直流侧输入额定输入电压/V	直流侧输入额定输入电压允许范围/V
48	44～60
96	88～120
192	156～232
216	178～261
240	200～290
384	332～440

8.2.6　蓄电池容量和蓄电池组的设计

1. 基本计算方法及步骤

（1）将负载需要的用电量乘以根据实际情况确定的连续阴雨天数得到初步的蓄电池容量。阴雨天数的选择可参照如下条件：一般负载，如太阳能路灯等，可根据经验或需要在 3～7 内选取；重要的负载，如通信、导航、医院救治等，在 7～15 内选取。

（2）将所得初步的蓄电池容量除以蓄电池的允许最大放电深度。一般情况下，浅循环型蓄电池选用 50%的放电深度，深循环型蓄电池选用 75%的放电深度。

（3）综合（1）（2）得蓄电池容量的基本公式为

$$蓄电池容量=\frac{负载日平均用电量\times连续阴雨天数}{最大放电深度}$$

式中，用电量的单位是 A·h，如果用电量的单位是 W·h，则先将 W·h 折算为 A·h，折算关系为

$$负载日平均用电量（A\cdot h）=\frac{负载日平均用电量（W\cdot h）}{系统工作电压}$$

2. 相关因素的考虑

（1）放电率对蓄电池容量的影响。

蓄电池的容量随着放电率的改变而改变，这样会对容量设计产生影响。计算光伏发电系统的实际平均放电率的公式为

$$平均放电率=\frac{负载工作时间\times连续阴雨天数}{最大放电深度}$$

（2）温度对蓄电池容量的影响。

蓄电池的实际容量会随着温度的变化而变化，当温度下降时，蓄电池的实际容量下

降；当温度升高时，蓄电池的实际容量略有升高。蓄电池容量与温度的关系如图 8.5 所示。

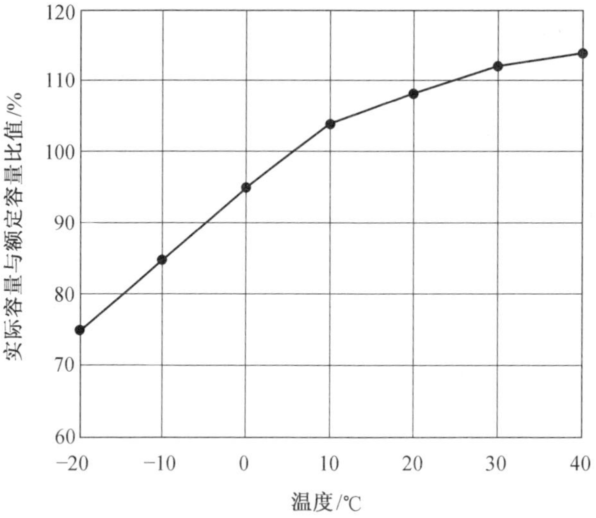

图 8.5　蓄电池容量-温度修正曲线

受低温的影响，蓄电池的容量设计还要考虑蓄电池的最大放电深度，如图 8.6 所示是一般蓄电池的最大放电深度与温度的关系，蓄电池容量设计可参考图 8.6 所得到的最大放电深度。

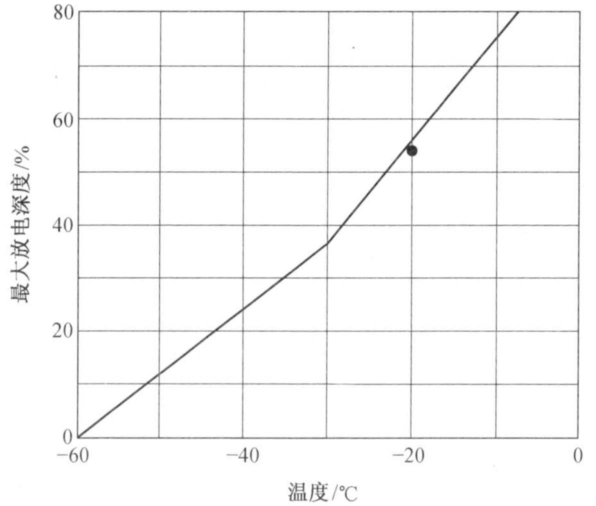

图 8.6　蓄电池最大放电深度-温度修正曲线

（3）实际蓄电池容量的计算。

考虑以上相关因素之后，将有关修正系数代入得

$$蓄电池容量=\frac{负载日平均用电量（A\cdot h）\times 连续阴雨天数\times 放电率修正系数}{最大放电深度\times 温度修正系数}$$

（4）蓄电池串并联数的确定。

当计算出所需的蓄电池容量后，接下来要确定蓄电池的串并联数，计算公式为

$$蓄电池串联数=\frac{系统工作电压}{蓄电池标称电压}$$

$$蓄电池并联数=\frac{蓄电池总容量}{蓄电池标称容量}$$

3. 离网系统太阳能电池组件串并联数的设计

（1）基本计算方法。

太阳能电池组件设计的基本思路是满足负载日平均用电量的需求。基本计算公式为

$$组件并联数=\frac{负载日平均用电量}{组件日平均用电量}$$

$$组件串联数=\frac{系统工作电压\times 1.43}{组件峰值电压}$$

$$组件日平均发电量=组件峰值电流\times 峰值日照时数$$

在计算组件的并联数时，如果负载用电量的单位为 W·h，注意把单位换算成 A·h。

系数 1.43 是组件峰值电压与系统工作电压的比值。例如，为工作电压为 12 V 的系统供电的组件的峰值电压是 17～17.5 V；为工作电压为 24 V 的系统供电的组件的峰值电压为 34～34.5 V 等。因此为方便计算，用系统工作电压乘以 1.43 即为该组件或整个阵列峰值电压的近似值。

（2）相关因素的考虑。

①组件实际功率的损耗。在光伏发电系统的实际应用中，太阳能电池组件的实际输出功率会因各种因素的影响而有所下降。灰尘的覆盖、组件自身的功率衰减、线路的损耗等是主要因素。因此，设计时组件功率损耗按 10%计算。

②逆变器的损耗。逆变器在实现各种功能时，要消耗一定的电能，不同的逆变器损耗的电能不同。一般情况下，设计时逆变器转换的损耗按 10% 计算。当负载是直流负载时，逆变器的损耗不计。

③蓄电池充电的损耗。由于蓄电池在转换储存电能的过程中产生热量，电解水蒸发

等产生一定的损耗，即蓄电池的充电效率根据蓄电池的不同可在 90%～95%选取。因此在设计时，也要根据蓄电池的不同，将电池组件的功率增加 5%～10%，以抵消蓄电池充电过程的损耗。

（3）实际组件串并联数的确定。

在考虑上述各种因素的影响后，引入相关修正系数得

$$组件并联数=\frac{负载日平均用电量}{组件日平均用电量\times充电效率\times组件损耗系数\times逆变效率}$$

$$组件串联数=\frac{系统工作电压\times1.43}{组件峰值电压}$$

4. 集中式光伏发电系统

并网光伏发电就是太阳能组件产生的直流电经过并网逆变器转换成符合市电电网要求的交流电之后直接接入公共电网。

其可以分为带蓄电池的并网发电系统和不带蓄电池的并网发电系统。带蓄电池的并网发电系统具有可调度性，可以根据需要并入或退出电网，还具有备用电源的功能，当电网因故停电时可紧急供电。带蓄电池的光伏并网发电系统常常安装在居民建筑；不带蓄电池的并网发电系统不具备可调度性和备用电源的功能，一般安装在较大型的系统上。集中式大型并网光伏电站一般都是国家级电站，主要特点是将所发电能直接输送到电网，由电网统一调配向用户供电，这种电站投资大、建设周期长、占地面积大。而分散式小型并网光伏，特别是光伏建筑一体化光伏发电，由于投资小、建设快、占地面积小等优点，是并网光伏发电的主流。集中式光伏发电系统如图 8.7 所示。

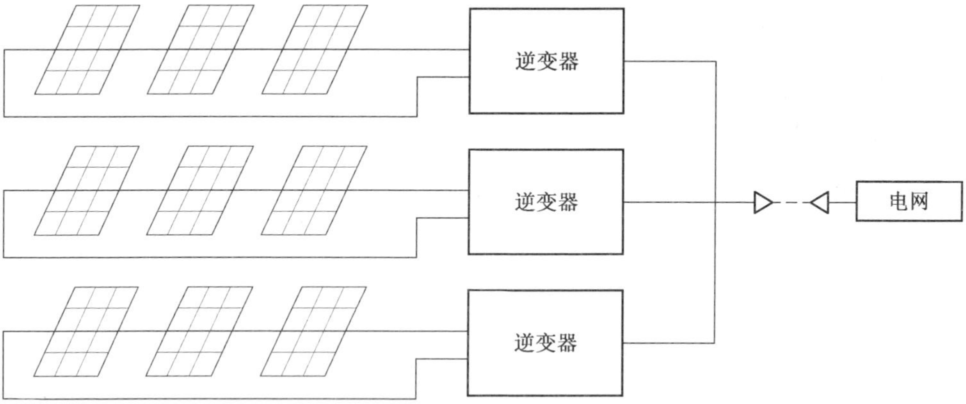

图 8.7　集中式光伏发电系统

5. 分布式光伏发电系统

分布式光伏发电系统，又称分散式发电或分布式供能，是指在用户现场或靠近用电现场配置较小的光伏发电供电系统，以满足特定用户的需求，支持现存配电网的经济运行，或者同时满足这两个方面的要求，如图 8.8 所示。

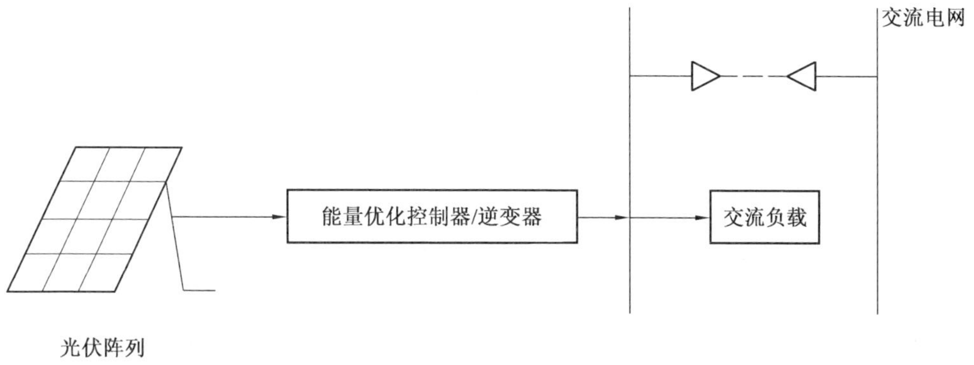

图 8.8　分布式光伏发电系统

分布式光伏发电系统的基本设备包括光伏电池组件、光伏方阵支架、直流汇流箱、直流配电柜、并网逆变器、交流配电柜等设备，另外还有供电系统监控装置和环境监测装置。其运行模式是在有太阳辐射的条件下，光伏发电系统的太阳能电池组件阵列将太阳能转换输出的电能，经过直流汇流箱集中送入直流配电柜，由并网逆变器逆变成交流电供给建筑自身负载，多余或不足的电力通过连接电网来调节。

分布式光伏电站系统通常是指利用分散式资源，装机规模较小的、布置在用户附近的发电系统，它一般接入低于 35 kV 或更低电压等级的电网。分布式光伏电站特指采用光伏组件，将太阳能直接转换为电能的分布式光伏电站系统。

目前应用最为广泛的分布式光伏电站系统，是建在城市建筑物屋顶的光伏发电项目。该类项目必须接入公共电网，与公共电网一起为附近的用户供电，如图 8.9 所示，如果没有公共电网支撑，系统就无法保证用户的用电可靠性和用电质量。

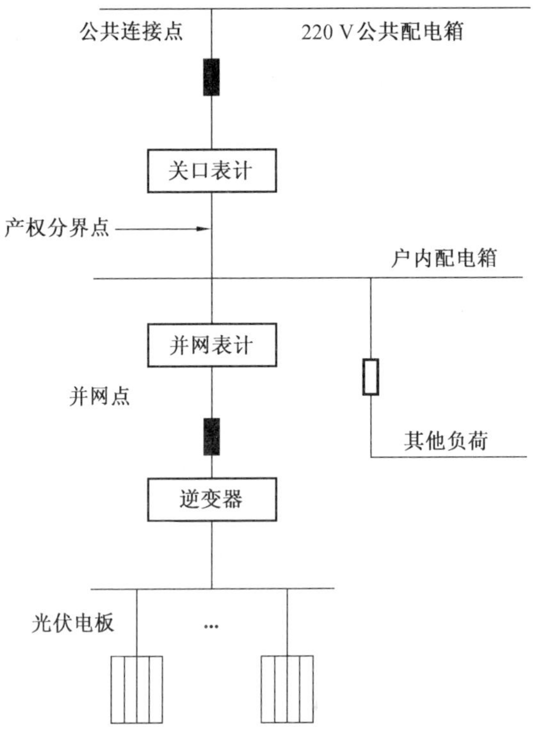

图 8.9　分布式光伏电站系统

8.2.7　光伏阵列运行方式的选择

由于地球的自转及公转作用，太阳照射到地面的角度会时时发生变化，且随着气候和环境的变化，太阳光的辐射量也有较大差异，这就需要采用合适的阵列安装方式。根据不同的地理区域，选择更为合适的安装支架及方式，如固定式、双轴跟踪及单轴跟踪等，从而可以最大限度地接受太阳光辐射量，实现最大的电能输出。

1. 固定式（图 8.10）

目前较为常用且技术更为成熟的光伏组件安装方式是固定式，这种安装方式具有较好的安全性，且成本相对较低。根据我国所处的纬度情况，在春分和秋分正午时太阳和地面的倾角就是地面的纬度。由于地球围绕太阳进行公转，因此尽可能在每年调整两次角度，分别在春分—夏至—秋分和秋分—冬至—春分时采用较小和较大的倾角，以实现对太阳光能的最大化利用。

图 8.10　固定式安装

2. 单轴跟踪

尽管固定式的光伏组件安装能够在一年中通过调节倾角来提高对太阳光能的利用效率，但是对每一天而言，太阳光的照射角度也在时时发生变化，此时就需要利用单轴自动跟踪器。根据具体的应用研究可以看出，采用单轴跟踪的方式进行光伏组件的安装，每天大约可以提升 20%～35% 的发电量。若单轴的转轴与地面形成一定的倾角，那么就可以提升高达 35% 的发电量，这种安装方式也被称为极轴单轴跟踪方式（图 8.11）。但是采用这种安装方式也有一定的不足，其抗风性能较差，因而对于常年多风地区不适宜采用该种方式，可以考虑采用水平单轴跟踪方式（图 8.12）。

图 8.11　极轴单轴跟踪

图 8.12　水平单轴跟踪

3. 双轴跟踪（图 8.13）

仅仅依靠单轴跟踪，只是能够实现倾角随着太阳光照射角度的变化而变化，但是由于太阳光照射的方位角也会发生一定的变化，因而可以采用双轴跟踪的方式，最大限度地提高对太阳光能的利用率。但是由于各个地区的气候不同，而云层会严重影响到阳光照射到地面所带来的光能量，采用双轴跟踪的方式可以将光伏发电系统的发电量提高20%～25%，而在晴朗少云的地区，则能够提高 35%～45%。

图 8.13　双轴跟踪

在选择不同的安装方式时，需要综合考虑安装地区的气候及能够接收到更多的太阳光辐射量，实现最大的经济效益，同时也要考虑整个系统的日常运营和维护。

（1）虽然采用自动跟踪系统时能够更好地实现对太阳光能的利用，但是由于我国大面积的太阳能发电厂都集中在多风沙地区，而该项技术尚不成熟，会因为沙尘而形成非常高的故障率，如此就不得不增加成本投入来使其正常运营，且严重影响使用寿命，与固定式相比使用寿命不足其 25%。

（2）由于相关技术的不成熟，采用自动跟踪系统提升的总发电量与安装和运营的成本对比而言，经济效益偏低，性价比不高。

8.3　太阳能利用（光热发电）技术

太阳能热利用是太阳能利用的重要形式，主要包括太阳能热水器、太阳能光热发电、太阳能海水淡化、太阳房、太阳灶、太阳能温室、太阳能干燥系统、太阳能制冷空调等。就当前的技术而言，比较成熟的是太阳能光热发电及热水器利用。现代的太阳热能科技将阳光聚合，并运用其能量产生热水、蒸汽和电力。除了运用适当的科技来收集太阳能外，建筑物亦可利用太阳的光能和热能，方法是在设计时加入合适的装备，例如巨型的向南窗户或使用能吸收及慢慢释放太阳热能的建筑材料。海上太阳能项目新型船舶由它们反射的阳光都自动聚集到甲板中心的中央，加热锅炉里的水，产生高温高压蒸汽，推动发动机。

光热发电是通过“光—热—功”的转化过程实现发电的一种技术，它的利用能源是太阳能，通过聚光器将低密度的太阳能聚集成高密度的能量，经由传热介质将太阳能转化为热能，通过热力循环做功实现到电能的转换。

8.3.1　太阳能光热转换的原理

太阳能光热转换在太阳能的应用上扮演着很重要的角色，能够为我们的日常生活提供很大方便。依靠太阳能光热转换原理，可以将热辐射能转换为我们所需要的其他形式的能量。光热转换的基本工作原理是：使用特制的太阳能采光面，将照射到采光面上的太阳辐射能尽可能地采集和吸收，再将收集到的辐射能用于加热水或空气等物质。

太阳能光热转换原理可分为直接转换利用和间接转换利用两种形式。直接使用太阳能加热后的工质属于直接利用。光能被转换为热能后，再将其转化为电能的方法属于间接利用。在未来，我们将利用太阳能光热转换原理进行发电，完成光—热—电的转换，来满足人们对电能的需求。太阳能光热发电的原理是使用大规模阵列抛物面或碟形镜面来收集太阳能，再利用太阳能集热器将收集的热能转换为吸热工质的热力学能，加热后的工质将产生蒸汽，可用于驱动汽轮机的运转，最后带动发电机进行发电，前一转换过程为光—热转换，后面的转换过程属于热—电转换。为了尽量解决太阳能分散这一缺陷，将辐射能转化为热能这一步骤就变得至关重要，因此集热器就成了太阳能光热转换装置的核心部分。

太阳能发电可分为太阳能聚热发电（CSP）和太阳能光伏发电（PV）两种，生活中运用较多的为太阳能聚热发电，其在当今世界太阳能规模发电中使用率可以达到92.7%，相比之下，太阳能光伏发电才接近于7%。从太阳能规模发电使用率可以看出，太阳能光热转换在太阳能工程中占有着非常重要的地位。如果从热力学原理角度出发来看这个问题，太阳能光热发电站的原理与热力发电厂的原理是相同的。太阳能聚热发电系统按照其聚热方式不同，分为槽式线聚焦系统、塔式聚焦系统、反射菲涅尔聚焦系统以及碟式聚焦系统。这些技术的发展中，槽式太阳能聚热发电最具竞争力，其被证明是可以与一次性能源相竞争的可再生能源技术。

8.3.2 太阳能光热资源利用方式

按照其利用方式不同可分为两类，分别为直接利用形式和间接利用形式。常用的直接利用形式有如下几种。

（1）使用太阳能空气集热器进行供暖等操作。

（2）使用太阳能热水器，为日常生活提供热水。

（3）使用间接加热式被动太阳房。

（4）使用太阳能加热空气产生热压的方法用于建筑中，增强建筑通风。

目前生活中被广泛运用的是蔬菜温室大棚、果脯等物质的干燥操作等。

常用的太阳能间接利用形式为：太阳能吸收式制冷、太阳能吸附式制冷、太阳能喷射制冷。

8.3.3 槽式太阳能光热发电

槽式光热电站是最早实现商业化运行的光热发电类型，其关键设备主要有槽式反射镜、真空吸热管和储热器。通过槽式反射镜将光能聚集并加热真空吸热管中的导热油，通过油水换热器产生高温高压蒸汽，推动汽轮发电机发电。为实现蓄热功能，还使用“油盐换热器”将多余的导热油与熔盐换热，加热熔盐进行储热，以便在晚上满足发电需求。

利用槽式抛物面聚光器聚光的太阳能光热发电系统简称分散型系统。该系统一般由聚光集热装置、蓄热装置、热机发电装置和辅助能源装置（如锅炉）等组成。槽式抛物面将太阳光聚在一条线上，在这条线上安装管状集热器，以吸收聚焦的太阳辐射能，常将众多的槽式抛物面聚光器串并联成聚光集热器阵列。槽式抛物面聚光器对太阳辐射进行一维跟踪。

图 8.14 为 20 世纪 90 年代投产的 SEGSI 电站太阳能光热发电系统示意图，该系统采用双回路设计，传热流体回路和太阳能蒸汽回路分离，经过一系列换热器交换热量，利用导热油作为集热介质，293 ℃的低温导热油从储油罐中泵入槽式太阳能集热场，被加热到 391 ℃，然后依次通过再热器、过热器、蒸发器、预热器等，将收集到的太阳热能交换给动力回路中的蒸汽，产生 10.4 MPa/370 ℃的过热蒸汽，进入汽轮机中做功。当太阳能供应不足时，利用辅助加热器（天然气）加热导热油，从而实现系统的稳定、连续运行。

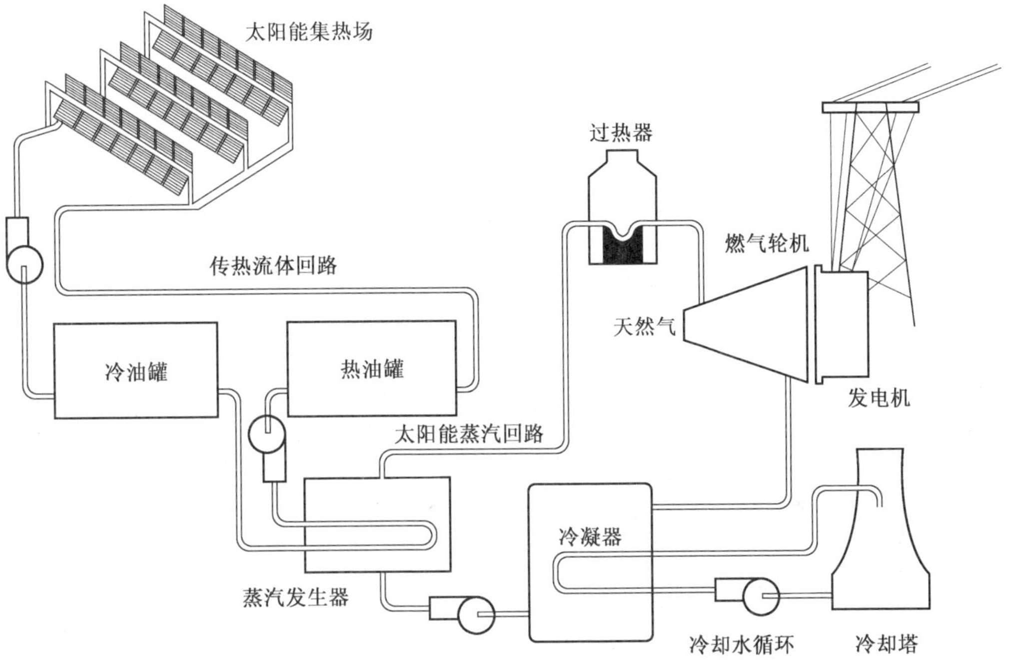

图 8.14　SEGSI 电站太阳能光热发电系统示意图

由于槽式聚光器的几何聚光比低，集热温度不高，因此抛物面槽式太阳能光热发电系统（图 8.15）中动力子系统的热能转换动能效率偏低，通常在 35%左右。因此，单纯的抛物面槽式太阳能光热发电系统在进一步提高热效率、降低发电成本方面的难度较大。

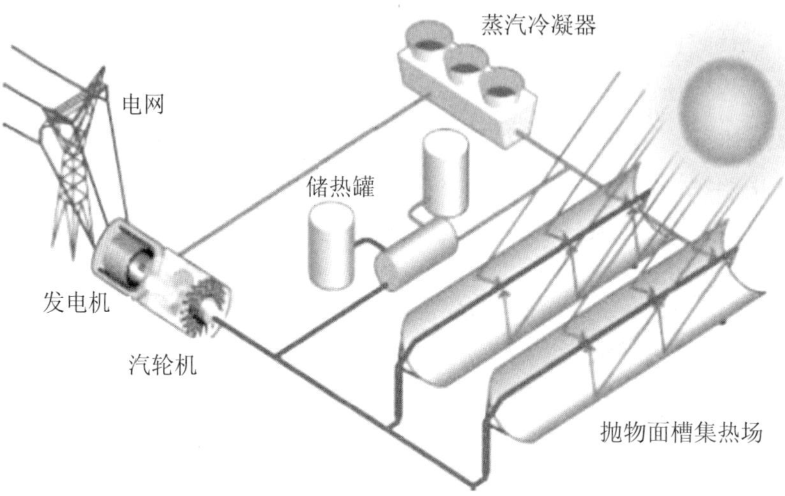

图 8.15　抛物面槽式太阳能光热发电系统

8.3.4　塔式太阳能光热发电

塔式太阳能光热发电也称为集中式太阳能光热发电，利用定日镜将太阳光聚焦在中心吸热塔的吸热器上，聚焦的辐射能转变成热能，然后传递给热力循环的工质，再驱动汽轮机做功发电。塔式太阳能光热发电系统主要分为熔盐系统、空气系统和水/蒸汽系统。无论采用哪种工质，系统的蓄热至关重要。由于太阳能的间隙性，必须由蓄热器提供足够的热能来补充乌云遮挡及夜晚时太阳能的不足，否则发电系统将无法正常工作。

1. 塔式水/蒸汽系统

水/蒸汽系统以水为传热介质。在这类系统中，过冷水经泵增压后被送到塔顶吸热器，在吸热器中蒸发并过热后被送至地面，驱动汽轮机做功发电。图 8.16 为美国 SolarOne 试验电站示意图。SolarOne 的吸热器是一个外圆柱式吸热器，由 24 块管板组成，每块管板有 70 根吸热管。整个吸热器实际上就是一个将水直接加热到过热蒸汽的“太阳能锅炉”。吸热器出口的蒸汽参数为 516 ℃、10.1 MPa，直接用于驱动汽轮机。过热蒸汽也可以送入一个“油-沙石”蓄热系统进行能量的存储。尽管 SolarOne 电站成功地证明了塔式发电技术的可行性，但蓄热系统不能提供足够的蒸汽用于汽轮机发电。电站最主要的运行模式是将太阳能接收器和汽轮机耦合起来，蓄热系统设置为旁路，系统所产生的多余蒸汽进入蓄热系统实现能量存储，蓄热系统只产生辅助蒸汽，用于系统的启停和离线运行时保温。

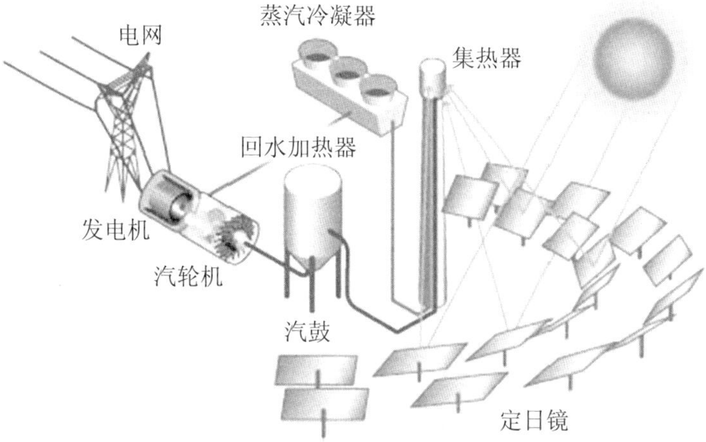

图 8.16　美国 SolarOne 试验电站示意图

2. 塔式熔盐系统

熔盐吸热、传热系统一般以熔融硝酸盐为工作介质，一般系统低温侧为 290 ℃，高温侧为 565 ℃。低温熔盐通过熔盐泵从低温熔盐储罐被送至塔顶的熔盐吸热器，吸热器在平均热流密度约 430 kW/m^2 的聚焦辐射照射下将热量传递给流经吸热器的熔盐。熔盐吸热后温度升高至约 565 ℃，再通过管道送至位于地面的高温熔盐罐。来自高温熔盐罐的熔盐被输送至蒸汽发生器，产生高温过热蒸汽，推动汽轮机做功发电。

以熔盐为吸热、传热介质，主要有以下几个优点：①除克服流动阻力外，系统无压运行，安全性提高；②传热介质在整个吸热、传热循环中无相变，且熔盐热容大，吸热器可承受较高的热流密度，减少制造成本，降低热损；③熔盐本身是很好的蓄热材料，系统传热、蓄热可共用同一介质，使系统极大地简化。但是，熔盐介质也有其缺点：①由于熔盐的高温分解和腐蚀问题，相关材料必须耐高温和耐腐蚀，使系统成本增加、可靠性降低；②由于熔盐的低温凝固问题，在夜间停机时高、低温熔盐储罐必须保温，以防止熔盐凝固，清晨开机时也必须对全部管道进行预热，这都将增加系统的伴生电耗。

图 8.17 所示为 SolarTwo 塔式太阳能发电系统示意图。SolarTwo 塔式电站是目前世界上规模较大的塔式太阳能热电站，装机容量达到 10 MW。该系统由平面镜、跟踪机构、支架等组成定日镜阵列，可由微机控制实现最佳聚焦，始终对准太阳，捕获并聚集太阳辐射能到高塔顶端的外露式吸热器。利用硝酸盐作为蓄热介质，290 ℃的液态低温熔盐从冷熔盐罐中泵入塔式太阳能吸热器，被加热到 565 ℃，然后存回热熔盐罐。热熔盐通过泵送到蒸汽发生器，产生的过热蒸汽进入汽轮机做功发电。熔盐储罐同时作为蓄热系统，满足动力系统的启停和机组在日照不足时的用汽需求。SolarTwo 的试验研究证实了熔盐技术的可行性，进一步降低了技术和经济风险，促进了塔式光热发电技术的商业化。

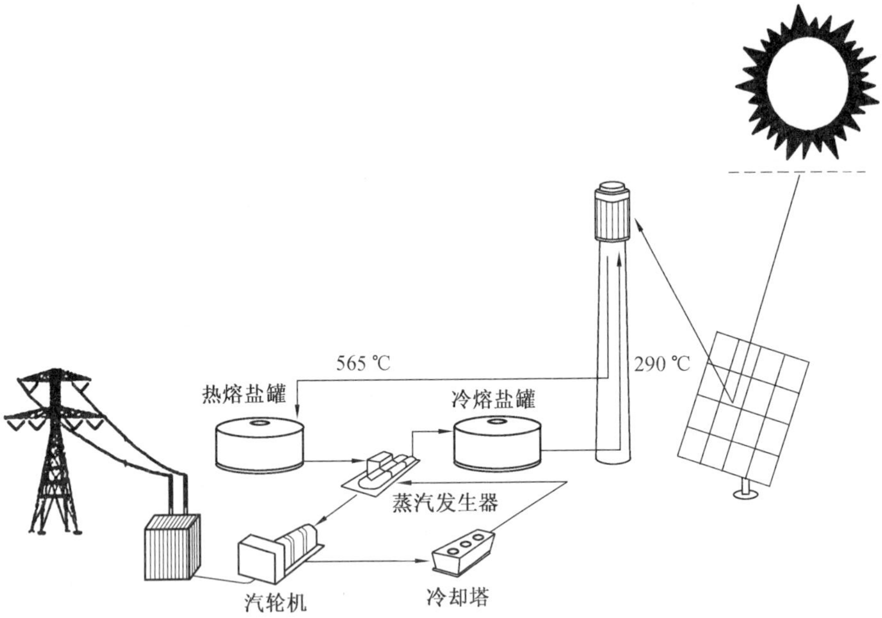

图 8.17　SolarTwo 塔式太阳能发电系统示意图

8.3.5　碟式太阳能光热发电

碟式太阳能光热发电系统（图 8.18）是利用旋转抛物面反射镜，将入射阳光聚集在焦点上，放置在焦点处的太阳能接收器收集较高温度的热能，加热工质以驱动汽轮机，从而将热能转化为电能。整个系统包括：旋转抛物面反射镜、接收器、跟踪装置和蓄热系统。不难看出，塔式太阳能光热发电系统和槽式、碟式系统相比，除聚光集热器有所不同外，三者在系统构成和工作原理等方面都基本相似。

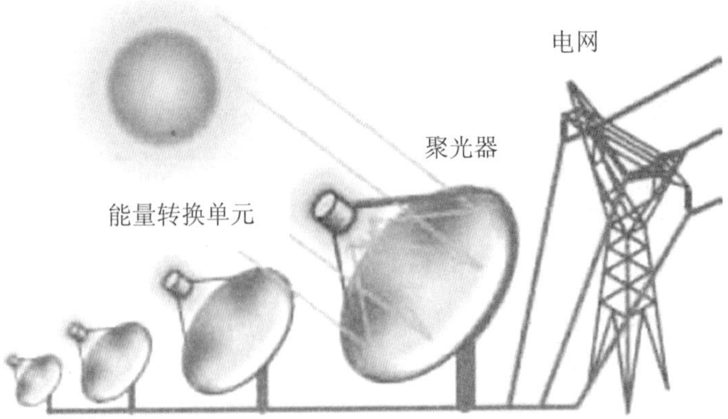

图 8.18　碟式太阳能光热发电系统

8.3.6　线性菲涅尔式太阳能光热发电

线性菲涅尔式发电系统（图 8.19）是简化的槽式发电系统，设备主要有线性菲涅尔反射镜（平面反射镜）、集热管等。线性菲涅尔光热发电镜场反光镜安装密度大，使用的土地面积小，集热管无须进行真空处理，相对槽式光热来说成本低，但是线性菲涅尔集热系统聚焦比小，温度提升较小，系统效率偏低。

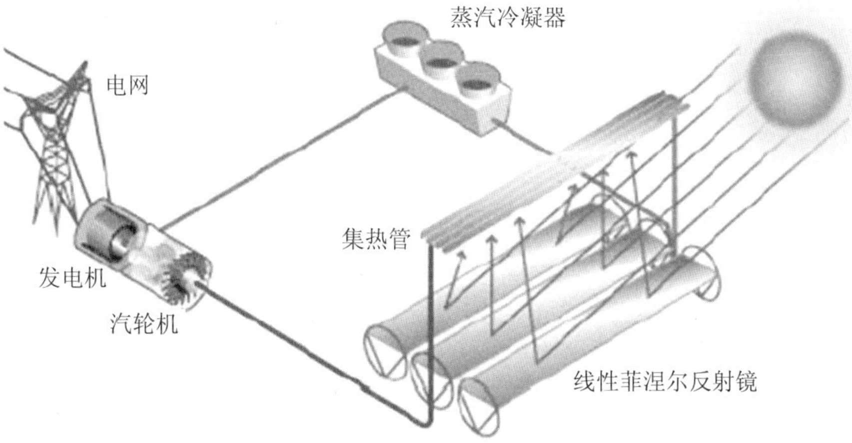

图 8.19　线性菲涅尔式发电系统

8.4　水电技术

水电是清洁能源，可再生、无污染、运行费用低，服务于电力系统调峰储能，有利于提高资源利用率和经济社会的综合效益。

水力发电技术，就是研究将水能转换为电能的工程建设和生产运行等技术经济问题的科学技术。水力发电利用的水能主要是蕴藏于水体中的位能。为实现将水能转换为电能，需要兴建不同类型的水电站。水力发电是利用河川、湖泊等位于高处具有势能的水流至低处，将其中所含的势能转换为水轮机的动能。根据机械能守恒定律，在水力发电中，水位差越大则水轮机所得动能越大，发出的电能越高，在应用方面以常规水电和抽水蓄能为主流。

8.4.1　水电站枢纽的组成

水电站是将水能转变为电能的水力装置，它由各种水工建筑物，以及发电、变电、配电等机械、电气设备，组成为一个有机的综合体，互相配合，协同工作，这种水力装置就是水电站枢纽或者水力枢纽，简称水电站。它由挡水建筑物、泄水建筑物、进水建筑物、引水建筑物、平水建筑物、厂区建筑物、其他建筑物共 7 个部分组成，机电设备则安装在各种建筑物上，主要是在厂房内及其附近。

1. 挡水建筑物

挡水建筑物是拦截水流、壅高水位、形成水库，以集中落差、调节流量的建筑物，例如坝和闸。

2. 泄水建筑物

泄水建筑物的作用主要是泄放水库容纳不了的来水，防止洪水漫过坝顶，确保水库安全运用，因而是水库中必不可少的建筑物，例如溢流坝、河岸溢洪道、坝下泄水管及隧洞、引水明渠溢水道等。

3. 进水建筑物

进水建筑物使水轮机从河流或水库取得所需的流量，如进水口。

4. 引水建筑物

引水建筑物是引水式或混合式水电站中用来集中落差和输送流量的工程设施，如明渠、隧洞等。有时水轮机管道也被称为引水建筑物，但严格说来，由于它主要是输送流量的，所以与同时具有集中落差和输送流量双重作用的引水建筑物并不完全相同。

有些水电站具有较长的尾水隧洞及尾水渠道，这也属于引水建筑物。

5. 平水建筑物

平水建筑物的作用是当负荷突然变化引起引水系统中流量和压力剧烈波动时，借以调整供水流量及压力，保证引水建筑物、水轮机管道的安全和水轮发电机组的稳定运行。引水式或混合式水电站的引水系统中设置的平水建筑物如压力池或高压池。

6. 厂区建筑物

厂区建筑物包括厂房、变电站和开关站。厂房是水电站枢纽中最重要的建筑物之一，它不同于一般的工业厂房，而是水力机械、电气设备等有机地结合在一起的特殊的水工建筑物；变电站是安装升压变压器的场所；而开关站则是安装各种高压配电装置的地方，故也称高压配电场。

7. 枢纽中的其他建筑物

此类建筑物指对于将水能转变为电能这个生产过程没有直接作用的船闸或升船机、筏道、鱼道或鱼闸以及为灌溉或城市供水而设的取水设施等。为了综合利用水资源，它们在整个水电站枢纽中也是不可分割的一部分，对枢纽的布置和运用也有重要的影响。

将水能转变成电能的生产全过程是在整个水电站枢纽中进行的，而不仅仅是在厂房中进行的。

8.4.2 水电站厂房的组成

水电站厂房依照设备布置和运行要求的空间可划分为以下几大区域。

1. 主厂房

用来安装水轮发电机组及各种辅助设备的房间称为主厂房，是水电站厂房的主要组成部分。

2. 副厂房

布置各种运行操纵设备和检修治理设备的房间，以及运行治理人员工作和生活的用房，统称为副厂房。

3. 主变压器场

安装升压变压器的地点称为主变压器场。水电站发出的电能经变压器升压后，再经输电线路输送给用户。

4. 开关站

安装高压配电装置的地点称为开关站。发电机侧（低压侧）的配电装置，通常装设在厂房内，而其高压侧的配电装置一般在户外，称为高压开关站。开关站装设高压开关、高压母线和保护装置，高压输电线由此将电能输送给电网和用户。

水电站主厂房、副厂房、主变压器场和开关站以及厂区交通等，组成水电站厂区枢纽建筑物，一般称为厂区枢纽。厂区是完成发电、变电和配电的主体。

8.4.3 水力发电流程

具有水头的水力——经压力管道或压力隧洞（或直接进入水轮机）进入水轮机转轮流道——水轮机转轮在水力作用下旋转（水能转变为机械能）——带动同轴的发电机旋转——发电机定子绕组切割转子绕组产生磁场磁力线（根据电磁感应定律发电，完成机械能到电能的转换）——发出来的电经升降压变压器后与电力系统联网。

8.4.4 水电站的运行特点

目前，在我国的电力系统中，主要是火电厂与水电站以及少数的核电厂、风力发电厂、地热能发电厂联合工作。为了使得各类电厂合理分担电力系统的负荷，各种类型的电厂在电力系统中承担着不尽相同的作用。图 8.20 所示为电力系统日负荷曲线。

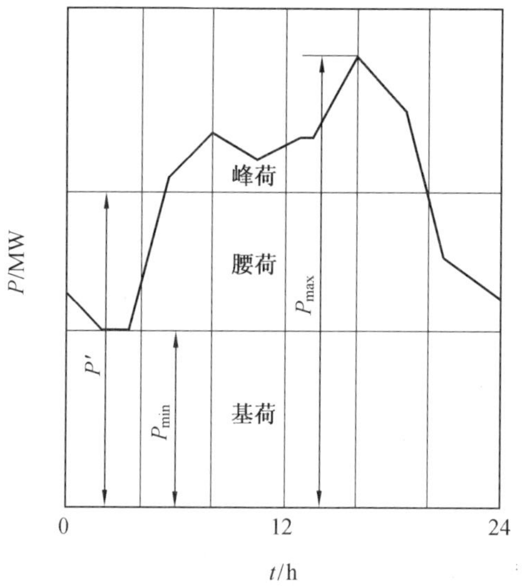

图 8.20　电力系统日负荷曲线

一般来说，由于火电和核电机组在机组性能上的特点，它们一般在电力系统中主要承担基荷和腰荷的负荷，而结合水电机组的特点以及不同的季节，水电机组在承担电力负荷上选择性更为灵活。下面我们先了解一下水电站的运行特点。

水电站的工作情形随河川径流的多变而变化。水电站的出力和发电量受到天然径流来水量的阻碍，尽管水库具有调剂径流的作用，但也只能是在一定程度上小幅度调剂（水库库容越大，调剂的作用就越明显），导致水电站在枯水季节出力和发电量得不到保证，丰水季节又往往由于库容不足弃水而导致水能难以利用。

水电站的运行费用与实际发出的电量多少无关。建成后的水电站，其发电量的多少主要与其径流来水量的多少有关，而其运行费用却差不多。因此，应当尽量使水电站多发电，而减少系统中火电厂的发电量，从而减低火电厂相应燃料的消耗，提高整个电力系统的经济性。

水轮发电机组操作灵活，启停迅速，通常只需要几分钟就能够启动或停机，增减负荷十分方便。因此利用水库调剂，水电站适宜在电力系统中承担调峰、调频和事故备用等任务。

由于水电站及其水库具有综合利用的性质，水利系统各部门对水电站及其水库会提出各种综合利用要求，因而水电站及其水库的运行调度方式必定会受其制约。

8.4.5　水电站的类型

1. 河床式水电站（图 8.21）

河床式水电站的厂房和坝、溢洪道等建筑物均建造在河床中，厂房本身承受上游水压力，起挡水作用，成为水库挡水建筑物的一部分，从而节省水电站挡水建筑物的总造价，是适用于水头低于 30～40 m、用低坝开发的坝式水电站。有时，为了泄洪、排沙的需要，将厂房的机组布置在溢洪道中加宽了的闸墩内；有时，在机组蜗壳的上部或下部设排沙、泄洪的泄水底孔，并利用泄水底孔的射流降低尾水位、增加电站水头和机组出力。

河床式水电站只建有低坝，水库容量和调节能力均较小，主要依靠河流的天然流量发电，所以又称径流式水电站。由于弃水较多，水能利用受到较大限制，综合效益相对较小，但淹没损失和移民安置的困难也较小，适于建造在平原或丘陵地区，河道坡度较缓，而抬高水位会显著增加两岸城乡淹没损失的河段上，河床式水电站如葛洲坝水利枢纽及富春江、西津、青铜峡水电站等。

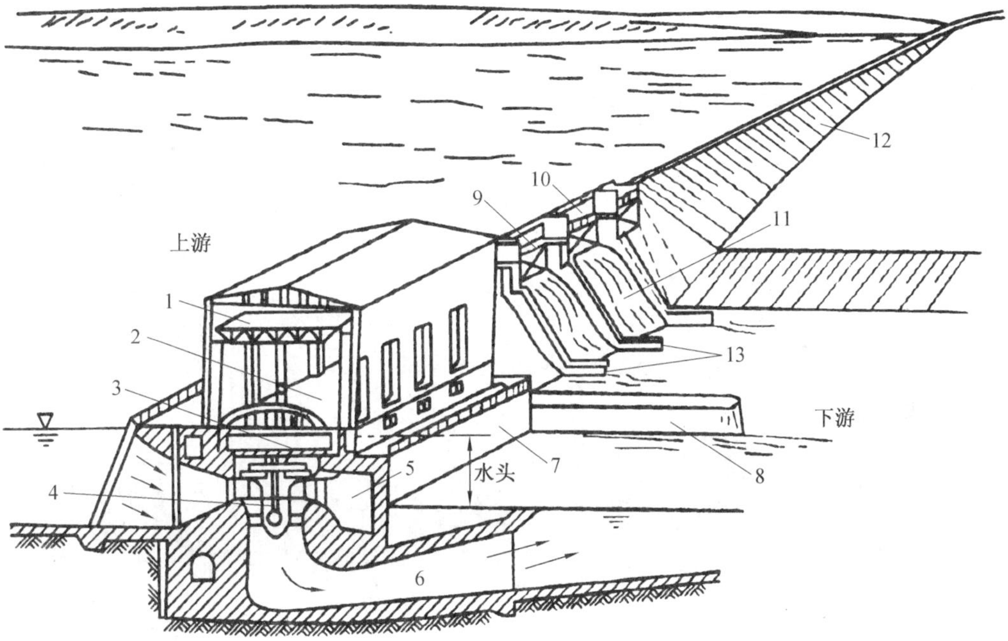

1—桥式吊车；2—主厂房；3—发电机；4—水轮机；5—蜗壳；6—尾水管；7—水电站厂房；8—尾水导墙；9—闸门；10—工作桥；11—溢流坝；12—拦河坝；13—闸墩。

图 8.21　河床式水电站示意图

2. 坝后式水电站（图 8.22）

坝后式水电站是厂房布置在坝体下游，并通过坝体引水发电，厂房本身不承受上游水压力的水电站。坝后式水电站厂房在枢纽总体布置中的位置，可以根据坝址区的地形、地质、坝型等条件选定。其中，坝型对厂房的布置常起决定性的作用。一般的坝后式水电站厂房建在混凝土坝的坝址附近；如混凝土的坝体足够大，可以将厂房布置在坝内空腔中，称为坝内式水电站；当挡水坝为支墩坝或连拱坝时，还可将厂房布置在支墩间；如河谷较窄而水电站的机组较多，泄水建筑物与厂房的布置有矛盾时，将厂房布置在溢流坝的下游，溢流水舌流经厂房顶，称为溢流式水电站；当河谷狭窄时，也可以将引水管道绕过坝体布置在河岸，水电站建筑物与坝分开，称为岸边引水式水电站，厂房可以采用河岸式或地下式。

坝后式水电站的坝上游有较大容量的蓄水库可以调节流量，有利于加大电站的装机容量，能适应电力系统的调峰要求，水能的利用较充分，综合利用的效益也较高，常可既发挥防洪作用，又满足其他兴利要求。其缺点是水库有淹没损失和城乡居民搬迁安置的困难，故高坝大库的坝后式水电站仅适于建造在高山峡谷、淹没较小的地区，常规的坝后式水电站如丰满水电站、东江水电站、龙羊峡水电站。

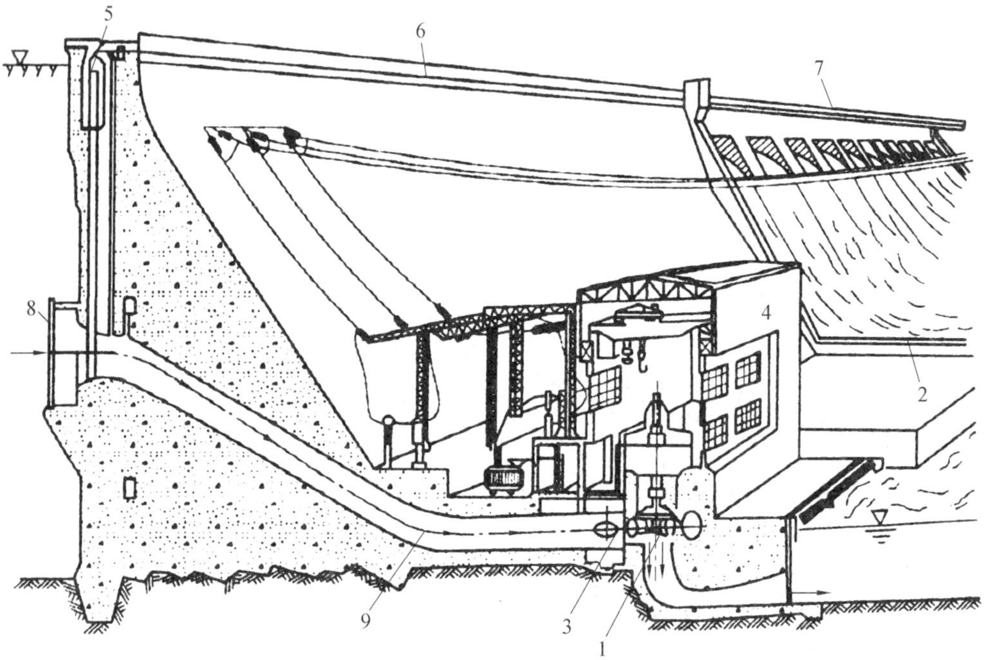

1—水轮机；2—导流墙；3—主阀；4—厂房；5—闸门；
6—拦河坝；7—溢流坝；8—拦污栅；9—压力管道。

图 8.22　坝后式水电站示意图

3. 坝内式水电站（图 8.23）

坝内式水电站是指将厂房布置在拦河坝体内部，如此布置主要是由于河谷狭窄不足以布置坝后式厂房，而坝高足够在坝内留出一定大小的空腔布置厂房。由于坝内式水电站的厂房布置在溢流坝内，坝体内部的空腔削弱了坝体强度，并使得坝体应力复杂化。由于厂房尺寸受到坝体尺寸的限制，因此此类水电站的机电设备选择在尺寸上也受到相应的限制。另外，坝内式水电站要注意防渗、防潮、通风、照明等问题。坝内式水电站如上犹江、凤滩水电站等。

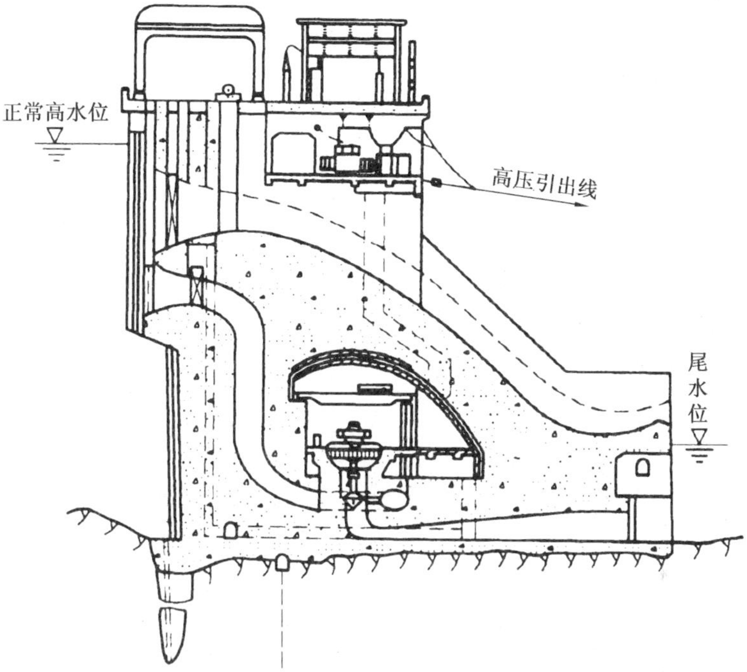

图 8.23　坝内式水电站示意图

4. 引水式水电站（图 8.24）

发电用水来自较长的引水道，厂房远离挡水和进水建筑物，厂房上游不承担水压力，厂房布置在引水系统末端的河岸上。由于厂房布置在地面的河岸上，因此也称为引水河岸式水电站。当由于河谷狭窄，岸坡陡峻，或者其他缘故，布置地面厂房有困难时，将厂房建在地下的山体内，那么此类可称为引水地下式厂房。

1—拦河坝；2—溢流坝；3—进水闸；4—引水渠道；5—压力前池；6—日调节池；
7—压力钢管；8—厂房；9—泄水道；10—开关站；11—尾水渠。

图 8.24 引水式水电站示意图

5. 抽水蓄能电站

抽水蓄能电站可认为是一种专门类型的水电站。水电机组具备启停迅速、运行灵活，适宜担任调峰、调频和事故备用负荷等特点，而抽水蓄能机组可将水电机组上述特点发挥到极致。抽水蓄能电站不是为了开发水能资源向系统提供电能，而是以水体为储能介质，对电力系统起到调剂作用。抽水蓄能电站包括抽水蓄能和放水发电两个过程，它有上下两个水库，一样用压力管道相连，蓄能电站厂房建在离下水库不远的地下山体内。在系统负荷低谷时，利用系统剩余的电能带动泵站机组（电动机+水泵）将下水库的水抽到上库，以水的势能形式储存起来；当系统负荷高峰时，将上水库的水放下来推动水轮发电机组（水轮机+发电机）发电，以补充系统中电能的不足。由于抽水蓄能电站较之常规水电站可运行的工况更多，因此其在对电力系统的调剂功能上更为灵活。抽水储能发电原理示意图如图 8.25 所示。

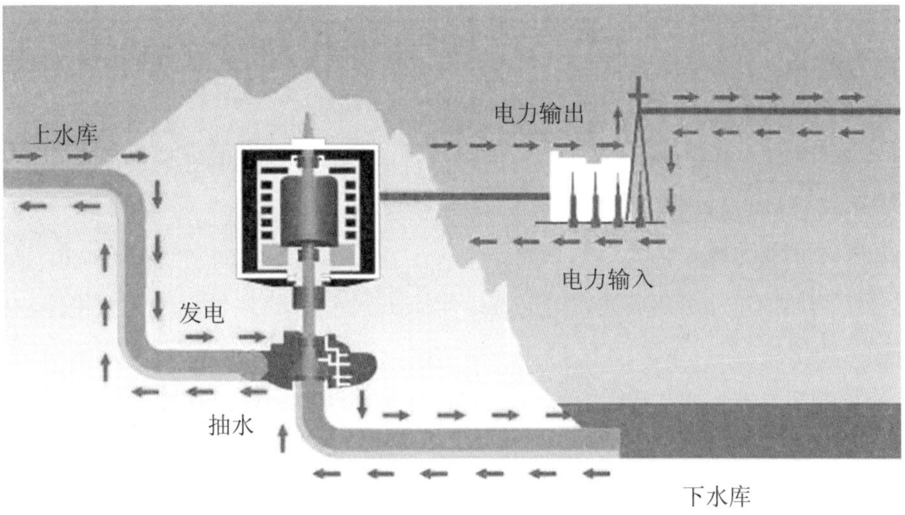

图 8.25　抽水储能发电原理示意图

8.5　生物质能利用技术

生物质是指通过光合作用而形成的各种有机体，包括所有的动植物和微生物。所谓生物质能，就是太阳能以化学能形式储存在生物质中的能量形式，即以生物质为载体的能量。它直接或间接地来源于绿色植物的光合作用，可转化为常规的固态、液态和气态燃料，取之不尽、用之不竭，是一种可再生能源。

8.5.1　生物质的种类

通常用作能量转化的生物质可以分为 4 类：①木材残余物。涵盖所有来源于木材和木材产品的物质，主要包括燃料木材、木炭、废弃木材和森林的残余物。②农业废弃物。所有与种植业和庄稼处理过程有关的废弃物，如稻谷壳、秸秆和动物的粪便。③能源庄稼。专门用于能量生产的庄稼，如甘蔗秆和木薯。④城市固体垃圾（MSW）。

8.5.2　生物质的特点

生物质的成分包括：纤维素、半纤维素、木质素、蛋白质、单糖、淀粉、水分、灰分和其他化合物。每一种组分的含量比例是由生物质种类、生长时期和生长条件等因素决定的。与化石燃料相比，生物质具有以下特点。

（1）生物质是一种 CO_2 零排放的能源资源（利用转化过程中排放的 CO_2 等于生长过程中吸收的量），可以在提供能源的同时而不增加 CO_2 排放量。

（2）生物质的硫、氮和灰分含量少，在利用转化过程中可以减少硫化物、氮化物和粉尘的排放。

（3）生物质的挥发分含量大（折算挥发分为烟煤的 6 倍以上），氧含量高，有利于生物质的着火和燃烧。

（4）生物质的水分含量大，影响着火和燃烧的稳定性，同时在燃烧时造成大量的能量损失，并且可能引起燃料储存问题。

（5）单位质量生物质的热值低，要求能量转化设备有足够的空间投入原料。

（6）生物质的分布分散，能量密度低，收集运输和预处理过程（例如粉碎、压缩成型和干燥）费用高。

（7）生物质具有可再生性，原料具有多样性和广泛性，资源开发潜力大。

8. 5. 3　生物质的利用转化方式

生物质的利用转化方式主要有 3 种：热化学法、生物化学法和提取法。

1. 热化学法

热化学法是指高温下将生物质转化为其他形式能量的转化技术，主要包括 4 种方式。

（1）直接燃烧。直接将生物质完全燃烧放出热量。

（2）气化。在气体介质氧气、空气或蒸汽参与的情况下对生物质进行部分氧化而转化成气体燃料的过程。

（3）热解。在没有气体介质氧气、空气或蒸汽参与的情况下，单纯利用热能使生物质中的有机物质等发生热分解从而脱除挥发性物质，常温下为液态或气态，并形成固态的半焦或焦炭的过程。

（4）直接液化。在高温高压和催化剂作用下从生物质中提取液化石油等。

2. 生物化学法

生物化学法是指生物质在微生物的发酵作用下产生沼气、酒精等能源产品。

3. 提取法

提取法是利用物理方法从生物质中提取生物油。

8. 5. 4　生物质能转化为电能的主要方式

上述气化和直接燃烧是目前利用生物质原料发电的主要方式。

1. 直接燃烧发电的过程

生物质与过量空气在锅炉中燃烧，产生的热烟气和锅炉的热交换部件换热，产生出的高温高压蒸汽在蒸汽轮机中膨胀做功发出电能。

2. 气化发电的过程

生物质通过热化学转化为气体燃料，净化后的气体燃料直接被送入锅炉、内燃发电机和燃气轮机的燃烧室中燃烧来发电。

3. 实际利用效果

由于气化发电普遍规模小，效率低，因此，直接燃烧成为目前国内生物质能转化为电能的主流方式。

8.5.5　生物质的燃烧过程

1. 生物质燃烧的总体方程式

燃烧是包含传热和传质过程，并且伴随有化学反应和流体流动的一种综合现象。任何一种生物质燃料在空气中燃烧时的综合反应方程式为

$$C_{x1}H_{x2}O_{x3}N_{x4}S_{x5}Cl_{x6}Si_{x7}K_{x8}Ca_{x9}Mg_{x10}Na_{x11}P_{x12}Fe_{x13}Al_{x14}Ti_{x15}+n_1H_2O+$$

$$n_2(1+e)(O_2+3.76N_2)\longrightarrow n_3CO_2+n_4H_2O+n_5O_2+n_6N_2+n_7CO+n_8CH_4$$

$$n_9NO+n_{10}NO_2+n_{11}SO_2+n_{12}HCl+n_{13}KCl+n_{14}K_2SO_4+n_{15}C+\cdots$$

其中第一个分子式表示任一种生物质燃料，这个分子式中只包含了 15 种元素，实际上这是近似处理，完整的生物质组分还应包含更多的元素。第二个分子式表示的是燃料中的水分，但是其数值变化很大。第三个分子式表示的是空气，它是按 O_2 和 N_2 分别占总体积的 21% 和 79% 的混合物来表示的。方程式的另一边是反应生产物，主要生成物是那些在式中首先表示的物质，生成物中有些化合物是大气的污染物（如 CO、N 和 S 的氧化物），同时有些生成物（如碱金属的氯化物和硅酸盐等）会导致燃烧设备的积灰和结渣问题。

2. 生物质燃烧的基本过程

由于不同种类的生物质在化学组成成分和物理特性上有差别，所以它们的燃烧过程是不同的。但是一般认为，生物质的燃烧通常可以分为 3 个阶段，即预热起燃阶段、挥发分燃烧阶段、碳燃烧阶段。

（1）预热起燃阶段。

在该阶段，生物质（湿物料）被加热，水分逐渐蒸发后变为干物料。当生物质被加热到 160 ℃时，开始释放出挥发分。挥发分的组成为：CO_2、CO、低分子碳氢化合物（如 CH_4、C_2H_4 等），还有 H_2、O_2 和 N_2 等气体。挥发分中的 H_2、低分子碳氢化合物和 CO 是可燃成分，CO_2 和 N_2 是不可燃成分。

（2）挥发分燃烧阶段。

生物质经加热所释放出的挥发分在高温下开始燃烧，同时释放出大量热量，由于挥发分的成分比较复杂，其燃烧反应也比较复杂。几种主要挥发分气体的燃烧反应方程式为

$$H_2+\frac{1}{2}O_2 = H_2O,\quad CO+\frac{1}{2}O_2 = CO_2,\quad 2C_2H_6+7O_2 = 4CO_2+6H_2O$$

$$C_2H_4+3O_2 = 2CO_2+2H_2O,\quad CH_4+2O_2 = CO_2+2H_2O$$

（3）碳燃烧阶段。

挥发分在燃烧初期将固定碳包裹着，氧气不能接触到碳的表面，因而碳在挥发分的燃烧初期是不燃烧的，经过一段时间以后，挥发分燃烧结束，剩下的碳与氧气接触并发生燃烧反应。碳燃烧时的反应方程式为

$$4C+3O_2 = 2CO_2+2CO,\quad 2H_2+O_2 = 2H_2O$$

$$CO_2+C = 2CO,\quad C+H_2O = CO+H_2$$

对于生物质燃烧的基本过程的认识，其他研究人员有不同的观点。如：A. Williams等认为，生物质的水分对燃烧过程影响很大，甚至主宰整个燃烧过程，所以将水分的干燥作为一个独立的过程，并将生物质燃烧的基本过程分为 3 步：生物质脱挥发分、挥发分燃烧和碳的燃烧。

3. 影响生物质燃烧的因素

影响生物质燃烧的因素有很多，其中燃料的水分含量、空气供给量、燃料颗粒尺寸和反应时间是主要因素。下面具体分析它们对燃烧过程的影响。

（1）水分含量。

燃烧反应是放热反应，而水分的蒸发却要强烈地吸收热量。大多数生物质燃料自身维持燃烧要求燃料中的水分含量不超过 65%（湿基下的质量百分比值），如果超过这个值，则燃烧过程释放的热量不能满足水分蒸发所需的热量，会导致燃烧反应的结束。实际上，当生物质的水分含量超过 50%（湿基下的质量百分比值）时，就需要加入辅助燃料来助燃。

（2）空气供给量。

所有的燃烧反应都是燃料与空气中的氧发生反应，所以空气供给量决定着燃烧反应的过程。如果空气供给量太小，燃烧反应进行得不完全；而如果空气供给量太大，则加热空气需要热量，结果会导致燃烧温度的降低，使燃烧的稳定性变差。因此要确定一个最佳的过量空气系数，保证燃烧稳定和完全彻底地进行。一般情况下，过量空气系数值为 1.2～1.5。

（3）燃料颗粒尺寸。

燃烧反应一般是在燃料颗粒的表面进行的，如果颗粒表面大的话，就会有利于燃烧反应的进行。燃料颗粒尺寸决定着参与燃烧反应的颗粒总表面积，颗粒尺寸越小，则燃料颗粒的总面积就越大。因而，燃料颗粒尺寸小一些，有利于燃烧反应的进行。

（4）反应时间。

燃料的燃烧是一种化学反应，需要一定的时间才能完成。因此，足够的反应时间是燃料完成燃烧反应的重要条件之一。

8.5.6　水冷振动炉排锅炉特点

水冷振动炉排是由龙基电力引进丹麦 BWE 技术和百安纳设计公司技术，自行制造关键水冷振动炉排设备，并由济南锅炉厂转化制造的高温高压锅炉本体。目前该产品占据市场主要份额且运转良好（国能集团投资建设项目均采用此锅炉）。目前龙基电力已经收购丹麦百安纳设计公司和济南锅炉厂，全面掌握整个产业链。国内部分锅炉制造厂（如无锡华光锅炉厂、杭州锅炉集团、华西能源等）借鉴国外技术（如 BWE 技术）生产制造的水冷振动炉排锅炉，经过多年的技术摸索和实践，目前已基本成熟，可靠性大大提升。目前已建成和在建项目有 90% 以上是引进丹麦 BWE 技术制造的水冷振动炉排锅炉。

采用丹麦 BWE 技术的振动炉排锅炉与常规的燃煤锅炉有很多的不同：全钢结构，炉内没有防火涂料，安装完毕马上可以投运；采用振动炉排；大量采用光电信号进行燃料位置的判断；上料线设计复杂的消防水系统；单元机组控制方案采用机跟炉方式进行；等等。

锅炉采用单锅筒自然循环锅炉，包括振动炉排及 4 个烟气回程。锅炉安装在锅炉基座上。前 3 个回程的水冷壁及炉排水冷壁共同组成了锅炉的蒸发系统。这些水冷壁包围并形成了布置过热器的封闭空间。锅炉蒸发系统图如图 8.26 所示。

锅筒内设置挡板，挡板位于水蒸气连接管的上方；下降管位于底部，用于水循环的供水；汽水分离器位于顶部，用以保证干燥的饱和蒸汽被输送至过热器。

锅筒通过左右两根下降管向左右两侧水冷壁下集箱和烟井 2 后墙水冷壁下集箱供水，并分配到炉排水冷壁下集箱和烟井 3 后墙水冷壁下集箱内，通过两侧水冷壁以及炉排水冷壁、前水冷壁和烟井 2、3 后墙水冷壁的吸热上升到上集箱，最后进入锅筒。

在锅炉第 3 回程中，过热器为管束卧式布置；在第 1 回程及第 2 回程中，过热器为屏式垂直布置；第Ⅰ级过热器及第Ⅱ级过热器在第 3 回程中，第 Ⅲ 级过热器在第 1 回程即炉膛的上部；第 Ⅳ 级过热器位于第 2 回程中。

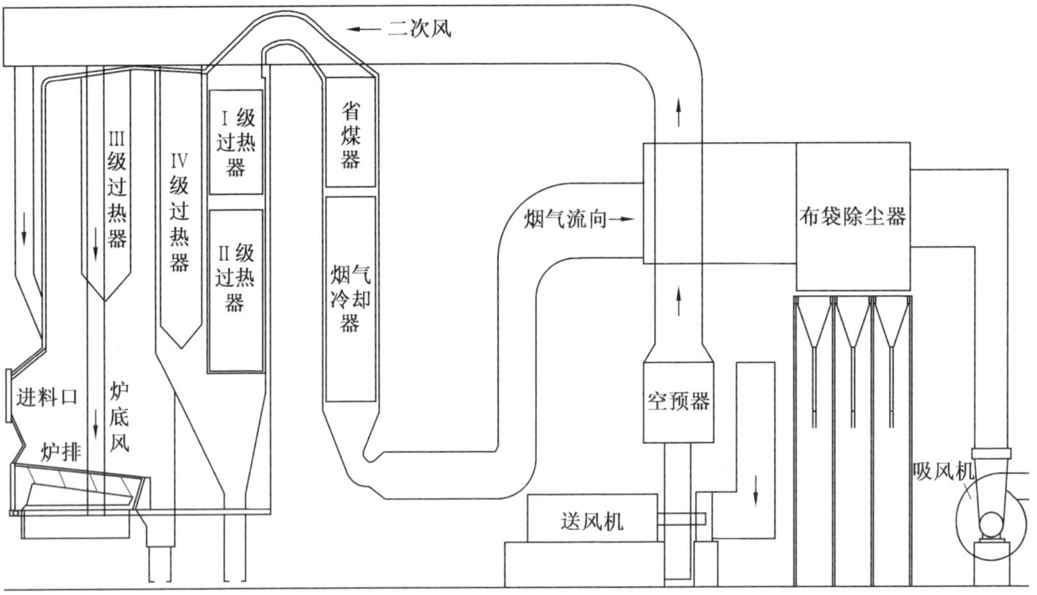

图 8.26　锅炉蒸发系统图

省煤器、烟气冷却器安装在省煤器-烟气冷却器塔内，在锅炉中形成第 4 个回程。锅炉这个部分没有受热面。省煤器和烟气冷却器由方形鳍片蛇形管组成。省煤器位于第 4 回程的上部，分为 2 级。烟气冷却器位于省煤器的下方，分为 5 级。

空气预热器单独立式布置在炉外，由一组圆形鳍片蛇形管组成。

空气预热器是通过给水与冷空气的热交换来加热空气的。

8.5.7　循环流化床生物质

1. 循环流化床锅炉发展历程

20 世纪 80 年代就已经有国家开始进行生物质 CFB（循环流化床）锅炉燃料的研究开发工作，并且有多个实际应用项目。我国的一些科研单位和锅炉厂在早期也进行了比较深入的研究，先后开发出纯烧蔗渣锅炉、蔗渣煤粉混烧锅炉、造纸厂用碱回收锅炉和棕榈锅炉，这些锅炉已经形成系列产品。

近几年国家出于节能减排、提高资源利用率的考虑，号召开发生物质能源的再生利用技术，燃用生物质燃料的 CFB 锅炉应运而生。中节能（宿迁）生物质能发电有限公司秸秆直燃发电项目锅炉是国内第一个具有自主知识产权的生物质 CFB 锅炉，此后以武汉凯迪为代表的相关科研机构和各锅炉厂陆续研发了不同参数的一系列 CFB 锅炉产品并有部分项目投入运行。生物质 CFB 锅炉国产化摆脱了我国在生物质发电依靠引进国外技术的高成本、技术不适应我国生物质燃烧的局面，为我国生物质 CFB 锅炉向低成本、规模化、产业化发展奠定了良好的基础。

2. 循环流化床锅炉流派

生物质燃料由于含有一定量的碱金属无机杂质，燃烧过程中灰颗粒容易在低温下出现熔融现象，因而容易在高温的炉膛内结焦，在流态化燃烧过程中主要体现为床层聚团和水冷壁及炉膛内受热面结焦等。

床层聚团发生的主要原因是局部熔融的生物质半焦或者灰颗粒黏附床料颗粒之后降低流化质量，局部流化不充分会导致局部高温从而加剧灰颗粒的熔融，从而强化床料颗粒之间的黏结，使流化进一步恶化，致使流化失败。因此，作为燃用生物质的锅炉系统，要解决的主要难题是：燃料在锅炉中燃烧容易引起结团、结焦的问题；对流受热面易形成高温黏结灰，产生高温碱金属腐蚀、锅炉尾部低温氯腐蚀、飞灰搭桥的问题。

众多科研机构（或院校）及锅炉厂在研究过程中，对生物质燃料的燃烧特性理解和认识基本是一致的，但具体的技术解决方案各有千秋，主要表现为方案设计、工艺选材、运行调整手段等不同。

纵观各家设计方案，依据受热面的布置形式差异可归结为两大技术流派。

第一类技术流派主张炉膛内（包括水平烟道内）尽可能少布置对流受热面。这类布置方式尾部需要比较长的烟气流程，以满足更多的受热面的热交换。

65 t/h 高温次高压的生物质 CFB 锅炉采用了尾部三烟道的设计方案，屏式过热器布置于第一烟道内，低温过热器、高温过热器分别位于第二烟道上下部，省煤器和空气预热器布置在第三烟道内。除了加长尾部烟气流程，另一解决方案是将高温过热器布置在外置式换热器中。采用外置式换热器方案通过调整进入换热器的循环灰量与直接返回炉内循环灰量的比例控制床料温度，使调整床温更具灵活性。根据需要还可以采用水冷或汽冷旋风分离器，以保证锅炉足够的受热面积，一般使用于较大容量的 CFB 锅炉。

第二类技术流派主张在炉膛内多布置受热面。部分厂家除了在炉膛内布置翼墙式水冷屏，还将中、高温过热器布置在炉膛（或水平烟道）内。

炉膛内稀相区下部布置水冷管屏，炉膛上部布置中温过热器和高温过热器蛇形管，受热面通过对流管束悬吊在炉膛内。这类方案主要是靠调节返料量来调节床内固体颗粒浓度，以改变水冷壁和过热器的换热系数，从而改变炉内吸热量来控制床温。当然，相对于燃煤锅炉而言，生物质炉膛出口温度水平降低后其尾部还是应增加一定受热面积。

因为结构布置形式的差异，对相同容量的锅炉而言，第一类方案在造价上略高于第二类方案；技术流派的演变是一个技术发展的过程，在短时间内还不能判断今后实际应用中可能会暴露的各种问题，需要长期运行的检验，不断总结经验进行优化设计，使锅炉达到更加安全可靠、经济稳定、高效环保运行的目标。

8.5.8 联合炉排

济南锅炉厂吸取国外先进生物质锅炉技术研发并具有自主知识产权的联合炉排燃烧技术目前已经成熟并成功运用，该技术具有燃料品种适应性广、燃烧充分、适应高水分燃料、性能稳定可靠等特点。

该技术采用两套不同的炉排联合使用，前面为倾斜往复炉排，后面为重型鳞片式炉排。运行中前面的往复炉排作为燃料预燃段并控制燃料量，后面的链条炉排控制燃尽速度，两者可分别调整，也可相互配合调节，可取得良好的燃烧效果。

8.5.9 炉型比较

1. 技术比较及应用情况

水冷振动炉排锅炉在国内外均有成熟的长期运行经验，使用数量最多，市场占有率高，生产、安装、调试、运营的经验均较其他炉型丰富。中国第一个国家级生物质发电示范项目国能单县生物质发电厂即采用源自丹麦的水冷振动炉排技术。

而循环流化床锅炉最早是为解决燃煤机组烟气炉内脱硫的问题而在中国采用的，虽然近年来开始尝试用于生物质发电，但基于未解决的技术问题较多，且因 CDM 指标难申请等，还未能广泛应用。两种炉型比较见表 8.5 和表 8.6。

表 8.5　两种炉型优缺点比较

优缺点	水冷振动炉排锅炉	循环流化床锅炉
优点	1. 燃料适应范围大 2. 秸秆基本无须预处理就可直接入炉 3. 受热面磨损相对较轻 4. 烟气含尘浓度较低 5. 设备厂用电量小 6. 设备运行可靠，年发电小时数多，全生命周期发电成本低	1. SO_2、NO_x 排放浓度较低 2. 初期投资较低
缺点	1. SO_2、NO_x 排放浓度较高（但可满足国家排放标准） 2. 初期投资较高	1. 燃料适应范围小 2. 燃料预处理要求较高 3. 受热面磨损严重 4. 设备厂用电量大 5. 烟气含尘浓度相对较高 6. 设备运行停机检修维护时间较长，年发电小时数少，全生命周期发电成本高

表 8.6　两种炉型因素比较

比较因素	水冷振动炉排锅炉	循环流化床锅炉
生物质燃料的适应性	燃料适应范围大	燃料适应范围小
燃料预处理	简单	复杂
结焦情况	小一些	大一些
燃烧充分性	通过炉排按一定频率振动（可根据燃料调整），使燃料在炉排上充分与空气接触、充分燃烧	要求燃料粒径和密度均一，否则无法充分燃烧
锅炉效率	效率高	效率较低
设备厂用电量	低	高
年运行时间/h	7 200	<6 000
设备磨损程度	低	高
后期维护费用	低	高
市场占有率	大	小

（1）燃料适应性。

水冷振动炉排锅炉，较好地结合了国外先进技术和中国燃料的实际状况，可以适应 60 多种农林废弃物，既可纯烧某种燃料，也可掺烧多种燃料。在燃料水分高达 40% 时亦可稳定燃烧。

循环流化床锅炉仅适用于燃料粒径和密度差别不大的燃料，对燃料的要求较为苛刻。

（2）燃料预处理。

水冷振动炉排锅炉基本无须燃料预处理系统。

而循环流化床锅炉对燃料预处理要求较高，对燃料粒径具有较严格要求，如需要将秸秆进行一系列破碎、筛分等处理，使其尺寸、状况均一化，入炉秸秆尺寸一般要求为 150～200 mm，该部分投资费用较高。

（3）磨损情况。

水冷振动炉排锅炉中由于秸秆燃烧过程均发生在炉排表面上，炉排相对较长，炉型较大，磨损较轻。

循环流化床锅炉的布风板、周围水冷壁及后面尾部受热面和炉墙的磨损严重。

（4）安装方案。

水冷振动炉排锅炉，以德普新源公司的产品为例，省煤器和烟冷器都是模块化的，三、四级过热器都是直接跟小集箱焊接在一起的，焊口比较少。

水冷振动炉排锅炉，以德普新源公司的产品为例，安装方式是底部支撑的，从下往上安装。循环流化床锅炉是吊装的，从上往下安装，难度较大。

2. 经济性比较

水冷振动炉排锅炉的经济指标明显优于循环流化床锅炉。水冷振动炉排锅炉与循环流化床锅炉相比，虽然设备初期投资较大，但考虑到燃烧效率高使得单位发电量燃料耗量低，设备运行稳定使得年发电小时数多，设备磨损较流化床轻使得日常维修、部件更换费用低，设备厂用电率低使得同等装机容量的电厂上网电量多等因素，从锅炉设备的整个生命周期综合考虑，水冷振动炉排锅炉的经济指标明显优于循环流化床锅炉。

8.6 核能技术

利用原子核内部蕴藏的能量产生电能称为核电。核电站主要由两部分组成，一部分是反应装置及冷却装置，其核心为一个反应堆，是维持和控制核裂变反应的装置，在内部实现核能转换为热能。释放出的热能由一回路系统冷却剂带出，用以产生蒸汽。整个闭路系统被称为核蒸汽供应系统，也叫核岛，相当于常规火电厂的锅炉系统。另一部分由蒸汽驱动汽轮发电机组进行发电的二回路系统，与常规火电厂的汽轮机发电机系统基本相同，也称为常规岛。核电应用的核能一般是指核裂变能，核电厂的燃料是铀，而反应堆是核电站的关键设计，链式裂变反应就在其中进行。火力发电站利用煤和石油发电，水力发电站利用水力发电，而核电站是利用原子核内部蕴藏的能量产生电能的新型发电站，核电厂就是一种靠原子核内蕴藏的能量，大规模生产电力的新型发电厂。

8.6.1 核反应堆原理

核反应堆是核电站的心脏，它的工作原理是：原子由原子核与核外电子组成。原子核由质子与中子组成。当铀-235 的原子核受到外来中子轰击时，一个原子核会吸收一个中子分裂成两个质量较小的原子核，同时放出 2～3 个中子。这次裂变产生的中子又去轰击另外的铀-235 原子核，引起新的裂变。如此持续进行就是裂变的链式反应。链式反应产生大量热能。用循环水（或其他物质）带走热量才能避免反应堆因过热而烧毁。导出的热量可以使水变成水蒸气，推动汽轮机发电。

由此可知，核反应堆最基本的组成是裂变原子核+热载体。

但是只有这两项是不能工作的。因为，高速中子会大量飞散，这就需要使中子减速增加与原子核碰撞的机会；核反应堆要依人的意愿决定工作状态，这就要有控制设施；铀及裂变产物都有强放射性，会对人体造成伤害，因此必须有可靠的防护措施。综上所述，核反应堆的合理结构应该是：核燃料+慢化剂+热载体+控制设施+防护装置。还需要说明的是，铀矿石不能直接做核燃料。铀矿石要经过精选、碾碎、酸浸、浓缩等程序，制成有一定铀含量、一定几何形状的铀棒才能参与反应堆工作。裂变的链式反应系统如图 8.27 所示。

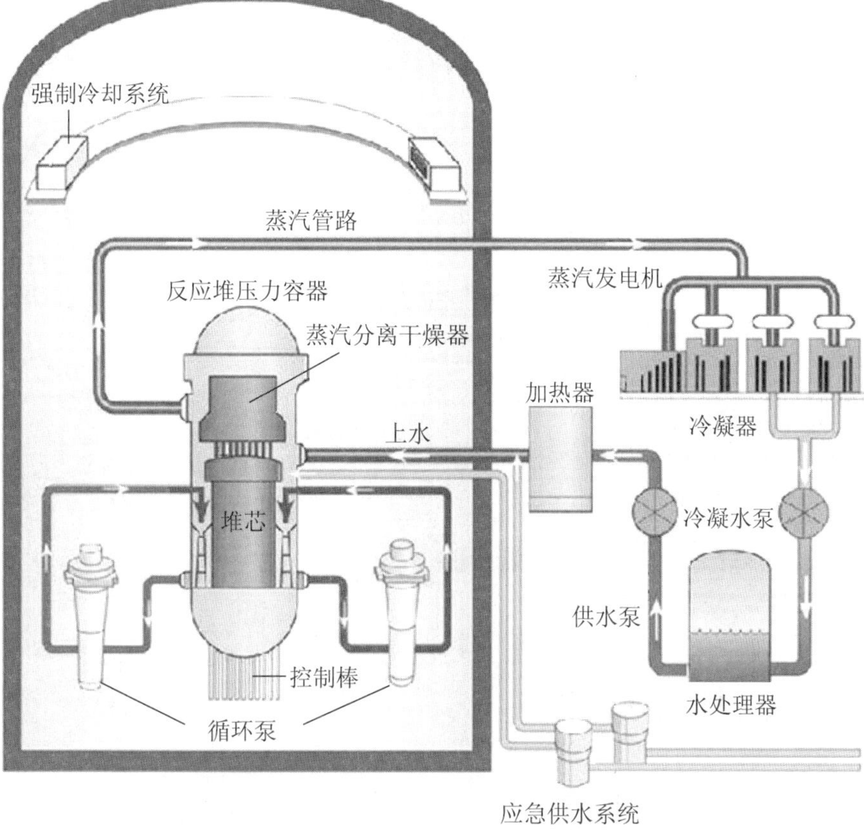

图 8.27　裂变的链式反应系统

8.6.2　核能发电原理

核能发电的能量来自核反应堆中可裂变材料（核燃料）进行裂变反应所释放的裂变能。裂变反应指铀-235、钚-239、铀-233 等在中子作用下分裂为两个碎片，同时放出中子和大量能量的过程。反应中，可裂变物的原子核吸收一个中子后发生裂变并放出两三个中子。若这些中子除去消耗，至少有一个中子能引起另一个原子核裂变，使裂变自持地进行，则这种反应称为链式反应。实现链式反应是核能发电的前提。

利用核反应堆中核裂变所释放出的热能进行发电的方式，与火力发电极其相似。只是以核反应堆及蒸汽发生器来代替火力发电的锅炉，以核裂变能代替矿物燃料的化学能。除沸水堆外，其他类型的动力堆都是一回路的冷却剂通过堆心加热，在蒸汽发生器中将热量传给二回路或三回路的水，然后形成蒸汽推动汽轮发电机。沸水堆则是一回路的冷却剂通过堆心加热变成 70 个大气压左右的饱和蒸汽，经汽水分离并干燥后直接推动汽轮发电机。如图 8.28 所示为核能发电原理图。

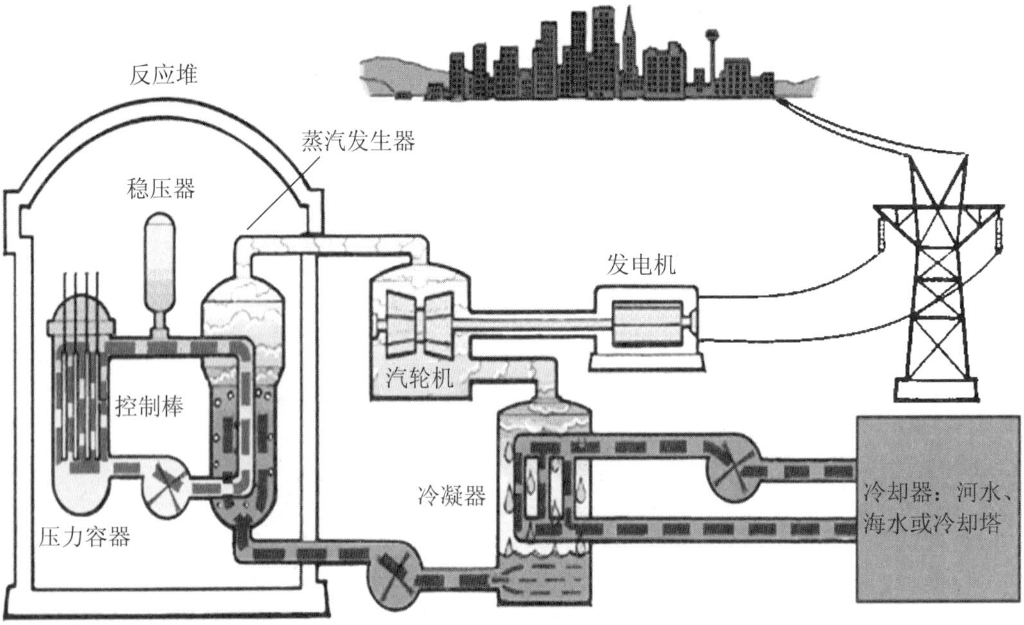

图 8.28　核能发电原理图

8. 6. 3　核反应堆类型

核反应堆又称为原子反应堆或反应堆，是装配了核燃料以实现大规模可控制裂变链式反应的装置。

核反应堆的种类很多，这里只介绍比较典型的压水堆、沸水堆和重水堆，其他堆型与之类似。

1. 压水堆

目前世界上所有的商业堆，基本上都是利用核裂变热使水沸腾以产生蒸汽的系统。压水堆的结构实际上与火电站的内核很相似，只是提供动力的原料不同。压水堆的热效率不高，仅为 33% 左右。

压水堆的堆芯近似为圆柱形。一般高度为 4.2 m，直径为 3.4 m。它由约 4 万根燃料棒组成。每 200 根左右的燃料棒组合成一个燃料组件，组件的横截面为正方形，边长约为 0.2 m。燃料是 3% 浓缩铀-235 的 UO_2，做成圆柱形芯块，典型的尺寸是长 15 mm、直径约 9.4 mm。芯块用陶瓷工艺制造，包括粉末状物质的烧结和压缩。燃料芯块堆盛在锆合金管中，此锆合金管称为包壳。

压水堆主要回路有一回路和二回路。一回路就是燃料冷却回路。一回路的水将燃料产生的热量传送到蒸汽发生器中，一般有 2～4 条独立的蒸汽发生器环路互相并联。一个反应堆都有一台稳压器使一回路的水压维持稳定。在蒸汽发生器中，热能从一回路传到二回路。二回路包括一台汽轮发电机组、一个汽轮机旁路、一个向大气排汽的系统、一个凝汽器、数台凝结水泵、一台凝结水加热装置、一个蒸汽发生器的给水回路、一个事故给水回路，还包括三个蒸汽发生器与汽轮机之间的蒸汽连接管路。

20 世纪 80 年代，压水堆被公认为是技术成熟、运行安全、经济实用的堆型。其装机总容量约占所有核电站各类反应堆总和的 60% 以上，最早用作核潜艇的军用反应堆。1961 年，美国建成世界上第一座商用压水堆核电站。

2. 沸水堆

沸水堆（图 8.29）是轻水堆的一种，沸水堆核电站工作流程是：冷却剂（水）从堆芯下部流进，在沿堆芯上升的过程中，从燃料棒那里得到热量，使冷却剂变成蒸汽和水的混合物，经过汽水分离器和蒸汽干燥器，使分离出的蒸汽推动汽轮发电机组发电。

与压水堆一样，沸水堆的堆芯也是由约 4 万根装有低浓铀-235 UO_2 燃料芯块的锆合金包壳燃料棒组成。燃料棒组件每个正方形截面包含 62 根。燃料块比压水堆要大，长约 18 mm、直径约 10.6 mm。除燃料棒大外，棒间间隙也大。所以其直径比压水堆的大，约为 4.8 m，但其高度只有 3.8 m 左右。一座电功率为 1 000 MW 的沸水反应堆中的燃料总质量约为 150 000 kg。包围堆芯的钢围筒一直延伸到水平面以上。

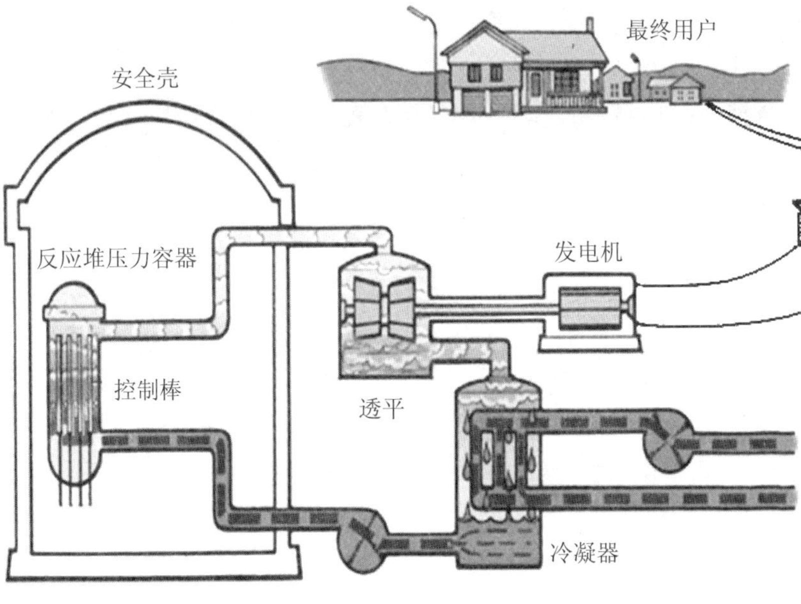

图 8.29　沸水堆示意图

沸水堆与压水堆不同之处在于冷却水保持在较低的压力（约为 70 个大气压）下，水通过堆芯变成约 285 ℃的蒸汽，并直接被引入汽轮机。所以，沸水堆只有一个回路，省去了容易发生泄漏的蒸汽发生器，因而显得很简单。

3. 重水堆

重水堆是以重水作慢化剂的反应堆，可以直接利用天然铀作为核燃料。重水堆可用轻水或重水作冷却剂。重水堆分压力容器式和压力管式两类。

以天然铀作为燃料使得重水反应堆对很多国家产生了吸引力。CANDU 堆是重水反应堆中的突出代表，这种反应堆用的核燃料是用 UO_2 压制、烧结成的圆柱形天然铀芯块，密封成燃料元件单棒，再将 37 根燃料元件单棒焊到两个端部支撑板上，组成柱形燃料棒束组件，元件单棒之间用定位隔块使之相互隔开。反应堆换料采用不停堆双向推进法。遥控操作换料机上的活塞杆，将燃料棒束逆冷却剂向流动方向推进，同时把燃料棒束从另一端卸入另一台换料机。

标准化的 CANDU 堆本体包括：一个装重水慢化剂的圆柱形不锈钢排管容器；反应堆控制机构；380 根燃料管道组件（CANDU-6 型），燃料管道组件贯穿排管容器，内装核燃料、重水冷却剂和 1 根锆-铌合金压力管。

8. 6. 4　反应堆核心组件

1. 慢化剂

核燃料裂变反应释放的中子为快中子，而在热中子或中能中子反应堆中要应用慢化中子维持链式反应，慢化剂就是用来将快中子能量减少，使之慢化成为热中子或中能中子的物质。选择慢化剂要考虑许多不同的要求。首先是核特性，即良好的慢化性能和尽可能低的中子吸收截面；其次是价格、机械特性和辐照敏感性。应用最多的固体慢化剂是石墨，其优点是具有良好的慢化性能和机械加工性能，小的中子俘获截面和价廉。

2. 控制棒

为了控制链式反应的速率在一个预定的水平上，需用吸收中子的材料做成吸收棒，称之为控制棒（图 8.30）和安全棒，在反应堆中起补偿和调节中子反应性以及紧急停堆的作用。

控制棒是由硼和镉等易于吸收中子的材料制成的。核反应压力容器外有一套机械装置可以操纵控制棒。控制棒完全插入反应中心时，能够吸收大量中子，以阻止裂变链式反应的进行。如果把控制棒拔出一点，反应堆就开始运转，链式反应的速度达到一定的稳定值；如果想增加反应堆释放的能量，只需将控制棒再抽出一点，这样被吸收的中子减少，有更多的中子参与裂变反应。要停止链式反应，将控制棒完全插入核反应中心吸收掉大部分中子即可。

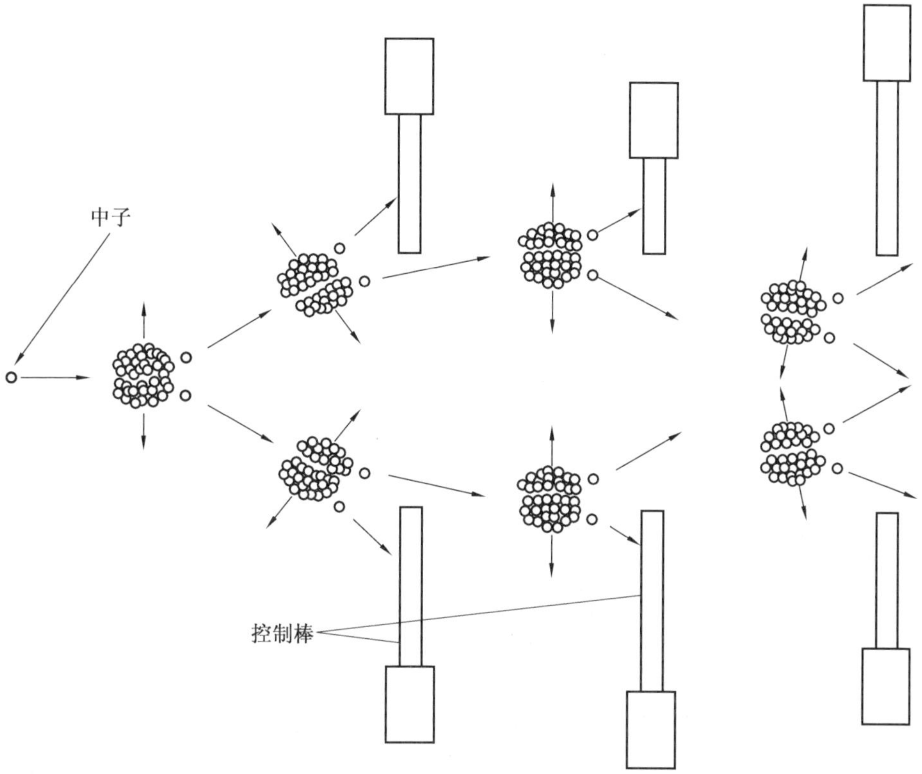

图 8.30　控制棒

3. 冷却剂

由主循环泵驱动，在一回路中循环，从堆芯带走热量并传给二回路中的工质，使蒸汽发生器产生高温高压蒸汽，以驱动汽轮发电机发电。冷却剂是唯一既在堆芯中工作又在堆外工作的一种反应堆成分，这就要求冷却剂必须在高温和高中子通量场中工作是稳定的，有较大的传热系数和热容量、抗氧化以及不会产生很高的放射性。轻水在价格、处理、抗氧化和活化方面都有优势，但是它的热特性不好。重水是好的冷却剂和慢化剂，但价格昂贵。

4. 屏蔽层

为防护中子、γ 射线和热辐射，必须在反应堆和大多数辅助设备周围设置屏蔽层。其设计要力求造价便宜并节省空间。对 γ 射线屏蔽，通常选择钢、铅、普通混凝土和重混凝土。钢的强度最好，但价格较高；铅的优点是密度大，因此铅屏蔽厚度较小；混凝土比金属便宜，但密度较小，因而屏蔽层厚度比其他的都大。

来自反应堆的 γ 射线强度很高，被屏蔽体吸收后会发热，因此紧靠反应堆的 γ 射线屏蔽层中常设有冷却水管。核电站反应堆最外层屏蔽一般选用普通混凝土或重混凝土。

8.6.5 核电的利与弊

1. 核电的优点

（1）核能是地球上储量最丰富的能源之一，又是高度浓集的能源。

1 t 金属铀裂变所产生的能量，相当于 270 万 t 标准煤。地球上已探明的核裂变燃料，即铀矿和钍矿资源，按其所含能量计算，相当于有机燃料的 20 倍。

（2）核电是清洁的能源，有利于保护环境。

燃烧化石燃料排出大量的 SO_2、CO_2、N_2O 等气体，不仅直接危害人体健康和农作物生长，还导致酸雨和大气层的“温室效应”，破坏生态平衡。

（3）核电站坚持安全第一、质量第一的方针，正确设计、高质量建造和按规范运行的核电站，其安全是有保证的。

（4）核电的经济性能与火电竞争。

核电厂由于考究安全和质量，建造费高于火电厂，但燃料费低于火电厂，火电厂的燃料费占发电成本的 40%～60%，而核电厂的燃料费则只占 20% 左右。

（5）发展核电有利于减轻交通系统对燃料运输的负担。

1 座 100 万 kW 的燃煤火电机组每天需烧煤约 1 万 t，1 年约需 300 万 t，而 1 座 100 kW 的核电机组每年仅需核燃料 30 t。

（6）以核燃料代替煤和石油，有利于资源的合理利用。

煤和石油都是化学工业和纺织工业的宝贵原料，能用它们创造出多种产品。它们在地球上的储藏量是很有限的，作为原料要比仅作为燃料的价值高得多。

2. 核电的缺点

（1）核废料处理需严谨。

使用过的核燃料，虽然所占体积不大，但因具有放射性，因此必须慎重处理。一旦处理不当，就很可能对环境产生致命的影响。核废料的放射性不能用一般的物理、化学和生物方法消除，只能靠放射性核素自身的衰变而减少。核废料放出的射线通过物质时，发生电离和激发作用，对生物体会引起辐射损伤。

（2）热污染。

核能发电热效率较低，因而比一般化石燃料电厂排放更多废热到环境里，故核能电厂的热污染较严重。

（3）核能发电被认为存在风险。

核裂变必须由人通过一定装置进行控制。一旦失去控制，裂变能不仅不能用于发电，还会酿成灾害。全球已经发生了数起核泄漏事故，对生态及民众造成了巨大伤害。

（4）建立原子能的发电站较易引发政治的争端。

8.7　氢能技术

氢是可储存、可移动、能控制的二次清洁能源，是理想的电力能源载体。把氢作为能源进行开发利用，是应对全球气候变化、保障国家能源安全、实现全社会低碳转型的重要手段。氢能技术将助力世界进入清洁能源时代，改变世界能源产业格局，并显著改善人类生产和生活方式。氢能是化石能源向可再生能源过渡的重要选择，而未来氢能技术将实现不依赖化石能源的可持续供给循环。

8.7.1　氢能概述

二次能源是联系一次能源和能源用户的中间纽带。二次能源又可分为“过程性能源”和“含能体能源”。当今电能就是应用最广的“过程性能源”；柴油、汽油则是应用最广的“含能体能源”。由于目前“过程性能源”尚不能大量地直接储存，因此汽车、轮船、飞机等机动性强的现代交通运输工具就只能采用像柴油、汽油这一类“含能体能源”。随着常规能源危机的出现，在开发新的一次能源的同时，人们将目光也投向寻求新的“含能体能源”，氢能正是一种人们期待的新的二次能源。

氢蕴藏于浩瀚的海洋之中。海洋的总体积约为 13.7 亿 km^3，若把其中的氢提炼出来，约有 1.4×10^9 亿 t，所产生的热量是地球上矿物燃料的 9 000 倍。

氢具有以下优点。

（1）燃烧热值高。每千克氢燃烧后能放出 142.35 kJ 的热量，约为汽油的 3 倍，酒精的 3.9 倍，焦炭的 4.5 倍。

（2）清洁无污染。氢燃烧的产物是水，对环境无任何污染。

（3）资源丰富。氢气可以由水分解制取，而水是地球上最为丰富的资源。

（4）适用范围广。储氢燃料电池既可用于汽车、飞机、宇宙飞船，又可用于其他场合供能。

8.7.2　氢能特点

氢位于元素周期表之首，它的原子序数为 1，在常温常压下为气态，在超低温高压下又可成为液态。作为能源，氢有以下特点。

（1）所有元素中，氢质量最轻。

（2）所有气体中，氢气的导热性最好。

（3）氢是自然界存在最普遍的元素。

（4）除核燃料外，氢的发热值是所有化石燃料、化工燃料和生物燃料中最高的。

（5）氢燃烧性能好，点燃快。

（6）氢本身无毒，与其他燃料相比氢燃烧时最清洁，而且燃烧生成的水还可继续制氢，反复循环使用。

（7）氢能利用形式多，既可以通过燃烧产生热能，又可以作为能源材料用于燃料电池，或转换成固态氢用作结构材料。

（8）氢能够以气态、液态或固态的金属氢化物出现，适应储运及各种应用环境的不同要求。

8.7.3 氢的制取及发展状况

氢能是一种二次能源，在人类生存的地球上，虽然氢是最丰富的元素，但自然氢的存在极少。因此必须将含氢物质分解后方能得到氢气。最丰富的含氢物质是水（H_2O），其次就是各种矿物燃料（煤、石油、天然气）及各种生物质等。因此要开发利用这种理想的清洁能源，必须首先开发氢源，即研究开发各种制氢的方法。

1. 从含烃的化石燃料中制氢

这是过去以及现在采用最多的方法。它是以煤、石油或天然气等化石燃料作原料来制取氢气。用蒸汽作催化剂、以煤作原料来制取氢气的基本反应过程为

$$C+H_2O \longrightarrow CO+H_2$$

用天然气作原料、蒸汽作催化剂的制氢化学反应为

$$CH_4+H_2O \xrightleftharpoons{\text{高温}} 3H_2+CO$$

上述两种反应需要天然气和煤，但天然气和煤都是宝贵的燃料和化工原料，用它们来制氢显然摆脱不了人们对常规能源的依赖。

2. 电解水制氢

电解水制氢原理图如图 8.31 所示，其原理是当两个电极（阴极和阳极）分别通上直流电，并且浸入水中时，水将会被分解并在阴极和阳极分别产生氢气和氧气。这个过程就是电解水，这样的装置称为电解槽。

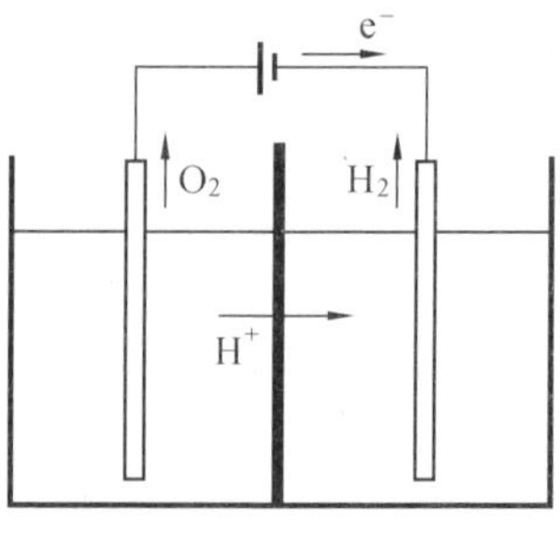

图 8.31　电解水制氢原理图

电解水由分别发生在阴极和阳极的两个化学反应组成：

$$2H_2O+\text{electrical energy（电能）}\longrightarrow O_2+4H^++4e^-$$

$$4H^++4e^-\longrightarrow 2H_2$$

总反应方程式为

$$2H_2O+\text{electrical energy（电能）}\longrightarrow 2H_2+O_2$$

目前市场上的电解槽可以分为以下 3 种。

（1）碱性电解槽。

碱性电解槽是最早商业化的电解槽技术，其效率是 3 种电解槽中最低的。碱性电解槽的缺点是效率低，使用石棉作为隔膜。石棉有致癌性，很多国家已经提出要禁止其在碱性电解槽中的使用。

（2）质子交换膜电解槽。

质子交换膜（PEM）电解槽因其转换效率很高而成为很有发展前景的制氢装置。但质子交换膜和使用铂电极催化剂，价格昂贵，制约了其广泛使用，所以需降低成本，进一步提高效率，主要可以通过降低贵重金属铂在催化层中的含量或寻找廉价的质子交换材料实现。

（3）固体氧化物电解槽。

固体氧化物电解槽是一种新兴的电解槽技术。这种电解槽的缺点是反应在高温环境下进行，给材料的选择带来一定的限制。优点是较高的反应温度使得电化学反应中部分电能被热能代替，从而提高效率。目前研究的重点是寻找在高温下对氧离子具有良好的导电性的电解材料或适当降低电解槽的工作温度。

电解水技术的环境及安全问题如下。

从电解水的整个生命周期来看，电解水制氢会对环境有一定的负面影响，并且有一定的危险性。

对于碱性电解槽而言，由于使用了具有强烈腐蚀性的 KOH 溶液作为电解液，KOH 的渗漏和用后的处理会造成环境的污染。

PEM 电解槽使用质子交换膜作为电解质，无须隔膜。但当 PEM 电解槽工作温度较高（比如 150 ℃）时，PEM 将会发生分解，产生有毒气体。

固体氧化物电解槽虽然没有上述问题，但存在着在高温下生成的氧气和氢气重新合并发生燃烧甚至爆炸的危险，需要引起注意。此外，电解槽生产，比如原材料的开采、加工，以及最终的遗弃或废物处理，都需要消耗一定的能量，并且会释放出 CO_2 等温室气体和其他污染物。

3. 热化学制氢

这种方法是通过外加高温使水起化学分解反应来获取氢气。到目前为止虽有多种热化学制氢方法，但总效率都不高，仅为 20%～50%，而且还有许多工艺问题需要解决。依靠这种方法来大规模制氢还有待进一步研究。

随着新能源的崛起，以水作为原料，利用核能和太阳能来大规模制氢已成为世界各国共同努力的目标。其中太阳能制氢最具吸引力，也最有现实意义。目前国内外广泛研究的热化学制氢法有：水的热分解、H_2S 的热分解、太阳能光化学分解水制氢和太阳能光电化学分解水制氢。

（1）水的热分解。

由太阳能聚光器产生的高温可以用于对水进行加热，直接分解而产生氢气和氧气。反应如下

$$2H_2O \longrightarrow 2H_2+O_2$$

在这个反应中，水的分解率随温度的升高而增大，在温度为 2 500 K 时，水蒸气的分解率可以达到 25%，而当温度达到 2 800 K 时，水蒸气的分解率可达到 55%，可见提高反应温度可有效增加产氢量。然而反应所需的高温也带来一系列问题。由于温度的升高，必须选择高温材料。表 8.7 展示了一些可采用的材料的熔点。

表 8.7　可采用的材料的熔点

含氧化合物	熔点/℃	含碳化合物	熔点/℃
ZrO_2	2 715	B_4C	2 450
MgO	2 800	TiC	3 400～3 500
HfO_2	2 810	HfC	4 160
ThO_2	3 050		

（2）H_2S 的热分解。

H_2S 是化学工业广泛存在的副产品，由于其强烈的毒性，在工业中往往都要采用 Claus Process（克劳斯工艺）将其去除，反应如下

$$2H_2S+O_2 \longrightarrow 2H_2O+S_2$$

这个过程成本较高，并且将氢和氧结合生成水和废热，浪费能源。对 H_2S 的直接热分解可以将有毒气体转化为有用的氢能源，反应如下

$$2H_2S \longrightarrow 2H_2+S_2$$

该反应的转化率受温度和压力的影响，温度越高，压力越低，越有利于分解。

（3）太阳能光化学分解水制氢。

将水直接分解成氧和氢是很困难的，但把水先分解为氢离子和氧离子，再生成氢和氧就容易得多了。基于这个原理，先进行光化学反应，再进行热化学反应，最后再进行电化学反应即可在较低温度下获得氢和氧。在上述 3 个步骤中可分别利用太阳能的光化学作用、光热作用和光电作用。

这种方法为大规模利用太阳能制氢提供了实现的基础，其关键是寻求光解效率高、性能稳定、价格低廉的光敏催化剂。

（4）太阳能光电化学分解水制氢。

这种方法是利用特殊的化学电池，这种电池的电极在太阳光的照射下能够维持恒定的电流，并将水离解而获取氢气。这种方法的关键是如何选取合适的电极材料。

4. 模拟植物光合作用分解水制氢

植物光合作用是在叶绿素上进行的。自从在叶绿素上发现光合作用过程的半导体电化学机理后，科学家就尝试利用“半导体隔片光电化学电池”来实现可见光直接电解水制氢的目标。不过由于人们对植物光合作用分解水制氢的机理还不够了解，要实现这一目标还有一系列理论和技术问题需要解决。

5. 光合微生物制氢

人们早就发现江河湖海中的某些藻类也有利用水制氢的能力，如小球藻、固氮蓝藻等就能以太阳光为动力，以水为原料，源源不断地放出氢气。因此，深入了解这些微生物制氢的机理将为大规模的太阳能生物制氢提供良好的前景。

除了利用太阳能和核能制氢，从生物质中制氢也正在大力研究之中。目前采用的方法是，利用生物质和有机废料中的碳素材料与溴及水在 250 ℃下作用，形成氢溴酸和 CO_2 溶液，然后将氢溴酸水溶液电解成氢及溴，溴再循环使用。

8.7.4　氢的储存与运输

氢在一般条件下是以气态形式存在的，这就为储存和运输带来了很大的困难。

1. 氢的储存

氢的储存有 3 种方法：高压气态储存、低温液氢储存、金属氢化物储存。

（1）高压气态储存。

气态氢可储存在地下库里，也可装入钢瓶中。为减小储存体积，必须先将氢气压缩，为此需消耗较多的压缩功。一般一个充气压力为 20 MPa 的高压钢瓶储氢量只占 1.6%；供太空用的钛瓶储氢量也仅为 5%。

（2）低温液氢储存。

将氢气冷却到-253 ℃，即可呈液态，然后将其储存在高压真空的绝热容器中。液氢储存工艺首先用于宇航中，其储存成本较高，安全技术也比较复杂。高度绝热的储氢容器是目前研究的重点。现在一种间壁充满中孔微珠的绝热容器已经问世。这种 SiO_2 的微珠直径为 30～150 μm，中间是空心的，壁厚 1～5 μm。在部分微珠上镀厚度为 1 μm 的铝。由于这种微珠导热系数极小，其颗粒又非常细，可完全抑制颗粒间的对流换热；将部分镀铝微珠（一般为 3%～5%）混入不镀铝的微珠中，可有效地切断辐射传热。这种新型的绝热容器不需抽真空，其绝热效果远优于普通高真空的绝热容器，是一种理想的液氢储存罐。

（3）金属氢化物储存。

氢与氢化金属之间可以进行可逆反应，当外界有热量加给金属氢化物时，它就分解为氢化金属并放出氢气。反之，氢和氢化金属构成金属氢化物时，氢就以固态结合的形式储存于其中。用来储氢的氢化金属大多为由多种元素组成的合金。目前世界上已研究成功多种储氢合金，它们大致可以分为 4 类：一是稀土镧镍等，每千克镧镍合金可储氢 153 L。二是铁-钛系，它是目前使用最多的储氢材料，其储氢量大，是前者的 4 倍，且价格低、活性大，还可在常温常压下释放氢，给使用带来很大的方便。三是镁系，这是吸氢量最大的金属元素，但它需要在 287 ℃下才能释放氢，且吸收氢十分缓慢，因而使用上受限制。四是钒、铌、锆等多元素系，这类金属本身属稀贵金属，因此只适用于某些特殊场合。在金属氢化物储存方面存在的主要问题是储氢量低，成本高及释氢温度高。进一步研究氢化金属本身的化学物理性质，包括平衡压力-温度曲线、生成时转化反应速度、化学及机械稳定性等，寻求更好的储氢材料是氢能开发利用中值得注意的问题。金属氢化物的储氢装置既有固定式也有移动式，它们既可作为氢燃料和氢物料的供应来源，也可用于吸收废热，储存太阳能，还可作为氢泵或氢压缩机使用。

2. 氢的运输

氢虽然有很好的可运输性，但不论是气态氢还是液态氢，它们在使用过程中都存在着不可忽视的特殊问题。

首先，由于氢特别轻，与其他燃料相比在运输和使用过程中单位能量所占的体积特别大，即使液态氢也是如此。

其次，氢特别容易泄漏，以氢作为燃料的汽车行驶试验证明，即使是真空密封的氢燃料箱，每 24 h 的泄漏率就达 2%，而汽油一般一个月才泄漏 1%。因此对储氢容器和输氢管道、接头、阀门等都要采取特殊的密封措施。

最后，液氢的温度极低，只要有一点滴在皮肤上就会发生严重的冻伤，因此在运输和使用过程中应特别注意采取各种安全措施。

氢能以其所具有的清洁、效率高、质量轻和储存及输送性能好、应用形式多等诸多优点，赢得了人们的青睐。

利用氢能的途径和方法很多，如航天器燃料、氢能飞机、氢能汽车、氢能发电、氢介质储能与输送以及氢能空调、氢能冰箱等，有的已经实现，有的正在开发，有的尚在探索中。随着科学技术的进步和氢能系统技术的全面发展，氢能应用范围必将不断扩大，氢能将深入到人类活动的各个方面，直至走进千家万户。

8.7.5　氢气成本

1. 国内制氢成本分析

制氢成本分为可再生氢成本（绿氢）、清洁氢成本（绿氢和蓝氢）、综合氢成本（绿氢、蓝氢、灰氢）。

目前，各个地区的可再生制氢成本均高于工业副产物制氢，更高于化石能源制氢。

从整体趋势上看，可再生制氢成本呈现下降趋势；工业副产物制氢和化石能源制氢受能源价格上涨影响，成本上升。

2. 国内可再生制氢成本呈下降趋势

从可再生氢成本分布看，西北＜东北＜华北＜西南＜华东＜华中＜华南。

近年来，可再生氢成本持续下降，并仍有很大降本空间。据中国氢能联盟研究院预测，到 2030 年，国内电解水制氢装机有望扩大至 100 GW 以上，碱性电解槽投资成本将从 2020 年的 2 000 元/kW，降低至 2030 年的 1 500 元/kW。同时，得益于可再生电力成本的降低，可再生电力制氢成本有望下降至 13 元/kg，在成本上充分具备与化石能源制氢竞争的能力。

3. 不同电解水制氢成本拆分

根据能源转型委员会测算数据，应用电网电力制氢时，燃料成本占比 80%，固定投资占比 15%，运营费用占比 5%。

可再生能源制氢时，燃料成本占比 60%～70%，固定投资占比 30%，剩余为运营费用。

天然气制氢，燃料成本占比 55%（现在更高），固定投资占比 30%，剩余为运营费用。

8.7.6　国内氢能应用领域

1. 国内氢能在化工领域的应用

国内氢能在化工领域主要用于化工产业。

氢能在化工领域主要用来合成氨、合成甲醇、精炼石油、合成其他化工品。

2. 国内燃料电池汽车

截至 2023 年 2 月，国内公告车型 993 辆，客车和专用车几乎各占一半。

截至 2022 年底，国内累计销售燃料电池汽车 1.03 万辆。

3. 国内加氢站

截至 2022 年底，国内在运加氢站 245 座，每日供给能力 17.7 万 kg。

8.7.7 国内可再生制氢项目

1. 国内制氢来源分布

国内制氢来源包括化石能源制氢、工业副产物制氢和电解水制氢。

化石能源制氢占比最大，包括煤制氢、天然气制氢、石油制氢。

工业副产物制氢占比其次，包括焦炭和兰炭副产氢、氯碱和其他副产氢、轻烃裂解副产氢。

电解水制氢占比最小，包括电网、风电、光伏、水电、核电电解水。

2. 国内可再生制氢项目分布

截至 2023 年 3 月 15 日，国内规划可再生氢项目合计 429.4 万 t/年；已运行项目 5.6 万 t/年；建成尚未运营 2.5 万 t/年；在建项目 19.7 万 t/年；规划待建 401.6 万 t/年。

3. 国内已运营可再生制氢项目分类

截至 2023 年 2 月，国内已运营的可再生制氢项目具体分类如下。

（1）按照制氢来源分类。

光伏 13 个；风电 5 个；水电 1 个；多种来源 8 个。

（2）按照应用方向分类。

交通 16 个；科研 12 个；发电 6 个；合成甲醇 2 个；储能 1 个；其他 5 个。

4. 国内可再生氢产能建设快速推进

2022 年国内新增可再生制氢项目产能 3.3 万 t/年，同比增长 65%；截至 2022 年底在建项目 17.7 万 t。

2022 年国内电解水制氢设备出货量 722 MW，同比提升 106%。

第 9 章　其他清洁能源

9.1　地热能技术

地热能是蕴藏在地球内部的热能，具有储量大、分布广、绿色低碳、可循环利用、稳定可靠等特点，是一种现实可行且具有竞争力的清洁能源。开发利用地热能资源可以减少温室气体排放，改善生态环境，是能源结构转型的新方向。

9.1.1　地热能概述

地热能（geothermal energy），简单地说，就是来自地下的热能，即地球内部蕴藏的热能，是指封闭在地球中距地表足够近的距离内，并可被经济开采的天然热能。国际上一般指地壳浅部 5 km 以内的热能。

这种能量来自地球内部的熔岩，并以热力形式存在，是引起火山爆发及地震的能量。

据计算，地球陆地以下 5 km 内，15 ℃以上岩石和地下水总含热量达 1.45×10^{26} J，相当于 4 950 万亿 t 标准煤的热量，可满足人类几万年的能源需要。

9.1.2　地壳中地温分布

1. 地壳中的地温垂直分布

地壳中的地温垂直分布，大致可分为变温带、常温带和增温带。

（1）变温带（外热带）。

一般指地表向下 15～30 m，受太阳辐射影响，温度随大气温度变化，其影响程度随深度而递减。

（2）常温带（常温层）。

它在变温带以下一定的深度范围内，并随地理位置而异。其温度值保持恒定（一般高于当地年平均气温 1～2 ℃）。

（3）增温带（内热带）。

常温层以下几十千米，地温受地球内热控制，越往深处温度越高，至一定深度增温减弱。

2. 地壳浅层的温度分布

地壳浅层的温度分布为：变温带、恒温带和增温带。

（1）地温梯度（地热梯度）。

它是指沿地下等温面法线向地球中心方向单位距离内温度的增值，通常采用的单位是℃/100 m，或℃/km（地温梯度平均值是 3 ℃/100 m），如图 9.1 所示。

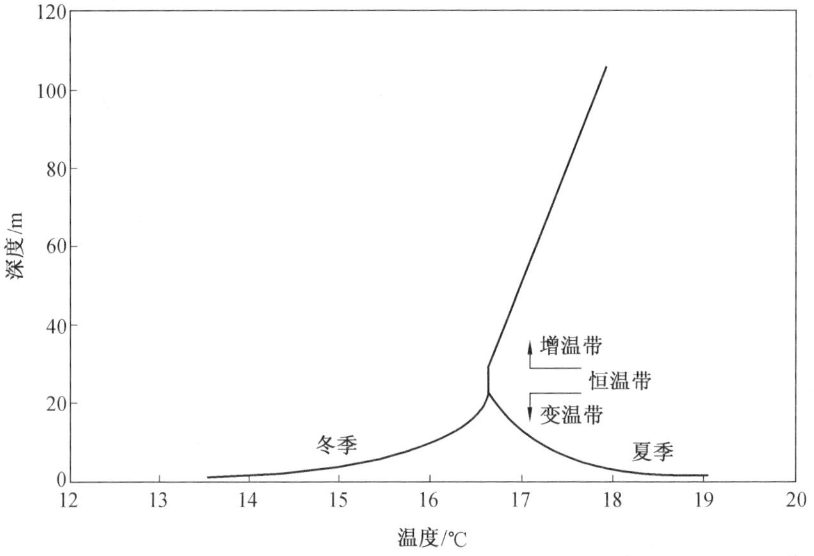

图 9.1　地温梯度

（2）大地热流（地表热流）。

大地热流是指在单位时间内通过地球表面单位面积散失的热量。地壳表层因地质作用使地热增温率提高，在局部地区导致热流值和地温梯度值高于平均值的现象称为地热异常。

大地热流是由地球内部传输至地表，而后散发到太空去的热量，是地壳或岩石圈深部热状态在地表的综合量化表征。

地球内部蕴藏着巨大的热能，无时无刻不在向外释放热量。火山口喷发出的熔岩流、温泉和地面上热气腾腾的蒸汽，直观而强烈地显示了热对流方式的热传递，但地球内热更普遍地向外传递是以地表热传导的方式进行。

热传导是地球散热的主导方式，热流正是表征地球向外释放热量的一个基本的物理参数，也是研究地球内部热状态，如地壳深部温度、岩石圈热结构的一个不可或缺的参量。

地热显示是人能够直接观察到的地球内部热能在地表的自然显现，分为强显示和弱显示。

9.1.3　地热资源分类

地热资源是指在可预见的时间内，能供人类经济开发利用的地球内部热能的总量，包括地热流体及其有用矿物质和化学成分。

地热资源可划分为高温（>150 ℃）、中温（90～150 ℃）和低温（90 ℃以下）资源。

低温资源按利用途径，可分为热水（>60～90 ℃）、温热水（>40～60 ℃）和温水（25～40 ℃），可供采暖、烘干、医疗保健、温室、灌溉、沐浴和水产养殖等利用。

中、高温资源可供发电、干燥和工业利用。

目前地热资源勘探的深度可达地表以下 5 000 m，其中 2 000 m 内为经济型地热资源，2 000～5 000 m 为亚经济型地热资源。

地热资源在地下热储中的形式包括蒸汽型、热水型、地压型、干热岩型和岩浆型资源等。

1. 蒸汽型资源

蒸汽型资源是指地下热储中，以蒸汽为主的对流水热系统，它以产生温度较高的过热蒸汽为主，掺杂有少量其他气体，所含水分很少或没有。

这种干蒸汽可以直接进入汽轮机，对汽轮机腐蚀较轻，能取得满意的工作效果。但这类资源需要独特的地质条件，因而资源少、地区局限性大。

2. 热水型资源

热水型资源是指地下热储中以水为主的对流水热系统，它包括喷出地面时呈现的热水以及水汽混合的湿蒸汽。

这类资源分布广、储量丰富，根据其温度不同，可分为高温（>150 ℃）、中温（90～150 ℃）和低温（90 ℃以下）资源。

3. 地压型资源

地压型资源目前尚未被人们充分认识。它以高压水的形式储存于地表以下 2～3 km 的深部沉积盆地中，并被不透水的盖层所封闭，形成长 1 000 km、宽数百千米的巨大热水体。

地压水除了高压、高温的特点外，还溶有大量的碳氢化合物（如 CH_4 等）。所以，地压型资源中的能量，实际上是由机械能（压力）、热能（温度）和化学能（天然气）3 个部分组成的。

4. 干热岩型资源

干热岩型资源是比上述各种资源规模更为巨大的地热资源，它是指地下普遍存在的没有水或蒸汽的热岩石。

从现阶段来说，干热岩型资源专指埋深较浅、温度较高的有开发经济价值的热岩石。提取干热岩中的热量，需要有特殊的办法，技术难度大。

5. 岩浆型资源

岩浆型资源是指蕴藏在熔融状和半熔融状岩浆中的巨大能量，它的温度高达 600～1 500 ℃。

在一些多火山地区，这类资源可以在地表以下较浅的地层中找到，但多数是埋在钻探比较困难的地层中。

目前开发利用的主要是地热蒸汽和地热水两类资源，人类对这两类资源已有较多应用；干热岩和地压型资源尚处于试验阶段，开发利用很少。

热水型地热田形成模型如图 9.2 所示。

在水压和密度差的作用下，升温水产生环流并沿着裂隙通道上升，溢出地表，形成温泉、热泉。

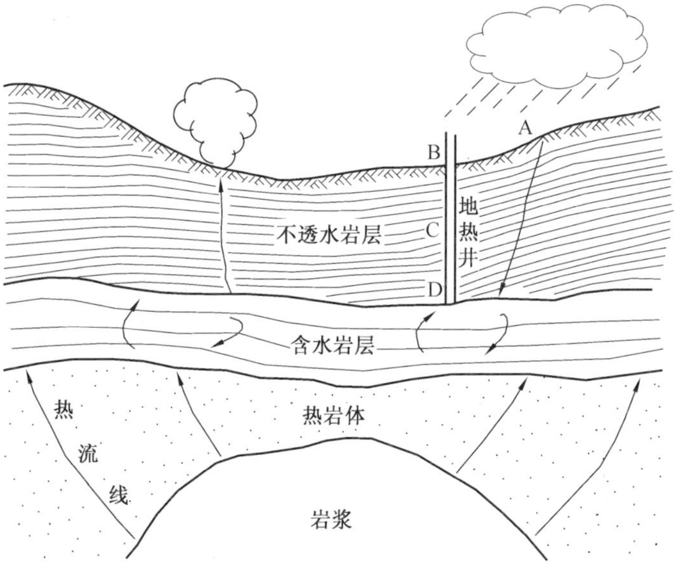

图 9.2　热水型地热田形成模型

地热能的利用可分为直接利用和地热发电（间接利用）两种方式。

不同温度的地热流体，可能的利用方式如下。

（1）200～400 ℃，直接发电及综合利用。

（2）150～200 ℃，双循环发电，工业干燥，工业热加工。

（3）100～150 ℃，双循环发电，供暖，工业干燥，脱水加工。

（4）50～100 ℃，供暖，温室种植，家庭用热水，工业干燥。

（5）20～50 ℃，沐浴，温泉，水产养殖，土壤加温。

人类很早就开始利用地热能，例如利用温泉沐浴、医疗，利用地下热水取暖、建造农作物温室、水产养殖及烘干谷物等，但真正认识地热资源，并进行较大规模的开发利用却是始于 20 世纪中叶。

9.1.4　地热供暖

将地热能直接用于采暖、供热和供热水。这种利用方式简单、经济性好，特别适用于高寒地区。目前，我国利用地热供暖和供热水发展非常迅速，在京津地区已成为地热利用中最普遍的方式，如图 9.3 所示。

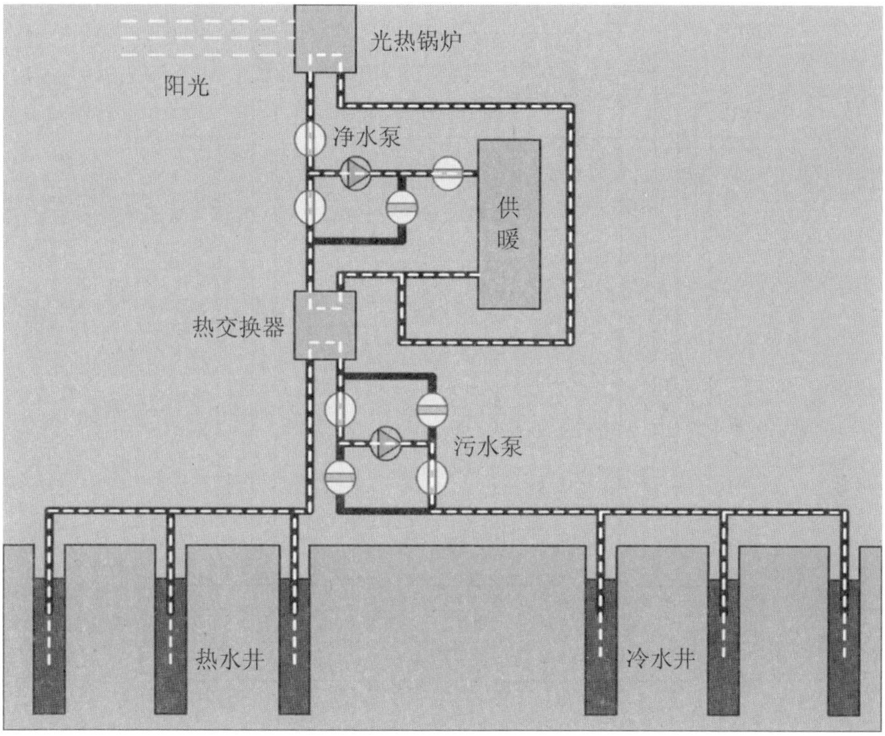

图 9.3　联合供热方式

在国外，冰岛地热供暖开发利用得最好。冰岛于 1928 年在首都雷克雅未克建成了世界上第一个地热供热系统，目前这一供热系统已发展得非常完善，每小时可从地下抽取 7 740 t 80 ℃的热水，供全市 11 万居民使用。由于没有高耸的烟囱，冰岛首都已被誉为“世界上最清洁无烟的城市”。

9.1.5 地下热水抽取

1. 双井系统

双井系统如图 9.4 所示。

采水井+回灌井。

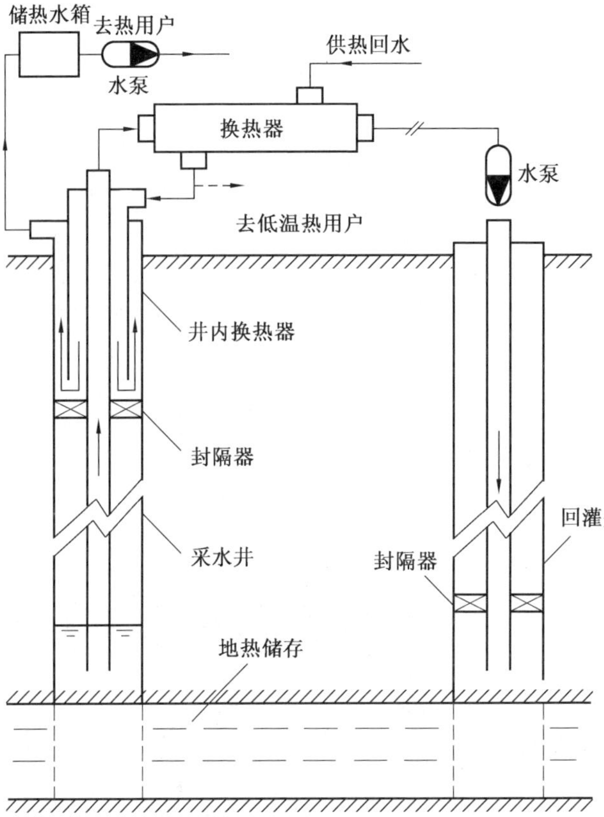

图 9.4 双井系统

2. 单井系统

单井系统如图 9.5 所示。

回灌层+吸水层。

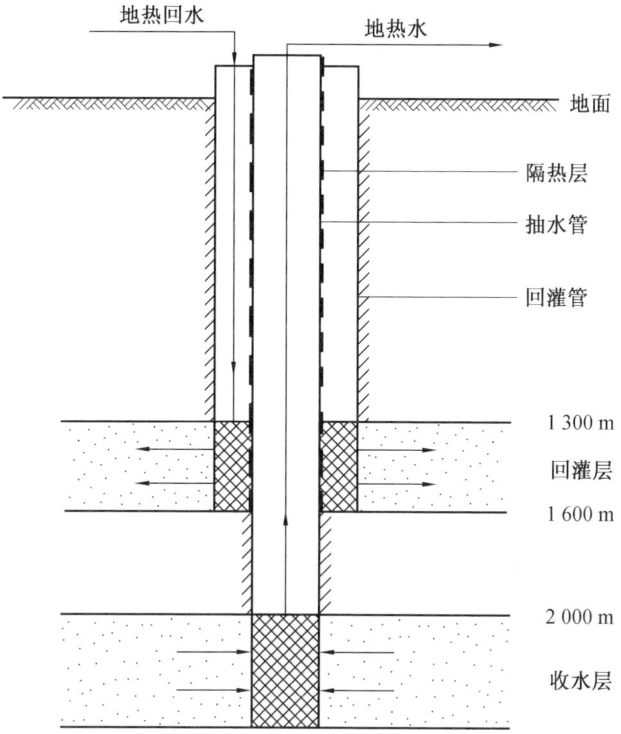

图 9.5　单井系统

9.1.6　地热务农

地热在农业中的应用范围十分广阔。

（1）利用温度适宜的地热水灌溉农田，农作物早熟增产。

（2）利用地热水养鱼，可加速鱼的育肥，提高鱼的出产率。

（3）利用地热建造温室，育秧、种菜和养花。

（4）利用地热给沼气池加温，提高沼气的产量。

将地热能直接用于农业日益广泛，北京、天津、西藏和云南等地都建有面积大小不等的地热温室。各地还利用地热大力发展养殖业，如培养菌种，养殖鳗鱼、罗非鱼、罗氏沼虾等。

9.1.7　地热行医

由于地热水从很深的地下提取到地面，除温度较高外，常含有一些特殊的化学元素，从而使它具有一定的医疗效果。如含碳酸的矿泉水供饮用，可调节胃酸、平衡人体酸碱度；含铁矿泉水饮用后，可治疗缺铁性贫血症；氢泉、硫水氢泉洗浴可治疗神经衰弱和关节炎、皮肤病等。

温泉的医疗作用及伴随温泉出现的特殊的地质、地貌条件，使温泉常常成为旅游胜地。我国利用地热治疗疾病的历史悠久，含有各种矿物元素的温泉众多，因此充分发挥地热的医疗作用，发展温泉疗养行业大有可为。

9.1.8 地热能发电技术

相比于地热能的直接利用，地热发电实现能量远距离输送，并扩大使用范围，如图9.6所示。

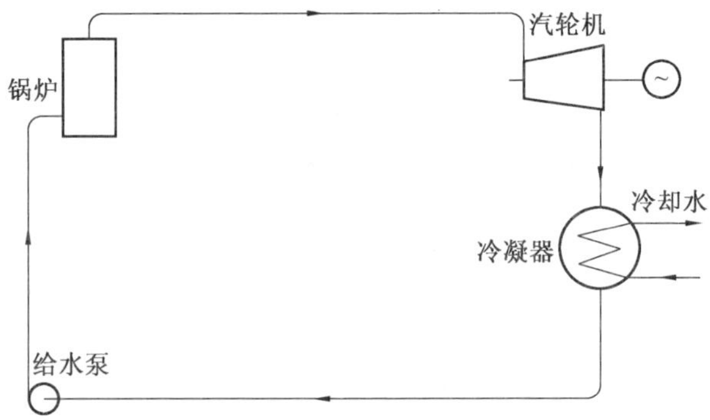

图 9.6 地热能发电技术示意图

1. 地热能发电分类

按照载热体类型、温度、压力的不同，目前常用的地热能发电的方式为地热蒸汽发电和地下热水发电两大类。除此之外，还有一些新型的发电技术，尚未成熟。

2. 水蒸气朗肯循环装置

锅炉、汽轮机、冷凝器、给水泵。

3. 工作原理

定压吸热过程→绝热膨胀过程→定压放热过程→绝热加压过程。

热电厂蒸汽发电系统示意图如图 9.7 所示。

4. 提高循环热效率技术措施

（1）提高蒸汽参数。

（2）采取回热循环。

（3）采取再热循环。

（4）热电联供：热电厂。

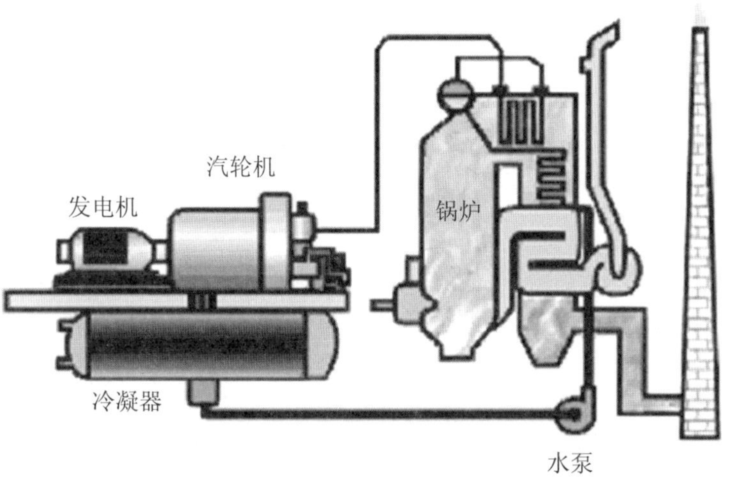

图 9.7　热电厂蒸汽发电系统示意图

9.1.9　地热蒸汽发电

地热能可以取代传统的热电厂锅炉，采取地热发电，不消耗燃料。

1. 背压式汽轮机地热蒸汽发电系统

（1）工作原理。

首先把干蒸汽从蒸汽井中引出，先加以净化，经过分离器分离出所含的固体杂质，然后就可把蒸汽通入汽轮机做功，驱动发电机发电。做功后的蒸汽，可直接排入大气，也可用于工业生产中的加热过程。

（2）应用。

这种系统多用于地热蒸汽中不凝结气体含量较高的场合，或者综合利用于工农业生产和人民生活的场合。

地热蒸汽发电系统示意图如图 9.8 所示。

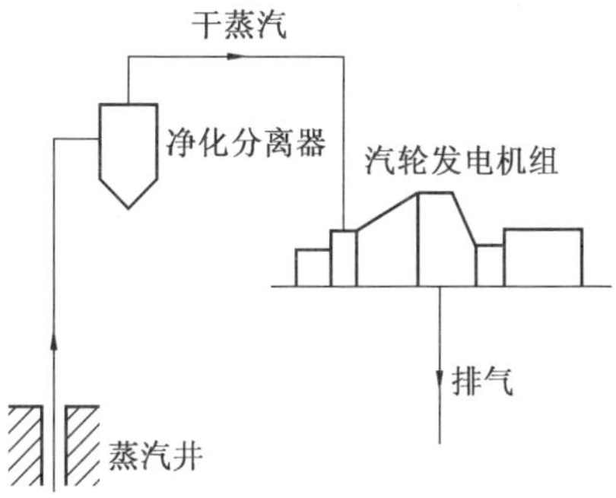

图 9.8　地热蒸汽发电系统示意图

2. 凝汽式汽轮机地热蒸汽发电系统

为提高地热电站的机组出力和发电效率，通常采用凝汽式汽轮机地热蒸汽发电系统，如图 9.9 所示。

在凝汽器中，为保持很低的冷凝压力，设有两台带有冷却器的射汽抽气器来抽气，同时把地热蒸汽带来的各种不凝结气体和外界漏入系统中的空气从凝汽器中抽走。

（1）工作原理。

在该系统中，由于蒸汽在汽轮机中能膨胀到很低的压力，因而能做出更多的功。做功后的蒸汽排入气压式凝汽器，并在其中被循环水泵打入的冷却水所冷却而凝结成水，然后排走。

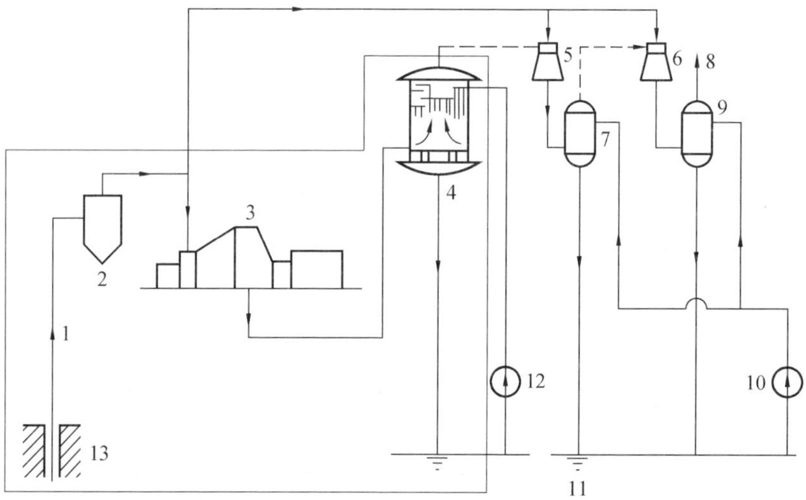

图 9.9　凝汽式汽轮机地热蒸汽发电系统

1—干蒸汽；2—净化分离器；3—汽轮发电机组；4—气压式凝汽器；5—一级抽气器；6—二级抽气器；7—中间冷却器；8—排气；9—最后冷却器；10—冷却水泵；11—冷却水；12—循环水泵；13—蒸汽井。

（2）应用。

这种系统适用于高温（160 ℃以上）地热田的发电。

9.1.10　地下热水发电

地下热水发电分为闪蒸地热发电系统和双循环地热发电系统两种。此外还有尚未商业利用的全流法地热发电系统。

闪蒸地热发电系统是将地热井口引出的地热水，先送到扩容器中进行降压闪蒸（或称扩容）使其产生部分蒸汽，再引到常规汽轮机做功发电，也称为减压扩容法地热发电系统。

闪蒸地热发电系统又可分为单级和两级。

（1）单级闪蒸地热发电系统。

单级闪蒸地热发电系统如图 9.10 所示。

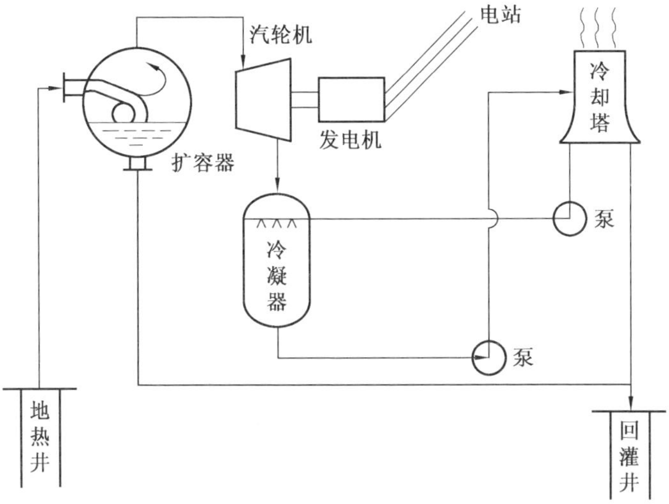

图 9.10　单级闪蒸地热发电系统

（2）两级闪蒸地热发电系统。

两级闪蒸地热发电系统如图 9.11 所示。

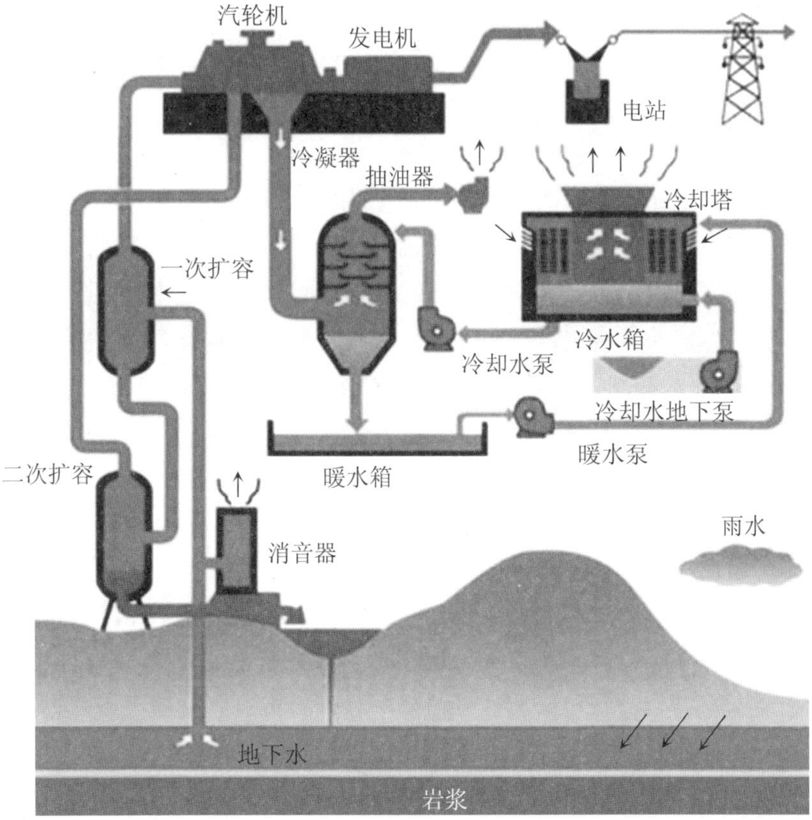

图 9.11　两级闪蒸地热发电系统

地热流体经汽水分离器，产生一次蒸汽进入汽轮机做功；由分离器排出的热水进入闪蒸器产生二次蒸汽，再进入汽轮机的中间压力级做功。

与单级闪蒸地热发电系统相比较，可提高发电量15%～20%。

9.1.11 热干岩发电

首先将水通过压力泵压入地下4～6 km深处，在此处岩石层的温度大约为200 ℃。水经高温岩石层加热后被提取到地面并输入各热交换器中放热。热水冷却后再重新输入地下供循环使用。

热干岩发电在发电过程中不产生废水、废气等污染，所以它是一种未来的新能源。

首座商用热干岩发电厂已在瑞士城市巴塞尔建成。该电站将能为周边的5 000个家庭提供3万kW热能和0.3万kW电能。

9.2 海洋能技术

海洋能是一种蕴藏在海洋中的可再生能源，包括潮汐能、波浪引起的机械能（波浪能）等。我国蕴藏着丰富的海洋能资源，预测可开发利用量达10亿kW。大力发展海洋可再生能源开发与利用技术，可满足或补充海岛开发、海上设备运行、沿海地区用电等需求，对保护海洋生态环境、发展海洋经济、推进生态文明建设具有重要战略意义。

9.2.1 海洋能简介

海洋能是一种蕴藏在海洋中的重要的可再生清洁能源，主要包括潮汐能、波浪能、海流能、海水温差能和海水盐差能，更广义的海洋能还包括海洋上空的风能、海洋表面的太阳能以及海洋生物质能等。海洋能是一种取之不尽、用之不竭的可再生能源，而且开发海洋能不会产生废水、废气，也不会占用大片良田，更没有辐射污染，因此，海洋能被称为21世纪的绿色能源，被许多能源专家看好。

9.2.2 海洋能特点

海洋能源与常规能源相比具有以下特点。

海洋能在海洋总水体中的蕴藏量巨大，但能量密度低而单位体积、单位面积、单位长度所拥有的能量较小。这就是说，要想得到大量能量，就得从大量的海水中获得。海洋能广泛地存在于占地球表面积71%的海洋上，所以其总蕴藏量是巨大的。另外，由于海洋永不间断地接受着太阳辐射，所以海洋能又是可再生的。当然，也必须指出，以上巨量的海洋能资源，并不是全部可以开发利用。

能量随时空变化，但有规律可循。各种海洋能按各自的规律发生和变化。就空间而言，既因地而异，又不能搬迁，各有各的富集海域。潮汐能主要集中在沿岸海域，我国在东海沿岸最富集（沿岸、浅海）；波浪能近海、外海都有，但以北半球两大洋东侧中纬度（300°—400° N）和南极风暴带（400°—500° S）最富集，我国东海和南海北部最富集（全海域）；海流能主要集中在北半球两大洋西侧，我国主要在东海的黑潮流域（外海、深海）；海水温差能主要集中在低纬度大洋深水海域，我国主要在南海（远海、深海）；海水盐差能主要集中在江河入海口附近沿岸，我国主要在长江和珠江等河口（沿岸、浅海）。就时间而言，除海水温差能和海流能较稳定外，其他均具有明显的日、月变化和年变化，故海洋能发电多存在不稳定性。不过，各种海洋能能量密度的时间变化一般均有规律性，可以预报，特别是潮汐和潮流的变化，目前已能做出较准确的预报。

开发环境严酷，一次性投资大，单位装机造价高，但不污染环境，不占用土地，可综合利用。由于不论在沿岸、浅海，还是在外海、深海，开发海洋能资源都存在风、浪、流等动力作用，海水腐蚀，海生物附着以及能量密度低等问题，致使转换装置设备庞大，要求材料强度高、防腐好，设计施工技术复杂，投资大，造价高。但是，由于海洋能发电在沿岸和海上进行，所以不但不占用土地资源，不需要迁移人口，而且还多具有综合利用效益。同时，由于海洋能发电不消耗一次性矿物燃料，所以既不付燃料费，又不受能源枯竭的威胁。另外，海洋能发电几乎都不伴有氧化还原反应，并且不向大气排出有害气体和热，因此也不存在常规能源和原子能发电多存在的环境污染问题，这就避免了很多社会问题的出现。

9.2.3　海洋能的能量形式及其利用

1. 潮汐能

因月球引力的变化引起潮汐现象，潮汐导致海水平面周期性升降，因海水涨落及潮水流动所产生的能量称为潮汐能。潮汐能与海流能来源于月球、太阳引力，其他海洋能均来源于太阳辐射，海洋面积占地球表面积的 71%，太阳到达地球的能量，大部分落在海洋上空和海水中，部分转化成各种形式的海洋能。

潮汐能的主要利用方式为发电，具体来说，潮汐发电就是在海湾或有潮汐的河口建一拦水堤坝，将海湾或河口与海洋隔开形成水库，再在坝内或坝房安装水轮发电机组，然后利用潮汐涨落时水位的升降，使海水通过轮机转动水轮发电机组发电。涨潮时，海水从大海流入坝内水库，带动水轮机旋转发电；落潮时，海水流向大海，同样推动水轮机旋转而发电。潮汐电站按照运行方式和对设备要求的不同，可以分为单库单向型、单库双向型、双库双向型、双库单向型 4 种。目前世界上最大的潮汐电站是法国的朗斯潮汐电站，我国的江夏潮汐实验电站为国内最大。

2. 波浪能

波浪能是指海洋表面波浪所具有的动能和势能，是一种在风的作用下产生的，并以位能和动能的形式由短周期波储存的机械能。波浪的能量与波高的平方、波浪的运动周期以及迎波面的宽度成正比。波浪能是海洋能源中能量最不稳定的一种能源。波浪发电是波浪能利用的主要方式，此外，波浪能还可以用于抽水、供热、海水淡化以及制氢等。

波浪发电的原理：利用海面波浪的垂直运动、水平运动和海浪中水的压力变化产生的能量发电。波浪能发电一般是利用波浪的推动力，使波浪能转化为推动空气流动的压力（原理与风箱相同，只是用波浪做动力，水面代替活塞），气流推动空气涡轮机叶片旋转而带动发电机发电。

3. 海流能

海流能是指海水流动的动能，主要是指海底水道和海峡中较为稳定的流动以及潮汐导致的有规律的海水流动所产生的能量，是另一种以动能形态出现的海洋能。海流能的利用方式主要是发电，其原理与风力发电相似。海流能与太阳能、风能、波浪能等可再生能源相比较，其规律性较强，能量稳定，易于电网的发配电管理，因此是优秀的可再生清洁能源。

海流发电的原理：利用海洋中沿一定方向流动的潮流的动能发电。海流能发电装置的基本形式与风力发电装置类似，故又称为“水下风车”。海流能发电装置由水轮机和电机组成，水轮机有垂直翼和水平翼两种，视实际需要而定。当海流流过水轮机时，在水轮机的叶片上产生环流，导致升力，因而对水轮机的轴产生扭矩，推动水轮机上叶片的转动，故可驱动电机发电。

4. 海水温差能

海水温差能是指海洋表层海水和深层海水之间水温差的热能，是海洋能的一种重要形式。低纬度的海面水温较高，与深层冷水存在温度差，而储存着温差热能，其能量和温差的大小与水量成正比。海水温差能的主要利用方式为发电，首次提出利用海水温差发电设想的是法国物理学家阿松瓦尔，1926 年阿松瓦尔的学生克劳德试验成功海水温差发电。1930 年，克劳德在古巴海滨建造了世界上第一座海水温差发电站，获得了 10 kW 的功率。海水温差能利用的最大困难是温差太小，能量密度低，其效率仅有 3% 左右，而且换热面积大，建设费用高，目前各国仍在积极探索中。

温差发电的原理：海洋温差发电主要采用开式和闭式两种循环系统。在开式循环系统中，表层温海水在闪蒸蒸发器中由于闪蒸而产生蒸汽，蒸汽进入汽轮机做功后流入凝汽器，由来自海洋深层的冷海水将其冷却。在闭式循环系统中，来自海洋表层的温海水先在热交换器内将热量传给丙烷、氨等低沸点物质，使之蒸发，产生的蒸汽推动汽轮机做功后再由冷海水冷却。

5. 海水盐差能

盐差能是指海水和淡水之间或两种含盐浓度不同的海水之间的化学电位差能，是以化学能形态出现的海洋能，主要存在于河海交接处。同时，淡水丰富地区的盐湖和地下盐矿也可以利用盐差能。盐差能是海洋能中能量密度最大的一种可再生能源。

盐差发电的原理：当两种不同盐度的海水被一层只能通过水分而不能通过盐分的半透膜相分离的时候，两边的海水就会产生一种渗透压，促使水从浓度低的一侧通过这层膜向浓度高的一侧渗透，使浓度高的一侧水位升高，直到膜两侧的含盐浓度相等。通常，海水和河水之间的化学电位差具有相当于 240 m 高水位的落差所产生的能量，利用这一水位差就可以直接由水轮发电机发电。盐差能发电的基本方式是，将不同盐浓度的海水之间或海水与淡水之间的化学电位差能转换成水的势能，再利用水轮机发电。

6. 近海风能

风能是地球表面大量空气流动所产生的动能。在海洋上，风力比陆地上更加强劲，方向也更加单一，据专家估测，一台同样功率的海洋风电机在一年内的产电量，能比陆地风电机高 70%。

风能发电的原理：风力作用在叶轮上，将动能转换成机械能，从而推动叶轮旋转，再通过增速机将旋转的速度提升，来促使发电机发电。

第 10 章　常规化石能源低碳化技术

10.1　CCUS 技术

CCUS（carbon capture, utilization and storage，碳捕集、利用与封存）是指将 CO_2 从工业过程、能源利用或大气中分离出来，直接加以利用或注入地层以实现 CO_2 永久减排的过程。CCUS 按技术流程分为捕集、输送、利用与封存等环节。碳中和目标下，大力发展 CCUS 技术（图 10.1）是我国未来减少 CO_2 排放、保障能源安全的战略选择，同时也是构建生态文明和实现可持续发展的重要手段。

CCUS 技术不仅可以实现化石能源利用近零排放，促进钢铁、水泥等难减排行业的深度减排，而且在碳约束条件下增强电力系统灵活性、保障电力安全稳定供应、抵消难减排的 CO_2 和非 CO_2 温室气体排放、最终实现碳中和目标等方面具有重要意义。

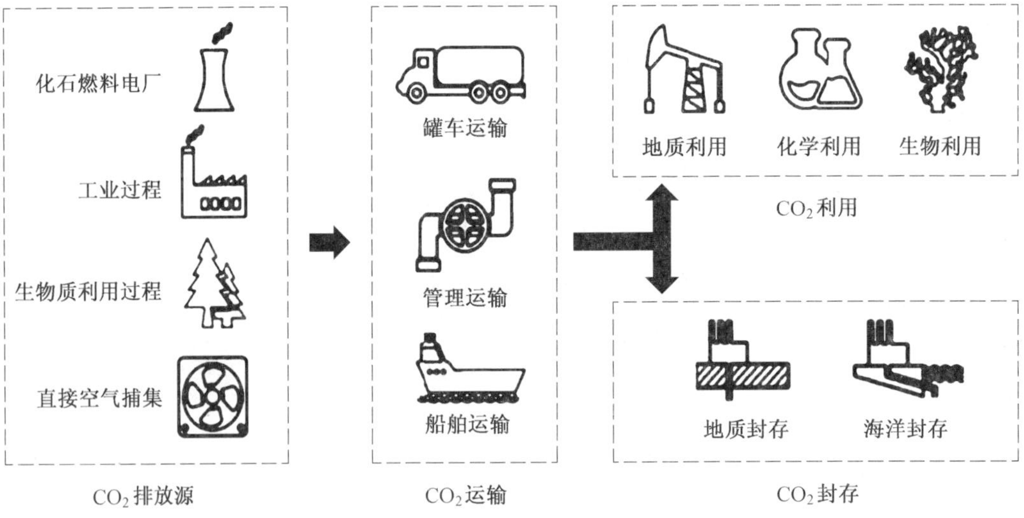

图 10.1　CCUS 技术示意图

近年来，我国高度重视 CCUS 技术发展，相关技术成熟度快速提高，系列示范项目落地运行，呈现出新技术不断涌现、效率持续提高、能耗成本逐步降低的发展态势。与此同时，CCUS 技术的内涵和外延进一步丰富和拓展。《中华人民共和国国民经济和社会发展第十四个五年规划和 2035 年远景目标纲要》明确将 CCUS 技术作为重大示范项目进行引导支持，未来 CCUS 技术在我国实现碳中和目标、保障国家能源安全、促进经济社会发展全面绿色转型、推进生态文明建设的过程中将会发挥更为重要的作用。

10.1.1　CCUS 主要工艺流程

CCUS 主要技术流程如图 10.2 所示。

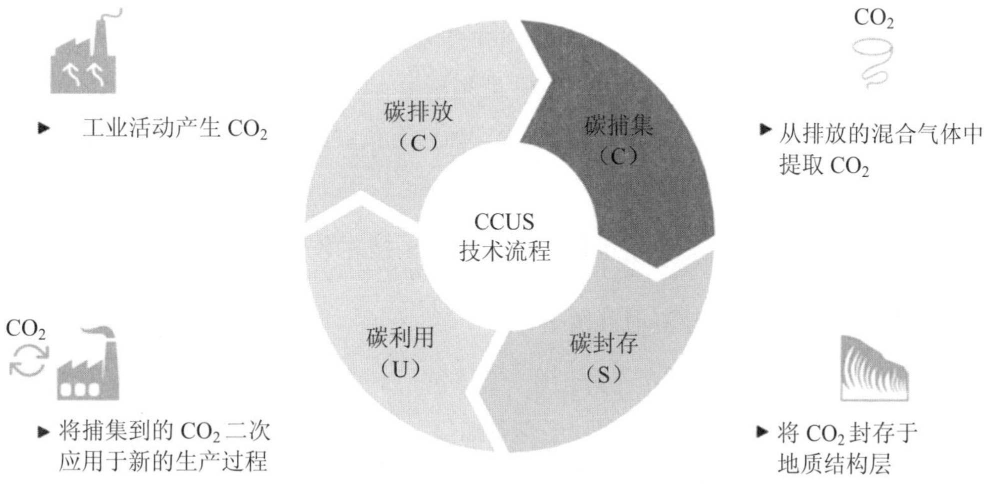

图 10.2　CCUS 主要技术流程

1. 碳捕集

碳捕集是指将 CO_2 从工业生产、能源利用和大气中分离出来的过程。在电力行业，传统的碳捕集方式包括燃烧前捕集、燃烧后捕集、富氧燃烧等；在煤化工、钢铁、水泥等行业中 CO_2 的工业分离过程属于燃烧前捕集。其中，燃烧后捕集不涉及对燃料的直接改变，原有系统更改较少，仅需在现有的燃烧装置后增加碳捕集装置，为当前应用最广泛的碳捕集技术。

2. 碳利用

CO_2 的资源化利用包括物理利用（灭火剂和碳酸性饮料添加剂、制取干冰等）、化工利用（生产纯碱、小苏打以及各种金属碳酸盐等大宗无机化工产品，加氢合成甲醇、乙烯和丙烯等）、生物利用（微藻固碳和 CO_2 气肥）、地质利用。地质利用技术包括强化石油开采技术、强化天然气开采技术、增强页岩气开采技术等，其中强化石油开采技术已有几十年的应用历史，为当前唯一达到商业化利用水平的地质封存利用技术，该技术可提高原油采收率 7%～15%，延长油井生产寿命 15～20 年，且泄漏的可能性很小。

3. 碳封存

地质封存又可进一步划分为咸水层（盐水层）封存、深部不可开采煤层封存、废弃油气藏封存 3 种主要类型。目前，国际上也已开展海上盐水层及废弃油气田埋存 CO_2 的示范项目。从埋存类型来看，在运行及执行项目中有 60% 以上是 CO_2 驱油项目。

除了上述 3 个流程，CCUS 技术还离不开碳运输。碳运输是指将捕获的 CO_2 运送到需要利用或封存的地方的过程。CO_2 的运输方式包括管道运输、罐车运输、船舶运输等，其中管道适合长距离、大规模运输，但管道建设投资大；公路罐车适合短距离、小规模运输，铁路罐车适合长距离、大规模运输，罐车运输存在蒸发泄漏、运输成本高的缺点；船舶运量大、运距超远、适合近海封存运输，同样有投资成本高的问题。碳运输方式的选择需要具体参考项目区域、项目规模等因素。

10. 1. 2　全球主要国家和地区促进 CCUS 技术发展的战略规划与部署

1. 美国：全球 CCUS 示范项目领先者

美国的 CCUS 商业设施数量全球领先，全球第一个碳捕集与封存设施于 1972 年在美国得克萨斯州建立。截至 2021 年 9 月，全球碳捕集与封存大规模全流程商业设施总计 135 个（包括正在运行、早期开发、在建等项目），其中 70 个位于美国，且 CCUS 项目应用广泛，涉及水泥制造、燃煤发电、燃气发电、垃圾发电、化学工业等行业，这主要得益于美国对 CCUS 技术的政策支持。在 CCUS 技术领域，美国从早期侧重 CCUS 研发与示范逐渐过渡到与市场开发、基础设施建设协同促进 CCUS 的发展。

（1）在技术方面，自 1997 年以来，美国能源部的化石能源办公室一直致力于 CCUS 的研发和示范，不断增加研发资金。2020 年 12 月美国出台的《2020 年能源法案》将 CCUS 的研发支持力度大幅提高，提出在 2021—2025 年提供超 60 亿美元的研发资金支持，目前是自《2009 美国复苏与再投资法案》（34 亿美元）以来的最高水平。2021 年 11 月 5 日，美国能源部宣布启动“负碳攻关计划”（Carbon Negative Earthshots），旨在从空气中去除 10 亿 t CO_2，并将捕集和封存 CO_2 的成本降至 100 美元/t 以下。

（2）在商业应用方面，《2008 能源改进和扩展法案》中确立的 48A 和 45Q 投资税收抵免政策促进 CCUS 的市场开发。45Q 税收抵免政策经过 2018 年的修订后，每吨 CO_2 的补助金额得到了大幅提升，采用递进式 CO_2 补贴价格的设定方式。2021 年拜登政府上任以后，陆续提出了《准用 45Q 法案》《碳捕集现代化法案》《碳捕集、利用和封存税收抵免修正法案》《为我们的能源未来融资法案》等来促进 CCUS 的市场开发。

（3）在基础设施建设方面，2021 年 3 月美国提出了《封存 CO_2 和降低排放量（SCALE）法案》，提出建立二氧化碳运输基础设施融资和创新法案计划（CIFIA）、安全的地质封存基础设施开发计划以及为环境保护署（EPA）在盐碱地质层中的第六类许可证（进行地下

CO_2 储存所需的许可证）提供更多资金等措施。2021 年 11 月美国通过《基础设施投资法案》，提出将提供近 50 亿美元用于支持 CO_2 运输及储存基础设施和场地的开发与融资。

2. 欧盟：CCUS 制度化和规范化的积极倡导者

欧盟在 CCUS 制度化和规范化方面走在全球前列，代表性法规 CCUS 指令（2009/31/EC）是世界上第一部关于 CCUS 的详细立法，详细规定了 CO_2 运输、封存场地选址、勘探和封存许可证发放、运营与关闭以及关闭后的责任和义务、CO_2 监测、信息公开等具体要求，以及对现有各相关指令的修订，建立起在欧盟内开展 CO_2 地质封存的法律和管理框架。欧盟 CCUS 相关政策多与能源、气候变化政策联系在一起，如《2030 年气候与能源政策框架》指出 CCUS 是欧盟能源和碳密集行业大幅减排的关键技术，要加大 CCUS 研发力度和商业示范；《2050 长期战略》将 CCUS 作为实现碳中和目标的七大战略技术领域之一；欧盟委员会在"欧洲绿色协议"中提出将 CCUS 纳入向气候中立过渡所需的技术，将其视为关键工业部门脱碳的优先领域之一。2021 年通过的《欧洲气候法》把气候中立的政治承诺转变为法律义务，并将继续加大 CCUS 相关政策支持。

欧盟多个研发资助计划支持 CCUS 的研发和部署。截至 2021 年 9 月，欧盟有 35 个商业 CCUS 项目。与美国不同，欧洲的 CCUS 示范项目主要依靠欧盟碳交易市场（EU-ETS）来体现。

3. 日本：积极抢占碳循环利用技术创新高地

日本长期致力于低排放发展战略，将 CCUS 技术与氢能、可再生能源、储能、核能等并列为日本实现碳中和目标的关键技术。在《能源技术战略路线图》《国家能源新战略》《第五期能源基本计划》等政策规划中均提出要加紧开发 CCUS 相关技术。2014 年推出的《战略能源计划》提出要在 2020 年左右实现 CCUS 技术的实际应用，并尽早建设 CCUS 就绪的设施，以支持 CCUS 的商业化。由于日本资源匮乏以及没有可用于 EOR 的油气产区地质条件等原因，日本在国际上积极参与海外 CCUS 项目投资，如美国的 Petra Nova，在国内致力于发展碳循环利用技术，并于 2019 年发布了《碳循环利用技术路线图》，设定了碳循环利用技术的发展路径，以加快 CCUS 技术战略部署的脚步，2021 年对该路线图进行了修订以促进其进一步发展。2020 年发布的《革新环境创新战略》和《实现 2050 碳中和的绿色增长战略》均提出要大力发展 CCUS 和碳循环利用技术，以积极抢占碳循环利用技术创新高地。

在技术研发方面，日本新能源产业技术综合开发机构（NEDO）是发展 CCUS 技术的主要政府科研机构，目前主要通过 NEDO 的碳循环和下一代火力发电等技术开发计划（2016—2025 年）、CCUS 研发/示范相关计划（2018—2026 年）等促进 CCUS 技术研发。2021 年，NEDO 宣布将在"碳循环和下一代火力发电等技术开发"框架下，于 2021—2025 年投资 130 亿日元用于支持 CO_2 循环利用技术发展；2022 年 1—2 月，NEDO 相继宣布在绿色创新基金框架下投资 382.3 亿日元用于碳分离和回收，1 152.8 亿日元用以支持将 CO_2 等转化为运输用合成燃料、可持续航空燃料、CH_4 以及绿色液化石油气等技术开发，490 亿日元用以支持 CO_2 还原制化学品。

4. 韩国：将 CCUS 作为绿色低碳增长的关键

韩国将 CCUS 作为绿色低碳增长和实现国家碳减排目标的关键技术。2010 年 7 月，绿色增长委员会制订了碳捕集与封存综合计划，以实现国家碳减排目标，并通过高效的 CCUS 技术发展创造新的增长引擎。2010 年 11 月，韩国成立了 CO_2 捕集与封存协会（KCCSA）以推进 CCUS 技术的发展。2021 年 3 月，韩国发布《碳中和技术创新推进战略》，将 CCUS 作为实现碳中和的十项关键技术之一。2021 年 9 月，韩国发布 CCUS 技术发展报告，提出技术的研发主题、短中长期技术路线和目标等。2021 年 9 月，韩国产业通商资源部宣布 2021—2025 年提供 950 亿韩元用以支持高排放行业的 CCUS 技术发展。

5. 中国：积极推进 CCUS 的研究与发展，蓄势待发

中国高度重视 CCUS 发展，制定多项相关政策规划推动 CCUS 技术的发展。2006 年以来，国家部委制定并发布了多项国家政策和发展规划，如《国家中长期科学和技术发展规划纲要（2006—2020 年）》《中国应对气候变化国家方案》《能源技术革命创新行动计划（2016—2030 年）》《能源生产和消费革命战略（2016—2030 年）》《国务院关于加快建立健全绿色低碳循环发展经济体系的指导意见》等，均提出要鼓励和支持发展 CCUS。

2016 年原环境保护部（现生态环境部）发布《二氧化碳捕集、利用与封存环境风险评估技术指南（试行）》，以规范和指导 CO_2 捕集、利用与封存项目的环境风险评估工作。此外，国家积极研究 CCUS 发展路线图，2011 年科技部发布了《中国碳捕集、利用与封存（CCUS）技术发展路线图研究》，明确了中国发展 CCUS 的愿景，2019 年更新版提出构建低成本、低能耗、安全可靠的 CCUS 技术体系和产业集群的发展愿景。虽然在节能减排、清洁能源等领域提及 CCUS 技术，但我国并没有专门的 CCUS 立法对其进行全面的规制。图 10.3 所示为 CCUS 技术发展历程。

早期研究阶段（1980—2007 年）：小规模化工分离提纯利用，提高采收率室内研究及单井试验。

技术储备研究阶段（2008—2019 年）：2007 年科技部发布《中国应对气候变化科技专项行动》后，中石化部署捕集和油田驱油利用技术研究和试验项目。

全面技术研发及工程示范阶段（2020 年至今）：CCUS 全技术链研发、CCUS 全流程示范应用。

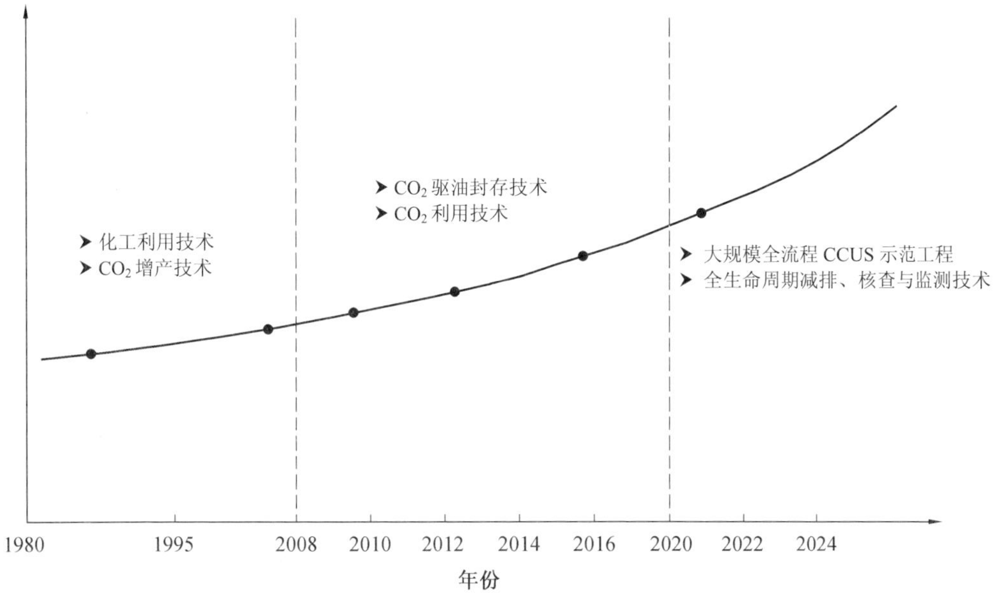

图 10.3　CCUS 技术发展历程

为加强碳资源化利用技术研发和应用，我国提出了发展 CCUS 技术系统，如图 10.4 所示，被国际社会广泛接受。碳中和目标下，CCUS 是全生命周期内，对人为排放或大气中 CO_2 进行捕集、利用和封存的技术组合，以达到大规模减排和固碳的效果。

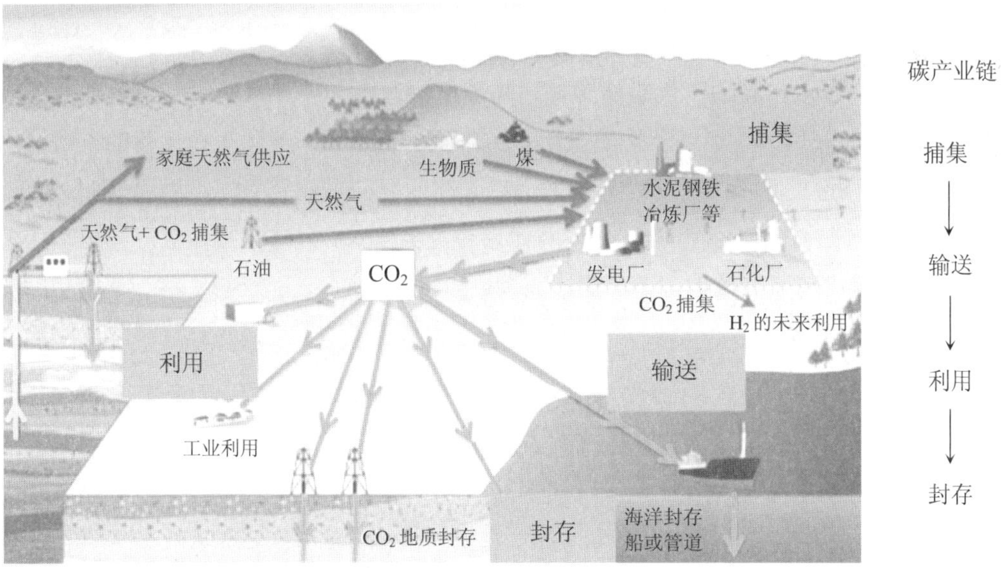

图 10.4　CCUS 技术系统图

10.1.3 CCUS 现状及趋势

当前，CCUS 技术仍存在高成本、高能耗、长期平安性和可靠性有待验证等突出问题，需通过持续的研发和集成示范提高技术的成熟度。我国 CCUS 技术链各环节都已具有必然的研发基础，但各环节技术进展不平稳，距离规模化、全流程示范应用仍存在较大差距。

1. CO_2 捕集技术

CO_2 捕集主要分为燃烧后捕集、燃烧前捕集和富氧燃烧捕集三大类，捕集能耗和成本太高是面临的共性问题。

燃烧后捕集技术相对成熟，普遍应用的是化学吸收法。我国与发达国家技术差距不大，已在燃煤电厂开展了 10 万吨级的工业示范。当前，制约该技术商业化应用的主要因素是能耗和成本较高。

燃烧前捕集在降低能耗方面具有较大潜力，国外 5 万吨级中试装置已经运行，国内 6 万～10 万吨级中试系统实验已启动。当前，该技术主要瓶颈是系统复杂，富氢燃气发电等关键技术还未成熟。

富氧燃烧技术国外已完成主要设备的开发，建成了 20 万吨级工业示范项目，正在实施 100 万吨级的工业示范；我国已建成万吨级的中试系统，正在实施 10 万吨级的工业示范项目建设。新型规模制氧技术和系统集成技术是降低能耗的关键，也是现时期该技术进展的瓶颈。

2. CO_2 输送工程技术

CO_2 输送包括水路和陆路低温储罐输送与管道输送两类方式，其中管道输送最具规模应用优势。国外已有 40 年以上的商业化 CO_2 管道输送实践，美国正在运营的干线管网长度超过 5 000 km。目前，我国 CO_2 的输送以陆路低温储罐输送为主，尚无商业运营的 CO_2 输送管道。此外，CO_2 源汇匹配的管网计划与优化技术、大排量紧缩机等管道输送关键设备、平安操纵与监测技术等方面尚需完善。

3. CO_2 利用技术

CO_2 利用涉及石油开采、煤层气开采、化工和生物利用等工程技术领域。

在利用 CO_2 开采石油方面，国外已有 60 年以上的研究与商业应用体会，技术接近成熟。我国利用 CO_2 开采石油技术处于工业扩大实验时期，油藏工程设计、技术配套、关键装备等方面尚需完善。

在利用 CO_2 开采煤层气方面，国外已开展多个现场实验，我国正在进行先导实验。适合我国低渗透软煤层的成井、增注及进程监控技术是研究重点。

在 CO_2 化工和生物利用方面，日本、美国等在 CO_2 制备高分子材料等方面已有产业化应用。我国在 CO_2 合成能源化学品、共聚塑料、碳酸酯等方面已进入工业示范时期。规模化、低成本转化利用是 CO_2 化工和生物利用技术的研究重点。

在 CO_2 矿化固定方面，欧盟、美国等正在研发利用含镁天然矿石矿化固定 CO_2 技术，处于工业示范时期。我国在利用冶金废渣矿化固定 CO_2 关键技术方面已进入中试时期。进程强化与产品高值利用、进程集成和设备大型化是 CO_2 矿化固定技术的研究重点。

4. CO_2 地质封存技术

CO_2 地质封存主要包括陆上咸水层封存、海底咸水层封存、枯竭油气田封存等方式。国外对陆上、海底咸水层封存项目进行了十余年的持续运行和平安监测，年埋存量达到百万吨。我国仅有10万吨级陆上咸水层封存的工程示范，需重点发展适合我国陆相沉积地层特点的 CO_2 长期封存基础理论、评判方式、监测预警与补救计谋技术，研发长寿命井下设备与工程材料等。

5. 大规模集成示范

国外正在运行的大型全流程 CCUS 示范项目有加拿大 Weyburn 油田 CO_2 强化驱油项目、挪威 Sleipner 气田 CO_2 盐水层封存项目等，这两个项目的 CO_2 都来自工业进程，累计封存 CO_2 都已超过1亿 t。我国现有的全流程示范项目包括中石油吉林油田的 CO_2 工业分离与驱油项目、中国神华的鄂尔多斯煤制油 CO_2 工业分离与陆上咸水层封存项目、中石化胜利油田的燃烧后 CO_2 捕集与驱油项目。整体上，我国全流程示范项目需要通过大规模、跨行业的集成示范，完善要素技术之间的匹配性与相容性，提升全流程系统的经济性和可靠性。

10.1.4　CCUS 发展方向

1. 大规模、低能耗 CO_2 分离与捕集技术

研发吸收性能高、再生能耗低的新型吸收剂，低能耗大规模的制氧技术及 CO_2 捕集分离工艺与设备；开发 CO_2 分离单元与发电单元协同运行和调控技术，新型 CO_2 捕集材料和工艺。

2. 平安高效 CO_2 输送工程技术

研究长距离 CO_2 管道输送特性及模拟技术，平安监测和治理操纵技术，CO_2 源汇匹配的管网计划与优化技术。

3. 大规模、低成本 CO_2 利用技术

开展油气藏地质体 CO_2 利用与封存潜力评判工作，研究 CO_2 利用与封存一体化的实验模拟、油藏工程设计、平安监测及关键装备制造技术；开展 CO_2 驱煤层气开采与封存场地挑选和评判工作，研究井网优化设计、煤层增注、长期平安监测技术；研发 CO_2 高效低成本催化转化制备甲醇、共聚塑料、碳酸酯等大宗化学品技术，CO_2 生物固定、生物转化与深加工技术，钙镁钾基工业固废及天然矿物矿化固定 CO_2 的进程强化与设备大型化技术。

4. CO_2 封存技术

研究适合我国陆相沉积地层的平安、可靠的 CO_2 地质封存理论，进展陆上咸水层封存的场地选址与评判方式，封存 CO_2 泄漏监测与补救等平安性保障技术；研发海底咸水层封存、枯竭油气田封存关键特需技术；探讨酸气回注等含杂质 CO_2 封存和封存联合采水、采热、采矿等新型技术。

5. 大规模 CO_2 捕集、利用与封存技术集成与示范

研究 CCUS 各要素技术之间的匹配性与相容性，系统集成与放大原理，进展系统优化设计方式，开发 CO_2 捕集系统与工业生产系统、CO_2 利用系统和输送系统、封存系统的优化集成技术，围绕重点行业成立一批规模化全流程示范工程，验证其经济性、可靠性和平安性。

10.1.5 CCUS 重点解决任务

1. 解决一批基础科学理论问题

（1）新一代高效低能耗的 CO_2 捕集技术基础研究。

吸收剂的分子设计、模拟技术及其与 CO_2 化学反应基础；新型捕集机理与材料的构效关系；燃烧前捕集的工艺进程与捕集能耗、系统稳固的构效关系；富 CO_2 气氛下燃烧稳固和污染物形成的理论；化学链燃烧技术、膜吸收/解吸技术、硫碳一体化捕集分离技术探讨。

（2）规模化 CO_2 管道输送基础研究。

CO_2 在不同相态及相态转换下的水力及热力模型；长距离 CO_2 管道输送水合物操纵技术；CO_2 管道输送全尺寸模拟中试装置建设及实验；CO_2 管输数值模拟软件开发与应用；CO_2 输送工艺参数优化设计方式；CO_2 输送管线及站场平安监测方式。

（3）CO_2 驱油利用与封存基础研究。

油气藏及相关地质体 CO_2 埋存机理及潜力评判方式；油藏及相关地质体 CO_2 埋存平安性评判及监控；多孔介质中 CO_2 地层油体系相态理论与数值模拟；CO_2 驱油中的渗流力学理论；CO_2 埋存和提高采收率工程技术与方式。

（4）CO_2 驱煤层气利用与封存基础研究。

多元气体与煤岩的彼此作用理论及模拟方式；场地挑选、性能评判与优化设计方式。

（5）CO_2 转化利用基础研究。

CO_2 碳氧资源协同转化的高效催化机理与原子经济反应途径设计；CO_2 光/电/生物协

同转化的耦合机制与放大规律；工业固废/天然矿物纳微尺度活化机理与碳酸化矿化进程强化机制；地下赋存的富含 Ca、Mg、Fe、K、U 等元素的天然易反应矿物与 CO_2 的反应机理。

（6）CO_2 地质封存的长期平安性基础理论。

CO_2 作用下地层传输特性演化机理；封存地层长期封锁性和稳固性的演化规律及其主控因素；多尺度物质运移-化学反应-力学响应耦合理论；封存场地选址、封存有效性与平安性评判方式。

CO_2 捕集、运输、利用及封存系统的环境阻碍评估与风险操纵等基础研究。

2. 冲破一批关键核心技术

（1）大规模、低能耗燃烧后 CO_2 捕集技术。

①高效低能耗的 CO_2 吸收剂和捕集材料开发。研发适合于燃煤电厂烟气脱碳的高吸收性能和低再生能耗的混合胺及其他新型化学吸收剂；研发适合于燃烧后的新型吸附和膜分离材料，并在实施过程中进一步验证。

②新型捕集工艺技术开发。研发并优化新型吸收剂和其他捕集材料工艺，重点示范高性能吸收剂、吸附剂及其他捕集材料的长期稳固性，同时研究与其匹配的大型捕集专有设备和集成工艺技术；设备和工艺的长期适应性；评估捕集能耗、成本等关键指标，完善形成大型化的进程工艺包。

③高效低能耗的 CO_2 捕集设备研制和系统集成研究。开发和研制 CO_2 吸收、吸附、膜分离的高效设备，包括高效填料、气液分布器、膜反应器等；研究反应器结构、尺寸、溶剂性质与捕集效率的关系，开发核心设备的设计与放大关键技术；研究燃烧后捕集的蒸汽热系统与超临界锅炉的蒸汽、烟气系统的耦合优化设计方式，开展捕集系统与电厂系统集成耦合示范。

（2）燃烧前捕集技术。

①燃烧前低能耗 CO_2 捕集技术。研发燃料燃烧前高效转化与 CO_2 捕集的耦合技术，包括燃烧前富集 CO_2 的合成燃料制备技术、适合高浓度 CO_2 燃料气的 CO_2 分离技术、反应分离一体化的低能耗 CO_2 捕集技术；研究燃烧前燃料转化与 CO_2 捕集耦合反应进程的催化剂与反应器设计，以及关键进程的实验验证。

②低能耗捕集 CO_2 的系统集成技术。成立技术、经济与技术线路多层面的能源动力系统综合分析与评判方式，提出燃料化学能梯级利用与低能耗捕集 CO_2 一体化的能源动力系统集成原理；研究新型气化、化学链燃烧、燃料合成、富氧燃烧等的燃料转化与 CO_2 捕集耦合方式，提出低能耗、低成本燃烧前捕集 CO_2 的新型能源动力系统。

（3）富氧燃烧富集 CO_2 技术。

①富氧燃烧装备放大及系统集成技术。研究富氧燃烧的放大理论和设计原理；研发富氧燃烧锅炉、燃烧系统、冷凝器等关键装备；研究富氧燃烧全流程系统集成优化技术，

通过热耦合设计显著降低系统的综合成本；研究富氧燃烧热力系统动态特性及其调剂操纵等。

②富氧燃烧用大型深冷空分和紧缩纯化技术。研发适合于富氧燃烧参数需求的大型深冷空分技术；探讨新型的低能耗制氧技术，研发适合于富氧燃烧烟气特点的紧缩纯化技术；降低运行成本，形成相应的国产化配套能力。

③煤基化学链燃烧技术。研究煤基化学链燃烧的反应强化和热质传递调控技术、低成本批量制备载氧体技术、煤基化学链燃烧系统集成优化技术。

（4）CO_2 输送工程技术。

①CO_2 输送方式评判与系统优化技术。研究不同输送方式技术经济界限的评判技术及不同输送系统的优化技术，以及 CO_2 源汇匹配的管网计划与优化技术。

②CO_2 管道输送工程技术。研发 CO_2 大排量紧缩关键设备；研究 CO_2 输送管道平安操纵与监测技术和 CO_2 管道输送工程技术规范及标准。

（5）CO_2 驱油利用与封存技术。

①CO_2 驱油与封存工程应用技术。研发 CO_2 驱油与封存的油藏工程设计与优化技术，油藏动态跟踪与调整技术，注采及地面系统设计与优化技术，CO_2 驱油与封存注采及地面系统的防腐技术，CO_2 驱油与封存系统平安监测技术。

②CO_2 驱油与封存注采关键装备国产化技术。研究高压耐酸大排量紧缩机设计与制造技术，研制适合 CO_2 驱油与封存的井口和井下装备工具。

③枯竭油气藏残余烃微生物富化技术。研究与培育适合枯竭油气藏残余烃富化的本源微生物菌种及其生化进程，优化本源微生物激活和工程应用条件。

（6）CO_2 驱煤层气与封存技术。

①CO_2 驱煤层气利用与封存系统的平安监测技术。研究适合驱煤层气平安监测的地球物理、地球化学监测技术及 CO_2 运移的综合反演技术、CO_2 驱替煤层气煤层的致灾评判与防治技术。

②CO_2 驱煤层气利用与封存工程系统配套应用技术。研发深部软薄煤层钻井完井、煤层增注技术。

（7）CO_2 矿物转化固定技术。

①钙镁基天然矿物与工业固废矿化固定 CO_2 技术。研发典型钙镁基天然矿物和工业固废中固碳组分高效选择性分离技术，强化碳酸化转化制备功能化碳酸盐及产品调控技术，以及多级多相反应与分离一体化大型装备，开发高附加值碳酸盐产品。

②天然矿物原位转化固定 CO_2 与资源提取技术。研究岩层改造与 CO_2 注入技术，高价值元素富集与回收技术，以及天然环境下的永久矿物固定技术。

（8）CO_2 化学和生物转化利用技术。

①CO_2 化学转化利用技术。研发 CO_2 低能耗制备合成气、甲醇能源化学品的高效催

化剂和专属反应器技术，CO_2 温和制备碳酸酯高值化学品的羰基化转化与专属反应器技术，CO_2 合成降解塑料的高效持续聚合反应技术；探讨 CO_2 光/电、光/热转化前沿技术。

②CO_2 生物转化利用技术。研发高效低成本固碳优良藻类、菌种和林木培育及基因工程技术，生物转化固碳产物低成本采收分离与多联产加工技术；CO_2 微生物与电化学合成燃料耦合反应技术，高效光生物反应器构建技术。

（9）CO_2 地质封存技术。

①地质封存长期平安性保障技术。研究封存场地精细勘探与表征技术，长期平安性的综合监测、评判与反演技术，工程失效的预警与补救对策技术。

②规模化封存工程建设的配套技术。研究井筒完整性评判与修复技术、耐侵蚀长寿命井下设备与材料技术。

10.1.6　CCUS 对碳减排的贡献

第一阶段（2019—2030 年）：全球碳排放降低至 30 Gt 以下，CCUS 主要对现有电厂和工业排放进行捕集，CCUS 减排贡献将占全球总排放量的 4%。

第二阶段（2030—2050 年）：2050 年前碳排放降至 15 Gt，CCUS 将大范围部署在水泥、钢铁和化工行业，天然气制氢约占捕集量的 1/5，生物质能碳捕集与封存占总捕集量的 15%，CCUS 减排贡献将达到 12%。

第三阶段（2050—2070 年）：2070 年实现净零碳排放，每年有 9.5 Gt 的 CO_2 被捕集并封存，另外有 0.9 Gt 的 CO_2 被捕集并利用，其中，电力行业占总捕集量的 40%，将近一半来自生物质发电，将近 1/4 来自重工业。图 10.5 展示了 CCUS 对碳减排的贡献预测。

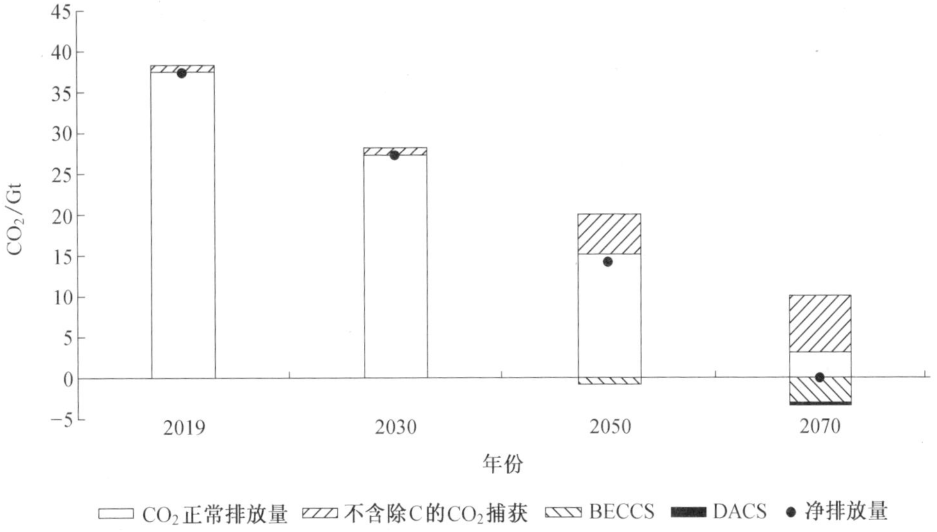

图 10.5　CCUS 对碳减排的贡献预测图

CCUS 是解决我国发展中减碳的必要手段。本书构建了能源生产、消费及 CCUS 之间的交互关系模型，评价 CCUS 的贡献，如图 10.6 所示。

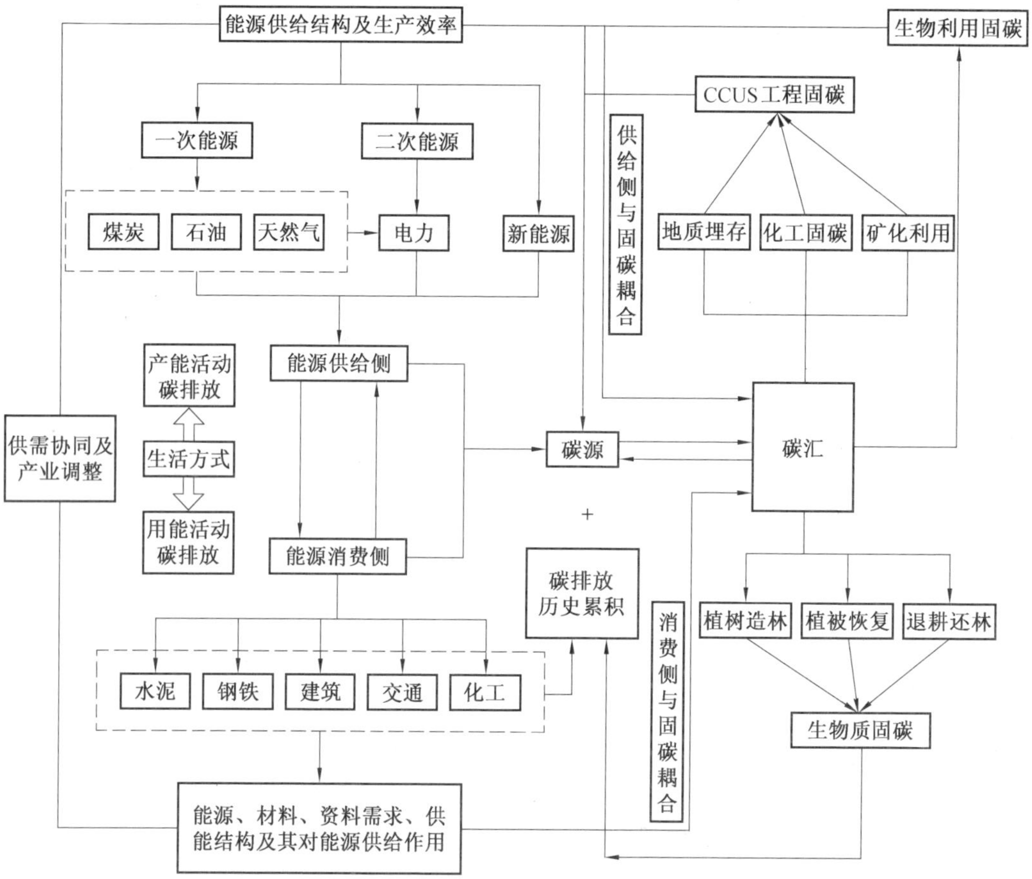

图 10.6　能源生产、消费及 CCUS 交互关系模型

2060 碳中和情景：

从 2030 年的 112 亿 t CO_2 排放量降至 2060 年的净零水平，2030 年后每年的 CO_2 减排量较上年增加 3.73 亿 t。

2030 年煤炭、石油、天然气和一次电力及其他能源的占比分别为 40%、19%、11% 和 30%，到 2050 年非化石能源占比将达到 62%，到 2060 年进一步增加至 75%。2050 年和 2060 年，煤炭需求量分别降至 9.63 亿 t 和 4.49 亿 t。

到 2060 年 CCUS 技术的减排贡献量为 10.41 亿 t，CCUS 减排约占累计减排量的 14.60%。

如果不采用 CCUS 技术减排，实现 2060 年碳中和目标，系统整体减排成本将增加 121%。具体如图 10.7、图 10.8 所示。

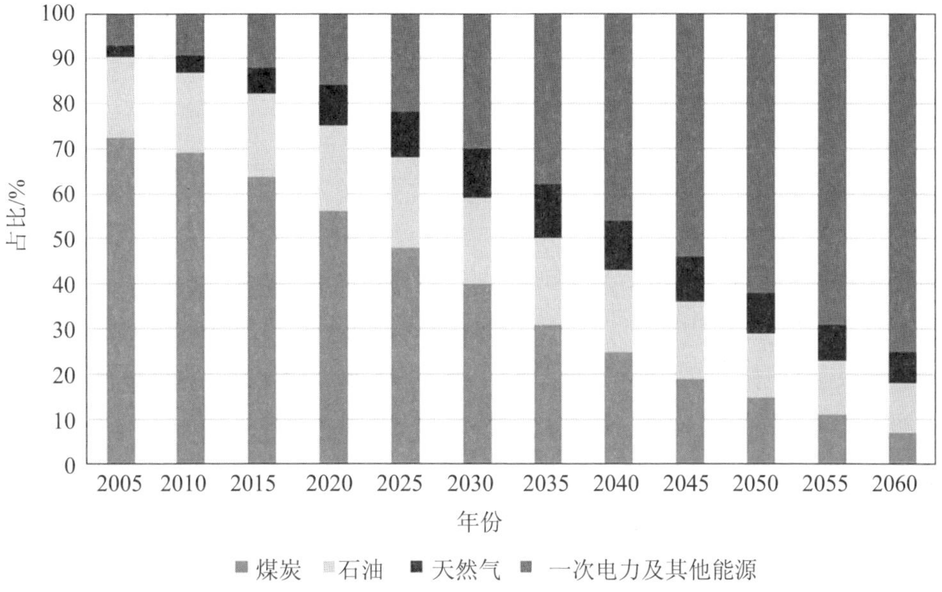

图 10.7　2060 年碳中和情景下一次能源结构图

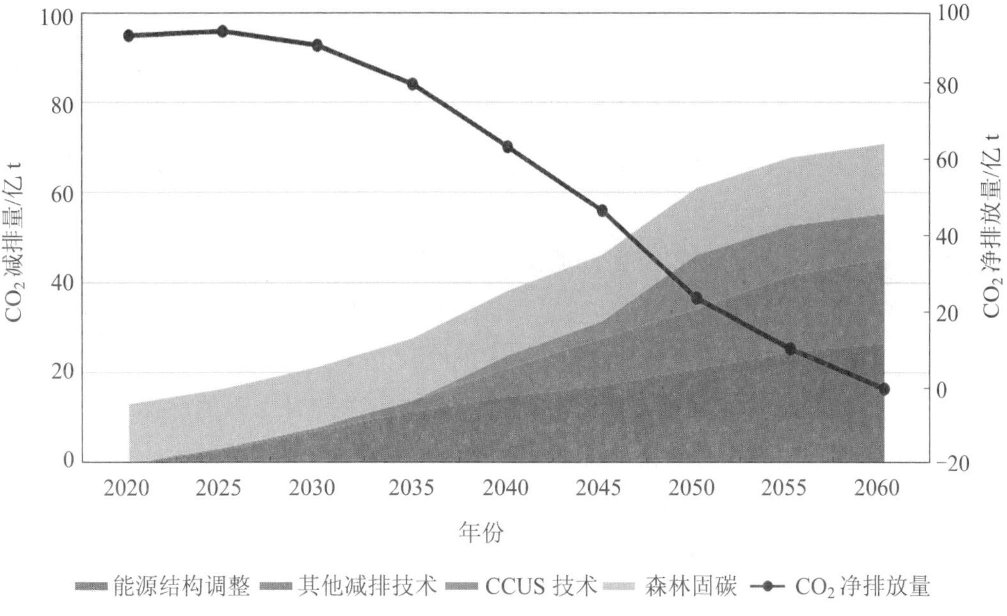

图 10.8　2060 年碳中和情景图

全球 CCUS 技术快速发展，已具备工程化、规模化的基础。

捕集：已形成针对不同浓度排放源的捕集技术，技术成熟度较高，成本不断下降，在煤电、石化、水泥及钢铁等行业开展了大量示范应用。

驱油利用：驱油利用是目前最为经济可行的埋存方式，技术成熟。

封存：开展了百万吨级咸水层埋存示范，挪威 Sleipner 项目每年约埋存 100 万 t CO_2。

利用：化工利用和生物利用新技术迅速发展。

10.2 煤电低碳化技术

随着“双碳”目标的提出，未来可再生能源在我国能源结构中将占据主导地位，而煤电将由传统提供电力、电量的主体性电源，向提供可靠电力供应的保障性、调节性电源转变，积极参与调峰、调频、调压、备用等辅助服务，提升电力系统对新能源的消纳能力。同时，煤电继续向高效、低碳方向发展。一方面，通过进一步提高机组效率，从而降低单位发电量的碳排放；另一方面，通过采用 CO_2 捕集技术，实现煤电机组近零碳排放。

在“双碳”目标下，煤电领域需要不断减少碳排放，但是保有一定的煤电量对我国电力系统安全稳定具有重要意义。以光伏、风电为代表的新能源具有随机性、波动性和间歇性特点，增加了系统调节负担；核电不宜频繁调节；水电具有丰水期和枯水期的季节性特点；加之目前全球气候极端天气频发，这些都对电力系统的稳定可靠性提出了新挑战。煤电具有可靠性、灵活性的特点，不仅可以跟随负荷变化调节自身出力，还要平抑新能源的出力波动，是影响新能源发展与消纳的重要因素。

10.2.1 发展低碳化利用技术的动因

在不久的将来，低碳技术将成为国家核心竞争力的一个标志，谁掌握了先进的低碳技术，谁就拥有了核心竞争力。低碳技术的基础是传统的化石能源高效洁净利用和可再生能源等新能源的替代，即构建低碳型能源体系。其技术途径有非化石能源的开发和利用、提高能源利用效率以及高碳能源的低碳化利用三大方面。

在化石能源中，煤炭依然是储采比最大的能源。国际上公认“煤炭在未来 50 年仍将是世界的主要能源”。在我国一次能源消费中，煤炭约占 70%，石油只占到 20%，天然气只有 3.5%；即使在化工原料中，煤炭也占到 50% 左右。这种消费现状是由我国的化石能源禀赋特点“多煤、少油、缺气”所决定的。针对这种特殊能源消费结构，在我国发展高碳能源的低碳化利用技术主要是发展煤的低碳化利用技术。

化石能源的碳排放系数都很高，其中 CO_2 排放量煤炭约为 2.66 t/t 标准煤，石油为 2.02 t/t 标准煤，天然气为 1.47 t/t 标准煤。这 3 个数据说明，煤炭是化石能源中碳排放系数最高的。因此，煤炭作为含碳量最高的高碳能源，如何实现它的低碳化利用是实现低碳经济的关键。

10.2.2　我国高碳能源低碳化的基本要求

高碳能源低碳化的基本要求是高效率、低排放、少污染，从能源的来源、转化过程、输运过程、终端利用过程这 4 个环节全程控制。

在我国，高碳能源低碳化主要是指煤的低碳化利用，具体来说包括：加大原煤入洗比重，减少原煤的输出和直接燃烧，从源头上控制污染物排放；加快煤炭高效转化技术开发，降低煤炭消费强度，减少转化过程中的污染排放；加大煤炭及煤基产品消费环节污染物排放控制与治理技术的研发，实现煤炭及煤基产品的清洁化利用。

支撑这一主题的能源科学与技术发展战略主要有以下内容：高碳能源利用的循环经济型多联产；低碳产品合成技术与低碳排放过程；新型清洁煤燃烧技术；劣质煤的利用和煤转化过程中污染物排放控制、治理和利用技术；煤炭高附加值综合利用生产技术；CO_2 捕集和封存技术。

10.2.3　低碳化利用技术

由于煤炭在一次能源中占据重要地位，对煤炭的低碳化利用研究得到了足够的重视，并取得了一定的突破。低碳化技术成果多以提高燃烧效率、以煤气化为核心的新型煤化工及 CO_2 的捕集和封存为基础。本书仅介绍煤的低碳化利用技术。

1. 煤的液化技术

煤的液化分为直接液化和间接液化。煤直接液化是指煤在高温、高压、催化条件下与氢气反应直接转化成液体油品，然后经过提质加工得到汽油、柴油等产品。通常 3～4 t 原料煤产生 1 t 成品油。据估计，煤直接液化生产每吨油品的 CO_2 排放量约为 3.5 t，有 70% 以上的 CO_2 浓度高于 90%,利于 CO_2 的封存。

煤间接液化主要由煤气化、合成和分离精制 3 个步骤组成，通过煤气化制合成气（$CO+H_2$），再通过费托合成生产液体油品。煤间接液化通常 4～5 t 煤产生 1 t 成品油，煤间接液化过程生产每吨油品的 CO_2 排放量约为 6 t，有 75% 以上 CO_2 浓度高于 90%，利于 CO_2 的封存。煤间接液化在南非已有 50 多年的大规模生产历史，技术相对比较成熟。我国自主知识产权的煤间接液化技术也已经完成了万吨级的中试开发，正在进行大规模示范厂的建设。

2. 煤制氢技术

氢能是一种洁净的二次能源，在进行能量转换时其产物是水，可真正实现污染物的零排放。在未来可持续能源系统中，将成为主要的载能体，成为主要的终端能源。用煤制氢，可以实现煤的低碳化利用。煤气化制氢是先将煤炭气化得到以 H_2 和 CO 为主要成分的气态产品，然后经 CO 变换和分离、提纯等处理而获得一定纯度的产品氢。

煤气化制氢过程中，也不可避免地会产生 CO_2，但这种高压、高纯度 CO_2（接近 100%）完全区别于化石燃料普通燃烧过程产生的常压、低浓度 CO_2（浓度仅为 12%），随着 CO_2 埋藏技术的迅速发展，可以更经济地实现 CO_2 的封存。

3. 煤制天然气技术

煤炭的氢碳原子比一般小于 1∶1，石油氢碳比约为 2∶1，天然气的氢碳比为 4∶1。由此可见，用煤制天然气可以提高氢碳比，降低 CO_2 的排放量，符合低碳经济的要求。

煤制天然气的主要流程为：原煤经备煤单元处理后送气化炉；蒸汽和来自空分的 O_2 作为气化剂从气化炉下部喷入；在气化炉内，煤和气化剂逆流接触，经过干燥、干馏和气化、氧化，生成粗合成气，其主要组成为 H_2、CO、CO_2、CH_4、H_2S、油和高级烃；粗合成气经急冷和洗涤送变换单元，经过部分变换和工艺废热回收，进酸性气体脱除单元脱除 H_2S、CO_2 及其他杂质，送 CH_4 化单元，经预热后送入硫保护反应器，脱硫后进 CH_4 化反应器，得到合格的天然气产品，再经压缩干燥送天然气管网。

煤制天然气的竞争力主要来自可以采用低价劣质煤，例如含水含灰高、低热值的褐煤。这种煤不太适用于干粉或水煤浆的气流床气化，而比较适用于碎煤加压固定床或流化床气化。

4. 富氧燃烧技术

首先利用空气分离系统获得富氧，然后将燃料与 O_2 共同引入专门的富氧燃烧炉进行燃烧，一般需要将燃烧后的烟气重新回注燃烧炉，这一方面降低了燃烧温度，另一方面也提高了 CO_2 的体积分数。由于惰性成分 N_2 浓度大大降低，无谓的能源消耗大幅度降低，30%～40% 的富氧空气燃烧就可以降低燃料消费 20%～30%，提高了热效率。同时，烟气中 CO_2 的浓度可提高近 90%，从而更容易捕集。需要指出的是，该技术需要专门材料制作的富氧燃烧设备以及空气分离系统，这将大幅度提高系统投资成本。

5. 化学链燃烧技术

在与空气不直接接触的工况下，燃料与金属氧化物反应，CO_2 产生在专门的反应器中，从而避免了空气对 CO_2 的稀释。金属氧化物与燃料进行隔绝空气的反应，产生热能、金属单质以及 CO_2 和水，金属单质再输送到空气反应器中与 O_2 进行反应，再生成金属氧化物。

反应生成的 CO_2 和水处于反应器中，所以 CO_2 的捕集非常容易。该法的经济性要依靠大量可以无数次循环再生的有活性的载氧体，控制载氧体的磨损和惰性是该技术的关键。由于其经济性好，作为烟气中捕集分离 CO_2 的方法前景看好。

6. 煤基多联产技术

煤基多联产是指通过各种煤炭转换、利用技术的有机集成，获得多种洁净的二次能源（电，甲醇、费托合成燃料、二甲醚等液体燃料，城市煤气、氢等）和多种高附加值的化工副产品，以及用于工艺过程产生的有效能量。

煤基多联产的实质是多种产品生产过程的优化耦合，从系统高度出发，最大限度地耦合多种碳—化工技术的优越性，将能源产品和化工产品联合生产，充分提高能源的利用效率，减少污染物排放，并有利于 CO_2 的储存和利用。同时，由于下游能源产品的多样化，系统能调节多个产品之间的“峰—谷”差，使得各流程优化运行，在经济上达到充分的弹性结构，市场竞争力强劲。

但需要指出的是，大规模的多联产系统工艺流程长、技术难度大、能量和物质转换复杂、集成优化理论较薄弱。因此，目前根据目标产品设计出来的各种多联产系统大部分还处于概念或工业示范起步阶段，但这是实现煤炭能源低碳化利用的重要途径。

7. 整体煤气化联合循环发电技术

整体煤气化联合循环发电技术（IGCC）是最典型的可以进行燃烧前脱碳的系统。在碳基燃料燃烧前，将其化学能从碳转移到其他物质中，再将其分离。IGCC 是当今国际上最引人注目的高效清洁发电技术之一。

IGCC 技术是煤气化和蒸汽联合循环的结合，具有高效、低污、节水、综合利用好等优点，是“绿色煤电”要掌握的重点技术，该技术把过去燃煤直接一次发电过程变成了煤气化两次发电过程。发电效率可达到 43% 以上，随着相关关键技术的不断发展，还能进一步提高到 50% 左右。

IGCC 的工艺过程如下：煤经气化成为中低热值煤气，经过净化，除去煤气中的硫化物、氮化物、粉尘等污染物，变为清洁的气体燃料，然后送入燃气轮机的燃烧室燃烧，加热气体工质以驱动燃气轮机做功，燃气轮机排气进入余热锅炉加热给水，产生过热蒸汽驱动蒸汽轮机做功。一般 IGCC 系统的气化炉都采用富氧或纯氧技术，所需气体体积大幅度减小，CO_2 体积分数显著变大，从而大大降低了 CO_2 捕集和封存设备的投资和运行费用。

10.3　气电低碳化技术

“十五”以来，天然气发电已成为我国清洁能源发电技术的重要组成部分。国内通过招标，引进了以 F 级和 E 级为主的燃气轮机（以下简称燃机）及其联合循环机组，近年来先进的 G/H/I 级燃机及其联合循环机组也逐渐在我国开始推广应用。

10.3.1　电力产业碳排放现状

2016 年《巴黎协定》的签订和快速生效，意味着减少温室气体排放开始由科学共识转变为全球行动。在多种因素和全球社会多种力量的共同推动下，全球能源生产与消费结构和方式正在发生重大变化， 低碳化、清洁化发展成为当前最明确的趋势，应对气候变化已不再是局限于环境领域的科学问题，更是行业可持续发展继续面临的重要挑战。

我国电力行业积极应对气候变化，持续提高可再生能源发电比重，不断优化煤电机组结构，碳排放强度持续改善。2005—2020 年我国单位火电发电量 CO_2 排放强度如图 10.9 所示。

由于通过技术进步进一步降低煤电机组碳排放的空间有限，未来我国电力行业若要提前实现碳达峰和碳中和目标，必须调整一次能源结构，降低煤炭在一次能源消费中的占比并严控煤电增量，才能从根本上解决问题。

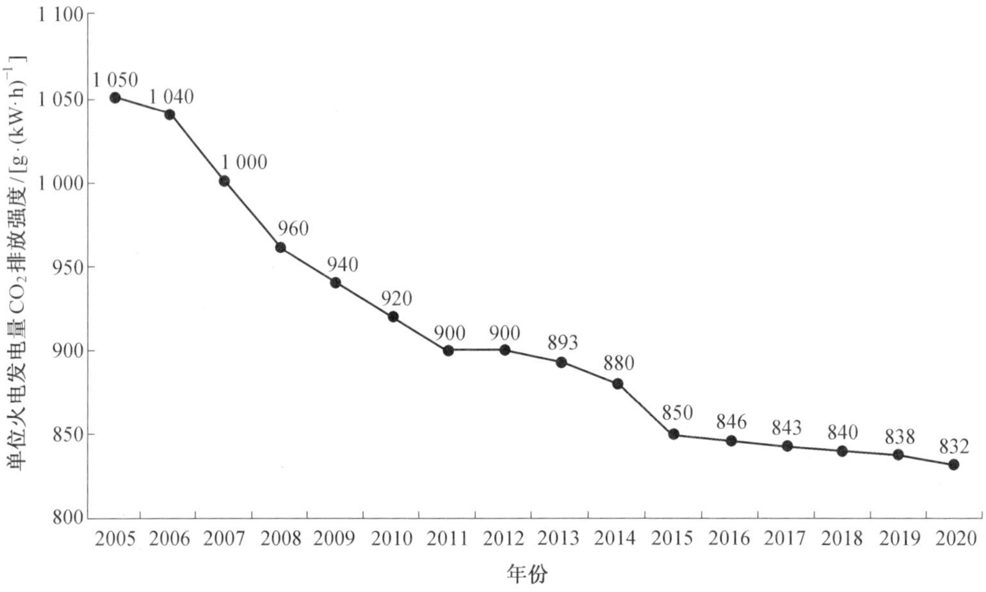

图 10.9　2005—2020 年我国单位火电发电量 CO_2 排放强度

10. 3. 2　我国电力产业温室气体减排政策趋势

2011 年 10 月，国家发展和改革委员会印发《关于开展碳排放权交易试点工作的通知》，批准北京、上海、天津、重庆、湖北、广东和深圳开展碳交易试点工作。2013—2014 年，上述 7 个试点地区陆续启动交易试点工作。2016 年福建全面启动碳排放权交易市场。目前国内试点地区的火力发电企业均被纳入碳排放权交易市场。截至 2020 年底，碳排放权交易运行平稳，碳配额现货累计交易量达到 3.4×10^8 t，累计成交金额约 70 亿元人民币，其中广东、湖北、深圳的配额限额累计成交量居前三名。多数试点碳市场配额的成交价格为 20～30 元/t，北京试点碳市场成交价格为 40～50 元/t，位居碳市场首位。

2016 年 10 月 27 日，国务院印发《“十三五”控制温室气体排放工作方案》，提出加快推进绿色低碳发展，确保完成“十三五”规划纲要确定的低碳发展目标任务，推动我国 CO_2 排放量在 2030 年左右达到峰值并争取尽早达峰。同时方案中对大型发电集团也提出明确目标，即 2020 年单位供电 CO_2 排放控制在 550 g/(kW·h)以内。2017 年国家发展和改革委员会印发《全国碳排放权交易市场建设方案（发电行业）》，以部署全国碳市场建设任务，要求以“稳中求进”为总基调，以发电行业为突破口，分阶段、有步骤地建立归属清晰、保护严格、流转顺畅、监管有效、公开透明的全国碳市场。

“30·60 目标”提出后不久，2020 年 12 月 31 日生态环境部公布《碳排放权交易管理办法（试行）》（以下简称《管理办法》），并印发配套的配额分配方案和重点排放单位名单。从 2021 年 1 月 1 日起，全国碳市场首个履约周期正式启动，首个履约周期截至 2021 年 12 月 31 日，涉及 2 225 家发电行业的重点排放单位。修订印发的《管理办法》进一步加强了对温室气体排放的控制和管理，在“30·60 目标”新形势下为加快推进全国碳市场建设提供了更加有力的法治保障。配套的配额分配方案明确了纳入配额管理的发电行业重点排放单位名单，首次从国家层面将温室气体排放控制责任压实到企业，通过市场倒逼机制，促进产业技术的升级，激发企业的减排动力，对实现绿色低碳发展具有重大意义。

10.3.3　气电产业碳排放现状

随着我国天然气产业的持续发展和资源环境约束日益加剧，进入 21 世纪以来，我国气电产业逐步发展壮大，截至 2020 年底，我国气电装机容量达 $9\,802\times10^4$ kW，“十三五”期间年均增长 9.69%，在我国能源体系和经济发展方式向绿色低碳转型进程中发挥着愈来愈重要的作用。2020 年我国气电发电量为 $2\,485\times10^8$ kW·h，按《管理办法》中燃气机组碳排放（本书均指 CO_2 排放）基准值 0.392 t/(MW·h)推算，年度 CO_2 排放量为 $9\,741\times10^4$ t，约占电力行业 CO_2 排放量的 2.48%。

10.3.4　气电产业碳排放竞争力分析

作为两种最为成熟的火力发电形式，煤电和气电都发挥着重要的能源供应保障作用。由于资源禀赋的差异，长期以来我国火力发电中煤电占据主导地位，气电因经济性问题使得其低碳环保优势和灵活性电源的价值受到抑制。但随着低碳转型进程的加快，气电与煤电的竞合关系也将发生一些变化。

1. 气电与煤电碳排放对比

对煤电和气电在不同应用场景下的碳排放情况进行定量对比分析。以 GE 公司 6F.03、9F.03 和 9HA.01 这 3 种目前主流型号燃气机组为例，天然气的低位热值取 32.74 MJ/m³，密度为 0.708 3 kg/m³（选择陕甘宁天然气），考虑碳氧化率缺省值为 99%。

（1）纯凝发电机组。

联合循环机组在额定负荷纯凝工况下发电碳排放强度见表 10.1。从表 10.1 可以看出，机组效率越高，碳排放强度越低，且 3 种机组碳排放强度均低于《管理办法》中燃气机组碳排放基准值。

表 10.1　GE 公司 3 种联合循环机组纯凝工况下发电碳排放强度对比表

对比项目	纯凝机组类型		
	6F.03	9F.03	9HA.01
联合循环出力/MW	111.6	405.0	643.0
联合循环净热耗率/[kJ·(kW·h)$^{-1}$]	6 494	6 183	5 750
联合循环净效率/%	54.2	58.2	62.6
碳排放强度/[g·(kW·h)$^{-1}$]	359.9	342.6	318.6

（2）热电联产机组。

现实运行中，部分燃气蒸汽联合循环机组采用“以热定电”方式运行。对于抽凝机组，供热抽汽量可根据实际需求灵活调整，供热量与发电量没有强耦合关系。在负荷率不变的情况下，综合发电量的碳排放强度与热电比存在一定关系，以 6F.03 联合循环抽凝机组基本负荷为例，60%热电比情况下单位综合发电量的碳排放强度低于 40% 热电比情况（表 10.2）。

表 10.2　6F.03 联合循环抽凝机组基本负荷下 3 种供热工况的碳排放强度对比表

对比指标	机组热电比		
	40%	50%	60%
燃机负荷率	100%	100%	100%
供热蒸汽量/(t·h^{-1})	49.00	60.00	71.00
供电量/MW	102.08	100.00	98.61
燃料总消耗量/MW	216.15	216.14	216.13
CO_2 排放速率/(kg·s^{-1})	12.10	12.10	12.10
供热折算发电量/(kW·h)	22 615.38	27 692.31	32 769.23
供电量/(kW·h)	102 083.33	100 000.00	98 611.11
综合发电量/(kW·h)	124 698.71	127 692.31	131 380.34
单位综合发电量的碳排放强度/[g·(kW·h)$^{-1}$]	349.30	341.09	331.50

实际运行中，为在经济性最优和技术可行性之间寻找平衡点，抽凝机组的实际发电量和供热量（热电比）受到电网调度、热负荷变化、电价热价气价变化、天然气供应情况、机组性能等因素的影响，难以保证供热量变化情况下负荷率不变，因此碳排放强度比较还需具体情况具体分析。

而对于背压机组，供热量越少，发电量越低，机组负荷率也越低，从而碳排放强度就越高，以 6F.03 联合循环背压机组为例（表 10.3），供热蒸汽量在 86 t/h 时，燃机负荷率更低，为 40%，单位综合发电量的碳排放强度更高，为 333.82 g/(kW·h)。因此在“以热定电”条件下运行，供热蒸汽量较低的背压机组碳排放强度将受到影响。

表 10.3　6F.03 联合循环背压机组 3 种负荷率下的碳排放强度对比表

对比指标	机组热电比		
	141%	179%	205%
燃机负荷率	75%	50%	40%
供热蒸汽量/$(t \cdot h^{-1})$	108.60	93.70	86.00
供电量/MW	64.41	43.52	35.03
燃料总消耗量/MW	177.25	140.26	123.78
CO_2 排放速率/$(kg \cdot s^{-1})$	9.92	7.85	6.93
供热折算发电量/(kW·h)	50 123.08	43 246.15	39 692.31
供电量/(kW·h)	64 412.81	43 524.71	35 027.70
综合发电量/(kW·h)	114 535.89	86 770.86	74 720.01
单位综合发电量的碳排放强度/$[g \cdot (kW \cdot h)^{-1}]$	311.85	325.74	333.82

2. 气电机组与煤电机组碳排放强度对比

目前我国气电主要承担供热和调峰作用，因此笔者主要就气电供热和调峰两种类型的机组与容量相近煤电机组进行碳排放量的对比。

气电供热主要通过燃气热电联产方式在北方地区采暖供热，以及为有工业用蒸汽需求的企业或园区提供不同压力等级的工业蒸汽。燃气热电联产通过替代分散煤和小煤电可以极大地提高环境质量，促进区域能源结构调整和经济转型发展，同时还具有明显的 CO_2 减排效果。表 10.4 为两种主要供热（工业和民用）类型的气电机组与煤电机组碳排放强度比较表。由于难以确保燃机与煤机装机选型完全一致且难以保证同样的热电比下机组负荷率一致，因此在估算煤电碳排放时，只能基于燃煤热电联供的碳配额基准进行燃煤机组的碳排放速率估算。

表 10.4　不同供热情景下气电、煤电机组碳排放强度对比表

供热情景	机组类型	供热容量/MW	发电容量/MW	CO_2排放速率/$(kg\cdot s^{-1})$	综合发电量/(kW·h)	单位综合发电量的碳排放强度/$[g\cdot(kW\cdot h)^{-1}]$
热电比 40%（工业供热情景 1）	6F.03 燃气抽凝机组	40.83	102.08	12.27	124 693.54	354.15
	300 MW 等级以上常规燃煤机组（基准值测算）	40.83	102.08	28.98	122 078.37	854.62
	300 MW 等级以下常规燃煤机组（基准值测算）	40.83	102.08	31.75	122 078.37	936.37
	300 MW 等级以下燃煤机组供电+燃煤锅炉供热（基准值测算）	40.83	102.08	32.03	122 078.37	944.57
热电比 40%（工业供热情景 2）	9F.03 燃气抽凝机组	157.00	391.00	46.08	477 953.85	347.04
	300 MW 等级以上常规燃煤机组（基准值测算）	157.00	391.00	110.21	467 897.96	847.99
	300 MW 等级以下常规燃煤机组（基准值测算）	157.00	391.00	120.73	467 897.96	928.91
	300 MW 等级以下燃煤机组供电+燃煤锅炉供热（基准值测算）	157.00	391.00	122.75	467 897.96	944.46
热电比 60%（民用采暖供热情景）	9F.03 燃气抽凝机组	217.00	360.00	44.67	480 184.62	334.89
	300 MW 等级以上常规燃煤机组（基准值测算）	217.00	360.00	109.06	466 285.71	842.01
	300 MW 等级以下常规燃煤机组（基准值测算）	217.00	360.00	118.57	466 285.71	915.39
	300 MW 等级以下燃煤机组供电+燃煤锅炉供热（基准值测算）	217.00	360.00	120.60	466 285.71	931.09

由表 10.4 可知，无论是气电机组还是煤电机组，机组容量越大，热电比越高，其单位综合发电量的碳排放强度越低。同样供热能力的气电机组相比燃煤机组，其碳排放强度具有明显优势，碳排放量仅约燃煤机组的 40%。

表 10.5 为热电联产机组 3 种情景下的 CO_2 减排总量对比表。

随着波动性、随机性和间歇性特征明显的风电、光伏等新能源的快速发展，其在电网中比重愈来愈高，电网对于灵活性电源的需求亦愈来愈迫切，正常情况下，电网应配置约 15% 的灵活性电源，否则可再生能源的发展将受到一定程度的抑制。而目前我国灵活性电源比重仅为 6%，主要是抽水蓄能、气电和少量具有调节能力的水电。燃气轮机机组与完成灵活性改造的煤电机组都可以作为电网灵活性电源。表 10.6 为气电、煤电两类

灵活性电源碳减排总量的对比。为便于分析，笔者选择经过灵活性改造的 600 MW 湿冷煤机和 GE 公司 9E.03 联合循环机组作为调峰电源，对比分析碳排放强度。

表 10.5　热电联产机组 3 种情景下的 CO_2 减排总量对比表

情景类型	机组类型	碳排放量/t	燃气抽凝机 CO_2 年减排量/t
情景 1（热电比 40%，热电联产模式工业供热每年运行 3 000 h）	6F.03 燃气抽凝机组	132 481	—
	300 MW 等级以上常规燃煤机组（精准值测算）	312 992	180 511
	300 MW 等级以下常规燃煤机组（精准值测算）	342 933	210 452
	300 MW 等级以下燃煤机组供电+燃煤锅炉供热（精准值测算）	345 934	213 453
情景 2（热电比 40%，热电联产模式工业供热每年运行 3 000 h）	9F.03 燃气抽凝机组	497 612	—
	300 MW 等级以上常规燃煤机组（精准值测算）	1 190 313	692 701
	300 MW 等级以下常规燃煤机组（精准值测算）	1 303 905	806 293
	300 MW 等级以下燃煤机组供电+燃煤锅炉供热（精准值测算）	1 325 727	828 115
情景 3（热电比 60%，北方地区热电联产民用采暖供热模式每年运行 5 000 h）	9F.03 燃气抽凝机组	804 035	—
	300 MW 等级以上常规燃煤机组（精准值测算）	1 963 095	1 159 060
	300 MW 等级以下常规燃煤机组（精准值测算）	2 134 174	1 330 139
	300 MW 等级以下燃煤机组供电+燃煤锅炉供热（精准值测算）	2 170 768	1 366 731

由表 10.6 可知，燃气调峰机组的碳排放总量仅约为经过灵活性改造的燃煤机组的 42%，碳排放优势明显。

表 10.6　两类灵活性电源碳减排总量对比表

调峰电源	指标		
	调峰负荷/MW	碳排放强度/[g·(kW·h)$^{-1}$]	调峰 2 000 h 的碳排放总量/t
600 MW 湿冷煤机	200	908.55	363 420
9E.03 联合循环机组	200	380.30	152 120

通过以上分析可知，无论是供热还是调峰情景，气电在碳排放方面减排优势明显。相较于煤电，发展气电不仅具有明显直接减排的效益，而且可以促进风电、光伏等可再生能源的发展，具有显著的间接减排效益。而且随着碳配额市场交易以及电力辅助服务

市场的深入和完善，气电的运行经济性相对于煤电而言也将得到改善。

10.3.5 “30·60 目标”对气电产业竞争力的影响

通过前述分析可以看出，与煤电相比，气电在低碳转型背景下减排优势明显。在这一背景下，随着碳配额市场交易以及电力辅助服务市场的深入和完善，其运行性、经济性不佳的短板将得到一定程度的改善。例如，以某 2×450 MW 燃气调峰电站为例，其实际碳排放基准值按 0.342 t/(MW·h) 推算，与《管理办法》中燃气机组碳排放基准值 0.392 t/(MW·h) 相比有 0.05 t/(MW·h) 的空间，按年利用小时数 3 500 h 计算，其每年可用于交易的碳配额为 15.75×10^4 t。若碳交易价格为 30 元/t，其年收益为 472.5 万元；若碳交易价格为 80 元/t，其年收益为 1 260 万元。因此气电在能源结构转型进程中应充分发挥其低碳优势，在实现直接减排和间接减排双重效益的同时改善其经营状况。

从内部条件、外部环境、企业战略选择 3 个方面进行“30·60 目标”背景下的 SWOT 分析，较之于煤电，气电的 SWOT 对比分析结果见表 10.7。

表 10.7 “30·60 目标”背景下气电 SWOT 对比分析图

内部条件	优势（S）	劣势（W）
	①清洁高效，低碳环保； ②启停灵活，适应性强； ③节约土地、水等资源	①燃料成本相对较高导致运行经济性差； ②企业未完全掌握燃气轮机核心技术，导致运行维护成本偏高，制约了产业发展
外部环境	机会（O）	威胁（T）
	①低碳转型背景下电网可再生能源大比例接入，对灵活性电源需求增加； ②城镇化和工业园区建设的有序发展为燃气热电联产带来机遇； ③“十四五”天然气资源供应有保证； ④国家加大天然气管网建设力度，成立管网公司，天然气体制改革进程加快； ⑤燃机技术不断进步，造价不断降低	①天然气供应局部时段和区域存在供应不确定性； ②储能技术逐步成熟将降低气电作为灵活性电源的主体地位； ③部分地区对发展气电产业的重要性认识不足
企业战略选择	SO 战略——增值性战略	ST 战略——多元化战略
	充分发挥气电优势，抓住低碳转型的发展机遇，积极发展燃气调峰电站，有序发展燃气热电联产项目，为碳达峰和碳中和目标的实现做出积极贡献	①实施气电一体化战略，降低上游资源不确定性和信息不对称对产业的影响，以降低运行成本； ②构建天然气气源多元化格局
	WO 战略——扭转性战略	WT 战略——防御性战略
	①实施气电一体化战略，合理降低运行成本； ②加大燃气轮机自主可控技术的创新力度，降低设备运维成本	保持现有规模

10.3.6　影响电力行业“30·60 目标”实现进程的因素

1. 存量煤电是影响进程的基础性因素

长期以来煤电在我国电力装机结构中处于主导地位，是基础电源。截至 2020 年底，我国在运煤电机组 107 992×10^4 kW，占全部装机容量的 49.07%，首次降至 50%以下，但发电量依旧超过 60%。煤电在我国低碳转型进程中是重要的约束性因素和基础条件，现有煤电机组的寿命是决定碳达峰和碳中和目标实现的关键因素之一。

我国 2000 年及以前投运煤电机组约为 2.3×10^8 kW，主要是 300 MW 及以下煤耗较高的低效亚临界机组，此外，这部分机组还有相当比例的是热电联产机组，这些机组将于 2030 年前陆续达到设计寿命期。为了尽早实现碳达峰目标，这部分机组应该逐步退役或转为电（热）保安电源，发挥能源安全稳定器作用。一些厂址位于经济发达地区或具有供气条件区域城市周边且承担供热任务的机组应优先考虑实行“煤改气”，以保障能源安全稳定供应，实现碳减排目标。我国 2000—2010 年期间投运煤电机组约为 4.1×10^8 kW（2010 年我国的煤电装机容量为 64 661×10^4 kW），这些机组将于 2040 年前陆续达到设计寿命期，即在碳达峰后逐步退役。若按 3 000 h 计算，此部分煤电退役后年碳减排量约为 17×10^8 t，约占现有电力行业碳排放总量的 40%，是碳减排的重点目标，也将有力地加快碳中和进程。这部分煤电退出后其电量空间可以主要由新能源发电弥补，其供热能力和经改造后所具备的灵活性电源作用可以由气电和其他供热技术替代。2040 年后预计我国剩余煤电装机容量约为 5.1×10^8 kW，这部分机组大部分将成为电网保安电源，其发电利用小时数和发电量将大大降低，为新能源的发展提供更大的电量空间。

2. 影响进程的其他因素

（1）政府的态度和政策。

政府的态度和政策是促进电力行业低碳转型的重要推动力。自提出“30·60 目标”后，除中央有关部门出台《管理办法》等政策外，各地政府也纷纷抓住“十四五”规划的编制契机，因地制宜地提出相应措施，提出碳达峰规划。例如《浙江省煤炭石油天然气发展“十四五”规划》（征求意见稿）中明确提出：“在保障全省煤炭石油天然气安全平稳供应的基础上，积极落实碳达峰行动……要持续提高天然气利用水平，大幅增加气电发电利用小时数。”由于我国各地区经济发展水平不同、能源结构存在差异，因此实现碳达峰目标的时间和路径也存在一定差异。

（2）经济转型和产业结构。

经济转型的力度和产业结构调整快慢决定了电力行业低碳转型的进程。我国电力消费结构中第二产业占据主导地位，2019 年第二产业用电量占全社会用电量的 68.4%。当前我国重化工业和高耗能产业仍然占据重要比重，这是我国经济实现可持续发展的同时实现“30·60 目标”必须解决的核心矛盾。因此只有坚持节能优先方针、抑制不合理能源消费、推动能源消费革命，才能逐步实现绿色低碳生产，加快电力行业“30·60 目标”的实现。

（3）科技创新和技术进步。

科技创新的投入和技术进步的速度是决定电力行业低碳转型的重要物质基础。从长远来看，碳中和目标的实现有赖于 CCUS 技术的规模应用，但就实现碳达峰目标的时间而言，目前 CCUS 技术发展阶段离大规模商业应用仍有较大距离，成本和技术成熟度均尚未取得实质性进展。因此希望通过采用 CCUS 技术来保持大规模煤电应用并提前实现碳达峰目标是不现实的，必须逐步降低煤电装机容量和发电量。可以预期 CCUS 技术成熟后，可能用于少量的气电碳减排场景。储能技术是平抑可再生能源波动性的最佳配套技术，其技术成熟度和可接受成本是新能源大规模发展的重要支撑。因此，储能技术的成熟发展将逐步降低电网对于其他灵活性电源的需求。

10.3.7 “30·60 目标”背景下气电产业发展路径

“30·60 目标”既是我国经济社会未来数十年的发展方向，也是未来电力行业，特别是发电行业可持续发展的主要约束条件。未来电力行业将按近期（2030 年前）碳达峰、中期（2030—2050 年）碳下降、远期（2050 年后）碳中和 3 个阶段来规划“30·60 目标”实现的路径。由于目前通过节能等技术降碳空间有限以及 CCUS 技术短期内还不具备商业化运行条件，因此能源结构转型是电力行业低碳转型的主要路径：一方面要不断压减化石能源的消费总量，在电力行业主要是降低煤炭消费总量；同时要加快新能源的发展，大力发展光伏、风电等新能源。而在上述两种场景和路径中，气电均可以发挥其低碳、高效、灵活和技术成熟的优势，促进电力行业加快低碳转型进程。

为早日实现“30·60 目标”，积极发展天然气是我国建立清洁高效、绿色低碳、安全经济能源体系的重要途径和必然选择。预计在碳达峰之前，我国天然气消费量将稳步增加并将在 2035 年左右达峰。届时年消费量预计为 $6\,500 \times 10^8\ m^3$，此后天然气消费量将在一定时期内保持相对稳定。2050 年后天然气消费量将逐步下降。

气电是天然气利用的主要方向之一，也是未来天然气增量部分主要消费途径，规模化发展气电是天然气产业成熟发展的关键因素。与天然气发展趋势基本一致，在 2035 年前气电装机规模将持续稳步增加。2020 年我国气电装机容量为 $9\,802 \times 10^4$ kW，同比增长 8.6%，按此增速推算，预计 2035 年气电装机容量约为 3.3×10^8 kW，并保持相当一段时间的稳定期，预计到 2050 年气电装机容量将逐步下降。基于上述分析，表 10.8 汇总了在“30·60 目标”实现进程中气电的作用和定位。

表 10.8　“30·60 目标”实现进程中气电的作用和定位表

“30·60 目标”实现阶段	气电的作用和定位
近期“碳达峰”（2021—2030 年）	有序发展气电，优先实施气电替代小煤电与燃煤锅炉，实现直接碳减排的效益；与部分停运或到期煤电机组组成煤电-气电耦合能源基地，实现调峰和供热有机组合；气电作为灵活性电源为可再生能源发展提供支撑
中期“碳下降”（2031—2050 年）	保持一定的规模，作为电网灵活性电源，促进可再生能源的发展；与氢能等实现融合发展；替代退役煤电热电联产成为供热的主力，实现协同减排
远期“碳中和”（2051—2060 年）	加装 CCUS 后将成为电网保安电源

为实现气电在“30·60 目标”进程中的作用和定位，充分发挥其协同减排效益，建议气电产业在低碳转型背景下的发展路径如图 10.10 所示。

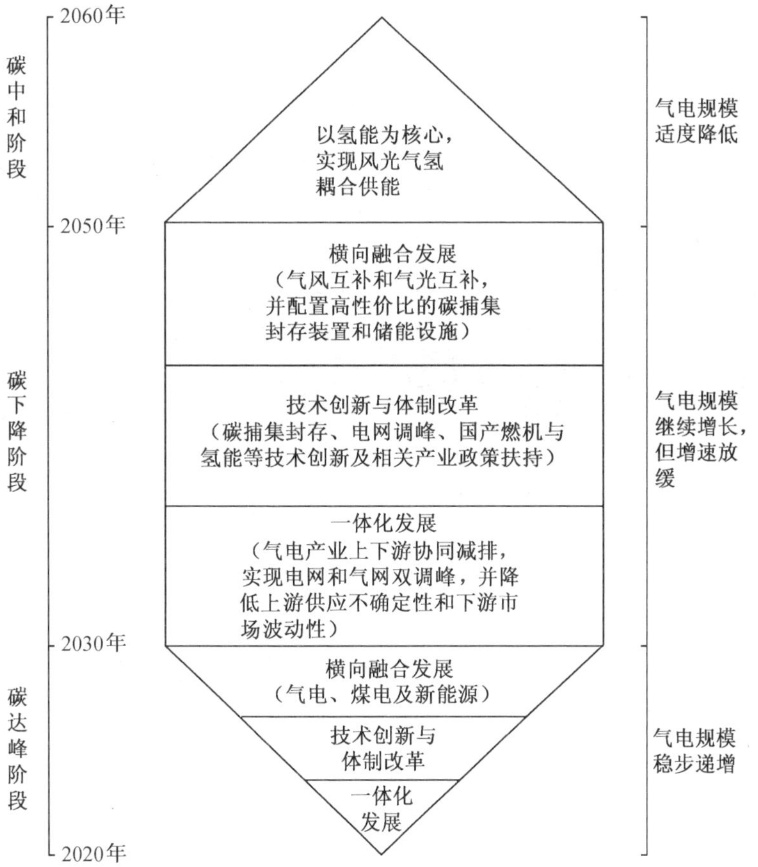

图 10.10　气电产业低碳转型背景下发展路径图

1. 横向融合发展

即气电与煤电、风电、光伏、氢能等能源形式横向融合，实现气电产业协同发展。

碳达峰前可以重点实施气电与煤电融合，即在现有煤电厂同址扩建或改建气电机组，可以在降低投资并节约土地等资源的基础上，充分发挥煤电的经济性和气电的灵活性与低排放的优势，建成兼具发电、供热和调峰功能的综合能源基地，实现企业效益、行业利益和社会福利的兼顾。此外，在新型产业园区和大中城市大型商业区，应积极发展天然气分布式能源，实现气电冷热一体化集成供应，统筹协调发展。

碳达峰前后，可以在新疆、青海、内蒙古等天然气和风光资源富集区配套建设一批燃气调峰电站，建立协同配合的气风互补或气光互补发电形态，以有效解决目前弃风弃光问题，提升可再生能源发电总出力水平和电网运行可靠性以及电源外送能力， 实现气电与可再生能源融合发展。此外，随着氢能技术的不断进步以及成本的逐渐下降，未来可以建立以氢能为核心的风光气氢耦合发电的新形式，进一步促进协同减排，加快碳达峰和碳中和的实现。

2. 天然气产业纵向一体化，与气电产业协同发展

这是基于我国目前气电产业链上下游市场机制不完善，为降低因上游资源供应不确定性和下游市场波动性带来的风险而采取的有效措施。天然气产业上中下游相关各方应加强合作，协同发展，共建良好产业生态圈，共同促进产业健康稳定。实施天然气产业纵向一体化可以提升全产业链效率和竞争力，从而实现产业协调可持续发展，有助于实现上下游协同减排。

3. 通过市场化改革实现气电产业可持续发展

气电产业涉及的上下游两个市场都处于市场化改革不断推进的进程中，只有持续推动上游天然气和下游电力市场改革，建立公平、开放、透明、有序的市场环境，完善气电联动和电力辅助服务市场化机制，气电产业才能可持续发展。此外，碳交易市场的不断成熟和壮大，也将为气电产业发展提供有利的外部发展环境。

4. 通过技术进步实现气电产业创新发展

燃气轮机是气电产业的核心装备，也是一个国家综合科技和制造实力的体现。加大该领域自主创新投入，积极推进燃气轮机领域自主可控技术的突破，进一步提升能效水平，既是实现气电产业自主维修从而降低维护成本的前提，也是实现气电产业可持续发展的必然要求。

10.4　风光水火储一体化技术

目前我国电力系统综合效率不高、源网荷等环节协调不够、各类电源互补互济不足等深层次矛盾日益凸显，亟待统筹优化。为提升能源清洁利用水平和电力系统运行效率，更好地指导送端电源基地规划开发和源网荷储协调互动，积极探索“风光水火储一体化”“源网荷储一体化”实施路径。“风光水火储一体化”侧重于电源基地开发，结合当地资源条件和能源特点，因地制宜采取风能、太阳能、水能、煤炭等多能源品种发电互相补充措施，并适度增加一定比例储能，统筹各类电源的规划、设计、建设、运营。因地制宜稳妥推进“风光水火储一体化”的目的就是提升能源利用效率和发展质量，促进我国能源转型和经济社会发展。

10.4.1　“风光水火储一体化”形式

“风光水火储一体化”项目主要有以下 3 种形式：“风光储一体化”“风光水储一体化”“风光火储一体化”。

“风光储一体化”，也就是增加了储能之后优化利用的“风光互补”，将是未来一段时间应用最为广泛的一类一体化项目。根据目前国内的资源分布情况，“风光储一体化”项目应优选风资源和光资源较好的地区。该类项目选址用地较为广泛，可考虑开展的区域集中在华北地区的河北、山西、内蒙古，西北地区的陕西、甘肃、宁夏、新疆等地域。

“风光水储一体化” 项目除风、光资源外，对水力资源的要求相对较高，可考虑开展项目的省份主要是西南地区的四川、云南、贵州、广西、西藏，西北地区的青海以及东北部分地区。

“风光火储一体化” 项目由于牵涉火电的灵活性改造以及辅助服务市场的建设等，短期内较难具备大规模实施的条件，但也可以在陕北、宁东、新疆哈密、山西、内蒙古等地区原有的大型火电基地积极开展前期工作。

10.4.2　“风光水火储一体化”业态

“风光水火储一体化”项目建设主要包含两种业态：一是存量煤电和水电基地；二是增量的“风光水火储一体化”项目。对于在存量煤电基础上打造的“一体化”项目，鼓励存量煤电机组通过灵活性改造调节能力，就近打捆新能源电力，实施“风光水火储一体化”项目。存量项目可关注宁夏、山西、内蒙古等地区的传统煤电基地和四川、云南等地区的传统水电基地。对于增量基地，输电通道配套新能源年输送电量比例不低于 40%。从电量平衡角度来看，一个输送容量 800 万 kW 的电源基地如果依托“风光水火储一体化”形式，配套的新能源装机容量将达到 800 万 kW 到 1 000 万 kW 规模。可见，今后的特高压直流工程的新能源配比仍将持续提升。

10.4.3 分类开展“风光水火储一体化”建设

1.“风光火储一体化”建设

对于存量煤电发展为“一体化”项目，应结合送端新能源特性、受端系统条件和消纳空间，研究论证消纳近区风光电力、提升配套煤电调节性能、增加储能设施的必要性和可行性，鼓励存量煤电机组通过灵活性改造提升调节能力，明确就近打捆新能源电力的“一体化”实施方案。

对于增量基地化开发外送“一体化”项目，按照国家及地方相关环保政策、生态红线、水资源利用政策要求，以大型煤炭（或煤电）基地为基础，优先汇集近区新能源电力，优化配套储能规模，科学论证并严格控制煤电规模，明确“风光火储一体化”实施方案。

对于增量基地开发消纳“一体化”项目，在充分评估当地资源条件和消纳能力的基础上，优先利用近区新能源电力，充分发挥配套煤电和储能设施调节能力，明确“风光火储一体化”实施方案。

2.“风光水储一体化”建设

对于存量水电基地，结合送端水电出力特性、新能源特性、受端系统条件和消纳空间，在保障可再生能源利用率的前提下，研究论证消纳近区风光电力、增加储能设施的必要性和可行性，鼓励存量水电机组通过龙头电站建设优化出力特性，明确就近打捆新能源电力的“一体化”实施方案。

对于增量“风光水储一体化”项目，按照国家及地方相关环保政策、生态红线、水资源利用政策要求，严控中小水电建设规模，以西南地区水电基地为基础，优先汇集近区新能源电力，优化配套储能规模，因地制宜明确“风光水储一体化”实施方案。

3.“风光储一体化”建设

对于存量新能源外送基地，结合新能源特性、受端系统条件和消纳空间，研究论证增加储能设施的必要性和可行性，明确实施方案。

对于增量“风光储一体化”，积极探索以具备丰富新能源资源条件基地为基础，优化配套储能规模，充分发挥配套储能设施的调峰、调频作用，最小化风光储综合发电成本，提升价格竞争力，明确“风光储一体化”实施方案。

10.4.4 “源网荷储一体化”建设路径

“源网荷储一体化”侧重于围绕负荷需求开展，通过优化整合本地电源侧、电网侧、负荷侧资源要素，以储能等先进技术和体制机制创新为支撑，以安全、绿色、高效为目标，创新电力生产和消费模式，为构建源网荷高度融合的新一代电力系统探索发展路径，实现源、网、荷、储的深度协同，主要包括“区域（省）级源网荷储一体化”“市（县）级源网荷储一体化”“园区级源网荷储一体化” 等具体模式。

1.“区域（省）级源网荷储一体化”建设

依托区域（省）级电力辅助服务市场、电力中长期和现货市场等市场体系建设，通过价格信号引导各类电源、电力用户、储能和虚拟电厂灵活调节、多向互动，推动建立可调负荷参与承担辅助服务的市场交易机制，培育用户负荷管理能力，提高用户侧调峰积极性。

以本地区电力安全、绿色、高效发展为导向，以解决电力供需矛盾为切入点，研究提出“源网荷储一体化”实施的总体方案。

依托现代信息通信及智能化技术，加强全网统一调度，研究建立源网荷储灵活高效互动的电力运行与市场体系，充分发挥区域电网的调节作用，落实各类电源、电力用户、储能、虚拟电厂参与市场的机制。

2.“市（县）级源网荷储一体化”建设

在重点城市开展“源网荷储一体化”坚强局部电网建设，梳理保障城市基本运转的重要负荷，研究局部电网结构加强方案，提出本地保障电源方案以及自备应急电源配置方案。

结合清洁取暖和清洁能源消纳工作开展市（县）级“源网荷储一体化”示范，研究通过热电联产机组、新能源、灵活运行“电热负荷一体化”运营方案，实现能源的安全高效清洁利用，达到多能互补效果。

3.“园区级源网荷储一体化”建设

在城市商业区、商业综合体，依托光伏发电、并网型微电网和电动汽车充电基础设施建设等，开展分布式发电与电动汽车灵活充放电相结合的园区级“源网荷储一体化”建设。

在工业负荷规模大、新能源资源条件好的地区，支持分布式电源开发建设和就近接入消纳，结合增量配电网等工作，开展“源网荷储一体化”绿色供电工业园区建设。

研究源、网、荷、储的综合优化配置方案，促进与多能互补示范园区、智慧综合能源服务的融合发展，在经济可行的条件下，提高自我平衡能力，减少对大电网调峰和容量备用需求。

10.4.5 “风光水火储一体化”是构建现代能源体系的重要方向

2021年11月，国家能源局、科技部印发《“十四五”能源领域科技创新规划》，将“源网荷储一体化和风光火（储）、风光水（储）、风光储一体化规划与集成设计研究”作为重要课题。“源网荷储一体化”“风光水火储一体化”是构建新型电力系统和现代能源体系的关键技术、主要路径和举措，面临着机遇与挑战。

2022 年 1 月，国家发展和改革委员会、国家能源局印发的《“十四五”现代能源体系规划》进一步提出“积极推进多能互补的清洁能源基地建设，科学优化电源规模配比，优先利用存量常规电源实施‘风光水（储）’‘风光火（储）’等多能互补工程”。“风光水火储一体化”对解决电力系统综合效率不高、各类电源互补互济不足等问题具有重要实际意义，有助于提高新能源消纳能力，提升能源利用率和电力系统运行效率，支撑电力系统安全稳定运行，逐步成为行业共识。

10.4.6 “风光水火储一体化”规划设计面临的科学问题

“风光水火储一体化”侧重于电源基地开发，结合当地资源条件和能源特点，因地制宜采取风能、太阳能、水能、煤炭等多能源品种发电互相补充，并适度增加一定比例储能，统筹各类电源的规划、设计、建设、运营。

“风光水火储一体化”对能源行业的开发、建设、运营提出了更高的要求，指明了发展方向，同时也将电源侧的规划设计、建设运营相关技术难度提升了一个层次。面对“源网荷储一体化”“风光水火储一体化”发展，国内外在综合能源系统、多能互补、火电机组灵活性改造技术等方面开展了前期研究，形成了系列研究成果，但缺乏“源网荷储一体化”“风光水火储一体化”规划设计和调度运行技术以及相关技术标准，也缺乏相应的调度运行机制，亟须规划建设、调度运行技术以及体制机制去实现“源网荷储一体化”“风光水火储一体化”可靠运行和逐步推广应用。

如何明确“风光水火储一体化”规划设计目标和合理配比火电、水电、风电、光伏、储能装机容量以及输送容量等，是“风光水火储一体化”规划设计的核心科学问题。“风光水火储一体化”规划设计目标存在两个方面，一方面是“风光水火储一体化”项目内在的能源互补优化目标，另一方面是“风光水火储一体化”项目外在的优化功率送出目标，分别对应着项目经济效益和电力系统安全稳定运行要求，满足正常运行状态和非正常状态、内部和区域电网等多目标优化运行需求。因此，规划多目标优化技术是“风光水火储一体化”核心技术，实现两个目标函数的平衡，达到新能源开发量、电网安全稳定支撑、项目经济性的多目标统一。“风光水火储一体化”规划设计需要考虑“风光水火储一体化”多场景和典型运行方式，从而确定电源配置比例、输送通道容量。因此，“风光水火储一体化”多场景和典型运行方式构建技术也是“风光水火储一体化”规划设计的核心技术。

10.4.7 “风光水火储一体化”规划设计关键技术方向

1. 研究“风光水火储一体化”耦合机理

目前的研究多集中于风/光、风/光/水的出力互补特性，对风光水火储出力互补特性和调峰互补特性的认识还不够深入，对“风光水火储一体化”的能源多时空互补价值未充分挖掘。大型电源基地与区域电网的风光水火储多能互补特性和调峰互补特性，大大影响“风光水火储一体化”的规划建设。因此，开展“风光水火储一体化”耦合机理研究是推进新型电力系统电源侧规划建设的重要方面。

2. 研究风光水火储容量配置优化方法

与常规电源规划不同，“风光水火储一体化”规划需要考虑如何充分利用风光水火储多能间的互补特性和灵活调节资源容量来实现新能源的最优消纳，因此“风光水火储一体化”规划需要依据耦合机理分析满足外送和负荷需求下的“风光水火储一体化”最优规模和容量配比。

3. 研究风光水火储建设和运行成本

“风光水火储一体化”规划需要将火电灵活改造成本，多类型储能（电化学储能、抽水蓄能）的投资运维成本，风电、光伏、水电的投资运维成本纳入考虑范围内，而运维成本又涉及电价、电力辅助服务等电力市场和政策层面，需要研究多重因素影响下的运维成本变化。

4. 研究大型电源基地和区域电网“风光水火储一体化”规划模型

在面向大型电源基地的“风光水火储一体化”规划时，主要需要考虑外送功率曲线的波动和增长以及电源基地内部自然资源禀赋的约束，将电源开发计划与外送功率要求结合起来，保证外送功率通道利用率和外送新能源比例，实现区域电网的电力电量平衡和电力系统安全稳定运行。

5. 研究“风光水火储一体化”规划设计指标以及评价体系

对一体化基地输送通道容量和利用率、新能源利用率、储能利用率、项目经济效益、调节能力等需要设置合理指标和科学计算方法，构建“风光水火储一体化”规划设计评价体系，实现一体化电源开发方案、储能配置方案、输送通道建设方案等“风光水火储一体化”规划设计内容的客观评价。

第 11 章 “源网荷储”融合互动技术

“源网荷储一体化”是一种可实现能源资源最大化利用的运行模式和技术，通过源源互补、源网协调、网荷互动、网储互动和源荷互动等多种交互形式，从而更经济、高效和安全地提高电力系统功率动态平衡能力，是构建新型电力系统的重要发展路径。整体来看，“源网荷储一体化”的运行模式可充分发挥发电侧、负荷侧的调节能力，促进供需两侧精准匹配，保障电力可靠供应。具体来说，过去电网系统调控主要采取“源随荷动”的模式，其问题在于当用电负荷突然增高时，一旦电源发电能力不足，就会出现供需不平衡以致严重影响电网的安全运行。

11.1 以大规模“源网荷储”互动管控平台为支撑

“源网荷储”的交互式管理是无缝的，支持高级技术应用程序。实践中的重点是创建一个交互式互联网平台，用于管理和控制“源网荷储”，其主要特征是“互联网+清洁能源”。

根据国家发展和改革委员会、国家能源局发布的《关于推进电力源网荷储一体化和多能互补发展的指导意见》，“源网荷储一体化”实施路径主要有 3 种具体模式。

1. 区域（省）级“源网荷储一体化”

依托区域（省）级电力辅助服务，引入电源侧、负荷侧、独立电储能等市场主体，通过价格信号引导各类市场主体灵活调节，提高用户侧调峰积极性。依托现代信息通信及智能化技术，加强全网统一调度，建立“源网荷储”灵活高效互动的电力运行与市场体系，充分发挥区域电网的调节作用，落实电源、电力用户、储能、虚拟电厂参与市场机制。

2. 市（县）级“源网荷储一体化”

在重点城市开展“源网荷储一体化”坚强局部电网建设，梳理城市重要负荷，研究局部电网结构加强方案，提出保障电源以及自备应急电源配置方案。结合清洁取暖和清洁能源消纳工作，研究热电联产机组、新能源电站、灵活运行电热负荷一体化运营方案。

3. 园区（居民区）级“源网荷储一体化”

以现代信息通信、大数据、人工智能、储能等新技术为依托，运用“互联网+”新模式，调动负荷侧调节响应能力。在城市商业区、综合体、居民区，依托光伏发电、并网型微电网和充电基础设施等，开展分布式发电与用户储能灵活充放电相结合的园区（居民区）级“源网荷储一体化”建设。

园区（居民区）级“源网荷储一体化”项目是分布最为广泛的一类项目，分布式和集中式电源均可参与，技术难度相对较小，也是未来新型电力系统最为基础的组成形式。

11.2　建设大规模供需互动系统

引入集中和统一的交付方式，例如通过研发货物管理终端管理模块来获取负载源分配信息；通过提高系统安全性及时识别、预防和解决操作缺陷。在发生严重的输电事故时，应进行紧急监控，由于负荷利用率的重要性，应停止间歇性负荷，例如大型用户，电厂辅助设备和大型泵，并确保负荷控制的协调和快速调整。

11.3　建设信息通信系统

集成大数据和云计算等现代信息技术的应用，以创建无处不在的信息通信系统，及时了解侧面和电源的状况更改功率点以及有关负载点的相关信息。

11.4　以“源网荷储”互动机制为抓手

“源网荷储”互动运行带动能源系统资源优化配置作为能源互联网的核心和纽带，电力系统的“源网荷储”互动运行模式能更广泛地应用于整个能源行业，对带动整个能源系统的资源优化配置至关重要。

面向电力系统的“源网荷储”互动运行是指电源、电网、负荷和储能之间通过源源互补、源网协调、网荷互动、网储互动和源荷互动等多种交互形式，更经济、高效和安全地提高电力系统功率动态平衡能力，本质上是一种实现能源资源最大化利用的运行模式和技术。其主要内涵包括以下几方面。

11.4.1　源随荷动

智能电网由时空分布广泛的多元电源和负荷组成，电源侧和负荷侧均可作为可调度的资源参与电力供需平衡控制，负荷的柔性变化成为平衡电源波动的重要手段之一。引导用户改变用电习惯和用电行为，可汇聚各类柔性、可调节资源参与电力系统调峰和新能源消纳，随着电力系统中资源的分配和平衡策略的应用，调节传统发电机组响应的能力不断提高，以适应动态负载变化。

11.4.2 源源互补

不同电源之间的有效协调互补，即通过灵活发电资源与清洁能源之间的协调互补，解决清洁能源发电出力受环境和气象因素影响而产生的随机性、波动性问题，有效提高可再生能源的利用效率，减少电网旋转备用，增强系统的自主调节能力。

11.4.3 源网协调

在现有电源、电网协同运行的基础上，通过新的电网调节技术有效解决新能源大规模并网及分布式电源接入电网时的“不友好”问题，让新能源和常规电源一起参与电网调节，使新能源朝着具有友好调节能力和特性（即柔性电厂）的方向发展。

加强电源与市电之间的相互作用，应用灵活的交直流输电技术、微动开关技术等，有效减少新的电涌对市电安全稳定运行的影响，灵活调节电源和网络变压器以及网络现代化适应能力。

11.4.4 网荷互动

在与用户签订协议、采取激励措施的基础上，将负荷转化为电网的可调节资源（即柔性负荷），在电网出现或者即将出现问题时，通过负荷主动调节和响应来改变潮流分布，确保电网安全经济可靠运行。

通过与用户签订协议并批准激励措施，负载成为网络的调节源，并根据网络设计和备份平衡的要求进行准确、灵活和实时的控制。公共电网一直在开发和实施平台，例如用于定期能源消耗的智能决策系统，并且通过优化实时和紧急情况的多种控制，实现了对各种负载的灵活管理。

11.4.5 网储互动

充分发挥储能装置的双向调节作用。储能就像大容量的“充电宝”，在用电低谷时作为负荷充电，在用电高峰时作为电源释放电能。其快速、稳定、精准的充放电调节特性，能够为电网提供调峰、调频、备用、需求响应等多种服务。

完全再现了节能装置的双向调节功能。节能就像一个大容量的“移动电源”，它用作低功率充电的负载，并用作功率达到峰值时发出电流的能源。快速、强大、准确的充电和放电控制功能可以为电网提供峰值调节及各种服务，如调频、预订和反馈。在实践中，可以完全实现电化学和其他储能装置的“峰值充电和填充谷底”功能，校正负载曲线，并加速改进和应用，以改善电源供应和即时电网平衡。

11.5　以多方共赢激励机制凝聚合力

11.5.1　建立需求侧响应激励机制

积极鼓励货物管理将用户的常规用电量转化为市场反应，通过经济手段和特殊资金来分离负荷需求，以增加用电的峰值成本，将仅用于补贴满足需求的用户，有效转移最大能耗的负荷，扩大电网安全性并提高电网质量。

11.5.2　建立可中断负荷共享有偿机制

建立辅助服务以将负载存储在网络上，基于客户咨询创建公平、公正的合同担保系统，并结合一些不影响系统安全性的非生产性负载（例如空调和照明）进行规划和布置，以确保电力传输的实施和恢复以及有效的网络负载交互作用的实施。展望未来，有必要更加积极地利用电网的主要作用和平台的优势，将生产和能源消耗结合起来，并积极促进能源、电网的“季度”合作。同时，应鼓励政府与资源、网络、下载和存储进行交互，不断增加能源和负荷的积极互动准备，支持更好地促进清洁能源消耗的政策，共同为向绿色能源的过渡提供服务，并推动能源生产和消费的革命。

11.6　促进新能源主动消纳，提升电力系统平衡调节能力

源、网、荷、储资源广泛存在于能源互联网各个环节，具有参与主体数量众多、分布分散且源荷双侧不确定性强等特点。唯有在调度层面把握和控制电源、电网、负荷和储能之间的互动，才能提高能源互联网的安全性和经济性。可以说，“源网荷储”互动调控相当于能源互联网的智慧大脑。

为了引导“源网荷储”互动，调度层面应借助物联网、5G、大数据、人工智能、区块链、移动互联等支撑技术，构建“源网荷储”互动调控体系。这一体系包括两个层面：充分认识互动对象，分析其互动特性，建立互动模型，并计算互动对象的互动潜力，以及在不同的市场机制、外界环境下能发挥出多大的响应能力；提升不确定性环境下的分析和调控能力，掌握“源网荷储”互动环境下的电网安全分析方法，突破协同优化技术和互动控制技术等，从整体上把握互动环境下电网调控运行分析方法的脉络，攻克互动领域的基本理论问题与关键性技术。

“源网荷储”互动有利于提高新能源消纳水平，提升不确定性增强条件下电力系统的平衡调节能力。实际应用中，“源网荷储”互动调控在哪些能源互联网场景中发挥作用？

“源网荷储”互动调控可通过源源互补、源荷互动等形式，结合电源侧不同类型间的协调互补特性、柔性负荷的灵活可调节特性和储能资源的充放电特性等，在新能源大

量发电时鼓励负荷多用（储存）电，提高新能源的主动消纳能力。当前，华东电网、华北电网和宁夏、山西等省级电网都开展了“源网荷储”协同提升新能源消纳的研究和应用。据测算，如将这一模式推广到全国，每年可多消纳风光电量 25 亿 kW·h 以上。

互动调控可促进削峰填谷，即通过源网协调、网荷互动、网储互动等形式，采用实行峰谷分时电价和开发利用可中断负荷等手段，以市场机制引导负荷侧的用电行为，在不影响用电体验的前提下给电网增加额外的平衡资源。这有利于减少电网峰谷差，尤其可以解决电网短时尖峰负荷问题。以华东电网为例，若基于“源网荷储”互动运行，可有效削减短时尖峰负荷 1 500 万 kW，显著提高电网投资效率。

当受新能源大量发电、负荷快速攀升、电网事故等因素影响导致系统备用不足时，源荷互动、网荷互动、网储互动可通过负荷和储能侧的灵活调节解决电力平衡难题。

互动调控还可提升电网事故应急处置能力。在跨区电力通道发生故障、失去大电源等大功率缺失的极端状况下，仅靠发电侧的调节能力不能满足全网功率平衡的需求。此时，精准切负荷、网荷互动、网储互动可将电网的故障处置调控资源扩大到海量的柔性负荷，调用全网可调节资源共同参与事故处置，有助于保障电网安全稳定运行。

“源网荷储”互动调控有利于电源侧减少发电煤耗，提高新能源消纳水平；促进电网削峰填谷，保证电网安全经济运行；有利于减少负荷被动切除，提高用电满意度。应注意的是，实现“源网荷储”互动不仅要实现各类新技术的突破，更要完善与之配套的宏观政策措施、市场机制、商业模式，做到技术与政策的有机结合。

11.7 “源网荷储一体化”和多能互补的政策措施

第一，加强组织和领导，充分发挥国家能源机构的整体协调作用，并通过项目计划、国家和地方能源发展计划、可再生能源计划等，加强两者之间的联系。按照“逐步推广第一批试点”的原则，制定年度法规和中期法规的修订案。

第二，建设和实施项目及计划，认真执行国家能源发展计划，防止扩大化石能源的可能性，并进一步扩大电力供需与可再生能源消耗之间的差异。

第三，建立协调机制。在规划层面，各投资机构积极提供规划建议，协调前期工作，实现规划整合。在建设层面，协调不同能源项目的建设，以确保同时进行建设和同时运营，并促进建设一体化。在活动层面，国家能源局指示各机构管理协调机制的创建，使用和传播不同能源的好处，发挥补充不同能源的作用，并促进项目运营规则和管理标准的整合。

第四，保护安全子线，探索与每个电源连接、电网、负载和存储相关的安全管理机制，并探索下一代安全管理技术，以确保新能源的安全消耗。

第五，完善扶持政策，鼓励和促进专业区域建设相关项目，支持参与能源运营、市场运营中能源分配和能源生产的其他改革。

第六，通过与资本建立联合体等方式，促进社会投资，鼓励社会资本投资于各种能源、节能及其他分销网络项目，或参与项目的开发和创造。

第七，加强监督和管理。

第 3 篇

新型电力系统——网端

构建新型电力系统建设的电网技术包括先进输电技术、先进配电网技术、高比例新能源并网支撑技术、电网控制保护与安全防御技术4部分，如图1所示。

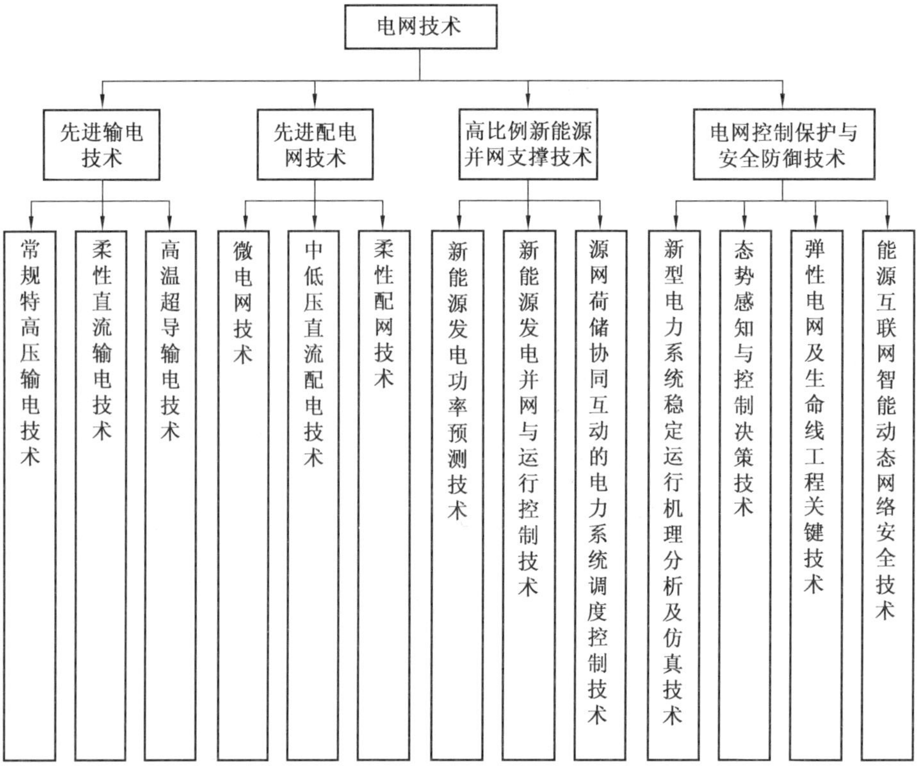

图1　电网技术

第 12 章　先进输电技术

12.1　常规特高压输电技术

12.1.1　特高压输电概述

特高压输电指的是使用 1 000 kV 及以上的电压等级输送电能。特高压输电是在超高压输电的基础上发展的，其目的仍是继续提高输电能力，实现大功率的中、远距离输电，以及实现远距离的电力系统互联，建成联合电力系统。

特高压输电具有明显的经济效益。据估计，1 条 1 150 kV 输电线路的输电能力可代替 5～6 条 500 kV 线路，或 3 条 750 kV 线路；可减少铁塔用材 1/3，节约导线 1/2，节省包括变电所在内的电网造价 10%～15%。1 150 kV 特高压线路走廊仅为同等输送能力的 500 kV 线路所需走廊的约 1/4，这对于人口稠密、土地宝贵或走廊困难的国家和地区会带来巨大的经济和社会效益。特高压输送容量大、送电距离长、线路损耗低、占用土地少。100 万 V 交流特高压输电线路输送电能的能力（技术上叫输送容量）是 50 万 V 超高压输电线路的 5 倍。所以有人这样比喻，超高压输电是省级公路，顶多就算是个国道，而特高压输电是“电力高速公路”。1 000 kV 电压等级的特高压输电线路均需采用多根分裂导线，如 8、12、16 根等，每根分裂导线的截面大都在 600 mm^2 以上，这样可以减少电晕放电所引起的损耗以及无线电干扰、电视干扰、可听噪声干扰等不良影响。杆塔高 40～50 m，双回并架线路杆塔高 90～97 m。

12.1.2　国内外特高压交流输电的发展

1. 国外特高压交流输电发展

出于不同的考虑和原因，从 20 世纪 60 年代中期开始，先后有几个国家对特高压交流输电技术展开了实验研究，建立了包括试验线段在内的实验研究基地，取得了一些可贵的研究成果和经验。

美国是最早研究特高压输电的国家。由于美国不同地区存在着两种主干输电电压，500 kV 和 765 kV，因而上一级电压也分别选择了 1 100 kV 和 1 500 kV。它们的输送距离虽均不大，但输电容量都很大，需要采用特高压。不过后来它们都没有付诸工程实践，主要是因为美国后来对能源结构、电源布局、输电方式的思路发生了变化。

意大利于 1976 年建成包括 1 000 kV 试验线段的 Suvereto 特高压实验基地，开展和完成不少实验研究工作，受到国际上的重视。但最后没有再推向工程实践，主要是南部核电站的计划有变。

俄罗斯（1991 年之前称“苏联”）由于幅员辽阔、动力资源丰富，是最需要采用特高压交、直流输电的国家。苏联从 20 世纪 70 年代初开始研究特高压交流输电技术，并在 1985 年建成投运第一段 1 150 kV 交流输电线路（长 495 km），此后又将总长增长为 2 350 km，其中 900 km 长的一段连同 3 座变电站曾以全电压（1 150 kV）断续运行，累计运行时间约为 4 年，其余时间则以 500 kV 降压运行。但从 1992 年到现在，该线一直降压为 500 kV 运行，主要原因是其在 20 世纪 90 年代初解体后，经济长期衰退，电源建设停滞，没有太多电能需要用特高压来输送。

日本为了将东京东北部和西北部的核电站所发出的电力输送到东京用电中心（距离虽不远，但输送量很大，且该地区人口稠密、线路走廊用地极为紧缺），非采用更高一级电压不可。1978 年成立了由政府、大学、电力公司、电力设备制造厂的专家组成的“UHV 输电特别委员会”，组织和推动相关的实验研究，并于 1993 年建成 1 000 kV 南北线，1999 年建成 1 000 kV 东西线，但它们建成后一直以 500 kV 降压运行。

2. 我国特高压交流输电发展

我国从 20 世纪 80 年代开始开展特高压交流输电方面的工作，成立有关组织，开始收集资料和信息，跟踪这一技术在国外的发展。

与此同时，武汉高压研究所开始特高压户外试验场的建设，到 1996 年正式建设投入使用，使我国有了达到世界规模的特高压试验研究基地，主要设施包括：

串级工频高压试验装置：2 250 kV，4 A。

冲击电压发生器：5 400 kV，527 kJ。

真型 1 000 kV 级 UHV 试验线段：长 200 m。

我国的电工制造业已有 20 多年自制 500 kV 级超高级输变电设备的经验，近年来又成功研制了 750 kV 级成套输变电设备，这些都是我国自己试制 1 000 kV 级设备的技术基础。

我国于 2008 年底在武汉市郊新建成一座世界领先的特高压交流试验基地，主要由以下几部分组成：单回和同塔双回特高压交流试验线段、特高压交流设备带电考核场、环境气候实验室、电磁环境测量实验室、特高压交流电晕笼、7 500 kV 户外冲击试验场等。这座基地的综合试验研究功能极为完备和先进，创造了多项世界第一，包括特高压交流试验线段和杆塔的实验功能，模拟单回和同塔双回试验线段电磁环境测量试验条件，模拟海拔高达 5 500 m 处的外绝缘特性试验条件，特高压交流绝缘子串全尺寸污秽实验能力，特长绝缘子串的覆冰或融冰闪络试验能力，特高压 GIS/AIS 设备全电压、全电流带电考核规模与能力。与这座试验基地相配合，我国还建设了具有世界领先水平的特高压直流实验基地（北京市昌平区）、特高压杆塔试验基地（霸州市）、4 300 m 高海拔试验基地（拉萨市羊八井镇）。

由我国自主研发、设计和建设的 1 000 kV“晋东南”特高压交流试验工程于 2008 年底建成，试运行 168 h 后正式转为商业运行。工程起于省市境的晋东南 1 000 kV 变电站，经省市境的 1 000 kV 开关站，止于荆州市境的 1 000 kV 变电站，整个工程包括两座特高压变电站、一座特高压开关站和一条全长约 650 km 的单回 1 000 kV 交流线路，自然输送功率 5 000 MW，变电容量 2×3 000 MVA。

我国第二条 1 000 kV 特高压交流线路（浙北）于 2013 年 9 月建成投运，它是同塔双回路线路，远期送电能力为 10 000 MW，已成为当今世界上电压等级最高、输送容量最大的商业运行交流输电线路之一。

12.1.3　特高压输电类型及关键技术简介

特高压输电分为特高压直流输电和特高压交流输电两种形式。

1. 特高压直流输电

特高压直流输电（UHVDC）是指±800 kV（±750 kV）及以上电压等级的直流输电及相关技术。特高压直流输电的主要特点是输送容量大、电压高，可用于电力系统非同步联网。在我国特高压电网建设中，以 1 000 kV 交流特高压输电为主形成特高压电网骨干网架，实现了各大区电网的同步互联；±800 kV 特高压直流输电则主要用于远距离、中间无落点、无电压支撑的大功率输电工程。

（1）特高压直流输电设备。

特高压直流输电设备主要包括：换流阀、换流变压器、平波电抗器、交流滤波器、直流滤波器、直流避雷器、交流避雷器、无功补偿设备、控制保护装置和远动通信设备等。相对于传统的高压直流输电，特高压直流输电的直流侧电压更高、容量更大，因此对换流阀、换流变压器、平波电抗器、直流滤波器和避雷器等设备提出了更高的要求。

（2）特高压直流输电的接线方式。

UHVDC 一般采用高可靠性的双极两端中性点接线方式。

（3）特高压直流输电的主要技术特点。

与特高压交流输电技术相比，UHVDC 的主要技术特点为：

①UHVDC 系统中间不落点，可点对点、大功率、远距离直接将电力输送至负荷中心。

②UHVDC 控制方式灵活、快速，可以减少或避免大量过网潮流，按照送、受两端运行方式变化而改变潮流。

③UHVDC 的电压高、输送容量大、线路走廊窄，适合大功率、远距离输电。

④在交直流混合输电的情况下，利用直流有功功率调制可以有效抑制与其并列的交流线路的功率振荡，包括区域性低频振荡，提高交流系统的动态稳定性。

⑤当发生直流系统闭锁时，UHVDC 两端交流系统将承受很大的功率冲击。

2. 特高压交流输电

特高压交流输电是指 1 000 kV 及以上电压等级的交流输电工程及相关技术。特高压输电技术具有远距离、大容量、低损耗、节约土地占用和经济性等特点。目前，对特高压交流输电技术的研究主要集中在线路参数特性和传输能力、稳定性、经济性以及绝缘与过电压、电晕及工频电磁场等方面。特高压交流输电有以下几个参数。

（1）输电能力。

输电线路的传输能力与输电电压的平方成正比，与线路阻抗成反比。一般来说，1 100 kV 输电线路的输电能力为 500 kV 输电能力的 4 倍以上，但产生的容性无功也为 500 kV 输电线路的 4.4 倍及以上。因此，特高压输电线路的输送功率较小时，送、受端系统的电压将升高。为抑制特高压线路的工频过电压，需要在线路两端并联电抗器以补偿线路产生的容性无功。

（2）线路参数特性。

特高压输电线路单位长度的电抗和电阻一般分别为 500 kV 输电线路的 85% 和 25% 左右，但其单位长度的电纳可为 500 kV 线路的 1.2 倍。

（3）稳定性。

特高压输电线路的输电能力很大程度上是由电力系统稳定性决定的。对于中、长距离输电（300 km 及以上），特高压输电线路的输电能力主要受功角稳定的限制（包括静态稳定、动态稳定和暂态稳定）；对于中、短距离输电（80～<300 km），则主要受电压稳定性的限制；对于短距离输电（80 km 以下），主要受热稳定极限的限制。

（4）功率损耗。

输电线路的功率损耗与输电电流的平方成正比，与线路电阻成正比。在输送相同功率的情况下，1 000 kV 输电线路的线路电流约为 500 kV 输电线路的 1/2，其电阻约为 500 kV 线路的 25%。因此，1 000 kV 特高压输电线路单位长度的功率损耗约为 500 kV 超高压输电的 1/16。

（5）经济性。

同超高压输电相比，特高压输电方式的输电成本、运行可靠性、功率损耗以及线路走廊宽度方面均优于超高压输电方式。

3. 特高压输电技术的可行性

特高压输电工程能否实施除经济因素外，特高压输电技术是否具有可行性也是关键所在。特高压输电技术相比超高压输电技术，由于电压等级高，其技术难度大是毋庸置疑的。为此，国外许多国家从 20 世纪 70 年代开始对特高压输电技术进行了大量研究，取得了特高压输电的大量成果。苏联、日本已分别建成了 1 150 kV 和 1 000 kV 特高压线路，美国 EPRI、BPA、AEP 和 GE 公司及意大利电力公司也分别于 20 世纪 70 年代完成了 1 000～1 500 kV 试验线路。此外，美国、苏联、日本、意大利、加拿大等国还建成了相应的研究特高压输电的试验室、试验场，对特高压输电可能产生的许多问题如过电压、可听噪声、无线电干扰、生态环境影响等进行了大量的研究，并取得了相当多的成果，可以说对 1 200 kV 以下的科研工作已基本完成。特高压交流输电技术已能够实际应用。

（1）操作过电压限制及外绝缘。

由于特高压操作波放电特性会直接影响线路设备的外绝缘尺寸和造价，若出现饱和效应更会非线性增加尺寸，使造价过高，因此有必要将操作过电压限制到一个较低水平。日本、美国、苏联的研究表明，采用带分合闸电阻的断路器、气体绝缘开关技术、高性能 MOA（金属氧化物避雷器）以及并联高压电抗器可使操作过电压＜1.6 p.u.（表 12.1）。若采用智能型合闸（可控合闸）断路器，其合闸过电压还可进一步降低。如此，大幅度缩小了特高压线路和设备的尺寸。

表12.1　特高压线路的操作过电压倍数

国家		额定电压/kV	K_d/p.u.
日本		1 000	1.6
美国	AEP	1 500	1.6
	BPA	1 200	1.5～1.6
苏联		1 150	1.6

如日本建成的 1 000 kV 特高压输电线路操作过电压相对地为 1.6 p.u.，相间为 2.6 p.u.，按真型试验求得间隙放电特性曲线，相导线对塔体所需间隙仅约 6.5 m。并且，为了减轻杆塔的重量降低杆塔的高度，研制出了高强度张力钢，对塔体进行了优化并通过对真型塔的试验，最后采用高强度钢管塔，这种高强度钢的抗拉强度达到 60 kg/mm^2，使用这种高强度钢管塔比沿用常规铁塔强度可提高 30 环，重量减轻 15%。通过 EMTP 精确计算过电压并进行合理的绝缘配合，使杆塔高度从原设计的 143 m 降至 108 m。苏联建成的 1 150 kV 线路通过并联高压电抗器达到 100%的补偿，在线路端部安装 MOA，断路器断口并联电阻，使操作过电压＜1.6 p.u。尽管建设初期的相间距离达 24.2 m，但经过研究，完全可将相间距离减小。苏联 1 150 kV 线路约 5 年的运行记录中无一起因操作波引起的外绝缘闪络事故。而且，为了减少特高压巨型变压器、电抗器的尺寸和重量，还采用了性能优良的绝缘材料和合理的磁路结构，防止漏磁和局部过热，从而提高了单位容量。1979 年制造的 1 150/500 kV，667 MVA 单相自耦变压器总重为 520 t，带油运输重量为 480 t，而 1991 年制造出新型自耦变压器，在容量不变的条件下总重量降为 425 t，运输重

量降为 390 t。日本为缩小特高压变压器的尺寸开发了复合绝缘技术，为简化特高压气体断路器的结构，研究了减少断路器断口的新技术，采用这一新技术可使特高压断路器由原来的 6 个断口减为 4 个断口甚至 2 个断口。

（2）特高压输变电设备。

苏联在 1985 年就设计制造了全套特高压输变电设备，投入全电压运行后，变压器、断路器、电抗器、避雷器等变电设备情况良好，并无比 750 kV 设备更高的故障率；日本由于需求不足，目前是 1 000 kV 线路降压 500 kV 运行，但特高压变电站设备却是在 1 000 kV 全电压下长期带电运行，变电站采用 SF_6 全组合电器，包括变压器、断路器、隔离开关、高速接地开关、避雷器、电流互感器（CT）、电压互感器（PT）等，1995 年以来，以上设备在新榛名特高压变电站长期全电压运行考核，还不曾出现运行故障及任何内外绝缘的击穿、闪络等问题。

（3）潜供电弧的熄灭时间。

特高压线路的潜供电流大，恢复电压高，潜供电弧难以熄灭，影响单相重合闸的无电流间歇时间和成功率。日本在特高压系统中采用快速接地开关，合闸后可使故障相潜供电弧快速熄灭，单相重合闸时间<1 s，较好地解决了这一问题。苏联采用中性点小电抗也可限制特高压线路的潜供电流，单相重合闸时间虽稍长，但亦能满足要求。

（4）感应电压及电流。

特高压线路的场强，由于杆塔结构比超高压线路更紧凑，有可能更高，但导线采用三角排列时周围的场强可以降低。在线路走廊边缘特高压和超高压的场强大致相同。

（5）电磁环境及电晕损耗。

电晕损耗、无线电干扰、噪声等与导线结构及布置方式紧密相关。关于特高压的电磁环境影响，各国的研究均表明，只要合理选择分裂导线子导线的半径和根数，以及分裂间距及离地高度，特高压线路的电晕损耗、电磁干扰、可听噪声等均可限制在允许范围内。日本对特高压线路环境影响长达十几年的研究中，采用 $8\times810\ mm^2$ 导线，分裂直径为 1.04 m，可使导线下的噪声<50 dB，其电磁干扰和地面场强均限制在和 500 kV 线路相当的水平，所以只要针对特高压系统电场高的特点给予合理的设计，不会产生比 500 kV、750 kV 线路更突出的电磁环境问题。

（6）生态环境影响。

电场对动、植物和人体影响的试验研究表明，采用合理的导线结构和布置方式，特高压线路不会对生态环境造成危害。至于特高压对人体病理和遗传的影响还需要经过长期观察才能得出结论。

12.1.4 特高压与超高压的比较

美国对 1 100 kV 和 500 kV 输变电设备成本做过比较，发现除了发电机升压变压器

1 100 kV 比 500 kV 高 40%～50%外，1 100 kV 的输电线路、断路器及其构架、并联电抗器的成本均比 500 kV 的要低（表 12.2）。

表12.2　特高压与超高压设备的成本比较

设备	容量系数	成本比	单位容量的成本比
输电线路	4.3～6.1	2.9～3.4	0.6～0.7
断路器及其架构	4.3～6.1	2.9～3.1	0.5～0.7
并联电抗器	5.0	4.3～4.6	0.9
发电机升压变压器	1.0	1.4～1.5	1.4～1.5
升压或降压自测变压器	2.0～3.0	2.1～3.0	1.0

美国 BPA 经过研究分析后认为，只要输电容量超过 6 000 MW，采用 1 200 kV 就要比 500 kV 的经济。

日本利用数学模型对比了 1 100 kV 和 800 kV 输电的成本费用，认为前者比后者可节省工程造价 3%（表 12.3）。

表12.3　日本线路造价的经济性比较

电压/kV	线路	变电站	输电损失	总费用/$\times 10^{12}$日元
800	2.52	0.83	0.07	3.43
1 100	2.56	0.99	0.06	3.32

苏联认为当输送距离大于 700 km 和输送容量大于 4 500 MW 的情况下，用 1 150 kV 最为经济。在输送容量相同的情况下，采用 1 150 kV 比采用 500 kV 可节省钢材 1/3，节省导线 1/2，节省施工费 1/2，节省线路变电站建设费 10%～15%。日本对 1 100 kV 和 500 kV 造价预算进行了比较，认为在输送相同功率时 1 100 kV 可比 500 kV 节省投资 25% 左右。

苏联对西伯利亚—乌拉尔输电工程按 1 150 kV、750 kV 电压等级进行了经济性比较分析（表 12.4）。显然特高压输送单位容量的投资较小。

表12.4　西伯利亚—乌拉尔输电线路造价的经济性比较

电压/kV	线长/km	线材/$\times 10^4$ t	塔材/$\times 10^4$ t	基础/$\times 10^4$ m^3	总投资/$\times 10^8$卢布
750	5 140	13.3	20.5	12.2	5.06
1 150	2 570	7.6	17.7	11.1	3.97

可节约输电线路走廊和变电站面积。线路走廊占线路总造价的 5%～10%，因此节省走廊即可节省相当大的投资，更重要的是在某些特殊地形（例如山区或狭窄地带）下根

本不可能有较宽的线路走廊。表 12.5 列出了 1 100 kV 和 550 kV 线路输送相同功率时所需走廊的宽度和线路的条数。由此可知 1 100 kV 走廊仅为 550 kV 走廊宽度的 24.5%～73.7%。1 200 kV 和 500 kV 的线路相比，变电站面积只有后者的 1/2。

表12.5 1 100 kV和550 kV线路输送相同功率时所需走廊宽度和线路条数的比较

电压等级/kV		单回线走廊宽度/m	输送10 000 MW所需线路条数	输送10 000 MW所需走廊总宽度/m
550	单回	38	6	228
	双回	38	2	76
1 100		56	1	56

特高压交流输电输送能量大，1 回 1 150 kV 交流输电线路可替代 6 回 500 kV 交流线路，明显提高电能传输的经济性。

特高压输电的经济性还体现在降低线损上。1 100 kV 输电线路的线损仅为 500 kV 的 1/2，上述数据定性地说明了发展特高压输电在经济上是有吸引力的。

12.1.5 超高压直流输电与特高压交流输电的比较

1. 超高压直流输电的优点

（1）经济方面。

①线路造价低。对于架空输电线，交流用 3 根导线，而直流一般用 2 根，采用大地或海水作为回路时只要 1 根，能节省大量的线路建设费用。对于电缆，由于绝缘介质的直流强度远高于交流强度，如通常的油浸纸电缆，直流的允许工作电压约为交流的 3 倍，直流电缆的投资少得多。

②年电能损失小。直流架空输电线只用 2 根，导线电阻损耗比交流输电小；没有感抗和容抗的无功损耗；没有集肤效应，导线的截面利用充分。另外，直流架空线路的“空间电荷效应”使其电晕损耗和无线电干扰都比交流线路小。

所以，直流架空输电线路在线路建设初投资和年运行费用上均较交流线路经济。

（2）技术方面。

①不存在系统稳定问题，可实现电网的非同期互联，而交流电力系统中所有的同步发电机都保持同步运行。两端交流输电系统等值电路图如图 12.1 所示。

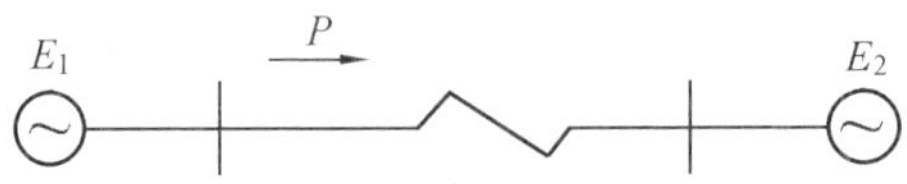

图12.1 两端交流输电系统等值电路图

输送功率为

$$P=\left(\frac{E_1E_2}{X_x}\right)Sm\delta$$

式中，E_1、E_2 分别为受送端交流系统的等值电势；X_x 为线路、发电机、变压器的等值电抗；S 为两电势的相角差。

由此可见，在一定输电电压下，交流输电容许输送功率和距离受到网络结构和参数的限制，还须采取提高稳定性的措施，增加了费用，而用直流输电线连接两个交流系统，由于直流线路没有电抗，不存在上述稳定问题。因此，直流输电的输送容量和距离不受同步运行稳定性的限制，还可连接两个不同频率的系统，实现非同期联网，提高系统的稳定性。

②限制短路电流。如用交流输电线连接两个交流系统，短路容量增大，甚至需要更换断路器或增设限流装置。然而用直流输电线连接两个交流系统，直流系统的"定电流控制"，将快速把短路电流限制在额定功率附近，短路容量不因互联而增大。

③调节快速，运行可靠。直流输电通过可控硅换流器能快速调整有功功率，实现"潮流翻转"（功率流动方向的改变），在正常时能保证稳定输出，在事故情况下，可实现健全系统对故障系统的紧急支援，也能实现振荡阻尼和次同步振荡的抑制。在交直流线路并列运行时，如果交流线路发生短路，可短暂增大直流输送功率以减少发电机转子加速，提高系统的可靠性。

④没有电容充电电流。直流线路稳态时无电容充电电流，沿线电压分布平稳，轻载时交流长线受端及中部发生电压异常升高的现象，也不需要并联电抗补偿。

⑤节省线路走廊。按同电压 500 kV 考虑，一条直流输电线路的走廊宽约 40 m，一条交流线路的走廊宽约 50 m，而前者输送容量约为后者的 2 倍，即直流传输效率约为交流的 2 倍。

2. 超高压直流输电的缺点

（1）换流装置较昂贵。

这是限制直流输电应用的最主要原因。在输送相同容量时，直流线路单位长度的造价比交流低；而直流输电两端换流设备造价比交流变电站贵很多。这就引起了所谓的"等价距离"问题。

（2）消耗无功功率多。

一般每端换流站消耗无功功率为输送功率的 40%～60%，需要无功补偿。

（3）产生谐波影响。

换流器在交流和直流侧都产生谐波电压和谐波电流，使电容器和发电机过热、换流器的控制不稳定，对通信系统产生干扰。

（4）就技术和设备而言，直流波形无过零点，灭弧困难。

目前缺乏直流开关而是通过闭锁换流器的控制脉冲信号实现开关功能。若多条直流线路汇集一个地区，一次故障也可能造成多个逆变站闭锁，而且在多端供电方式中无法单独地切断事故线路而需切断全部线路，从而会对系统造成重大冲击。

（5）运行维护困难。

直流线路积污速度快、污闪电压低，污秽问题较交流线路更为严重。目前我国大气环境相对较差，这使直流线路的清扫及防污闪更为困难。设备故障及污秽严重等原因使直流线路的污闪率明显高于交流线路。

（6）不能用变压器来改变电压等级。

直流输电主要用于长距离大容量输电、交流系统之间异步互联和海底电缆送电等。与直流输电比较，现有的交流 500 kV 输电（经济输送容量为 1 000 kW，输送距离为 300～500 km）已不能满足需要，只有提高电压等级，采用特高压输电方式，才能获得较高的经济效益。

3. 特高压交流输电的主要优点

（1）提高传输容量和传输距离。

随着电网区域的扩大，电能的传输容量和传输距离也不断增大。所需电网电压等级越高，紧凑型输电的效果越好。

（2）提高电能传输的经济性。

输电电压越高输送单位容量的价格越低。

（3）节省线路走廊和变电站占地面积。

一般来说，1 回 1 150 kV 输电线路可代替 6 回 500 kV 线路，节省变电站占地面积。采用特高压输电提高了走廊利用率。

（4）减少线路的功率损耗。

我国电压每提高 1%，每年就相当于新增加 500 万 kW 的电力，500 kV 输电线路比 1 200 kV 的线损大 5 倍以上。特高压交流输电有利于连网，简化网络结构，减少故障率。

4. 特高压交流输电的主要缺点

特高压交流输电的主要缺点是系统的稳定性和可靠性问题不易解决。自 1965—1984 年世界上共发生了 6 次严重的交流大电网瓦解事故，其中 4 次发生在美国，2 次在欧洲。这些严重的大电网瓦解事故说明采用交流互联的大电网存在着安全稳定性差、事故连锁反应及大面积停电等难以解决的问题。特别是在特高压线路出现初期，不能形成主网架，线路负载能力较低，电源的集中送出带来了较大的稳定性问题。下级电网不能解环运行，导致不能有效降低受端电网短路电流，这些都威胁着电网的安全运行。另外，特高压交流输电对环境影响较大。

由于特高压交流和超高压直流输电各有优缺点，都能用于长距离大容量输电线路和大区电网间的互联线路，两者各有优缺点。输电线路的建设主要考虑的是经济性，而互联线路则要将系统的稳定性放在第一位。随着技术的发展，双方的优缺点还可能互相转化。两种输电技术将在很长一段时间里并存且有激烈的竞争。

在超高压交流输电方面，在500 kV电压等级上采用750 kV（最高运行电压800 kV），有可能因两级电压相距太近，造成电磁环网多、潮流控制困难、电网损耗大等问题，而且，即使今后采用灵活交流输电技术或紧凑型输电技术，输电容量的有限增加仍难以满足电力系统长远发展的需要。综上所述，与750 kV交流输电相比较，特高压在大容量远距离输电和建设全国的坚强电网方面具有一定的优势，在技术和设备上并无不可逾越的技术难题，在建设投资和运行上也较为经济。

12.1.6　特高压输电实用技术问题研究

我国电网的快速发展需要更高电压等级的输电技术，特高压交流输电不仅可以减少线路回数，节省线路走廊，而且可以使电网更加坚强，利于解决短路电流过大而超过开关容量极限的问题。我国特高压线路的建设应结合我国的具体情况，充分汲取国外特高压工程的经验教训，在线路的建设和运行过程中，进一步深化和完善特高压技术的研究，并考核技术的成熟性和设备的可靠性，在技术经济的比较上进一步开展工作。特高压线路的建设主要涉及以下几方面的技术问题。

1. 特高压输电系统的过电压和绝缘配合

在特高压输电系统研究中，对过电压和绝缘配合的研究是其他研究课题（如特高压设备研制）的前提和基础，是能否采用特高压的关键之一。我国特高压电网的发展，从远距离开始，对过电压和绝缘配合方面来说，提出了更苛刻的要求。

（1）工频过电压。

工频过电压主要是由空载线路电容效应、不对称接地故障和甩负荷等原因引起的，它和系统结构、容量、参数及运行方式有关。工频过电压的大小直接影响操作过电压的大小，同时又是选择避雷器额定电压的依据。特高压输电系统由于线路电容效应、不对称接地和甩负荷等原因，工频过电压仍然是很高的。

安装并联电抗器是限制工频过电压的有效措施。我国特高压输电线路较长，必须在线路上安装并联电抗器。由于运行方式变化，线路上的无功功率变化很大。为了无功平衡和调压，要求并联电抗器应能随线路输送功率而自动调节电感量。

表12.6列出了国外特高压系统过电压，俄罗斯的工频过电压倍数是由其避雷器灭弧电压倒推而得的。

日本最大工频暂态过电压 1.5 p.u.是双回线路同时无故障跳闸而引起的。由于我国特高压输电线路要装电抗器，此类过电压不高，取 1.4 p.u.（0.2 s）是合适的。

表12.6　国外特高压系统过电压

国家		最高工作电压 U_m/kV	工频暂态过电压/p.u.	操作过电压/p.u.
日本		1 100	1.30 1.50*	1.60
俄罗斯		1 200	1.44	1.60 （1.80）
意大利		1 050	1.35	1.70
美国	BPA	1 200	1.30	1.50
	AEP	1 600	1.10	1.60
中国（建议值）		1 100	1.30 1.40*	1.60

注：“*”为 0.2 s 值。

为降低特高压电气设备绝缘水平，必须降低工频过电压，主要措施有以下几种。

①改变保护操作方式。工频过电压在接地故障时比较高，当线路发生单相接地故障时，单相自动重合闸不成功，可以先开断故障相，然后再开断健全相。这样的保护操作方式，工频过电压主要受接地系数影响。

②采用可控并联电抗器。当线路潮流大时，可控电抗器容量变小。当线路潮流小时，可控电抗器容量可以变得足够大。当线路出现故障时，或者工频过电压偏高时，可控电抗器容量可迅速变化，有效地限制工频电压的升高，这是特高压系统比较理想的无功补偿方式。

③对大型发电机应考虑可以进相运行，特别是接入特高压系统的主要大型发电机应可以进相运行。当小负荷进相运行时暂态电势低了，工频过电压自然也就低了。

（2）潜供电流。

特高压线路的潜供电流大，恢复电压高，潜供电弧难以熄灭，影响单相重合闸的无电流间歇时间和成功率。

能否使特高压线路的潜供电弧快速自灭，是能否保证特高压系统稳定安全运行的重要问题。在超高压系统中，一般采用并联电抗器中性点小电抗补偿相间电容，以减少潜供电流的静电分量，达到限制潜供电流的目的。在特高压系统中，如仍用固定并联电抗器则无功平衡和调压困难较大，而且此时小电抗也难以将潜供电流限制至要求值，故很可能采用可控电抗器，其电抗值随潮流而改变，这就要求小电抗值也随之变化，控制比较复杂。

为确保故障相在两端断路跳开后潜供电弧的熄灭，需研究快速消除潜供电弧的措施，包括采用高速接地开关。日本在特高压系统中采用高速接地开关，合闸后可使故障相潜供电弧快速熄灭。单相重合闸时间<1 s，较好地解决了这一问题，因此建议采用高速接地开关（HSGS）用以消除潜供电弧。无论线路上采用何种电抗器，此方法均可在 1 s 内实行单相重合闸，对系统稳定十分有利。

HSGS 的操作过程如图 12.2 所示。图中，HSGS 为 SF_6 气体断路器，CB 为断路器。

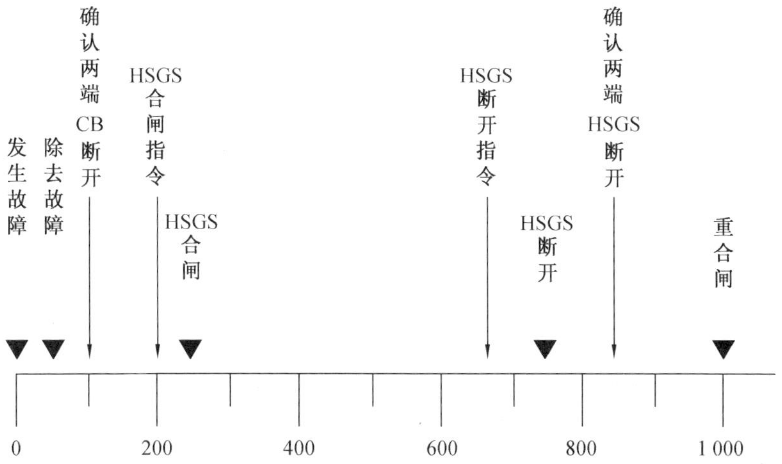

图12.2　高速接地开关操作过程示意图

（3）操作过电压。

在特高压系统中，操作波的放电特性对设备的尺寸和造价影响较大，若出现饱和效应则会使尺寸非线性增加，使造价过高，其对策是尽量降低操作过电压水平。

采用断路器合闸电阻和优良性能的 MOA，可将特高压输电线路的合闸过电压限制在 1.6 p.u.以内。

表 12.6 列出的国外特高压系统操作过电压水平多为 1.6 p.u.。俄罗斯第一期建设的特高压线路操作过电压取 1.8 p.u.。经过现场测试和多年运行，特别是在断路器和避雷器性能上的改进，新建设的线路操作过电压水平已改为 1.6 p.u.。

武汉高压研究所对三峡－华东系统的研究也证明操作过电压限制到 1.6 p.u.是可行的。据此，我国特高压系统的统计操作过电压取 1.6 p.u.。

单相重合闸过电压一般低于合闸过电压。三相重合闸过电压较高，我国特高压线路不可能采用三相重合闸，所以可不予考虑。

500 kV 系统操作过电压允许值一般≥2.0 p.u.，分闸过电压一般低于此值，可以不予考虑。在特高压系统中，操作过电压允许值取 1.6 p.u.，分闸过电压也可能超过此值，所以断路器不仅要加装合闸电阻，而且要加装分闸电阻。为了简化结构，二者可合二为一，采用同一电阻器。日本、美国、俄罗斯的研究表明：采用带分、合闸电阻的断路器、高性能氧化锌避雷器以及并联电压电抗器可限制操作过电压≤1.6 p.u.。

（4）雷电过电压。

特高压线路绝缘水平远高于 500 kV 线路，其雷击跳闸率应显著低于 500 kV 线路。

根据国外的统计资料，架空输电线路的雷击跳闸率占总跳闸率的份额随着标称电压的提高而增加，对超高压线路达到 20%～35%，而 1 150 kV 的特高压线路则可达到 94%。由于缺乏雷电击中线路具体部位的统计资料，运行数据分析通常归结为两部分：雷击杆塔引起的绝缘子串反击闪络跳闸率及雷电绕击到避雷线保护范围内击中相导线的绕击跳闸率。这种方法不只国外采用，我国过电压保护规程也推荐。

日本 1 000 kV 特高压线路全线均采用负屏蔽角提高耐雷水平，由于特高压线路绝缘水平远高于 500 kV 线路，雷击跳闸预计可比 500 kV 线路降低约 50%。目前日本的特高压线路降压 500 kV 运行，运行的信息中没有雷击的突出问题。俄罗斯特高压线路多次发生雷击跳闸，其主要原因是绕击。俄罗斯的特高压线路的防雷设计中，反击耐雷设计水平可高达雷电冲击电流 250 kA。在 1989、1990 年，1 150 kV 线路雷击跳闸的次数分别为 0.3、0.4 次/100 km 且全为绕击跳闸。根据俄罗斯 1 150 kV 特高压线路雷电绕击跳闸偏高的特点，我国的特高压宜采用负屏蔽角设计，防雷重点应是防绕击。同时，仍应强调降低接地电阻，提高反击耐雷水平，从而保证运行的可靠性。

然而，在超高压或特高压等级的架空输电线路上，比如在 750 kV 和 1 150 kV 线路上，绝缘子串具有相当高的放电电压。国外文献的计算显示，即使杆塔冲击接地电阻达到 10 Ω，雷击杆塔时绝缘子串闪络的概率仍小到可以忽略；同时，当发生雷电绕击导线时，雷电流也小于绝缘子串的保护水平。然而，比起一般档距的高压线路，在档距比较长的 750 kV 和 1 150 kV 线路上，雷击避雷线引起的过电压高达 IOMV 量级的雷闪数量（概率）急剧增加。这样高的电压，虽然持续时间短（几微秒），也足以引起避雷线—相导线间隙击穿。据此，有一个观点，认为特高压输电线路雷击跳闸的主要原因是：雷电击中档距中间部位的避雷线会引起避雷线—相导线间隙击穿放电，进而引起线路跳闸。

采用避雷线负保护角并不能避免雷击避雷线时的避雷线—相导线间隙击穿。为提高避雷线保护效果主要应考虑减小雷击档距中部避雷线时避雷线—相导线间隙击穿的概率。为此，应加大避雷线与相导线间的最短距离，如抬高避雷线，或将其向相导线方向移动。后一种办法将会增大保护角，从而在一定程度上增加绕击导线的概率。不过，若绕击导线的雷电流不大于线路的耐雷水平，则不会增加线路的雷击跳闸率。

变电站主要是依靠性能优良的 MOA 限制雷电侵入波过电压。根据日本的经验，适当多装 MOA 可使设备上的过电压下降，绝缘水平也可随之下降，综合经济指标最佳。变压器、GIS 上的最高过电压分别为 1 893 kV、2 208 kV。日本因计算条件已十分苛刻，不再要求设备绝缘水平留裕度。

（5）MOA 参数选择。

由于 MOA 有优良的耐受短时工频暂态过电压的能力，选择额定电压时主要考虑持续时间较长（0.5～1 s）的工频过电压（建议值为 1.3 p.u.），短持续时间（0.2 s）工频过电压（建议值为 1.4 p.u.）不会引起 MOA 热崩溃，可以不予考虑。所以建议我国 1 100 kV 系统 MOA 参数为：

额定电压 U_m　　826 kV

持续运行电压 U_c　　635 kV

标称放电电流　　20 kA

雷电冲击电流残压　　1 550 kV（10 kA）

　　1 620 kV（20 kA）

操作冲击电流残压　　1 400 kV（2 kA）

工频耐压 U_w　　953 kV（相当于 1.5 p.u.），0.55 s

（6）变电设备绝缘水平选择。

①变压器。选择设备的绝缘水平时，考虑到制造水平，要留有裕度；此外，考虑到我国特高压工程建设时间较晚，可以借鉴和吸收国外经验，也不宜过于保守，应两者兼顾。

表 12.7 列出了有关国家特高压变压器的试验电压。

表12.7　有关国家特高压变压器试验电压

国家	雷电冲击耐压 U_{lwp}/kV	操作冲击耐压 U_{SWP}/kV	工频耐压 U_w/kV
日本	1 950	1 425	1 100（5 min） 925（1 h）
俄罗斯	2 400	1 950	1 100（5 min） 900（1 h）
中国（建议值）	2 250	1 675	1 100（5 min） 925（1 h）

MOA 的雷电保护水平（20 kA 残压）为 1 620 kV，变压器雷电冲击水平选为 2 250 kV，绝缘配合系数为 1.389。根据我国 500 kV 变电站防雷计算的经验和日本特高压变电站防雷计算的结果，此配合系数下的裕度较大，变压器雷电冲击水平降为 2 100 kV 也有可能。但是初次试制，从严考虑较安全，建议仍取 2 250 kV。MOA 的操作冲击水平（2 kA 残压）为 1 400 kV，相当于 1.559 p.u.。日本认为可以不考虑绝缘裕度，笔者建议还是采用传统做法，考虑大于或等于 1.15 的绝缘配合系数，操作冲击水平取 1 675 kV，此时绝缘配合系数为 1.196。

工频耐压是对变压器绝缘寿命的重要考核，各国的数值相差不大。建议采用 1 100 kV，5 min；950 kV，1 h。

②断路器、隔离开关。表 12.8 列出了各国特高压断路器绝缘水平，我国的雷电冲击

和工频耐压建议值与变压器相同。但操作冲击耐压水平选为 1 800 kV，绝缘配合系数为 1.285，也可以考虑采用 1 675 kV，绝缘配合系数为 1.196。

表12.8　各国特高压断路器绝缘水平

国家	最高工作电压 U_m/kV	雷电冲击耐压 U_{lwp}/kV	操作冲击耐压 U_{SWP}/kV	工频耐压 U_w/kV
日本	1 100	2 250	1 550	1 100（1 min） 952（30 min）
美国	1 200	2 175	1 800	—
意大利	1 050	2 250	1 675	—
中国（建议值）	1 100	2 250	1 800（1 675）	1 100（1 min） 952（30 min）

③电抗器。我国电抗器绝缘水平与断路器相同。俄罗斯特高压电抗器因其避雷器的残压较高，相应的电抗器绝缘水平也高，雷电冲击耐压为 2 550 kV，操作冲击耐压为 2 100 kV。我国特高压基于性能优良的 MOA，所选择的绝缘水平较低。

④断路器合闸和分闸电阻。合闸和分闸共用一个电阻器，电阻值为 600 Ω。合闸时接入时间为（10±1.5）ms；分闸时电阻接点延迟开断时间为 30 ms。

⑤线路绝缘水平。表 12.9 列出了日本和俄罗斯的线路绝缘参数。俄罗斯特高压最高工作电压高于日本，但气隙小，两者考虑的海拔高度不同可能是原因之一。日本考虑海拔高度 1 800 m，俄罗斯特高压线路经过地区的海拔较低。经过海拔修正，日本取值仍然明显大于俄罗斯。

表12.9　特高压线路空气间隙

国家	工作电压/MV	操作冲击/m	雷电冲击/m
日本	3.09	塔体 6.5，横担 6.6	6.6
俄罗斯	2.40	中相 7.0，边相 6.5	—
中国（建议值）	2.40～2.60	中相 6.5，边相 6.2	同操作冲击

俄罗斯根据工频试验，认为 2.4 m 可满足要求。按 U_{pm}=0.5 d 计算，式中 U_{pm} 为工频放电电压（峰值，MV）；d 为距离（m）；与我国试验结果符合。

我国特高压线路杆塔与俄罗斯类似，而不大可能采用同杆双回，所以我国特高压线路工频电压空气间隙宜取 2.40～2.60 m。由于本书考虑的中国最高工作电压为 1 100 kV，低于俄罗斯的 1 200 kV，所以即使同样采用 2.40 m，也有较大裕度（按俄罗斯计算公式，其裕度为 33.6%）。从数值上看，日本和俄罗斯的操作波间隙距离比较接近。实际上，俄

罗斯的操作过电压为

$$1.8\times1\ 200\times\frac{\sqrt{2}}{\sqrt{3}}=1\ 764\ \mathrm{kV}$$

日本的操作过电压为

$$1.6\times1\ 100\times\frac{\sqrt{2}}{\sqrt{3}}=1\ 437\ \mathrm{kV}$$

前者为后者的 1.228 倍。但是考虑两者的海拔差异，经气象修正，两者所依据的电压－距离关系曲线基本相符。

前面已经谈到，我国特高压线路的操作波统计过电压 U_s 可以按 1.6 p.u.计算，即 U_s＝1 437 kV。参照日本、俄罗斯的经验，建议我国特高压线路操作波间隙距离取 6.5 m（中相）和 6.2 m（边相）。前者的临界网络电压（CFO）约为 1 737 kV，σ 取 5%时，CFO（1-3σ）＞U_s。

雷电冲击下空气间隙距离可取与操作波间隙相同。

⑥防污闪。俄罗斯 1 150 kV 线路防污设计据其沿线污秽分布规律、土壤状况（穿越部分地区为盐碱性土壤）及所经区域 35～500 kV 线路运行经验，确定线路绝缘泄漏比距高于常用泄漏比距（1.5 cm/kV）。

日本 1 000 kV 线路处在离海岸>40 km 的内陆山地，调查分析线路走廊附近已有输电线路污秽成分表明，特高压线路所经区域的污秽主要为粉尘污，而不同爬距绝缘子的污秽程度不同，所需串长也不同，粉尘污秽较重地区 320 mm（33 t）、340 mm（42 t）、380 mm（54 t）的绝缘子片数分别为 40、38、32 片。

防污闪是保证特高压线路可靠运行的一个十分重要的方面，根据线路运行经验，我国线路污秽情况较俄罗斯和日本都更加突出。综合考虑紧凑化和防污闪的需要，特高压线路宜采用大吨位合成绝缘子，三相宜均采用 V 型串悬挂方式，结合所经区域的污秽状况并预测今后的发展趋势，有针对性地选择合理的绝缘子长度和爬电比距。目前大吨位合成绝缘子的技术条件和生产能力已经基本具备，今后应结合特高压输电的需要进一步加强 400～820 kN 大吨位合成绝缘子的研发。合成绝缘子以其优良的防污闪性能已在 500 kV 线路上广泛应用。

⑦带电作业。俄罗斯、日本在特高压输电线路设计和建设初期就试验研究了它的带电作业方式、作业工具、人员的安全防护用具及防护措施等，制定了相应的技术导则。俄罗斯在 1 150 kV 线路上开展了带电作业工作，进入作业工位时，等电位作业人员借助绝缘吊篮进入带电体，作业时在邻近杆塔上加装保护间隙。由于特高压线路电场高，作业人员需穿戴带屏蔽面罩的全套屏蔽用具。经试验，屏蔽服内体表场强满足<15 kV/m 的规定，流经人体的电流<100 μA，满足作业人员的安全防护要求。日本针对特高压线绝缘子串较

长的特点还专门研制了带电检测特高压线路直线串和耐张串不良绝缘子的检测工具。国外的工作说明了特高压线路带电作业的可行性和安全性。

我国<500 kV 输电线路的带电作业已有较为成熟的经验。针对投入建设的西北地区750 kV 输电线路的带电作业也进行了大量的研究，其带电作业方式、工具、作业人员的安全防护等方面已有成熟的研究成果。目前，我国已研制出各项电气和机械性能符合 IEC 标准要求的绝缘材料，制成的各种绝缘工具以及结构改进了的屏蔽防护用具经试验均可满足≥750 kV 线路的带电作业要求，这些工作都为特高压输电线路带电作业技术的研究及应用提供了一定的基础和条件。另外，为合理地设计塔头尺寸，必须进一步开展带电作业最小安全距离、最小组合间隙、工具的最小绝缘长度等试验研究，为线路设计提供技术依据和参数。

2. 特高压输电系统的继电保护配置方案

特高压输电线的继电保护是建立在继电保护基本原理之上，是由高压和超高压输电线继电保护的配置和装置发展起来的。但是由于特高压输电线是联合或统一电网的骨架，其在电力系统中所处地位较高，能带来巨大的经济效益，其安全可靠运行对于全系统的安全可靠运行起着决定性的作用，故对其继电保护的性能和可靠性要求极高，应采取各种可能的措施，提高其灵敏度、选择性、可靠性（包括安全性）和动作速度。特高压输电线继电保护和自动装置的配置方案首先应保证在任何运行、操作和故障状态下的过电压不超过允许值，其次是保证系统稳定运行和设备安全。

以下论述和分析了国外在解决这些问题方面的经验，对我国特高压输电线继电保护配置方案进行探讨，并提出了初步建议和应该研究解决的问题。

（1）特高压输电线继电保护的配置。

对特高压输电线继电保护配置的基本要求应是能保证在任何运行状态（包括两套主保护都退出状态）下被保护线路上发生任何故障时都有一套快速保护从线路两端同时快速切除故障，以避免发生过电压、系统稳定破坏或设备损坏等事故。与一般高压输电线不同，特高压输电线继电保护的任务首先是保证不产生不能允许的过电压，其次是保证系统稳定。因为特高压输电线绝缘子短时间能承受过电压的裕度较小，在过电压使线路绝缘子击穿时，更换绝缘子停电造成的经济损失远大于系统稳定破坏造成的损失。为了保证过电压不超过允许值，特高压输电线允许一端投入另一端断开的时间远小于两端保护相继动作切除故障的时间。因此特高压输电线上发生任何故障时必须以最短时间从两端同时切除故障，不能允许两端保护相继动作（即一端断路器断开后另一端保护才能动作）切除故障。因此，对于特高压输电线要求有两套不同原理的能快速切除各种故障的主保护，另有一套能通过通道传送跳闸信号或允许跳闸信号的后备保护，以保证在任何故障情况下两端切断的时间差不大于 40～50 ms（准确数字应通过过电压计算确定），其中考虑两端保护动作的时间差约为20 ms以及两端断路器断开时间差约为20 ms。两套主保护必须从CT、PT交流输入，直流电源到跳闸线圈完全独立。否则，如果在线路故障期间同时发生CT、PT、直流电源或跳闸线圈任一故障，将使线路一端完全失去保护，不能切除故障。这一端将依靠后备保护切除故障，而使两端切除故障的时间差大于允许值而产生不允许的过电压。同时在特高压线路上线路末端发生故障时，相邻线路上的远后备保护往往不能满足灵敏度的要求，可能使故障不能切除。因此特高压输电线不能依靠远后备保护。特高压输电线一般距离很长，分布电容很大，为吸收容性无功功率、防止过电压应装设容量很大的并联电抗或可调无功补偿装置，并且故障类型复杂，过渡电阻多变，使得故障时电压电流数值、波形都在很大范围内变化，而各种保护原理都有一定的弱点，采用同一原理的两套主保护可能在某特定的运行方式和故障情况下都不能动作，而采用两套原理相同的主保护的优点如运行人员容易掌握、调试方便、备品备件数量可以减少等对于如此重要的特高压输电线路而言并不重要。

在俄罗斯的750 kV线路上和1 150 kV线路上采用的两套主保护，一套是负序方向高频保护，另一套是距离高频和零序方向高频保护，而在单相重合闸周期中则采用相差高频保护反应非全相状态下的故障，并将可能误动的保护短时退出。

美国765 kV线路继电保护的配置也是如此。采用一个周波动作的保护，两个周波断开的断路器、快速重合闸、开关失灵保护以及后备保护等。装设两套主保护，分别按不同的信号原理构成。一套采用闭锁式、另一套采用允许式信号构成的方向高频保护。此外还有高频相差和后备距离保护。这样选择的原因是考虑到有冰雪时通道衰耗大，而在故障、操作或下雾和细雨时又会出现强烈的杂音干扰，如果两套采用一种信号原理，都为闭锁式或都为允许式，在上述情况下都不能实现完全的保护。两套主保护从蓄电池、直流回路、电流互感器、电压互感器和跳闸线圈全部实现双重化。

在计算机保护中可以同时实现多种保护原理，因此对于计算机保护也可采用两套硬件相同而软件原理不同的装置。横差动保护是平行双回线简单有效的保护原理，因此对于平行双回线可以考虑附加装设横差动保护，以增加保护的冗余度。对于计算机横差动保护，不必将双回线的电流回路交叉联结以取得差电流并检查其方向，而可直接比较两回线保护的功率方向标志。当双回线外部短路时，两端两回线的功率方向总是一致的，当双回线内部短路时总有一端两回线的功率方向不一致，由此可判断有内部故障并可选出故障线路而动作切除，同时通过通道送跳闸信号跳开对端故障线路。

集成电路保护和其他非计算机保护的电子元件、节点、线圈很多，故保护装置的可靠性问题多表现为拒动。计算机保护则不然，受干扰影响的误动概率高于拒动。因为拒动和非选择性动作只能发生在历时较短的线路故障期间，而误动可发生在长期正常运行期间。此外，计算机保护不断对大量的数字代码进行处理和传送，在处理和传送中任一代码的任一位，尤其是高位受外部或内部干扰影响而改变时都将影响保护的正确工作。

因此，对于非计算机型保护，各个保护通过“或门”输出一般是合理的，但对计算机保护则不然。在有些情况下，通过表决方式输出更为合理，应通过可靠性计算确定。这就要求保护装置有足够的冗余度。

自动重合闸与保护的配合方式对保护配置的整体性能有很大影响。对于特高压输电线，为了防止操作过电压，应将两端断路器切除的时间差限制在40～50 ms，而重合也要有一定的时间差（具体数值应根据过电压计算确定）。输电线的投入和切除都应该是半自动的。例如投入时从一端（应预先经过过电压计算，先投入产生过电压小的一端）手动投入，同时通过通道自动启动对端的同期并列装置进行同期投入。在手动切除时也是从一端手动切除，同时通过通道传送跳闸信号切除另一端。在故障跳闸后的自动重合闸和重合闸不成功时的二次跳闸，也应按一定的顺序进行。

特高压输电线在两相运行状态下可能产生较高的过电压。如果经过过电压计算在非全相状态下产生的过电压倍数（考虑到故障相切除时的暂态过电压）大于一定值（俄罗斯对于1 150 kV线路，从绝缘子短时能承受的过电压能力出发定为1.4倍）时不允许采用单相重合闸，只能是三跳三合。对于允许采用单相重合闸的线路，两端重合的顺序和时间间隔要预先通过过电压计算来确定。对于单相重合不成功时切除其他两相的顺序和时间间隔也要预先通过过电压计算来确定。特高压输电线所连接的系统一般容量很大，惯性常数较大，因而系统振荡发展较慢，振荡周期较长，故可考虑采用不检查电压和同期的快速重合闸，亦即重合闸方式除了单相重合、三相重合外还应有快速重合。快速重合闸也应在通道配合下从两端同时进行，避免一端投入一端断开的时间超过过电压的允许时间。

自动重合闸应按断路器配置，自动重合闸与各个保护之间的配合关系应周密考虑，避免各保护对重合闸的控制不协调。例如有的保护启动快速重合闸，有的保护启动单相或三相重合闸等。单相重合闸的合闸时间应是根据熄弧情况可以自适应调整的。例如根据输电线两端并联电抗器中性点上所联结的消弧电抗器通过的电流判断消弧电抗器是否投入和短路点弧光熄灭情况，从而改变单相重合闸的重合时间等。最好能研制和采用新的自适应重合闸原理，以提高单相重合闸的成功率，减少系统承受冲击的次数。

为了防止过电压，特高压输电线两端一般应装设并联电抗器。对于非常长的特高压输电线，为了防止线路中部的过电压，在线路中点也要装设并联电抗器。根据运行情况，两端的电抗器正常运行时可能投入，也可能不投入。但在断路器跳开时必须立即投入以防止过电压和进行消弧。因此对于并联电抗器和消弧电抗器应装设专门的保护和自动控制装置。线路保护应不断监视并联电抗器和消弧电抗器的断路器状态，如果在线路故障时并联断路器未投入，消弧电抗器也未投入（被断路器旁路），则线路保护在发出跳闸命令的同时要启动并联电抗器的保护和自动装置，立即将并联电抗器和消弧电抗器投入（闭合并联电抗器的线路开关，断开消弧电抗器的旁路开关）。与此同时，单相自动重合闸应监视消弧电抗器的电流互感器中的电流。如果消弧电抗器投入时其电流互感器中有电流，表示消弧电抗器已投入，应立即缩短重合闸的合闸时间。相反，如果无电流则表示其投入不成功，则应采用正常的合闸时间。

特高压输电线的断路器失灵保护原理和一般高压线路一样，但因特高压输电线一般距离较长，其失灵保护启动元件的灵敏度应符合一定要求。尤其是当本线路保护需要作为下一级线路保护的远后备时，要求在下级线路末端发生任何故障时，如果该线路保护拒动，本线路开关也拒跳，失灵保护的启动元件（检测故障未消失的元件）应有足够的灵敏度。因此，失灵保护应采用多种启动原理以保证在各种故障类型下的灵敏启动，例如除故障相电流、电压外可能还需要负序、零序、阻抗等启动量。失灵保护启动元件不需要带方向，因为在反方向故障时线路保护不会动作，不会去启动失灵保护。

特高压输电线对线路两端跳闸和合闸时间之差有严格的要求，因此应充分利用通信通道使两端的保护专用7种高频信号（对较低电压线路也可如此），并按其功能的重要性排出优先等级。例如，输电线正常操作的直跳或直合对端断路器的信号或本端断路器因故跳闸或在后备保护Ⅰ段范围内故障发出直跳对端断路器的信号优先级别应是最高的，其次应是纵联保护动作发出的允许跳闸信号，快速保护切除故障后启动快速重合闸的信号，由后备保护跳闸时闭锁快速重合闸的信号，非全相状态下退出保护、切换保护的信号等。事实证明，充分利用通信通道可以改善保护的性能，这在应用光纤通道时将更容易实现，我国应加强这方面的研究。

以上是对我国特高压输电线继电保护的配置方案提出的一些初步的见解。对于具体工程还应结合每条线路的具体情况深入研究，制定具体的配置方案。

（2）特高压输电线主保护原理的选择。

目前比较成熟的、在我国有运行经验的、可以作为主保护的纵联保护原理不外乎以下几种：工频变化量方向纵联保护、负序方向纵联保护、分相电流差动纵联保护、距离方向纵联保护和相电压补偿式方向纵联保护等。这几种原理各有一些优点，也都存在一定的缺点。简单分析如下。

工频变化量方向纵联保护可反应全相和非全相状态下的各种故障，不受负荷电流、系统振荡等的影响且动作速度很快，已在我国500 kV和200 kV输电线路上取得成功的运行经验。与所有利用故障分量的保护一样，其主要缺点是只能反应故障的初瞬间，不能反应故障的全过程。其次，其灵敏度与系统运行方式（保护背后系统阻抗）有关，有一定程度的不确定性，但是作为方向元件，灵敏度总是能够保证的。因此，这种保护原理作为特高压输电线的主保护没有问题。

负序方向纵联保护具有悠久的历史和丰富的运行经验。负序分量存在于故障的全过程，因此负序方向纵联保护可以可靠地反应不对称故障的全过程，不受振荡的影响。但其主要缺点是被认为“不能可靠反应三相短路”。在集成电路式和非计算机保护中，负序分量用模拟电路（负序过滤器）提取，由于三相短路的初瞬间出现的不对称和负序过滤器电路有一定的滤除高频分量的能力等，负序方向纵联保护也可反应三相对称短路。俄罗斯 1 150 kV 输电线继电保护对于三相短路的方向纵联是依靠对故障初瞬间的负序功率方向加以固定，然后和接于一相间电压和相电流之差的阻抗继电器进行判断。由于有负序功率方向继电器把握方向，故阻抗继电器采用向反方向偏移的原特性而不需要记忆回路，且不必设振荡闭锁装置。数十年的运行经验表明，这种反应三相短路方向的组合继电器在三相短路时从未拒动过。对于如三相地线未拆除等固定的三相短路则靠后备距离保护反应。但这个方法可能不适合于计算机保护。因为计算机保护中的数字负序过滤器很难在三相短路初瞬间数毫秒的不对称期间内正确地滤出负序分量，因而很难捕捉到三相短路初瞬间的不对称短路。但如果给负序功率方向元件配以正序故障分量方向元件或相电流相电压突变量方向元件专门反应三相短路，可以构成一种完善的纵联保护。负序方向纵联保护的另一个缺点是在非全相状态下再故障时不能可靠动作，因而在俄罗斯 1 150 kV 线路保护中，在单相重合闸周期的非全相状态下，负序方向高频保护被退出，而切换成相差高频保护。综上所述，负序功率方向（也可辅以零序功率方向）配以正序突变量方向或相电流相电压突变量方向的纵联保护在理论和实践上都是比较成熟的，应是特高压输电线主保护的待选方案之一。

分相电流差动纵联保护从原理上是最理想的保护方式，具有绝对的选择性，不受系统振荡和运行方式的影响，受过渡电阻的影响小，本身具有选相功能。但用于远距离特高压输电线路时，首先要分析线路分布电容电流的影响。特高压输电线为了提高自然功率，需要减小波阻抗，就必须减小线路电感、增大电容。例如具有每相 4 根分裂导线的 750 kV 线路每千米电容可达 13.2×10^{-9} F，每千米电容电流可达 1.794 8 A。

而传送自然功率时每相的负荷电流为 1 698 A，亦即 100 km 线路的每相电容电流可达到额定负荷电流（设为自然电流）的 10%左右；500 km 线路将达到其 50%。1 150 kV 线路的自然电流约等于 2 766.5 A，而 500 km 长线路的电容电流将达到 1 440 A，也是约 50%。这只是稳态运行情况下的电容电流，在故障或重合闸时的暂态充放电电流将要增大数倍。尤其是在暂态状态下电压中有很多高频分量，电容电流与频率成正比，将会产生更大的高频电容电流，这将使线路区外故障时两端电流的波形、幅值和相位都发生严重畸变，影响电流差动的正确工作。因此欲采用分相电流差动纵联保护原理时，应采取补偿电容电流的措施。对于计算机保护可研究补偿电容电流的算法，尤其是补偿暂态电容电流的算法。在不采取电容电流补偿措施的情况下，分相电流差动纵联保护可能只用在 200 km 以下的线路，其电容电流可达到自然功率电流的 20%左右。外部故障时所产生的不平衡电流还可用定值躲过。

距离方向纵联保护有很多优点，有丰富的运行经验。其主要优点是可以兼作主保护和下一级线路的远后备保护，保护范围基本固定（若不考虑过渡电阻影响），不受系统运行方式变化影响，根据线路情况和保护目标可以采用各种不同的动作特性等。但其缺点也是很明显的：受系统振荡影响很大，必须采用复杂的影响保护动作可靠性的振荡闭锁措施；受过渡电阻影响保护范围可能缩短或伸长；方向性特性（动作特性通过原点）不能可靠反应保护安装处的故障；受线路串补电容影响可能使动作范围大大缩短；电压回路断线可能造成立即误动作必须采用高速的电压回路断线闭锁措施等。此外用于特高压输电线时必须按分布参数整定，使得保护定值不能直接反应保护范围的长度。对于长线路：

$$\dot{u}_1 = \dot{u}_2 \mathrm{ch}(\dot{\gamma} \cdot l) + \dot{I}_2 \dot{Z}_c \mathrm{sh}(\dot{\gamma} \cdot l)$$

$$\dot{I}_1 = \dot{I}_2 \mathrm{ch}(\dot{\gamma} \cdot l) + \left(\frac{\dot{u}}{\dot{Z}_c}\right) \mathrm{sh}(\dot{\gamma} \cdot l)$$

式中，$\dot{u}_2$、$\dot{I}_2$ 分别为输电线末端的电压、电流矢量；$\dot{\gamma}$ 为线路的传输常数；$\dot{Z}_c$ 为波阻抗；l 为故障距离。

在末端三相短路时，$\dot{u}_2 = 0$，则从始端测量的阻抗为

$$Z_1 = \frac{\dot{U}_1}{\dot{I}_1} = \dot{Z}_c \mathrm{th}(\dot{\gamma} \cdot l)$$

即阻抗继电器的测量阻抗是故障距离 l 的双曲正切函数，不与距离成正比。线路很长时故障点距离变化一点将使测量阻抗发生很大变化，再考虑到过渡电阻，使保护整定复杂，整定的精度降低，线路保护 I 段的动作范围要留有较大的裕度。

按照距离方向纵联保护的以上特点，可配以远方跳闸信号，作为特高压输电线的独立后备保护较好。

相电压补偿式方向纵联保护具有一系列优点，在我国 500 kV 线路上也有丰富的运行经验。其主要优点为：可反应全相状态下各种故障和非全相状态下除两相接地外的其他各种故障的全过程，在合理整定条件下不受全相状态和非全相状态下系统振荡的影响。在反方向的各种故障（包括经各种过渡电阻故障）的情况下有很强的方向性；也可按照多相补偿的原理作为下一级线路的后备保护。其缺点是：与多相补偿阻抗继电器相似，在单相接地时允许过渡电阻的能力较差；动作时间需要 23 ms 左右。这种保护原理可作为第二主保护，或作为非全相状态下的保护，专门用以反应单相重合闸周期中的故障。

综上所述，建议作为特高压输电线的第一主保护可采用工频变化量方向纵联保护原理，作为第二主保护可采用负序方向和零序方向结合的纵联保护或相电压补偿式方向纵联保护原理，作为非全相状态下的保护可采用相电压补偿式方向纵联保护。对于 200 km 以下的特高压输电线可采用分相电流差动纵联保护作为第二主保护。对于以上各种保护都要深入研究特高压输电线电容电流的影响及其与通道（载波、光纤通道）

的紧密配合与充分发挥通道作用以满足特高压输电线防止过电压和保证保护灵敏性、选择性、可靠性高要求等问题。

（3）特高压输电线的后备保护。

作为特高压输电线的后备保护可采用距离保护。保证输电线两端切除故障的时间差不大于 40～50 ms，后备距离保护也应与通道结合。特高压输电线一般较长，容易做到使两端距离保护 I 段有相互交叉的区域，因而在线路上任一点出现故障时，至少有一端的距离保护 I 段能可靠动作，动作后立即通过通道向对端发出直接跳闸（不受对端保护监控）命令，使两端故障切除时间之差小于允许值。其Ⅱ段和Ⅲ段作为本线路和下级线路保护的后备，可传送允许跳闸信号，在对端保护监控下跳闸。

距离保护应设有振荡闭锁和电压回路断线闭锁措施。保护最好设两个启动元件与振荡闭锁相结合。一个是灵敏启动元件，在下级线路末端短路时应能启动，使快速保护段短时（例如 30～40 ms）投入。然后将其闭锁以防止振荡时误动，一直闭锁到振荡停息以后。另一个是不灵敏启动元件，只在本线路上短路时能够动作，动作后又将快速保护段第二次投入。因此在灵敏启动元件将快速保护段闭锁期间发生本线段故障时，快速保护段仍能动作。这就解决了保护启动元件既要有很高的灵敏度，在正方向故障时都能启动，又要避免由于灵敏度过高使保护频繁启动，启动后又将快速段闭锁很长时间，使其不能反应在此期间内本线路故障的矛盾。

距离保护的动作特性如何，对保护性能有决定性的影响。对特高压输电线不应局限于目前常用的几种特性，如圆特性、四边形特性、椭圆特性等。计算机保护可以很容易地实现任何动作特性，应该充分利用这一优越性，使得距离保护各不同功能的保护段都具有最优的动作特性，充分发挥其功能。对于距离保护 I 段的动作特性要求在线路出口短路时能可靠动作并具有方向性和一定的承受过渡电阻的能力。为消除保护安装处线路出口短路时的电压死区，一般采用方向阻抗特性和电压记忆回路相结合的方法，也可采用向第四象限偏移特性与使用故障前电压和故障后电流构成的方向元件相结合的特性。两者都是基于记忆故障前电压相位的原理。故障后频率的偏移会使电压实际相位逐渐偏离所记忆的相位。这种误差对阻抗特性影响较大，而对方向元件的方向特性影响较小。因为方向元件的动作范围接近 180°。因此应该说采用偏移特性和方向元件特性结合的方法较好。这还需要根据线路具体情况进行具体的研究和分析后确定。承受过渡电阻的能力和减小系统振荡影响的要求是相互矛盾的。考虑到接地短路时的过渡电阻远远大于相间短路的过渡电阻，故最好对单相接地短路和其他短路应用不同的动作特性。当选相元件选定为单相接地时，启用接地动作特性。

距离保护Ⅱ段应采用向第四象限偏移的特性，偏移的范围不要超过背后线路或母线快速保护的动作范围。在背后快速保护范围内发生故障时，快速保护动作切除故障，本线路保护Ⅱ段不会误动。特高压线路背后的母线、线路或变压器的快速保护都有两套以上，因此不必考虑两套快速保护都拒动的情况。但是距离保护Ⅱ段的延时应大于断路器失灵保护动作切除故障的时间。基于这种考虑距离保护Ⅱ段可采用偏移特性而不需要附加方向元件保证其方向性。更不能用记忆特性，因为Ⅱ段延时很长频率偏移不可避免。对于Ⅱ段照例可对接地和相间短路用不同的动作特性。为防止由于过渡电阻增大（电弧伸长）使Ⅰ段动作后又返回，不能可靠跳闸，可采用将Ⅰ段动作信号固定并与不带延时的Ⅱ段通过与门给出Ⅰ段跳闸命令，只要Ⅰ段曾经动作，且故障未清除，Ⅱ段未返回，即可保证Ⅰ段跳闸，此即可谓“瞬时测量”原理。

距离保护Ⅲ段或阻抗启动元件（如果用阻抗启动）动作特性的选择主要考虑避越负荷阻抗、承受过渡电阻能力和减小系统振荡影响等问题。为此应研究设计特殊的动作特性。例如在第一象限在最大负荷功率因数角以下的区域缩小保护动作范围以利于躲避最小负荷阻抗，在大于此角的上部区域扩大实轴方向的动作范围以利于承受较大的过渡电阻。为防止系统振荡影响可设置两个形状相同大小不同彼此嵌套的特性，当测量阻抗向量从大曲线进入小曲线的时间超过一定值时即认为是振荡，使阻抗元件不予反应（类似于“大圆套小圆”原理），这可只作为Ⅲ段防止振荡误动的措施。对于Ⅰ、Ⅱ段可采用其他更为完全的振荡闭锁原理。此外应研究完善的能在振荡期间反应区内对称和不对称故障的原理。

（4）其他保护和自动装置。

关于其他保护和自动装置前面已经提到，现简要小结如下。

①断路器失灵保护。其原理和功能与其他线路一样，但对特高压输电线要采取多种启动（检测故障未消失）措施以保证其灵敏度。因失灵保护受保护控制，故其启动元件不需要带方向性。

②自动重合闸。首先由过电压计算决定能否采用单相重合闸。如果能够采用，尚需计算重合闸不成功时同时切除故障相后，切除其他两相的顺序。由于特高压输电系统振荡发展较慢，应首先考虑采用快速重合闸，由快速保护启动。其次是检查电压和同期的三相一次重合闸。自动重合闸与各种保护的配合要周密考虑，避免出现矛盾。国外有采用二次重合闸的成功经验。因为特高压系统振荡发展较慢，应根据系统具体情况研究能否采用捕捉同期的二次重合闸。

③并联电抗器的保护和自动装置。对并联电抗器内部和引线的各种故障应有完善的快速保护。应预先通过过电压计算。如果并联电抗器内部故障被切除时可能引起不能允许的过电压时，则在切除故障电抗器的同时应通过线路保护跳开线路两侧断路器。

并联电抗器根据系统运行方式和线路传输功率有时可能要断开，但在线路故障保护跳闸时应立即通过并联电抗器的自动控制装置将其投入。并联电抗器中性点所接的消弧电抗器的容量可能不能承受线路接地故障时的零序电流，故在正常运行时一般将其用断路器旁路，在线路故障保护动作跳闸时应立即将旁路断路器断开，将消弧电抗器投入消弧，在自动重合时立即将其旁路。这些操作都应由并联电抗器的自动装置在保护的控制下完成。

3. 特高压输电工程所需主要输变电设备

特高压输变电技术应用于工程的一个基本条件是需具有质量可靠、运行稳定的特高压设备。因此，应结合特高压工程所需的主要输变电设备，对国内外制造商的技术条件和生产能力进行全面的调研，并对其工程应用的可行性进行必要的分析研究。

从国外情况来看，早在 1985 年苏联就设计制造了全套特高压输变电设备。日本的特高压输变电设备从 1995 年以来，变压器、GLS、避雷器、快速接地开关等主要电气设备在新榛名特高压变电所一直进行着全电压运行考核，不曾出现运行故障。另外，美国、意大利等国也曾建设特高压试验站，对特高压输变电技术和设备进行了系统的研究。从已了解的情况来看，如果有工程需要，国外电气设备制造企业是具有设计、制造及供应特高压输变电设备能力的。

我国的电气设备制造水平随着 750 kV 工程的上马，有了新的发展进步，研制特高压输变电设备是可能的。根据对国内制造企业的初步调研，目前除断路器等少量设备外，国内企业对大多数特高压输变电设备已具备生产制造的技术条件和能力。

（1）变电设备。

①变压器。苏联 1979 年研制完成第一台试验用 667 MVA，1 150 kV/500 kV 单相自耦变压器，后生产了 20 多台特高压工程用 1 150 kV/500 kV 变压器，共装备了 3 个 1 150 kV 电站、2 个发电厂升压站。从 1985 年投入运行，经受了各种运行条件的考验，不曾出现运行故障，至 20 世纪 90 年代初期，由于政治原因和经济衰退，1 150 kV 线路在运行 5 年后降压至 500 kV 运行。日本于 1978 年开始研究特高压输变电技术，90 年代初完成主要输变电设备的研制。从 1995 年开始在新榛名特高压变电所进行全电压运行考核。3 台 1 000 kV/1 000 MVA 单相自耦变压器分别由 3 个企业独立研制生产。特高压变压器高中低绕组额定电压分别为 $\frac{1\ 050}{\sqrt{3}}\pm 70\%$、$\frac{525}{\sqrt{3}}$ 和 147 kV，一、二次绕组每相容量为 1 000 MVA，三次绕组容量为一次的 40%，用于配合大容量调相设备。为了生产容量高达 3×1 000 MVA 的超大型变压器，需要对绝缘子结构、磁路结构、冷却方式、机械强度等进行综合分析研究。日本的研究路线是首先研制试验模型，对各主要元件和性能分别进行试验研究。第二步是研究原型特高压变压器，进行整体试验研究。意大利也曾建立特高压试验场，至 1987 年共生产了 3 台单相 $\frac{1\ 000}{\sqrt{3}}/\frac{400}{\sqrt{3}}/24$ kV 自耦变压器，于 1990 年投入试运行，积累了一定的运行经验。

②开关设备。特高压输电需提高断路器断口电压，同时要求灭弧室能开断大的短路电流。常规式特高压断路器除苏联在早期曾采用压缩空气断路器以外，美、日、意等国均采用 SF_6 断路器。对性能先进的特高压断路器来说要求断口数为双断口，单断口电压达到 550 kV 以上，开断电流达 50/63 kA，开断时间在 2 周波以内。日本目前已研制出双断口 1 100 kV SF_6 断路器，在特高压 GLS 的开发应用方面，日本有 3 家企业研制出了配双断口 SF_6 断路器的特高压 GLS 设备，已应用在特高压输电工程中，并已进行了长达 8 年的全电压带电考核，具体参数见表 12.10。

表 12.10　日本双断口 SF_6 断路器的特高压 GIS 设备参数

<table>
<tr><th>元件名称</th><th colspan="2">项目</th><th colspan="2">基本额数</th></tr>
<tr><td rowspan="7">GLS（公用）</td><td colspan="2">额定电压/kV</td><td colspan="2">1 100</td></tr>
<tr><td colspan="2">额定电流/A</td><td>8 000</td><td>2 000</td></tr>
<tr><td colspan="2">额定短时耐受电流/kA</td><td colspan="2">50 kA，2 s</td></tr>
<tr><td colspan="2">雷电冲击耐受电压/kV</td><td colspan="2">2 250</td></tr>
<tr><td colspan="2">交流耐受电压/kV</td><td colspan="2">1 100</td></tr>
<tr><td rowspan="2">SF_6气体额定压力
0.6 MPa（20 ℃表压）</td><td>QF，HSGS</td><td colspan="2">0.6</td></tr>
<tr><td>其他</td><td colspan="2">0.4</td></tr>
<tr><td rowspan="5">断路器（QF）</td><td colspan="2">额定短路开断电流/kA</td><td colspan="2">50</td></tr>
<tr><td colspan="2">标准操作顺序</td><td colspan="2">O—θ—CO—1 min—CO（θ=1 s）</td></tr>
<tr><td colspan="2">断点数</td><td colspan="2">2</td></tr>
<tr><td colspan="2">操作方式</td><td colspan="2">油压操作</td></tr>
<tr><td colspan="2">开断和投入方式</td><td colspan="2">电阻断开，电阻投入（700 Ω）</td></tr>
<tr><td rowspan="3">隔离开关（QS）</td><td colspan="2">过电压限制方式</td><td colspan="2">电阻投入方式（500 Ω）</td></tr>
<tr><td colspan="2">闭环开断电流</td><td colspan="2">8 000 A</td></tr>
<tr><td colspan="2">操作方式</td><td colspan="2">电动</td></tr>
<tr><td rowspan="2">接地开关（QSE）</td><td colspan="2">切合小电流</td><td colspan="2">容性 500 kV，40 A
感性 70 kV，1 000 A</td></tr>
<tr><td colspan="2">操作方式</td><td colspan="2">电动</td></tr>
<tr><td rowspan="3">高速接地开关（HSGS）</td><td colspan="2">开断小电流</td><td colspan="2">容性 1 200 A，感性 7 000 A</td></tr>
<tr><td colspan="2">操作顺序</td><td colspan="2">C—θ—O（θ=0.5 s）</td></tr>
<tr><td colspan="2">操作方式</td><td colspan="2">油压操作</td></tr>
<tr><td>母线（W）</td><td colspan="2">额定电流/A</td><td>8 000</td><td>2 000</td></tr>
</table>

续表 12.10

元件名称	项目	基本额数	
互感器（TA）	形式	卷线式	空 15 式
	精度等级	rr 级	1.0%
测量用互感器	形式	光电互感器	
	精度等级	rr 级	
套管	形式	SF_6 充电套管	
	污秽耐受电压/kV	762	

③避雷器。特高压避雷器对特高压等级的绝缘配合起着十分重要的作用。日本和俄罗斯均已制造出特高压避雷器并在实际工程中得到了运用，其主要技术参数见表 12.11。我国自 20 世纪 80 年代开始引进金属氧化物避雷器制造技术及生产、检测设备，目前已经具备研制、生产超高压避雷器的能力。近几年来国产 500 kV 避雷器已得到了广泛应用，随后又完成了 750 kV 金属氧化物避雷器的研制，着重研究了避雷器的电位分布、热耗散特性、耐污特性、抗震性能等，为研制特高压 MOA 积累了一定的经验。由于金属氧化物电阻片是避雷器的核心元件，其通流容量、老化特性、保护特性等对避雷器的性能起着重要的作用，因此应着重研究大尺寸金属氧化物电阻片的制造技术，结合特高压输电工程对相应课题进行技术攻关，使特高压避雷器的生产制造实现国产化。

表 12.11　日本、俄罗斯特高压避雷器主要技术参数

项目		日本	俄罗斯
系统最高电压/kV		1 100	1 150
避雷器持续运行电压/kV		635	694
标称放电电流/kA		20	20
大电流冲击耐受水平/kA		100	100
8/20 μs、20 kA 雷电冲击电流残压/kV		1 629	1 940
30/60 μs、2 kA 操作冲击电流残压/kV		1 400	1 640
外绝缘耐受电压	雷电冲击耐受电压/kV	2 250	1 100
	工频 1 min 干耐受电压/kV	—	1 790
	390/7 500 μs 操作过干、湿耐受电压/kV	—	—

④可控高压电抗器。特高压线路的充电功率很大（约为同长度 500 kV 线路的 5 倍），无功平衡问题尤其突出。装设固定电感值的电抗器可限制甩负荷时的工频暂态过电压、操作过电压及正常运行时的容升效应，但这可能降低特高压线路的输送能力，因此，并联高压电抗器应是随着线路上潮流和电压可自动调节电抗值的可控电抗器。适用于特高压输电系统的可控电抗器主要有磁阀式可控电抗器和变压器式可控电抗器。磁阀式可控电抗器是通过铁心饱和来改变电抗值；变压器式可控电抗器是通过改变低压绕组的导通状态来调节电抗器容量，其响应速度快、谐波电流小、功率损耗小。特高压可控电抗器的主要参数见表 12.12。日本、俄罗斯均认为以目前的技术水平，完全可以生产制造出特高压可控电抗器。国内的沈变、保变、西变和衡变均进行过可控电抗器的研制，但其产品的电压等级较低，沈变认为经过 2～3 年的专项技术研究可生产出特高压可控电抗器。

表 12.12　特高压可控电抗器主要参数

项目		主要参数
额定电压/kV		1 100
额定容量		300（单相）
绝缘水平	雷电冲击耐受电压/kV	2 250
	操作冲击耐受电压/kV	1 800
	工频耐受电压/kV	1 100（1 min），952（30 min）

青海至甘肃的西北 750 kV 输变电示范工程是西北开发的第一条特高压输变电线路，它是我国西电东送的重点工程之一。其主体设备特高电压电抗器国内企业此前尚未生产过。

近年来，特变电工衡阳变压器有限公司坚持依托技术创新，加快产品升级，从乌克兰及国内科研院所引进了 60 多名高电压顶尖级专家，开发了 330～1 150 kV 超高压变压器和可控电抗器技术。

特变电工衡阳变压器有限公司 2004 年生产的 750 kV 电抗器在中国最高电压等级的西北 750 kV 输变电示范工程中已落户于官亭变电站，这一设备已经一次性通过国际权威机构——意大利 CESI 公司的监试。从主要性能参数上看，国产 750 kV 电抗器的损耗、振动、噪声水平等都大大优于标准值。

此前，在 750 kV 电抗器这类“高端设备”领域，外国公司基本上处于垄断地位。

⑤高速接地开关。在特高压系统中，可采用高速接地开关来消除潜供电弧，在 1 s 内实现线路的单相重合闸，有利于系统的稳定，高速接地开关主要参数见表 12.13。韩国已生产出 800 kV 的高速接地开关，应用于 750 kV 输电系统中。日本有 3 家企业均已生产制造出用于 1 000 kV 系统的高速接地开关并配有监测系统，检查和确认故障相两端断路器已经分闸后才投入高速接地开关；检查和确认高速接地开关已经分闸后才允许断路器

重合闸。通过专项技术攻关也可生产制造出适用于特高压的高速接地开关。

表 12.13 高速接地开关主要参数

项目	主要参数
额定电压	1 100 kV
静电感应电流通断能力	60 kV，60 A
电磁感应电流通断能力	130 kV，1 500 A
合闸和分闸时间	≤100 ms

（2）输电线路设备。

①绝缘子设备。特高压输电线路的绝缘子要求更高的机械强度、良好的电气性能和防污秽性能，同时考虑特高压线路绝缘子串更长，检测和更换极不便利，因此要求有更高的运行可靠性。

日本已有 330 kN、420 kN、540 kN 瓷绝缘子用于 1 000 kV 输电线路，并已开发出 700 kN 和 840 kN 瓷绝缘子产品。瓷绝缘子的主要参数见表 12.14。

表 12.14 瓷绝缘子的主要参数

绝缘子等级/kV	结构高度/mm	盘径/mm	爬电距离/mm
330	195	320	460
420	205	340	550
540	240	380	670
700	280	440	750
840	290	460	800

为了避免瓷绝缘子在雷击闪络时造成损坏，日本在特高压线路绝缘子两端均装上了引弧间隙，悬垂串的引弧间隙为 6.3 m，耐张串为 5.9 m。玻璃绝缘子目前已有 300 kN、400 kN、530 kN 级产品，采用的玻璃绝缘子主要参数见表 12.15。合成绝缘子方面，从生产条件上来讲已具备生产 1 000 kN 级产品的能力，在实际工程中广泛采用 160～400 kN 级产品用于 750 kV 及以下电压等级的输电线路中。从国内技术水平和生产能力来看，目前已具备生产 300 kN、400 kN、530 kN 瓷绝缘子和 300 kN、400 kN 玻璃绝缘子以及 400 kN 合成绝缘子的能力，其中瓷绝缘子可生产普通型、钟罩型、双伞型、三伞型，玻璃绝缘子可生产普通型、钟罩型，已有多家单位研制完成 750 kV 线路合成绝缘子。一旦特高压工程上马，可满足特高压输电工程对绝缘子设备的需要。当前需开展的工作是加强防污性能优良的大吨位瓷绝缘子、玻璃绝缘子的研究和 400～820 kN 级大吨位合成绝缘子的开发。

表 12.15 玻璃绝缘子主要参数

绝缘子等级/kN	绝缘子形式	结构高度/mm	盘径/mm	爬电距离/mm
210	1	170	320	385
300	6	180	450	460
400	8	205	390	475

②导线、金具与杆塔。特高压线路的导线应满足输送容量、机械荷载和电磁环境等多方面的要求。俄罗斯采用 8×330 mm^2 导线，意大利试验推荐值是 8×560 mm^2，日本采用的是 8×810 mm^2，各国取值不同主要是线路所经区域的环境条件不一样以及对电磁环境的要求不一样。从国内外的试验结果来看，当采用分裂直径为 1 m 以上的大截面导线后，特高压线路的地面静电感应水平可控制在与 500 kV 线路相当的水平，无线电干扰水平甚至可小于 500 kV 输电线路，可听噪声在标准规定的允许范围内，见表 12.16。目前国内有一部分企业通过改进设备和技术改造，已具备生产 600～1 400 mm^2 大截面导线的能力，部分产品已应用于三峡、二滩电站等电力输出工程。

表 12.16 各国特高压线路导线主要参数

<table>
<tr><th rowspan="2">国家</th><th>线路电压</th><th colspan="5">导线结构</th><th rowspan="2">导线最大表面场强/($kV\cdot cm^{-1}$)</th><th rowspan="2">无线电干扰水平/dB</th><th>电晕噪声</th></tr>
<tr><th>额定电压/kV</th><th>次导线分裂数/个</th><th>次导线直径/cm</th><th>次导线截面/mm^2</th><th>次导线间距/cm</th><th>分裂导线直径/cm</th><th>雨天50%的值</th></tr>
<tr><td>俄罗斯</td><td>1 150</td><td>8</td><td>2.62</td><td>360</td><td>40</td><td>104.5</td><td>$E=0.9E_0$</td><td rowspan="5">60～65</td><td>55</td></tr>
<tr><td rowspan="2">日本</td><td rowspan="2">1 000</td><td rowspan="2">8</td><td rowspan="2">3.84</td><td rowspan="2">810</td><td rowspan="2">40</td><td rowspan="2">104.5</td><td rowspan="4">15～16</td><td>有扰流线时 50～52</td></tr>
<tr><td>无扰流线时 45～49</td></tr>
<tr><td>意大利</td><td>1 000</td><td>8</td><td>3.15</td><td>560</td><td>45</td><td>117.6</td><td>56</td></tr>
<tr><td>美国</td><td>1 000</td><td>8</td><td>4.1</td><td>930</td><td>41</td><td>107.0</td><td>50～58</td></tr>
</table>

特高压线路的金具主要有悬垂金具、耐张金具、跳线金具和间隔棒等。俄罗斯在特高压线路中采用了两种形式的间隔棒，一种是 8 分裂的环型间隔棒，一种是由 2 分裂间隔棒组合而成的 8 分裂间隔棒。日本在 1 000 kV 线路中均采用环型间隔棒。另外由于特高压线路导线分裂数多、导线截面大，金具承受的荷载也随之增大，因此对特高压线路金具的结构形式、工艺质量和机械强度也会有更高的要求。特别是考虑到我国的特高压线路有可能部分处于高海拔地区，因此对控制金具的起晕电压和无线电干扰水平方面要

做更深入的工作。目前国内的金具制造能力与国外处于同一水平，有较多企业已生产出750 kV线路金具产品，部分企业已研制出1 150 kV线路配套金具，并已应用在国内的特高压试验线段上。

在国外特高压输电工程和试验线段中，已应用的铁塔形式包括常规自立式铁塔、拉线塔、拉线－拉索铁塔，其中自立式铁塔又包括双回路铁塔和单回路铁塔，单回路铁塔高度一般为40～60 m。日本的双回路铁塔平均高度为110 m。杆塔的塔头尺寸主要由操作过电压水平确定。日本、俄罗斯均已将特高压线路的操作过电压倍数限制在1.6 p.u.以下，因此塔头各部分空气间隙可限制在6～7 m之间。在特高压杆塔的塔材方面，俄罗斯多采用角钢塔，日本均采用钢管塔。从制造水平来看，国内各企业已具备大型铁塔的制造能力，可满足特高压线路杆塔的制造要求。

12.1.7 特高压输电对环境的影响

特高压输电有许多优点，但是特高压输电产生的强电场会对人的生理和心理造成影响，电晕放电除损耗能量外还会引起如无线电、电视的干扰，可听噪声会影响环境，所带来的一系列环境问题愈来愈为人们所关注。在使用特高压输电时，一定要考虑特高压产生的强电场和电晕放电的高频电磁脉冲对人体健康以及生态环境的影响，对无线电和电视的干扰。特高压输电是一项非常复杂的工程，相应技术指标还有待进一步完善。对特高压输电，各国的研究表明，只要合理选择分裂子导线的半径和根数，以及分裂间距和离地高度，这些影响和干扰均可限制在允许范围内。

1. 强电场对人的生理和心理影响

1972年，苏联关于超高压变电站工人反映电场对身体有影响的报告在国际大电网会议上发表后，引起了很大的波动，世界各国对此进行了大量的试验研究。西班牙医生Fole在第二次国际电气危险防护会议上叙述了功能障碍的问题，报道8～9个变电站工人到500 kV变电站工作后有头痛、嗜睡、恶心等症状。国内也做过大量的试验，研究表明，工频高压电场有较明显的刺激作用，对机体存在不良影响，工作人员进入电场后头发竖立，头部紧缩。动物试验还证明，一定场强的工频高压对机体除局部有刺激作用外，还有全身性影响，诸如琥珀酸脱氢酶、心血管系统的心肌细胞乳酸脱氢酶、心肌细胞膜三磷酸腺苷（ATP）酶和心电等的改变。

上面所说的是电场的长期影响，此外还有电场的短期影响。处在特高压线下面或者附近的对地绝缘的导电体，因为导电体和导线间的相互部分电容以及导电体对地的自有部分电容的存在，当人接触此物体时，就会产生电击。电击一般分为两种：暂态电击和稳态电击。例如雨天打伞经过特高压线路下时，脸部或手靠近伞的金属部分就会有火花放电，这就是暂态电击。关于稳态电击，据有关资料表明，平均感觉电流为0.6（女子）～

1 mA（男子）。

2. 电晕放电的影响

当输电线路表面电场强度超过空气分子的游离强度（一般为 20～30 kV/cm），就可听到“刺刺”的放电声，嗅到臭氧的气味，夜间还可以看到导线周围发出的蓝紫色荧光，这就是电晕放电。随着电压的升高，先出现起始电晕，然后是可见电晕，最后形成全面电晕。电晕起始场强的计算可用皮克公式

$$E_c = 30.3\delta\left(1+\frac{0.298}{\sqrt{\delta_r}}\right)$$

式中，E_c 为圆柱体导体的电晕起始场强，kV/cm；r 为导线的半径，cm；δ 为空气的相对密度，对于标准大气条件和温度 20 ℃，δ=1。

电晕放电损耗能量，电晕会使导线表面腐蚀，电晕放电产生的脉冲电磁波对无线电和高频通信都会产生干扰。对于特高压输电线路（1 000 kV 及以上），电晕是不可避免的，而且随电压等级的提高会越来越明显。

3. 电晕放电对无线电的干扰

输电线路电晕放电是产生无线电干扰的根源，无线电干扰指在无线电频段可能对有用信号造成损害的电磁干扰。输电线路电晕产生的脉冲电磁波沿着线路两侧横向传播，使沿线一定范围内的无线电接收设备在正常工作时所接收的有用信号的波形幅值和相位受到影响，导致这些无线电接收设备达不到正常工作所需的信噪比。输电线路无线电干扰主要是电晕放电、间隙放电（火花放电）等引起的。电晕放电的单个脉冲很窄，脉冲宽度在 0.1 μs 量级。实际交流线路的电晕放电多发生在工频的正、负峰值附近，有一系列脉冲组成脉冲群，并且其波形也十分不规则。脉冲群的持续时间为 2～3 ms。这样一系列的脉冲，必然产生丰富的高频分量。随着频率的提高，其频谱分量减少。根据大量的测量结果统计出的输电线路电晕放电的频谱特性在 0.15～4 MHz 频率范围，一般无线电噪声的频谱特性不受季节、时间、气候等条件的影响。

输电线路的电晕可产生被称为电磁干扰（EMI）的高频噪声。研究表明，在数兆赫以上的频率点，电晕噪声电平显著降低。输电线路电晕对无线电的干扰，主要是指对无线电接收机的中波段（535～1 605 kHz）内的干扰。而在一般情况下，短波（3～30 MHz）广播主要利用电离层对无线电波的一次或多次发射进行远距离无线电通信或广播，输电线路对短波的干扰很小。调频广播只能在超短波段（88～108 MHz）上传播，在接收端接收机的限幅器能将干扰所引起的振幅变化削平，它抗干扰能力很强，不必考虑线路的影响。研究表明，对调幅广播 24 dB 的信噪比是可以接受的。美国联邦通信委员会（FCC）认为，“满意的运行情况”可容许的信噪比为 24 dB。

无线电干扰程度与信号接收地点有很大关系。特高压输电前期研究中关于无线电干扰的计算结果表明，距边导线投影 20 m 处干扰与 500 kV 线路的干扰水平相当，无线电干扰的限值可以确定在 55～58 dB μV/m。

输电线路对机场导航台、站的干扰影响，也属于无线电干扰的范畴。从无线电干扰的机理分析，超短波定向台的使用频率较高，一般不易受到线路干扰的影响。有关方面对中波导航台的地面测试和飞行检验结果表明，线路在距离 700 m 之外时，对中波导航台基本不存在干扰。

4. 电晕放电对电视的干扰

输电线路对电视的干扰有两个方面：一是由于电晕放电产生的噪声对调幅图像的干扰引起图像质量变差；二是由于线路杆塔对电视波的屏蔽和反射引起信号衰减及产生重影等不良后果。电视伴音因为是调频制，有其固有的抗干扰特性，则不受影响。

输电线路对电视的干扰一般限于来自不良的绝缘子或金具上的火花放电，包括因绝缘子瓷件断裂或破损造成的断续放电和各元件金属部分接触不良引起的放电，如导线悬挂金具的铰接处及绝缘子钢脚的球头与铁帽的球窝间，因锈蚀形成绝缘壁垒，它们在交变电压下发生连续式微电弧放电。输电线路对电视接收信号产生屏蔽影响并引起重影，发生影响的范围变化很大，与电视波的入射角、线路的长度、导线粗细、导线根数、排列方式、地形以及入射波的强度等均有关系。

特高压输电线路通常跨越较大的地理区域，其杆塔高度一般为 24～50 m。为了增加送电容量、减步线路损耗等原因，特高压线路采用多分裂导线，如 4 分裂导线、8 分裂导线等。

电视波通常为水平偏波，其波长一般在 10 m（频率 30 MHz）以下。当电视波遇到输电线路等良导体时，在导体中会激发感应电流，高频感应电流同时向导体四周辐射电磁场（称为散射场），散射场迭加在原电视波上，被附近的电视机接收，就会影响电视的收看效果。1964 年日本建设了东京南线双回输电线路，部分地区发生了由 4 分裂导线向电视接收机散射甚高频频带（波长为 1.4～3.3 m）的电视波而生成重影图像的情况。

多分裂导体输电线路对电视波的散射作用机理非常复杂，和导线半径、分裂间距、波入射角、波频率、观测点位置等众多因素有关，存在因导线间的多次散射而引起的共振态和反共振态，应根据具体情况进行具体分析。多分裂导线对电视波的干扰范围比单导线的干扰范围大，500 kV 高压输电线路 4 分裂导线的影响范围为 280 m（以干扰波和电视波的差值 20 dB 为判据，该判据暂时人为设定，具体数据可根据以后制定的标准做相应调整），1 000 kV 特高压 8 分裂导线的影响范围为 700 m（以干扰波和电视波的差值 20 dB 为判据），而对应的单导线的影响范围不超过 100 m；输电线路走向设计时应该考虑与电视波传播方向的夹角，尽量避免共振态的出现；在向输电线路附近传送电视波时，应充分考虑频率的反共振点分布特性，选择合适的载波频率；特高频频带的散射场影响范围比甚高频频带的大；输电线路附近的电视机可以通过调整接收天线的高度改善接收效果。

5. 可听噪声对环境的影响

可听噪声是指导线周围空气电离放电时所产生的一种人耳能直接听得见的噪声，它是一种声频干扰。这种噪声将使得特高压线路附近的居民以及在邻近线路工作的人们感觉到烦躁不安。可听噪声和无线电干扰一样，随着导线表面电场强度的增加而增大，但是随着距离的增加，可听噪声比无线电干扰衰减慢得多。

交流输电线路可听噪声有两个特征分量：一是宽频带噪声（破裂声、吱吱声或嘶嘶声）；二是频率为 100 Hz（或 120 Hz）及其整数倍的交流纯声（哼哼声和嗡嗡声）。宽频带噪声是导线表面在空气中的电晕放电产生杂乱无章的脉冲所造成的；交流纯声是导线周围空间电荷的来回运动使空气压力变换方向所致。

国外的研究表明，对 1 000 kV 及以上的特高压线路，可听噪声将成为很突出的矛盾，导线的最小截面往往需要由这个条件来决定。

12.2　柔性交流输电技术

12.2.1　柔性交流输电技术概述

柔性交流输电（FACTS）技术是将电力电子技术、微处理机技术和控制技术等高新技术集中应用于高压输变电系统，以提高输配电系统可靠性、可控性、运行性能和电能质量并获取大量节电效益的一种新型综合技术。早期受电力电子设备发展的限制，FACTS 技术在经济上和运行可靠性方面优势不明显。随着大功率高电压电力电子技术、微处理机技术和控制技术在近十几年的高速发展和日益成熟稳定，FACTS 技术可靠性有了大大的提高，造价也不断降低，使直接对高电压大功率的输电系统进行可靠和快速控制已成为可能，而与电力电子元器件配套的驱动回路、保护和冷却等辅助技术也日趋完善，使 FACTS 技术逐步进入了实用阶段。

12.2.2　柔性交流输电功能特性

FACTS 控制装置改变了传统机械控制模式，为交流输电网络提供了一种快速、连续、精确、稳定的控制方式，实现对配电网络功率潮流的优化控制，不仅可以大大提高系统电能输送能力，同时还可以保障整个系统安全稳定地运行，有效防止输电系统中连锁反应造成的大面积停电事故发生。

1. 优化输电网络的运行环境条件

FACTS 装置内部电力电子元器件自身功能特性，有助于减少和消除系统功率环流或振荡等输配电大电网的痼疾，有效解决输配电网络的问题。利用 FACTS 控制技术，可以在输配电网络中建立安全裕度较大的电能输送通道，为电能远程大容量输送提供良好的输送条件，大大提高了系统电能定向输送能力，有助于在现有电网结构的基础上，提高系统电能输送的稳定性、可靠性。利用 FACTS 装置所具有的快速、平滑调整等功能特性，可以方便、迅速地改变系统电能输送功率潮流分布，实现长距离大范围的功率潮流控制，使之按照运行调度所期望的路径输送电能功率。并且可以依靠 FACTS 装置的各类保护电路，有效限制系统短路和变配电设备故障所带来的影响，防止线路发生串级跳闸的严重事故，有效保护容易受冲击的设备，保障整个系统高效稳定地运行。

2. 提高输电网络电能输送的安全裕度和输电容量

采用 FACTS 技术后，可以利用电力电子极限开断功能，保证整个输电网络在接近热稳定极限又不至于出现过负荷跳闸的输送容量工况条件下安全运行。这样可以有效提高输电网络电能输送的安全裕度和输电容量，提高原有输电线路的综合利用效率，保障国民经济快速发展。

3. 优化电能输送网络结构

社会经济的高速发展，其在很大程度上对电能总量和供电质量水平要求有了进一步提高，建立高电压等级、大容量的智能电网已成为我国电力系统发展的主要趋势。智能电网对高压电能输送的控制手段也提出了更高的要求，要求其能根据系统运行特性快速灵活地进行实时控制。输电网络中输送容量与系统稳定性两者是一对相互矛盾的对立项，为了满足两者间的匹配平衡，有时需要建立换流站来进行能力的平衡分配。但是换流站一次性投资通常很高，不利于电网系统的发展。应用 FACTS 装置通过对输电网电能输送模式的优化调节，其综合投资常常比新建一条线路或换流站要少很多。同时 FACTS 装置可以使常规交流电柔性化，改变交流输电的控制模式，扩大输电网络交流输电的功能范围，使整个系统在各方面均能发挥较好的作用。

12.2.3　柔性交流输电控制器分类

1. 静止无功补偿器（static var compensator，SVC）

静止无功补偿器的典型代表是晶闸管投切的电容器（thyristor switched capacitor，TSC）和晶闸管控制的电抗器（thyristor controlled reactor，TCR）。如果只是将这两种静止无功补偿器单独使用，它们都有各自的缺点：单独的 TCR 只能吸收无功功率，而不能发出无功功率；单独的 TSC 对于抑制冲击负荷引起的电压闪变是不够的。为了解决这些问题，可以将 TCR 与并联电容器配合使用，根据投切电容器的元件不同，又可分为 TCR 与固定电容器配合使用的静止无功补偿器（TCR+FC）和 TCR 与断路器投切电容器配合使用的静止无功补偿器（TCR+MSC），以及 TCR 与 TSC 配合使用的静止无功补偿器。这些组合而成的 SVC 的重要特性是它能连续调节补偿装置的无功功率，可以对无功功率进行动态补偿，使补偿点的电压接近维持不变，但 SVC 只能补偿系统的电压，并且其无功输出与补偿点节点电压的平方成正比，因而当电压降低时其补偿作用会减弱。SVC 的主要作用是电压控制，但采用适当的控制方式后，SVC 也可以有阻尼系统功率振荡和增加稳定性等作用。

2. 静止同步补偿器（static synchronous compensator，STATCOM）

静止同步补偿器也可以称为有源静止无功发生器。它的基本原理是将自换相桥式电路通过电抗器或者直接并联在电网上，适当调节桥式电路交流侧输出电压的幅值和相位，或者直接控制其交流侧电流，就可以使该电路吸收或发出满足要求的无功电流，实现动态无功补偿。STATCOM 根据直流侧采用的电容和电感两种不同的储能元件，可以分为电压型和电流型。无论是电压型 STATCOM，还是电流型 STATCOM，其动态补偿的机理都是相同的。它可以通过控制其容性或感性电流，与系统交换无功，它的重要特性是输出的无功功率不受系统电压的影响，在任何系统电压的情况下，都能输出额定的无功功率，与 SVC 相比，在系统故障的情况下静止同步补偿器维持系统电压、提高系统暂态稳定性和抑制系统振荡的作用较明显。

3. 并联蓄能系统

并联蓄能系统包括电池储能系统（battery energy storage system，BESS）和超导储能系统（superconducting mangetic energy storge，SMES）等，是采用并联式电压源换流器的能量存储系统，其换流器可通过快速调节向交流系统供给或吸收电能。将该系统用于两机系统的频率控制，可以有效地抑制两系统之间的频率偏移。也可将该系统与静止移相器相结合用于互联系统负荷频率控制。

4. 晶闸管控制的串联电容器（thyristor controlled series compensation，TCSC）

晶闸管控制的串联电容器的模块主要由串联电容和含有电抗、晶闸管开关的并联回路组成，通过可控硅控制可以灵活、连续地改变补偿容量，达到快速响应的效果。TCSC 在改善电力系统性能方面有很多优点，将 TCSC 用于高压输电系统，可发挥现有系统的潜力，提高功率传输极限，灵活地调节系统潮流，增加系统阻尼作用，是保证超高压电网安全稳定运行的重要措施。TCSC 技术已经引起各国研究学者的重视，对 TCSC 的研究主要集中在提高暂态稳定性、抑制次同步谐振、阻尼系统间功率振荡、避免电压崩溃等方面。

5. 静止同步串联补偿器（static synchronous series compensator，SSSC）

静止同步串联补偿器与静止同步补偿器（STATCOM）在结构上有类似之处，都是以DC/AC逆变器为基本结构，它的基本原理是向线路注入一个与电压相差90°的可控电压，以快速控制线路的有效阻抗，从而进行有效的系统控制。它在系统中的作用有些类似于TCSC，但是，它控制潮流的能力远大于单方向减少线路阻抗功能的TCSC控制器，并且谐波含量小。

6. 晶闸管控制的移相变压器（thyristor controlled phase-shifting transformer，TCPST）

晶闸管控制的移相变压器是利用可控硅开关控制移相角度从而改变线路两侧的移相角来控制潮流的大小或方向。多年的理论研究表明，TCPST具有提高联络线传输潮流，抑制小干扰，提高系统稳定性，阻尼功率振荡，母线电压控制，规约联络线潮流等功能。晶闸管控制的移相变压器的控制速度快，相角阶梯可以很小，甚至达到无级调节，但晶闸管控制的移相变压器有一个缺点，它本身需要消耗无功功率，运行中一般需要与无功补偿装置联合使用，并且谐波的含量较大，因此对电能质量有一定的影响。

7. 统一潮流控制器（unified power flow controller，UPFC）

统一潮流控制器是一种在原有潮流控制装置的基础上发展而来的新型潮流控制装置，它由一个并联的换流器和一个串联的换流器通过公共侧的电容耦合而成，仅仅通过控制量的变化就可以分别实现并联补偿、串联补偿或移相器的功能，也可以将三者的功能结合起来以实现一定的控制目的。通过不同控制策略的设计，UPFC不但可以用于控制母线电压、线路潮流，提高系统动态和暂态稳定性，抑制系统振荡，而且可以快速地转换工作状态以适应系统的紧急状态的需要。

12.2.4 柔性交流输电技术类型

FACTS技术按其接入系统方式可分为并联型、串联型和综合型。并联型FACTS装置包括SVC和STATCOM，主要用于电压控制和无功潮流控制；串联型FACTS装置包括可控串补（TCSC）和基于可关断晶闸管（GTO）的串联补偿器（SSSC），主要用于输电线路的有功潮流控制、系统的暂态稳定和抑制系统功率振荡；综合型FACTS装置主要包括UPFC和TCPST，UPFC适用于电压控制、有功和无功潮流控制、暂态稳定和抑制系统功率振荡，TCPST适用于系统的有功潮流控制和抑制系统功率振荡。

1. 并联型FACTS装置

典型的并联型FACTS装置是SVC和STATCOM，它们代表了FACTS技术发展的两个阶段，是指由固定电容器组、晶闸管控制的电容器（TSC）和电抗器（TCR）组合成的无功补偿系统。通过调节TCR和TSC，使整个装置无功输出呈连续变化，静态和动态地使电压保持在一定范围内，提高系统的稳定性，但由于这种设备在电网电压的波动超出一定范围时表现出恒阻抗特性，因而在电网电压波动大时不能充分发挥其作用。

主回路主要是由大功率电力电子器件（如门极 GTO）组成的电压型逆变器和并联直流电容器构成，是与传统 SVC 原理完全不同的无功补偿系统。这种装置脱离了以往无功功率概念的约束，不采用常规电容器和电抗器来实现无功补偿，而是利用逆变器产生无功功率。它所输出的三相交流电压 V_0 通过变压器与系统电压 V_s 同步，并通过控制 V_0 来调节无功功率的输出，当 $V_0>V_s$ 时，输出容性无功功率；当 $V_0<V_s$ 时，输出感性无功功率，因此，设备无功功率的大小都由它输出的电流来调整，而其输出的电流与系统电压基本无关，这些功能、原理上类似于同步调相机，但它是完全的静态装置，因此 STATCOM 又称为静止调相器，它的动态性能远优于同步调相机，启动无冲击，调节连续范围大，响应速度快，损耗小。由于采用了 GTO，可以避免换相失败，直流侧的电容器只是用来维持直流电压，不需要很大容量，而且可以用直流电容器构成，因而装置体积小且经济。

2. 串联型 FACTS 装置

典型的串联型 FACTS 装置是可控串补（TCSC）和基于 GTO 的串联补偿器（SSSC）。

TCSC 通常指采取晶闸管控制的分路电抗器与串联电容器组并联组成的串联无功补偿系统，通过改变晶闸管的触发角来改变分路电抗器的电流，使串联补偿器的等效阻抗大小能够连续平滑快速变化，因而 TCSC 可以等效成一个容量连续可变的电容器，其接入的输电线路的等效阻抗也可以连续变化，在给定的线路两端电压和相角情况下，线路的输送功率将可实现快速连续控制，以适应系统负载变化和动态干扰，达到控制线路潮流、提高系统暂态稳定极限的目的，也可以用于阻尼系统功率振荡和抑制次同步振荡。

SSSC 是指采用大功率电力电子器件（如 GTO）组成的电压型逆变器和并联直流电容器构成的串联补偿器，其基本结构与 STATCOM 类似，不同的是装置通过变压器串接入高压线路中，但原理与 TCSC 不同，TCSC 在串入线路中可以等效成可变容抗，而串入的 SSSC 可以等效成电压源，其输出的是与串入线路的电流幅值基本无关的电压量，通过控制换流器，连续改变其输出电压的幅值和相位，从而改变线路两端的电压(幅值和相位)，实现对线路有功、无功潮流的控制和阻尼系统的功率振荡，提高系统暂态稳定极限的目的。

3. 综合型 FACTS 装置

典型的综合型 FACTS 设备是综合潮流控制器（UPFC）。UPFC 将并联补偿的 STATCOM 和串联补偿的 SSSC 组合成具有一个共同统一的控制系统的新型潮流控制器，它结合了多种 FACTS 技术的灵活控制手段，是 FACTS 技术中功能最强大的装置，它通过将换流器产生的交流电压串接入相应的输电线上，使其幅值和相角均可连续变化，从而控制线路等效阻抗、电压或功角，同时控制输电线路的有功和无功潮流，提高线路输送能力和阻尼系统振荡，它最基本的特点之一是注入系统的无功是其本身装置控制和产生的，但注入系统的有功必须通过直流回路由并联回路 STATCOM 传至串联回路 SSSC，作为 UPFC 整体，并不大量消耗或提供有功功率。

12.2.5 柔性交流输电技术的优势

柔性交流输电技术能有效提高交流系统的安全稳定性，可以满足电力系统长距离、大功率、安全稳定输送电力的要求；柔性交流输电技术从根本上改变了交流电网过去基本上只依靠缓慢、间断以及不精确设备进行机械控制的局面，为交流输电网提供了控制快速、连续和精确的控制手段以及输送优化潮流功率的能力，保证了系统稳定性，有助于在事故发生时防止连续反应造成的大面积停电；柔性交流输电技术的经济性很好。

首先，它完全能与原输电方式协调，无机械磨损，控制信号功率小、控制灵活性高，能快速、平滑调节，可灵活、方便、迅速地改变系统潮流分布，提高系统的稳定性。

其次，采用柔性交流输电技术的线路，输送能力可增大到接近导线的热极限，提高了送电线路的利用率。

再次，柔性交流输电技术能够提高联络线的输电能力，减少发电机备用容量。

最后，采用柔性交流输电技术，电网和设备故障的影响可以得到有效的控制，防止事故扩大，减轻系统事故的影响。运用柔性交流输电技术，通过控制设备，可以有效地控制和调节电网运行的柔性，并且把风电等新能源引入系统的运行方式，从而更好地满足电网运行的需求。

随着当前电网的不断发展，电网中的负荷和自由潮流也逐渐变大，这不利于电能的经济、高效传输。此外，电力系统的稳定性及导线发热对交流远距离的输电传输有着重要的影响。因此，柔性交流输电技术中的控制系统的运行方式是很有必要的。美国专家认为，若实现电力半导体开关的全面控制，就可以实现电力系统的控制，从而通过电力传输系统就能将更多的电力传输出去。柔性交流输电技术集成了电力电子技术和控制技术，为智能电网发展提供了保障，具有广阔的市场前景。

12.3 高温超导输电技术

当前，高温超导电缆的总体发展趋势是：以示范工程为突破口，进一步发展实用化高温超导输电技术，逐步实现在更大容量、更长距离的电力传输领域的应用。同时，从过去以开发交流超导电缆为主，到目前开始并重推进直流超导电缆的研究开发与示范。未来，需要研究超导电缆低损耗优化技术，长距离经济型高效低温制冷技术，以及超导电缆终端、引线套管、应力锥等关键附件技术；研究超导电缆输电系统理论、结构特点及建模仿真方法；研究超导输电接入电网的短路故障暂态响应特性及失超保护方法；研究超导输电系统长期运行与维护技术；研究超导输电系统运行状态检测、故障预警和继电保护技术；研究超导输电综合性能试验检测技术及评价标准；研究含超导输电线路的电力系统运行稳定性及控制方法；进一步研究电力/燃料一体化输送的超导能源混输应用技术。

从应用场景来看，超导输电技术可以在特定环境和特殊地域条件下为传统输电技术无法实现的场合提供电力（能源）输送，具体如下：①在现有输电网升级改造中用以取代部分受空间、容量等限制的常规电缆，解决大城市、高负荷密度地区供电的技术难题；②山口、峡谷等输电走廊受限区域的电力输送；③电力/燃料多种能源混合输运的新模式。

12.3.1　超导概述

超导概念最早是由荷兰物理学家海克·卡麦林·昂尼斯（Heike Kamerlingh Onnes）提出的，他在 1911 年的一次意外中发现把液态汞冷却到−268.98 ℃时，汞的电阻会突然地消失；后来陆续又发现许多金属和合金都具有类似的特性，当时这一发现在世界范围内引起了震动，由于这一发现，他还获得了 1913 年诺贝尔物理学奖。昂尼斯和他的氦液化装置如图 12.3 所示。

图 12.3　昂尼斯和他的氦液化装置

从此以后把处于超导状态的导体称为“超导体”，而把超导体的直流电阻率在一定的低温下突然消失的现象称为零电阻效应。早期超导材料的临界温度是 4.2 K（−269.3 ℃），需在昂贵的液氦环境中工作，被称作低温超导体，新一代超导体可在以液氮为冷媒、临界温度 77 K（−196.5 ℃）的环境中稳定运行，被称为高温超导体。

导体没有了电阻，电流流经超导体时就不发生热能的损耗，这对于电力系统而言具有巨大的吸引力，为此，世界范围内展开了大量的研究工作，希望从中获益。

12.3.2 超导与输电的联系

电网的损耗主要源于输配电线路及变压器，其中输电线路损耗约占 1/3，即约占发电功率的 2.5%，把超导技术应用到输电线路上，具有重要意义（目前对超导应用的研究，除超导输电外，还包括超导变压器、超导限流器、超导储能系统、超导电动机、超导发电机等）。

采用高温超导电缆输电，与传统输电技术相比，超导输电技术具有如下技术优势。具体。

1. 低损耗

利用超导材料的无电阻特性，即便考虑到电缆本身磁滞、涡流损耗及制冷系统的电能消耗，超导电缆的损耗也将比常规电缆降低 20%～70%，且没有对地导热。

2. 大容量

利用超导材料高密度无阻载流能力，同一电压等级下超导电缆的送电容量较常规电缆提高 3～5 倍。

3. 节省走廊

相同电压等级下，输电走廊的需求可以减少 1/3～1/2，节省空间，满足新能源接入和负载增长的需要。

4. 降低输送电压、优化电网结构

相同的传输容量，超导输电线路可以减小 1～2 个电压等级，较低的送电电压使系统对绝缘的要求降低，线路建设投资下降，集中大容量输电还可以简化电网结构，移除一个或者更多的变压器以及相关辅助设备，使电厂（变电站）的选址自由度增大，提高了对电网电能传输成本的控制能力。

5. 安全可靠、环境友好

超导电缆是采用液氮等作为冷却介质，不会有漏油污染环境和发生火灾的隐患。冷绝缘超导电缆自身具有屏蔽层结构，无电磁污染，比常规电缆和架空线具有更小的阻抗。

研究表明，35 kV 室温绝缘高温超导电缆传输容量达 182 MVA，相当于 110 kV（导体截面 800 mm^2）常规电缆的传输容量，可以代替常导 110 kV 电缆用作城市配电系统主干电力电缆；110 kV 室温绝缘高温超导电缆传输容量达 571 MVA，可以代替城市输电系统一般传输容量（600 MVA 左右）的常导 220 kV 电缆使用。

110 kV 低温绝缘高温超导电缆传输容量达 1 142 MVA，可以代替常导 500 kV 电缆，用于将 1 000 MW 左右电能传输进入城市负荷中心；220 kV 低温绝缘高温超导电缆可以代替并在传输容量上超过常导 500 kV 电缆，传输容量至 3 806 MVA，可以将 1 000 MW

至 4 000 MW 电能传输进入城市负荷中心。保守地说，超导电缆的载流量是常规铜芯电缆的 3～5 倍，更重要的是电能损耗从 8% 降至 0.5%。超导直流输电还被认为是在数吉瓦至数十吉瓦容量范围、数百至数千公里范围输电的有效技术。

常温绝缘型和低温绝缘型超导电缆截面图如图 12.4 所示。

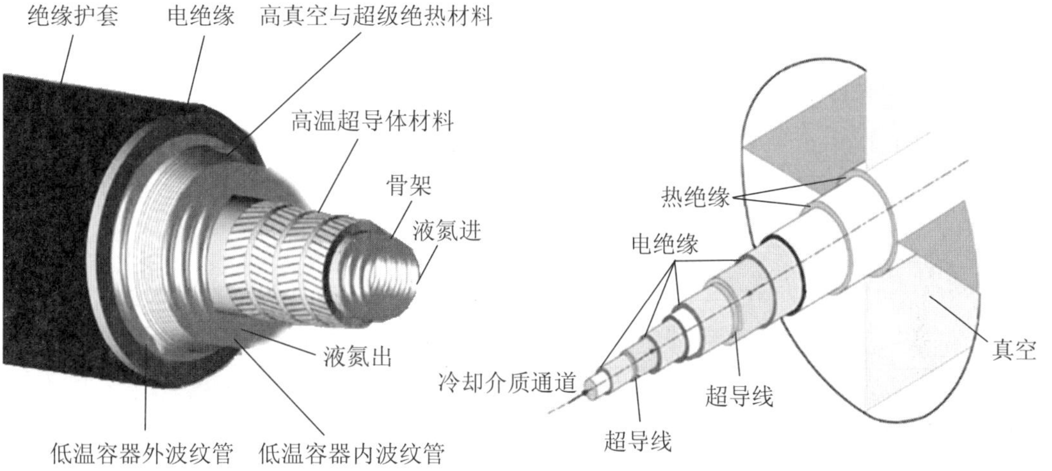

（a）常温绝缘型超导输电电缆　　（b）低温绝缘型超导输电电缆

图 12.4　常温绝缘型和低温绝缘型超导电缆截面图

由于上述重大优越性，高温超导输电将为未来电网提供一种全新的低损耗、大容量、远距离电力传输的重要途径，随着技术、产业与应用的发展，其地位也将日益提高。当前，全球范围内较长距离高温超导电缆的研究开发方兴未艾，高温超导电缆的实用化、商用化进程正在加速，有多组长距离高温超导电缆并入实际电网运行，主要集中在美国、日本、韩国，此外，德国、荷兰、丹麦等国家也正在积极运筹本国的超导电缆规划，构建超导电缆输电网络。我国大力发展特高压交、直流输电，高温超导输电作为一项革命性的前沿技术，在高电压、大容量输电领域具有一系列优越性，因此，高温超导输电研究也备受重视，步伐进一步加快。

12.3.3　超导输电的发展现状

1. 超导输电国外研究进展

自 20 世纪 90 年代中期以来，液氮温度的高温超导材料制备技术取得了很大的进步，从而引发了世界范围内的超导输电技术研究开发热潮。美国、丹麦、日本、俄罗斯和韩国等都相继开展了高温超导电缆的研究，完成了多组高温超导输电电缆的研制，研究重点主要集中在高温超导交流输电电缆。美国 Southwire 公司于 1999 年首先将长为 30 m、

12.5 kV/1.25 kA 三相交流高温超导电缆安装在其总部进行供电运行；丹麦于 2001 年研制出 30 m 长、36 kV/2 kA 的三相交流高温超导电缆并进行并网运行实验。此后，国际上有多组更长距离的高温超导电缆并入实际电网运行，主要集中在美国，包括长度分别为 200 m、350 m 以及目前国际上较长的 600 m（138 kV/2.4 kA）3 组三相交流高温超导电缆，均已完成研制，并投入实际电网示范运行。日本多年来一直致力于超导输电电缆的研究与开发，1997 年日本住友电工公司、古河电工公司，以及日本东京电力公司等已合作开展高温超导输电电缆样机的研制。2004 年日本在经济、通商和工业省的支持下，古河电工公司和电力工业中心研究所等研制出 500 m 长、77 kV/1 kA 单相高温超导电缆。2006 年，日本住友电工公司完成了全球第一组以商业化方式定制的 100 m 长、22.9 kV/1.25 kA 三相交流高温超导电缆的开发并交付韩国使用。俄罗斯计划在圣彼得堡建设一条长 2.5 km、±20 kV/2 kA 的超导直流电缆，以连接两个变电站，这也是世界首个用超导直流电缆连接变电站的尝试。表 12.17 列出了近年来国际上主要超导电缆的研发与示范项目。

表 12.17 国际高温超导电缆研究开发与示范主要案例

研究单位	主要技术参数	研发状况
美国 Southwire 公司	三相 30 m，12.5 kV/1.25 kA	1999 年投入示范运行
美国 Pirelli 公司	三相 130 m，24 kV/2.4 kA	2000 年完成实验
美国 IGC 公司	三相 350 m，34.5 kV/0.8 kA	2006 年完成一期实验， 2008 年完成二期投入示范运行
美国 AMSC /Pirelli 公司	三相 200 m，13.2 kV/3.0 kA	2006 年投入示范运行
美国 AMSC/LIPA 公司	三相 600 m，138 kV/2.4 kA	2008 年投入示范运行
丹麦 NKT 公司	三相 30 m，36 kV/2 kA	2001 年投入示范运行
日本东京电力公司	三相 100 m，66 kV/1 kA	2001 年完成实验
日本古河电工公司	单相 500 m，77 kV/1 kA	2004 年完成实验
日本中部大学	直流 200 m、±10 kV/40 MW	2011 年完成实验
韩国 DAPAS 计划	三相 100 m，22.9 kV /1.25 kA	2006 年交付使用
韩国 LS 电缆公司（首尔）	三相 500 m，22.9 kV /1.25 kA	2010 年投入运行
韩国电力公司（KEPCO）	直流 500 m，±80 kV /50 MW	2014 年投入示范运行
俄罗斯圣彼得堡电力公司	直流 2 500 m，±20 kV /2 kA	2015 年投入示范运行
德国 Ampacity 项目	三相 1 000 m，10 kV /2.5 kA	2014 年投入示范运行

2. 超导输电国内研究及应用情况

1998 年 7 月中国科学院电工研究所研制成功我国第一根 1 m、1.2 kA 直流铋系高温超导样缆，2000 年 12 月又完成 6 m、2 kA 样缆，但两者均未设计电气绝缘，未能进入实质性的应用阶段。

我国建成的超导电缆示范项目有 4 项。

（1）我国首个高温超导电缆示范项目在云南昆明投运，高温超导电缆系统安装在海拔 2 000 m 的户外（云南昆明 220 kV 普吉变电站内），总长度为 33.5 m，电压等级为 35 kV，额定电流为 2 kA，交联聚乙烯热绝缘。其维持低温环境的液氮循环、双通道制冷系统由国内自主研制。在并网运行后，高温超导电缆最高电流达 1 620 A，试运行期间电流维持在 1 450 A，试运行结束后电流维持在 300～800 A。

（2）2004 年 12 月，中国科学院电工研究所与甘肃长通电缆公司合作研发出 75 m、10.5 kV/1.5 kA 室温绝缘三相交流铋系高温超导电缆，安装在甘肃长通电缆公司为车间供电，进行了超过 7 000 h 的试验运行。2010 年，国家电网公司拟建设公里级长度、110 kV 超导输电技术试验段，中国电力科学研究院与北京电力公司合作针对公里级长度、用于连接变电站、输电电压等级的超导输电线路完成总体设计，2013 年 8 月研制出 10 m、110 kV/3 kA 冷绝缘交流钇系高温超导电缆，构造了电缆及附件电性能、能耗和长期耐受等一站式试验平台，但后续工程并未实施。

（3）2013 年 4 月，中国科学院电工研究所研制的 360 m、10 kA 高温超导输电电缆在河南中孚铝业有限公司投入运行，为电解铝厂供电，这是世界上首条投入实际系统运行的高温超导直流电缆，也是传输电流最大的高温超导电缆之一。

（4）2013 年 12 月，上海电缆研究所研制出 50 m、35 kV/2 kA 三相冷绝缘交流钇系高温超导电缆，安装在宝钢为其二炼钢车间电弧炉独立供电，电缆最大瞬时负荷电流 2.2 kA。

2016 年，富通集团（天津）超导技术应用有限公司研制出百米长度、35 kV/1 kA 冷绝缘交流钇系高温超导电缆，在中国电力科学研究院完成样缆载流和耐压性能测试；江苏中天科技股份有限公司也研制出 10 m、220 kV/3 kA 冷绝缘交流铋系高温超导电缆，进行了热稳定性等试验。

2020 年 4 月 30 日，国内首条 35 kV 公里级高温超导电缆示范工程在上海开工，此项高温超导电缆示范工程是国家电网与上海市共同开展的科技产业战略合作成果之一，项目位于上海市中心徐家汇地区，连接两座 220 kV 变电站，总长度约 1.2 km。

南方电网目前正在深圳建设高温超导输电示范工程，按 10 kV/2 kA 三相同轴二代高温超导电缆设计，用于连接 220 kV 滨河变电站与 110 kV 星河变电站，该项目由广东省电力设计院总承包建设，10 kV 的输送容量可以达到 110 kV 等级的输送水平。

另外，2020 年 8 月 17 日，南方电网广东汕头供电局世界电压等级最高的 160 kV 超导直流限流器示范工程在广东汕头南澳柔性直流系统完成带电调试后投入试运行。

超导输电系统示意图如图 12.5 所示。

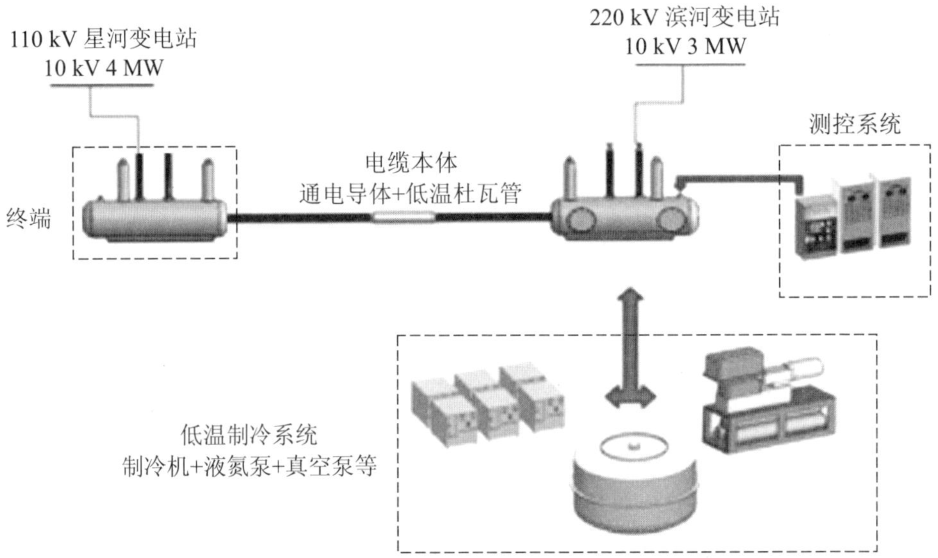

图 12.5　超导输电系统示意图

12.3.4　超导输电目前存在的问题

我国超导电力技术虽然取得了长足的发展，但在世界各地的推广应用速度并不快，要真正实现规模应用，还存在多方面的问题亟待解决。

第一，需要提高超导材料的临界温度（T_c）。虽然液氮温度的运行环境比较容易实现，且在此运行温度下，超导电力设备的综合效率优势也能得到体现，但较低的运行温度意味着更大的运行维持成本，例如，热损耗所带来的制冷成本特别是制冷设备需人值守等，均是造成运行维护成本上升的关键要素，若能大幅提高超导材料的临界温度，就能从根本上降低运行维护成本。

第二，需要大幅提高辅助设备（主要是低温和制冷设备）的长期运行可靠性。这是因为这些辅助设备的安全性和可靠性直接决定了超导电力设备的安全可靠性，而电网的安全可靠性又与超导电力设备的安全可靠性密切相关，传统电力设备的安全可靠性已经达到相当高的程度，其所需冷却系统也具有很高的长期运行可靠性，例如风冷系统等，目前，液氮温度制冷系统还无法达到长期连续免维护运行的目标，故障停机概率较高，仍难以完全满足电网对电力设备安全可靠性的要求，需要大幅度提高，当然，如果超导材料的临界温度能够大幅度提高，则可使得低温和制冷系统更为简单可靠。

第三，需要进一步大幅降低高温超导材料的价格。高温超导材料的价格约为同等传输容量的铜导体的 20～50 倍，如果还考虑其辅助的低温和制冷设备的价格，超导电力设备的造价会较常规电力设备高出几十倍到上百倍，难以得到有效推广，即使像液氮温度的超导限流器这样的电力设备，虽然还没有成熟成型的常规产品，但低温运行所带来的可靠性问题、运行维护问题及价格问题的综合因素也会限制其应用推广。

综上所述，高温超导电缆虽然可以大幅提高输送容量、降低电缆输送损耗，但由于运行环境比较苛刻，辅助设备（主要是低温和制冷设备）的运行能耗实际上并不低，要真正实现规模应用，除在超导材料方面需有所突破外，还必须把其运行条件降低到一个可以接受的水平。

12.3.5　高温超导案例

上海市 35 kV 公里级超导电缆示范工程全长为 1.2 km，为当时世界之最。由于冷却条件及材料等限制，过去高温超导线路一直都很短，只能在数十米至百米长度下运营。国内过去一个比较成功的案例是 2013 年建成的上海宝钢集团高温超导电缆示范工程（图 12.6），运营长度仅为 50 m。虽然长度有限，但是连续多年的稳定运行为后续其他工程积累了宝贵的经验。

图 12.6　2013 年建成的上海宝钢集团高温超导电缆示范工程

超导电缆运营长度不断取得突破，深圳市向大湾区第一高楼深圳市平安金融中心供电的一条超导电缆更是长达 400 m，创下了国内最长纪录。然而仅仅过了三四个月，上海示范段就后来居上，一举突破了 1 000 m，成为当时世界之最。

（1）输电容量大。

据负责上海市示范工程的公司奥盛集团称，该公司的一根超导电缆可替代 9 根相同电压等级的传统电缆。同样电压等级的电缆，输电容量可以扩大 9 倍。原来是 4 回共计 12 根 35 kV 的常规电缆，现在只需要 1 回 35 kV 超导电缆线就可输送同等电量，其效益是十分显著的。

而应用于深圳市平安金融中心的超导电缆，直径仅有 17.5 cm，但输电容量就高达 43 GV·A，为常规电缆的 5 倍，相当于可同时满足 4 列时速 350 km 高铁的用电需求。

（2）损耗低、节省能源。

在液氮温度（约-196 ℃）下，超导电缆的电阻几乎为零，加上一些转接头的损耗，整体导体损耗不足常规电缆的 1/10。即使算上液氮制冷的能量损耗，其运行总损耗也仅为常规电缆的 50%～60%；如果用于直流输电，电网线损更能降低 70%以上。

（3）占地面积小，节省材料。

现代城市地下管网密布，建设成本极高。现在一条 35 kV 超导电缆就能达到传统 220 kV 电缆的输送容量，可以替代 8～9 条相同电压等级的传统电缆，和过去相比，可节省 70% 的地下管廊空间。同时，1 kg 超导电缆能完成 77 kg 普通电缆的输电量，可以大大节省传统铜材用量，经济效益十分可观。10 kV 超导线现场布置图如图 12.7 所示。

图 12.7　10 kV 超导线现场布置图

此外，高温超导电缆还具有污染少、噪声低、电磁辐射低等优点。超导线截面图如图12.8所示。

图12.8　超导线截面图

第 13 章　先进配电网技术

配电网是指从输电网或地区发电厂接收电能，通过配电设施就地分配或按电压逐级分配给各类用户的电力网，由架空线路、电缆、杆塔、配电变压器、隔离开关、无功补偿器及一些附属设施等组成，根据电压等级分为高压（35 kV、63 kV 和 110 kV）、中压（6 kV、10 kV 和 20 kV）和低压（220/380 V）配电网。

13.1　微电网技术

在微电网研究领域，最关键的技术是微电网的运行控制。目前，主要研究以下 3 种微电网控制方法。

1. 基于电力电子技术等概念的控制方法

该方法根据微电网的控制要求与发电机的下垂特性将不平衡功率动态分配给各机组承担，具有简单、可靠、易实现的优点。

2. 基于能量管理系统的控制方法

该方法采用不同的控制模块分别对有功和无功进行控制，很好地满足了微电网的多种控制要求。此外，该方法针对微电网中对无功的不同需求，功率管理系统采用了不同的控制方法，从而提高了控制性能。

3. 基于多代理技术的微电网控制方法

该方法将计算机领域的多代理技术应用到微电网，代理的自治性、自发性等特点能够很好地适应和满足微电网分散控制的要求。微电网的保护方法与传统配电网的保护方法不同，主要是微电网的多电源特性使得两者区别很大。主要难点在潮流的双向流动、并网和孤立运行时短路容量的变化方面。因此，传统配电网在低压侧集中无功补偿的方法已经不适合微电网。

大部分新能源发电技术所发出的电能在频率和电压水平上不能满足现有互联电网的要求，因此无法直接接入电网，需通过电力电子设备才能接入。为此，要大力加强对电力电子技术的研究，研制一些新型的电力电子设备作为配套设施，如并网逆变器、静态开关和电能控制装置。

微电网主要以分布式电源为主，分布式电源的容量一般不大，但是却数目众多，从而使微电网的运行和控制不能像传统电网那样由电网调度中心统一控制以及处理故障，这就对微电网的运行和控制提出了新的要求。如：根据电网需求或者电网故障情况，能够实现自主与主电网并列、解列或者是两种运行方式的过渡转换运行，同时实现电网有功和无功的控制、频率、电压控制，可实现微电网与主电网的协调优化运行以及对主电网的安全支撑等。微电网相对于主电网可作为一个可控的模块化单元，其可对内部负荷提供电能，满足负荷用户的需求，这就需要良好的微电网控制和管理能力。微电网的运行控制应该能够做到基于本地信息对电网中的事故做出快速、独立的响应，而不用接受传统电网的统一调度。

13.1.1　微电网自动控制结构与目标

1. 微电网的基本结构

微电网系统图如图 13.1 所示，它由微电源、储能装置和电/热负荷构成，并联在低压配电网中。微电源接入负荷附近，极大地减少了线路损耗，增强了重要负荷抵御来自主电网故障的影响的能力。微电源具有“即插即用”的特性，通过电力电子接口实现并网运行和孤网运行方式下的控制、测量和保护功能，这些功能有助于实现微电网两种运行方式间的无缝切换。

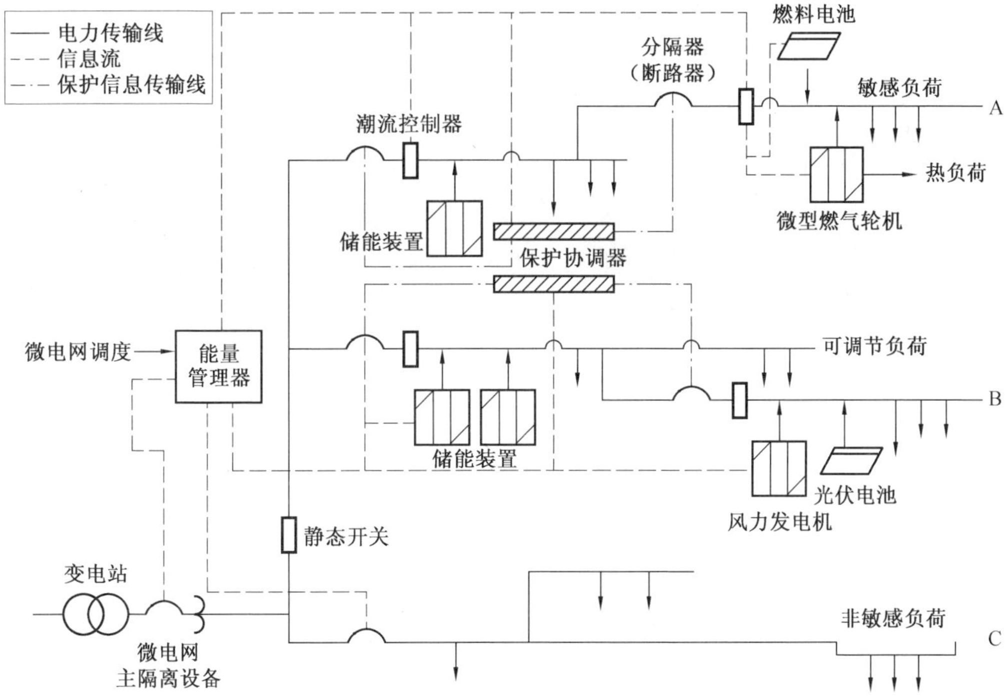

图 13.1　微电网系统图

图 13.1 中微电网包括 A、B、C 3 条馈线，整个网络呈辐射状结构，馈线通过微电网主隔离装置与配电网相连，可实现孤网与并网运行方式的平滑切换。其中 A 和 B 为重要负荷，安装了多个分布式电源为其提供电能，馈线 A 上接敏感负荷，安装了燃料电池和微型燃气轮机，其中微型燃气轮机运行于热电联产，向用户提供热能和电能；采用风电机和光伏电池共同为馈线 B 的可调节负荷供电；馈线 C 为非敏感负荷，没有配置专门的微电源为馈线 C 上的负荷供电，直接由配电网供电。孤网运行时，当微电网内部过负荷时，可切断系统对馈线 C 上的负荷供电。并网运行中，当外界主电网发生故障停电或者出现电能质量问题时，微电网通过静态开关切断与主电网的联系，孤网运行。微电网的负荷由微电源承担，馈线 C 可通过母线得到电能并维持正常运行。如果孤网运行模式下无法保证电能的供需平衡，可切断馈线 C 的负荷，停止对非重要负荷供电。故障消除后，主断路器重新合上，微电网恢复并网运行模式。通过有效的控制方式实现微电网两种运行模式的平滑切换。此外，微电网还配备了潮流控制器和保护协调器，在能量管理系统的统一控制下，通过数据采集，实现调压、控制潮流、馈线保护等多项措施。

当大电网发生故障或其电能质量不符合标准时，微电网可以孤网运行，保证微电网自身和大电网的正常运行，从而提高供电安全性和可靠性。因此孤网运行是微电网最重要的能力，而实现这一性能的关键技术是微电网与主电网之间的电力电子接口处的控制环节——静态开关。该静态开关可实现在接口处控制灵活地接收和输送电能。从大电网的角度看，微电网相当于负荷，是一个可控的整体单元。另一方面，对用户来说，微电网是一个独立自治的电力系统，它可以满足不同用户对电能质量和可靠性的要求。

2. 微电网控制的主要目标

（1）可对微电源出口电压进行调节，保证电压稳定性。

（2）孤网运行时，确保微电源能够快速响应，满足用户的电力需求。

（3）根据故障情况或系统需求，可实现平滑自主地与主电网并网、解列或者两种运行方式的过渡转化。

（4）调节微电网的馈线潮流，对有功和无功进行独立解耦控制。

13. 1. 2　微电网的控制方式

1. 微电网的控制方式分类

（1）主从控制。

主从控制即对各微电源采取不同的控制方式，从而使分布式电源实现不同的职能，让其中一个（或几个）微电源作为主控电源，支撑系统的频率，保证电压的稳定，而其他微电源作为从属电源，不负责电压的控制和频率的调节。主从控制的实现：并网运行时各分布式电源均采用恒功率控制（P/Q 控制）；孤网运行时，一个分布式电源（主控电源）转换成 v/f 控制，保持电压不变，电流随负荷的变化而变化。主从控制的缺点有：孤网运行时对主控电源依赖性高，对通信可靠性要求高，负荷波动时需要较高的旋转备用容量。

（2）对等控制策略。

对等控制策略即基于电力电子的“即插即用（plug and play）”和“点对点（point to point）”的控制。系统中各个分布式电源是“平等”的关系，不存在从属关系。根据微电网的控制目标，灵活地设定下垂系数，调节受控微电源，保证整个微电网的电压稳定、频率稳定以及电能的供需平衡，具有简单可靠的优点。但是对等控制策略只考虑了一次调频，而忽略了传统电网的二次调频问题，即没有考虑微电网系统电压和频率的恢复问题，因此，在微电网受到大扰动时，很难保证系统的频率质量，不能保证负荷的正常运行。另外，此方式是针对有电力电子技术的微电源的控制，没有考虑传统发电机如微型燃气轮机与微电网之间的协调控制。

（3）基于功率管理系统的控制。

该控制方式采用不同的控制模块，分别对有功和无功进行解耦控制。较好地满足了微电网 P/Q、v/f 等多种控制方式的要求，尤其是对于功率平衡的调节，应用了频率恢复算法，可以很好地满足系统对频率质量的要求。针对微电网中各用户对无功的不同需求，功率管理系统采用了多种控制方法并加入了无功补偿装置，提高了系统的控制能力，同时也提高了控制的灵活性。但是该方法没有考虑含有调速和励磁系统的常规发电，特别是没有考虑含电力电子接口的微电源间的协调控制。

（4）基于多代理技术的控制。

该方式将传统电网的多代理技术应用到微电网控制系统。该控制方式综合了多种控制方法，能够随时插入某种控制，实现了微电网的经济优化调度，保证了微电网系统安全稳定运行。多代理技术具有很好的自愈能力，响应能力强，可很好地满足微电网分散控制的需要。但目前多代理技术在微电网中的应用还处于起步阶段，还只是集中在对微电网的系统频率、电压等进行控制的层面，因此要使多代理技术在微电网的控制中发挥更大的作用，还需要大量的研究工作。

2. P/Q 控制

P/Q 控制也就是恒功率控制，通常在并网运行状态下采用 P/Q 控制，控制的目的是不考虑其对微电网频率和电压的调节作用，使分布式电源输出的有功和无功能够实时跟踪参考信号，而频率和电压支撑由大电网提供。

对于光伏发电和风力发电等分布式电源，其出力受环境影响较大，输出功率具有间歇性，采用 P/Q 控制可以保证可再生能源的充分利用。

分别控制有功功率和无功功率，通过给定微电源原动机的有功功率参考值来控制微电源发出的有功，直接给定微电源的无功功率参考值来控制其发出的无功功率。微电源系统图如图 13.2 所示。

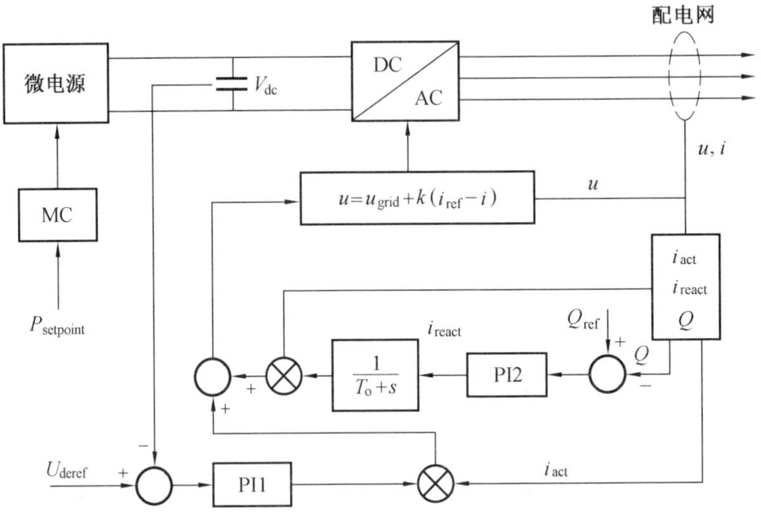

图 13.2　微电源系统图

由图 13.2 可知，控制原动机发出的有功功率，有功功率参考值为 U_{deref}，在原动机自身功率调节器的作用下跟踪输出的有功功率，通过在逆变器直流侧的电压 PI1 控制器来保持母线电压恒定，从而实现微电源的有功输出调节。

3. v/f 控制

v/f 控制通过控制微电源逆变器的输出量，以逆变器输出的电压和频率为参考量，保证微电网在孤网运行时的电压和频率的稳定，使负荷功率能够很好地跟踪变化特性。通过设定电压和频率的参考值，再通过 PI 调节器对电压和频率进行跟踪，作为恒压、恒频电源使用。其控制示意图如图 13.3 所示。

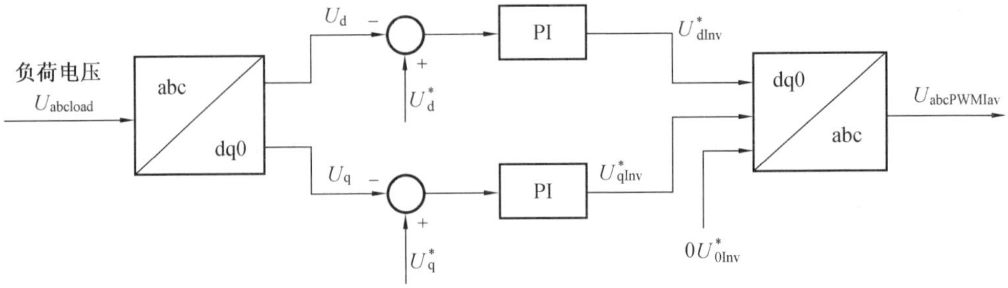

图 13.3　v/f 控制示意图

从图 13.3 中可以看出，电源在进行 v/f 控制时只采集逆变器端口的电压信息，可通过调节逆变器来调节电压值，频率采用恒定值 50 Hz。

4. 下垂（Droop）控制

Droop 控制主要是指电力电子逆变器的控制方式，其与传统电力系统的一次调频类似，利用有功-频率和无功-电压呈线性关系的特性对系统的电压和频率进行调节。目前主要有两种 Droop 控制方法，一种是传统的有功-频率（*P*–*f*）和无功-电压（*Q*–*U*）进行 Droop 控制，另一种是对有功-电压（*P*–*U*）和无功-频率（*Q*–*f*）进行反 Droop 控制。

如图 13.4 所示，Droop 控制有功-频率（*P*–*f*）和无功-电压（*Q*–*U*）呈线性关系，当微电网电源输出有功、无功增加时，运行点由 *A* 点移动到 *B* 点，达到一个新的稳定运行状态，该控制方法不需要各微电网电源之间通信联系就可以实施控制，所以一般对微电网电源接口进行逆变器控制。

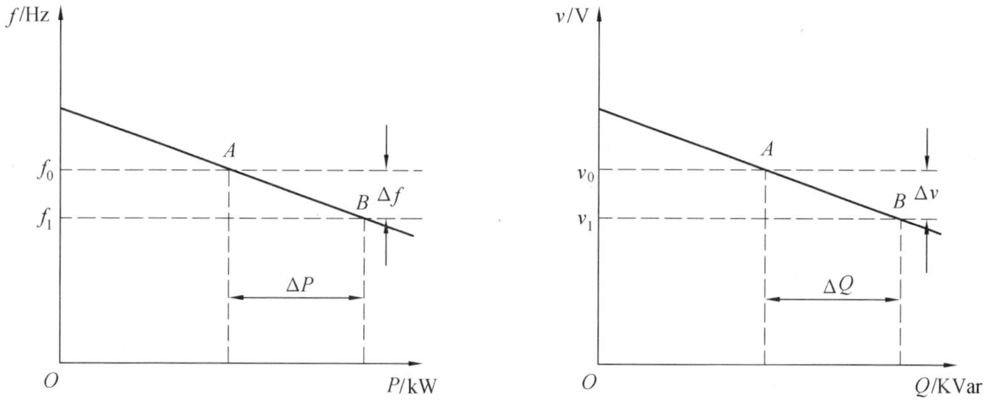

（a）　　（b）

图 13.4　频率、电压下垂特性

13. 1. 3　微电网的逆变器控制

1. 微电网中逆变器的主要控制目标

微电网有并网和离网两种稳定运行模式，在两种模式下都要表现为受控的可靠的发电装置，都要对逆变器施加适当的控制。具体而言，微电网中逆变器的主要控制目标如下。

（1）微电网工作于并网模式下。

首先，逆变器需满足电网的接口要求，保证注入电流谐波含量合乎标准，不造成当地电能质量的恶化，保持与电网同步的能力，不发生攻角振荡。其次，微电网作为独立受控的单元，一般要求逆变器向电网发出的有功功率是可调度的，要求逆变器和电网间交换的无功功率是可控的，以满足负荷要求，对大电网的频率和电压起调节和支撑作用。最后，电网运营商可能会提出谐波补偿、有源滤波、电网故障时的低电压穿越等要求。

（2）微电网工作于离网模式下。

逆变器必须能维持电网交流侧的电压和频率，自动匹配本地负载有功无功需求。此外，如果离网运行时交流侧并联有多台逆变器，那么，最好能够按照逆变器容量或其他原则分配每台逆变器的有功、无功出力。

（3）微电网在两种模式之间切换。

当大电网发生故障或由于其他原因，微电网需要从并网模式切换到离网模式，逆变器的控制从电流控制过渡到电压控制，既要保证交流电压频率的平滑过渡，又要让输出功率匹配负荷的速度尽可能快；当微电网从离网模式切换到并网模式时，为了避免并网瞬间的电流冲击，要保证并网前微电网与大电网同步且电压相等。

2. 微电网中逆变器的控制方法

微电源的控制是微电网控制的基础，而微电网中大多数微电源通过三相电压型逆变器（VSI）接入系统，所以对微电源的控制就是对逆变器的控制。如图 13.5 所示，微电源逆变器控制系统拓扑结构可分为内环控制器和外环控制器，内环控制器动态响应快，可以用来提高逆变器输出的电能质量，外环控制器的动态响应速度较慢，用以实现不同的控制目的，并产生内环所需的控制信号。

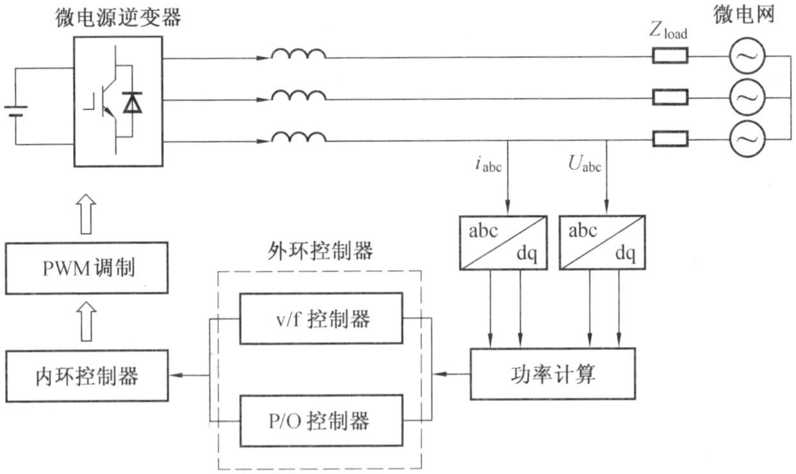

图 13.5　微电源逆变器控制系统拓扑结构示意图

微电网并网运行时，由大电网提供参考电压和参考频率；离网运行时，则要求微电网至少有一个微电源能建立稳定的电源和频率，为微电网系统提供电压和频率参考值。

在微电网不同运行模式下，微电源逆变器的外环控制器主要有 P/Q 控制器和 v/f 控制器两种。微电网并网运行时，微电源逆变器外环控制采用 P/Q 控制器，微电源按指定功率输出；微电网离网运行时，部分微电源使用 v/f 控制器，使微电源输出电压和频率在允许变化的范围之内，其余微电源采用 P/Q 控制器。

目前针对微电网控制的研究大多以假设电网电压三相对称为前提，在这种条件下，微电源的逆变器输出及微电网中各种控制器的性能可以满足微电网要求。但在实际微电网系统中，一般都存在三相电压不对称现象。微电网中的三相电压不对称可能由以下原因引起。

（1）微电网三相系统参数不对称。

（2）三相微电源本地负荷不对称。

（3）微电网不对称故障。

（4）微电网并网运行时大电网不平衡电压的影响。

当微电网内三相电压不对称时，将直接降低微电网的输出性能。在三相不平衡三相三线制微电网系统，相应的控制规律由于受三相电流之间耦合关系的影响，只有两个独立方程。微电网系统不对称情况的存在，使其内环控制器三相电流之间存在复杂耦合，此时中性点的电源会影响电流控制效果。因此，需研究三相三线制微电源逆变器的内环控制器的电流解耦控制问题。为了提高微电源在各种扰动下的输出性能，本书通过对微电源逆变器的结构进行分析，利用滑模变结构控制方法对干扰鲁棒性强的特点，针对微电网并网模式和离网模式两种不同运行状态，在自适应离散滑模变结构理论的基础上，提出适用于微电网不对称条件下的微电源逆变器内环控制器的电流解耦控制方法。

13.1.4　并网逆变器技术

1. 现有逆变电源并网技术

现有的逆变电源并网技术主要分为两类：分布式发电并网技术和微电网并网技术。而传统的分布式发电并网技术不能满足微电网中逆变电源的运行要求。以光伏发电系统为例，分析和阐述两种并网技术的差异以及微电网的特点。

图 13.6 为光伏并网功率调节系统原理示意图，图中 a、b、c 为公共电网的三相，末端接有负载，光伏发电系统并于两者之间。在光伏发电系统中，MPPT 单元为最大功率跟踪控制单元，用来确定最大功率点工作电压。电压控制单元，其调节输出为并网电流有功分量幅值的给定。瞬时无功计算单元检测电网电流的无功分量，由此确定无功补偿电流，在电流指令计算单元内将有功分量与无功分量合成，最终得到系统的并网交流电流指令值。电流控制单元完成并网电流的跟踪控制，保证输出电流跟踪指令电流的精度。

可见，逆变电源以电网电压为参考，以太阳能最大功率跟踪为目的调节有功电流，以提供负载所需无功为目的调节无功电流，最终通过合成的电流进行闭环控制，驱动逆变电源主电路开关管的通段。显而易见，当微电网处于孤岛状态时，这种电流控制方法失去大电网电压的参考，因此这样的并网策略不适合于微电网。

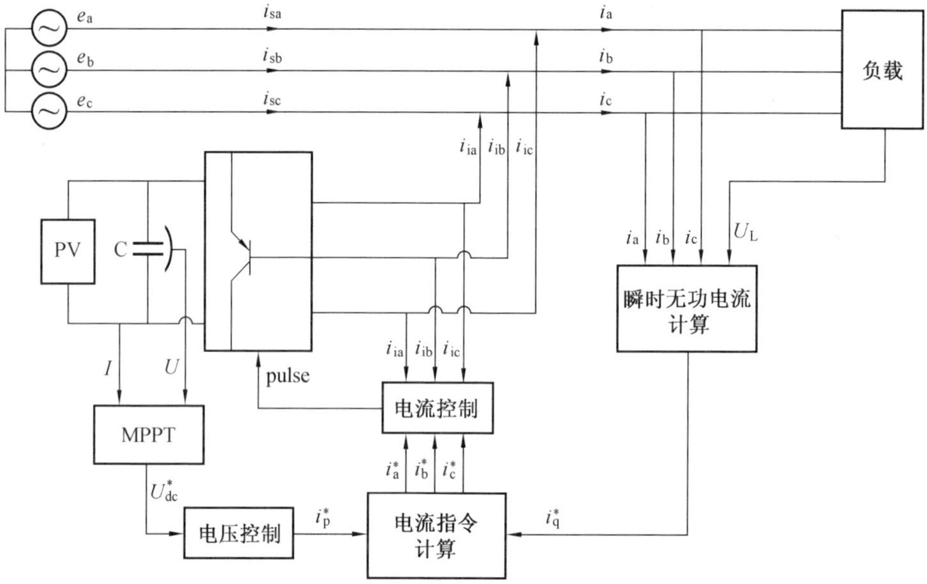

图 13.6　光伏并网功率调节系统原理示意图

在微电网中有许多分散的逆变电源并联在一起，要实现逆变电源并联稳定地运行，其关键在于各并联逆变电源能共同承担负载所需的功率，以达到输出与需求之间的平衡，如此系统才能工作在最佳状态。要做到这一点，要求各逆变电源的输出正弦波电压必须具有相同的频率和幅值。在微电网中，多个并联的逆变电源以输出的有功功率和无功功率为控制量对逆变电源的输出电压进行同步，从而达到稳定和谐并联的目的。图 13.7 所示为两台逆变电源并联的等效电路，忽略阻抗 Z_1、Z_2 中的阻性成分，可得出逆变电源输出的有功功率和无功功率。

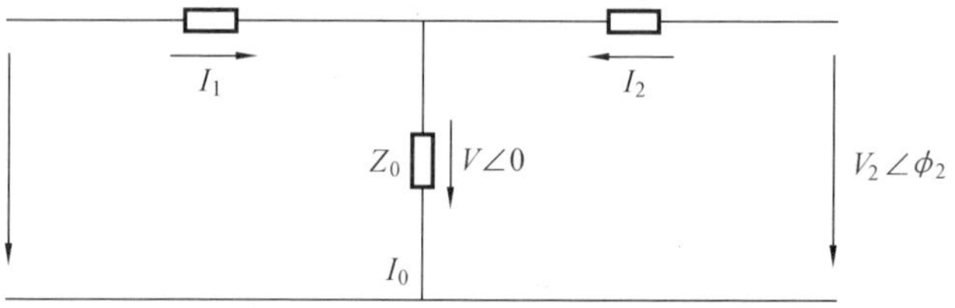

图 13.7　两台逆变电源并联的等效电路

相角差很小，因此可认为逆变电源的输出有功功率主要由相角差决定，而无功功率主要受幅值影响。基于此结论，在由逆变电源组成的微电网系统中，可以借鉴电力系统中同步发电机的下垂特性，引入对 P、Q 的调节达到控制逆变电源输出电压的幅值和频率的目的。

下垂特性的直观表达如图 13.8 所示。

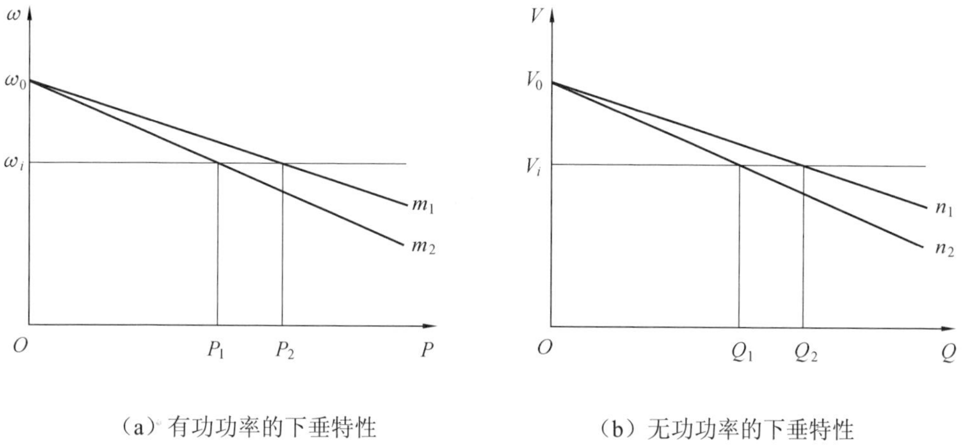

图 13.8　不同容量逆变电源下垂特性示意图

目前国外很多微电网平台中的逆变电源控制方法都是下垂法。图 13.9 所示为采用下垂法的逆变电源控制示意图，图中 U、I 分别为逆变电源输出电源、电流采样，通过有功、无功计算单元计算出 P 和 Q，再利用下垂模块得到频率和幅值的实际值ω、V，并与其相应的指令值相比较，通过反馈调节来稳定逆变电源输出的电源幅值及频率。

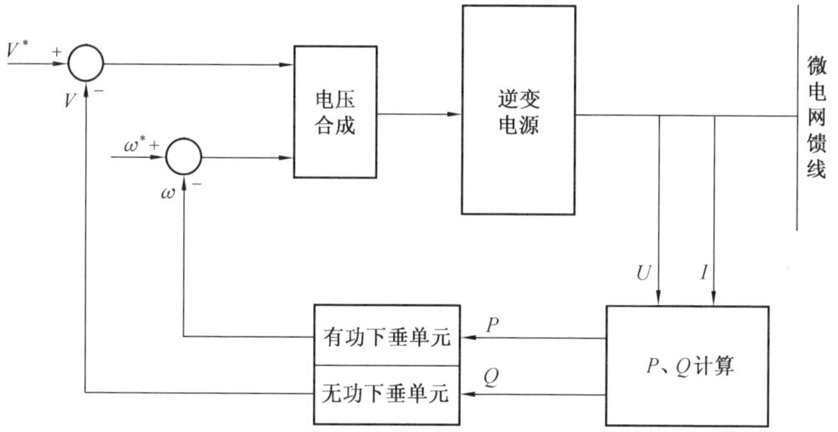

图 13.9　采用下垂法的逆变电源控制示意图

采用下垂法控制的逆变电源能够满足输出电源、频率的稳定以及输出功率的平衡，适用于并网和离网两种工作状态，但是由于此方法是通过采样电压、电流计算得到有功、无功功率，再经过下垂单元得到实际的频率和电压幅值与给定值相比较，整个闭环控制过程中没有引入功率指令，所以它在功率调度方面有所不足，无法灵活地随着调度中心指令的变动而变动。

2. 虚拟同步发电机概念的提出

微电网与大电网之间除了规模上的差异之外，发电装置的区别才是两者最本质的不同。微电网中的逆变电源与大电网中的同步发电机的主要差异表现在以下几方面。

（1）逆变电源的单机容量相对较小，给相同负载供电时，微电网需要比大电网更多的发电单元，增加了控制上的难度。

（2）逆变电源几乎没有惯性，而同步发电机具有大惯量的特点，因此逆变电源的电压波动范围比同步发电机的电压波动大，控制策略比同步发电机复杂得多，进一步加大了控制难度。

（3）同步发电机的输出阻抗大，且呈感性，逆变电源的输出阻抗小，因此逆变电源抗电流冲击的能力差，且输出电流变化快，容易给电力电子装置带来不良影响。

（4）同步发电机过载能力强，而逆变电源中的电力电子器件的过载能力普遍较弱，一旦出现故障，逆变电源的抵抗能力相对较弱。

根据上文中分析，适用于微电网的逆变电源必须具备调功调频调压的功能，而目前微电网中的逆变电源大多采用下垂法，下垂法模拟了同步发电机的部分特性，却没有同步发电机输出阻抗大、惯量大等特点，不能完全满足微电网对于逆变电源的要求。本书借鉴电力系统中成熟的技术和经验，设计了基于同步发电机模型的微电网逆变电源——虚拟同步发电机，使逆变电源能够完全地模拟同步发电机的特性，实现自同步、大惯性、大阻抗等特点，满足微电网对逆变电源的要求，也使微电网在管理和调度方面能更好地借鉴吸收电力系统中的经验，促进了微电网的快速发展。

3. 虚拟同步发电机的设计原理

为了使逆变电源能够模拟同步发电机的输出特性，本书中将同步发电机的数学模型整合到逆变电源的控制算法之中，通过控制算法来改变逆变电源的输出特性。在调节同步发电机的输出过程中，通过调节输入机械功率稳定输出频率和功率，通过改变励磁电流来调节输出电压，因此在虚拟同步发电机中，必须加入电压、功率、频率的闭环控制，使逆变电源更真实地模拟同步发电机的输出特性。图 13.10 所示为虚拟同步发电机的原理示意图，它展示了虚拟同步发电机的组成。

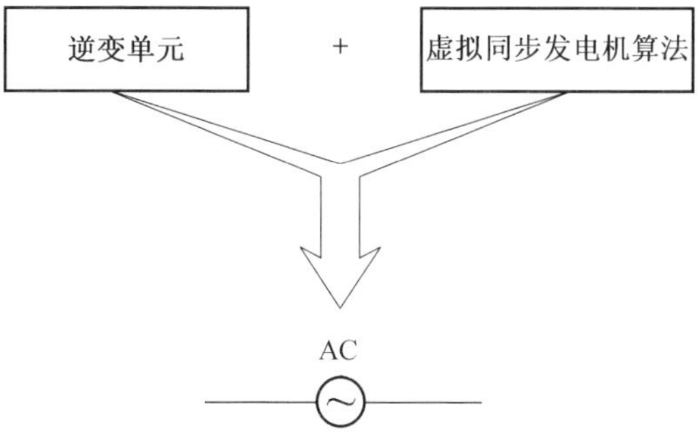

图 13.10 虚拟同步发电机原理示意图

4. 虚拟同步发电机的模型分析

由图 13.10 可见，虚拟同步发电机主要由逆变单元和虚拟同步发电机算法单元构成，其中逆变单元的拓扑结构如图 13.11 所示。微电网功率等级较大，因此采用三相全桥电路，全桥逆变电源则一般用在中大功率场合。逆变器输出级接有滤波器，图 13.11 中显示了 3 个采样点 I、U、I_0，其中 I 与 U 用于电压调节器的控制，来调节励磁电压的输出，U 和 I_0 则用来计算逆变电源输出功率的大小，I 用来调整功率指令 P_m 的大小。C 为逆变电源与大电网的连接感抗，通过改变逆变电源侧的电压来调节输出电压与电网电压之间的相角关系，使逆变器能够向电网输送能量。

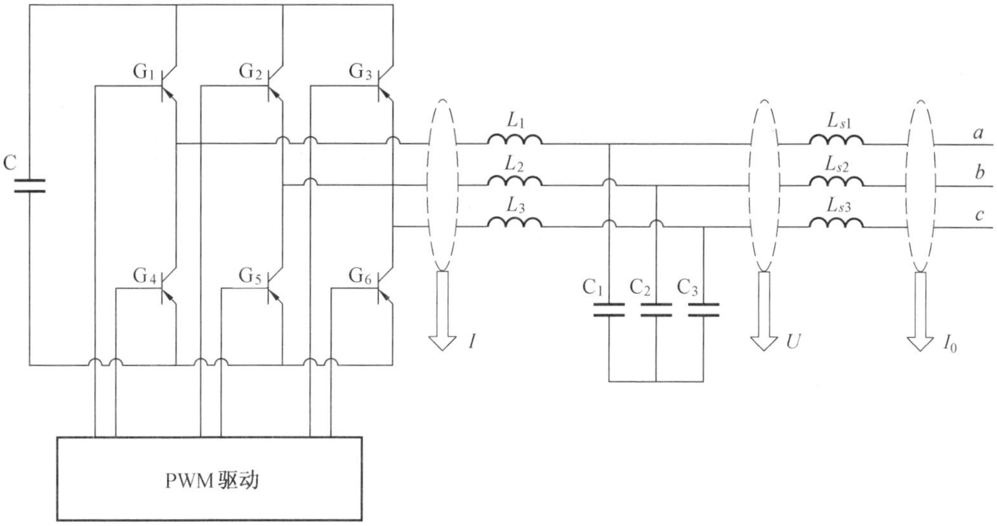

图 13.11 逆变器主电路拓扑结构示意图

在逆变电路控制模型中，高频调制方式的基本思想是输入的参考正弦和载波信号比较，用得到的宽度按正弦规律变化的波形控制逆变电路中开关器件的通断脉冲去控制各功率开关器件。由于开关的动作是非连续的，分析时我们采用状态空间平均法来分析。状态空间平均法是基于输出频率远小于开关频率的情况下，在一个开关周期内，用变量的平均值代替其瞬时值，从而得到连续状态模型，简化了分析过程。为了进一步简化分析的复杂程度，在分析逆变单元模型时，均按照单相全桥拓扑进行分析。图 13.12 所示为单相及等效拓扑结构，逆变器输出级接有 L 滤波器，L_s 为逆变器与大电网之间的连接感抗，R 为负载，图中忽略了电感中的阻性成分。

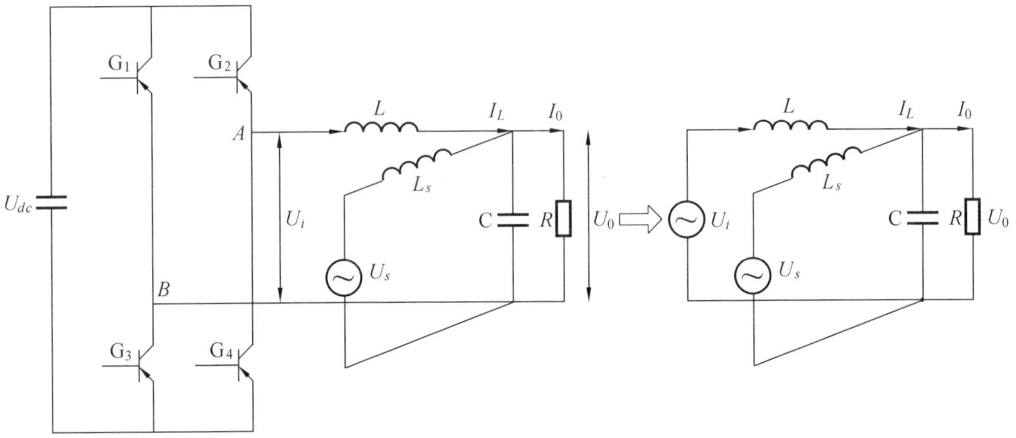

图 13.12　单相及等效拓扑结构

逆变单元结构框图如图 13.13 所示。

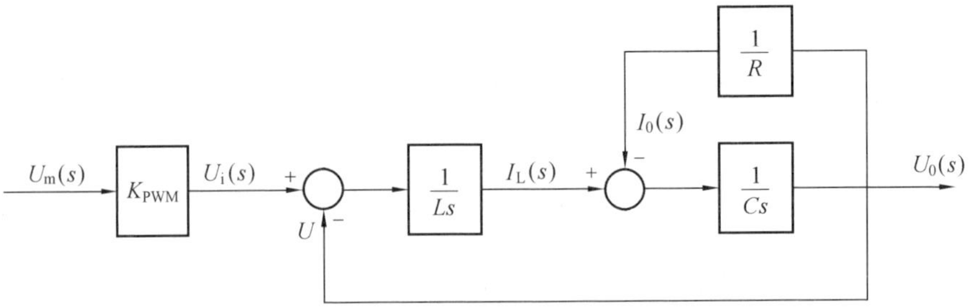

图 13.13　逆变单元结构框图

在同步发电机并网时，稳态情况下通过一次调频及二次调频，输出频率在额定频率附近的波动是很小的，这也是电网稳定的条件。

虚拟同步发电机单元算法结构框图如图 13.14 所示。其中 $I_o(s)$为逆变器输出电流，作为虚拟同步发电机的电枢电流；输出电压 $U(s)$作为逆变器的指令电压，ω、Q 的输出为检测信息，用于下文中的功频调节和电压调节。

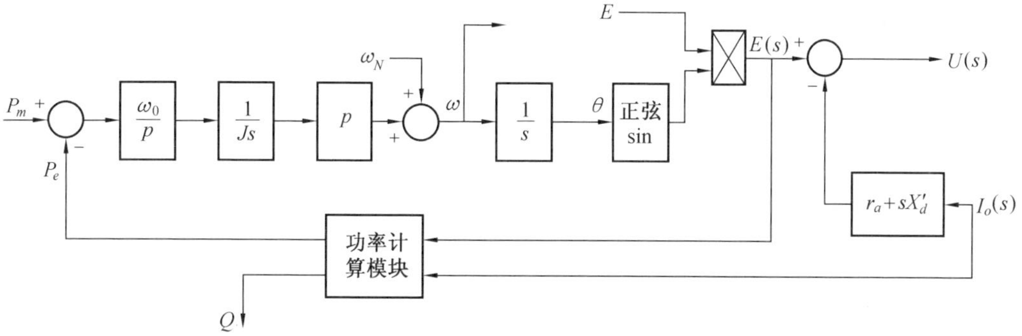

图 13.14　虚拟同步机单元算法结构框图

5. 虚拟同步发电机的控制策略

虚拟同步发电机是加入了同步发电机算法的新型逆变电源，它不同于传统的逆变电源，在结构上也不完全等同于同步发电机，而是集中了两者各自的特点，因此在其控制策略方面，需要整合普通逆变电源和同步发电机的控制方法。虚拟机的输出电压以及功率是最终要被利用的变量，必须保证输出变量的稳定性和变量的精度，因此在控制结构上，参照并网逆变器的双闭环控制策略，在逆变电源输出端取相应采样点，通过输出变量的反馈比较，达到控制输出稳定的目的。又因为考虑到虚拟同步发电机的设计初衷就是使其输出特性与同步发电机的输出特性一致。从输入输出角度来看，虚拟同步发电机就是一个同步发电机，因此对于虚拟机的控制可宏观上参照同步发电机的控制方法，图 13.15 为同步发电机的系统控制图。

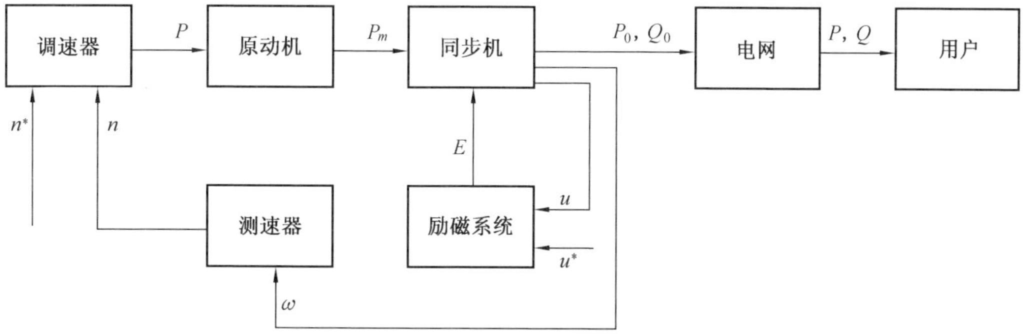

图 13.15　同步发电机的控制结构示意图

借鉴同步发电机的控制结构，本书设计了虚拟同步发电机的系统控制结构，如图13.16所示。

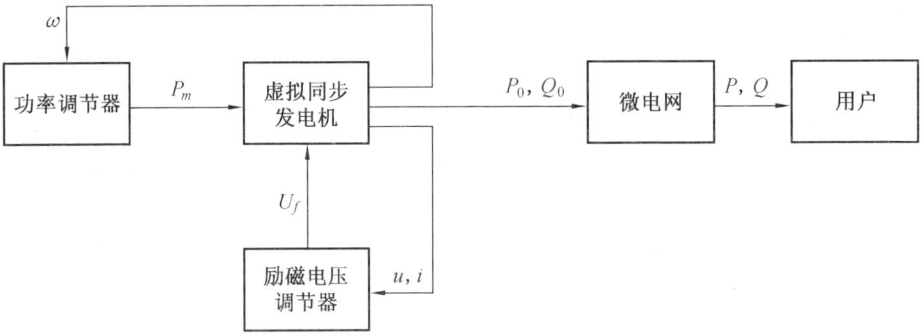

图13.16　虚拟同步发电机控制结构示意图

图13.16展示了虚拟同步发电机的控制框图，设计过程中借鉴了同步机的控制结构，但是虚拟同步发电机本质上是一个逆变电源，因此不存在同步发电机中的转速变量，控制结构中也就没有测速器、调速器、原动机，取而代之的为功率调节器，但是两者在控制过程中的意义却是一样的，都是通过系统反馈信号和指令信号的比较来调节核心单元的输入变量，从而稳定输出频率以及调整输出功率。图 13.16 中的励磁电压调节器与图13.15中的励磁系统同出一辙，均用于调整励磁电压，稳定输出电压幅值。

13.1.5　微电网并网和离网控制

1. 微电网并网运行控制

在大电网、微电网均运行正常时，微电网与大电网并网，微电网内的负荷根据情况从微电网内部或外部吸收电能，各微电源都处于并网输出有功的运行状态。如果在电网内部，某个发电单元因故障、检修等退出运行或者负荷急剧增加，致使供电功率不足，微电网应与外部大电网并联运行以引进功率；或者由于在某种极限情况下，在满足负荷和储能需求后，仍有功率富余，微电网可与外部大电网并联且向外送出能量。

为了充分利用风能、太阳能等清洁绿色能源，在联网运行期间，分布式电源通常以最大有功出力运行；若考虑无功补偿，还应适当降低有功输出而增大无功输出；系统的电压幅值和频率参考大电网。当风速、光照等新能源发生突变的时候，由于分布式发电机组的转动惯量很小，所以机组出力将随之迅变，其变化速度通常高于传统发电机的响应速度。若此类分布式发电机组所占比例较大，那么在新能源突变的时候必将引起微电网系统电压的降落，此时应装设响应速度较快的储能装置，通过储能设备释放或吸收功率来辅助调节微电网的电压和频率稳定。飞轮装置、蓄电池和超级电容等都可以作为储能装置。简言之，联网运行时，微电网和传统电网类似，服从系统调度，可同时利用微电网内分布式发电和从大电网吸取电能，并能在自身电力充足时向大电网输送多余电能。

2. 微电网离网运行控制

当电压降落、故障、停电检修等造成外部电网连接中断时，微电网需要从并网运行平滑过渡到离网运行状态。与外部电网隔离后，微电网进入离网运行状态，此时，微电网将面临如下几个关键问题。

（1）电压和频率管理。

当微电网并网运行时，其电压和频率由大电网建立。当微电网离网运行时，必须存在一个或几个微电源与储能装置共同建立微电网的电压和频率，否则，微电网将会瓦解。如果微电网频率下降到了允许值范围之外，控制装置将会采取切负荷策略使频率恢复到正常值。

（2）电能质量。

微电网在离网运行模式下，应该将电能质量维持在用户可以接受的范围内。因此，微电网内必须有足够的无功功率进行电压补偿。当频率或电压发生偏移时，储能装置能够快速地对其做出反应，吸收或者发出合适的有功和无功将偏移减小。此外，微电网还应该供给非线性负荷所需要的谐波电流。

（3）与微电源相关的问题。

微电源与传统大电网中的电源相比，一个最大的不同点就是前者没有惯性，因此，微电网中没有大电网中固有的热备用容量。大多数微电源在执行二次电压和频率控制时的响应速度都比较慢，所以此时需要储能装置发挥类似于热备用容量的作用，及时对系统工况的改变做出反应。此外，对于像风力发电和光伏发电这样的电源，其输出功率的大小受天气影响较大，这种微电源的控制目标应该是如何保证功率输出为最大值，并且能够预测未来某个时刻的功率输出。

（4）微电网元件之间的通信。

微电网在离网运行状态下选择控制策略时，另一个需要考虑的问题是微电网元件之间的通信网络。微电网应该具有一个“即插即用”的体系结构，所以微电源仅利用当地信息就可以控制它们的功率输出。如果在执行控制策略的过程中，元件之间需要通信，则要求信息在通信网络的传输过程中不能出现错误。

13.1.6 微电网电能质量控制

微电网中由于非线性电力电子设备和可再生能源的广泛存在，由其产生的谐波等电能质量问题必须引起足够的重视。并联型有源电力滤波器（APF）是解决电能质量的重要设备，但传统 APF 直流侧通常连接的是电容，不具备有功调节能力，功能单一；并且针对微电网的谐波和无功电流检测方法的准确性也对补偿性能产生重要影响，特别是微电网中电源形式多样，其离网运行时电压不稳定情况时有发生，传统的基于对称电压的谐波和无功电流的检测方法不再适用。

本书以风力发电为例，讨论典型微电源对微电网电压稳定的影响机理，提出基于储能支撑的微电网系统电压稳定控制策略，针对微电网中存在的典型电能质量问题，提出基于储能支撑的微电网谐波和无功补偿的控制策略。

1. 电压稳定控制

风力发电是微电网中常见的微电源，但风能具有间歇性和不稳定性特征，结合上文对风力发电机并网特性的分析可知，当风速突变时，发电机的输出功率将产生较大波动，从而引发暂态过程。因离网运行的微电网容量一般较小，这种功率波动可能危及微电网的功率平衡和电压稳定。若在风力发电机接入点处配置一定容量的快速储能变换装置，当风速扰动时储能可对风力发电机输出功率波动进行快速缓冲，两者可等效为一个有功/无功功率输出稳定的微电源，可有效提高微电网的电压稳定性，其控制原理如图 13.17 所示。

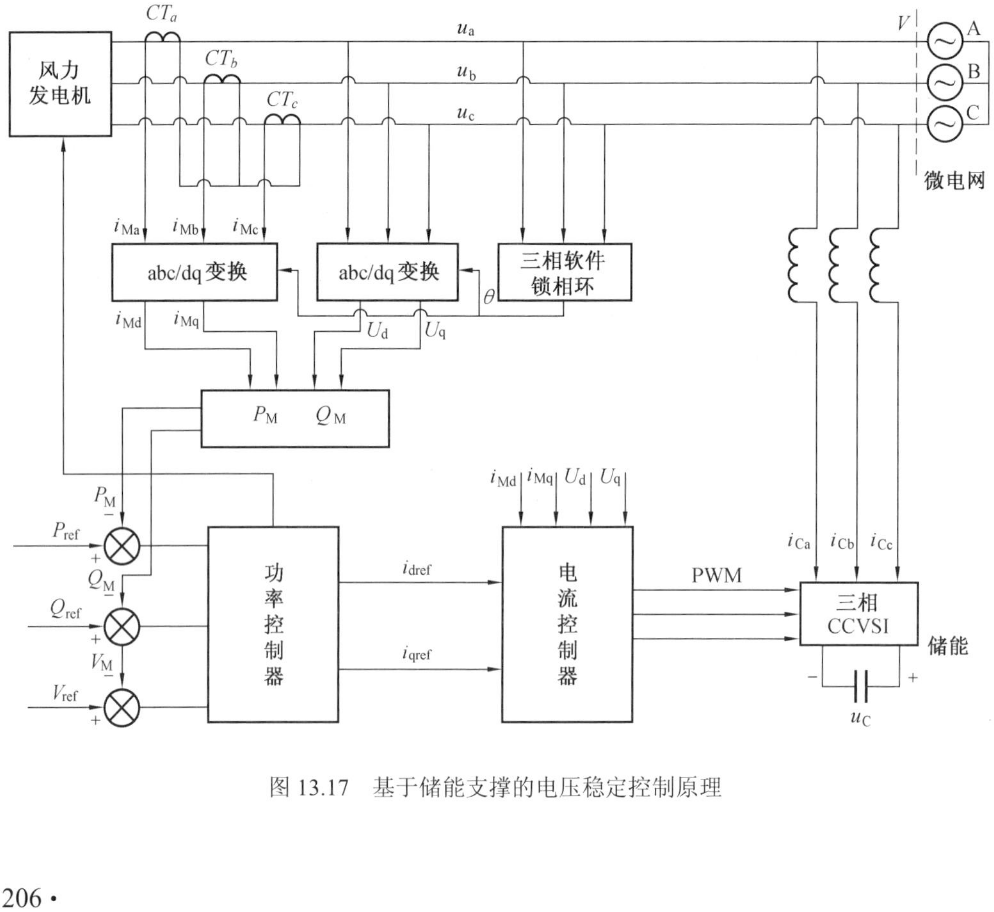

图 13.17　基于储能支撑的电压稳定控制原理

图 13.17 中，储能逆变器功率电路通过滤波器接入微电网，因储能装置电压等级较低，在并网时需通过 Y/Y 升压变压器接入微电网，其控制系统由电流控制器、功率控制器（如图 13.18 所示）等组成。电流控制器位于内环，用以实现有功/无功电流的解耦，进而产生逆变器所需的 PWM 信号；功率控制器位于外环，产生电流控制器所需的有功/无功电流参考值，其结构取决于储能的控制策略。

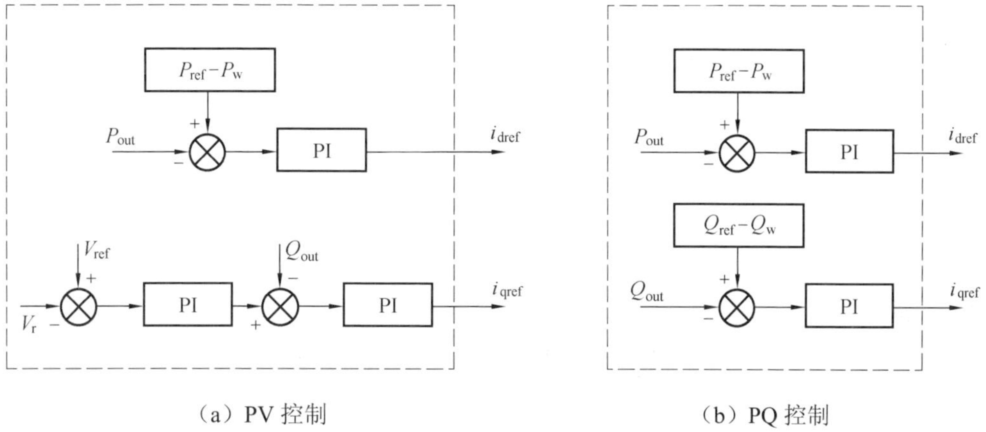

图 13.18　功率控制器示意图

图 13.18 给出了储能装置 PV 和 PQ 控制中的功率控制器结构，PV 控制的有功功率控制与 PQ 控制方式一致，无功功率控制则随接入点电压 V_r 变化：将 V_r 与参考值 V_{ref} 的差值经过 PI 控制器后的输出作为储能装置输出无功功率的参考值，当 V_r 小于 V_{ref} 时储能向微电网输出无功功率以提高 V_r，反之储能将吸收部分无功功率使 V_r 变小。储能 PV 控制的目标是平滑风力发电机输出有功功率的波动，稳定微电网电压。功率控制器的输出，进一步经过电流解耦控制，从而产生储能控制所需的 PWM 调制信号。将风力发电机和储能作为一个整体进行控制，进而实现相对于微电网侧的功率平衡及维持微电网系统的电压稳定。

2. 不对称系统电能质量的补偿控制技术

目前针对微电网的研究都是建立在三相平衡的基础上的，但在实际中，单相负载大量存在于 400 V 的低压配电网中，因此三相不平衡是常见现象。微电网由于电压等级及自身特性一般位于低压配电网的末端，不可避免地要工作在三相不对称的网络环境下，为了给用户提供高质量的电能，就必须要对三相不对称电压、谐波以及无功功率进行补偿和抑制。

（1）无功功率补偿。

在无功功率补偿方面，目前主要存在两种方法：一种是静态补偿方法，一种是动态无功补偿方法。无功补偿电容器是传统的无功补偿装置，其阻抗是固定的，不能跟踪负荷无功需求的变化，即不能实现对无功功率的跟踪和动态补偿。随着电力系统的发展，对无功功率进行快速动态补偿的需求越来越大。

传统的无功功率动态补偿装置是同步调相机。它是专门用来产生无功功率的同步电机，在过励磁或欠励磁的不同情况下，可以分别发出不同大小的容性或感性无功功率。自20世纪二三十年代以来，同步调相机在电力系统无功功率控制中一度发挥着主要作用。然而，由于它是旋转电机，因此损耗和噪声都较大，运行维护复杂，而且响应速度慢，在很多情况下已无法适应快速无功功率控制的要求。所以20世纪70年代以来，同步调相机开始逐渐被静止型动态无功补偿装置所取代，目前有些国家甚至已不再使用同步调相机。

早期的静止型动态无功补偿主要有晶闸管控制的电抗器（TCR）、晶闸管投切的电容器（TSC）等，它们是由可控开关器件进行一组电容器或电抗器的投切，靠投入的电容器或电抗器的总容量来补偿不同大小的无功功率，具有响应速度快、噪声小的优点。但在平衡的三相电路中，不论负载的功率因数如何，三相瞬时功率的和是一定的，在任何时刻都是等于三相总的有功功率。

因此，在三相电路的电源和负载之间没有无功能量的传递，无功能量是在三相之间变换的。所以，无功能量能够将三相电路统一处理成三相桥式变流电路，逐渐成为无功补偿的首选，并且由于三相电路中电源和负载之间没有无功的传递，因此，从理论上讲，三相对称系统中的桥式变流电路的直流侧可以不设储能元件，实际上，三相不对称以及谐波的存在也会造成总体看来有少许无功能量在电源和桥式电路之间传递。所以为了维持桥式变流电路的正常工作，其直流侧仍需要一定大小的电感或电容作为储能元件，但若补偿同样大小的无功功率，其所需储能元件的容量远比TCR和TSC等要小得多，具体应用系统结构框图如图13.19所示。这种桥式变流电路被称为静止无功补偿器（SVG）或称静止同步补偿器（STATCOM），在近年来逐渐成为无功补偿的主流。

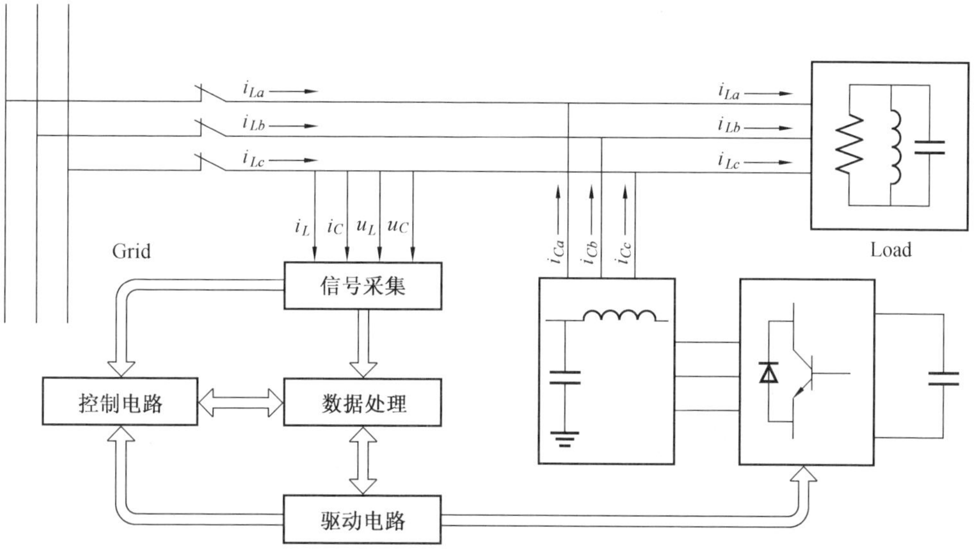

图 13.19　应用系统结构框图

（2）谐波抑制与无功补偿。

谐波抑制主要有两种方法：一种是改造谐波源无源滤波，一种是谐波补偿。改造谐波源是指设法提高电力系统中主要的谐波源，即整流装置的相数，或是采用高功率因数整流器。谐波补偿是指安装谐波补偿设备，如 LC 滤波器或有源电力滤波器。LC 滤波器是利用 LC 谐振电路的谐振特性，将频率与 LC 谐振频率相等的谐波引入大地，从而达到滤除谐波的目的。

它的缺点是一组 LC 滤波器只能滤除一个频率的谐波，并且参数设计复杂。有源电力滤波器（APF）实际上就是 SVG 在控制方法上的发展，其结构与 SVG 完全一样，仅是将 SVG 中的待补偿电流变为系统提供的无功和谐波电流分量之和。因此，APF 还可以补偿无功功率。由于它与 SVG 一样具有体积小、容量大、谐波少、动态响应迅速等优点，因此成为无功补偿和谐波抑制方面的研究和发展趋势。然而，APF 与 SVG 的应用并不止于此，近年来，有许多学者提出通过控制 APF 或 SVG 的输出方式来进行对三相不平衡电压的抑制，也取得了不错的效果。

目前对谐波和无功电流分量的检测方法大体分为频域检测法和时域检测法两类。频域检测法（如 FFT）一般计算量大、实时性差，在系统三相不对称时也无法得到精确的检测结果。而时域检测法在实时性上则要好得多，目前的方法主要有有功电流分离法、瞬时无功功率理论运算法、自适应电流检测法和 $dq0$ 坐标系下的广义瞬时无功检测法。

基于 Fryze 时域分析的有功电流分离法简单有效，但在电压和电流不对称时，其有功电流中将含有基波负序分量，从而使得补偿效果不好。基于瞬时无功功率理论的电流检测方法有两种，分别是 p-q 分解法和 ip-iq 分解法。p-q 分解法受电压谐波含量和三相不平衡的影响较大，无法在电压波形畸变时得到准确的结果；ip-iq 分解法不受谐波影响，并在三相电压不对称时，能准确地检测到基波正序电流，但对其有功和无功电流的分解将受到三相不平衡的影响，误差无法消除。

自适应电流检测法基于自适应干扰对消原理，把电压作为参考输入，负载电流作为原始输入，电压经自适应滤波器处理后，输出一个与负载电流基波有功分量幅值、相位均相等的信号，将此信号从负载电流中扣除，得到高次谐波和无功电流分量的总和。其自适应滤波器又可采用模拟方式和数字方式（如 ANN）来实现，但这种方法不能滤除基波负序电流。基于派克变换的广义瞬时无功功率的检测法可以准确地检测出三相基波正序电流，但是对有功和无功电流的检测也是不准确的。

基于瞬时无功功率理论和同步坐标变换的基波正序有功电流检测方法，通过计算基波正序电压的相位可以正确地检测出基波正序有功电流，但这些算法均依赖于总负载电流的检测，并且算法中使用低通滤波器进行滤波，算法的精度和实时性无法得到保证，若要在微电网的补偿中获得应用还需要做出改进。

（3）三相电压不平衡度的补偿。

三相电压不对称现象主要是由系统元件参数不对称或是三相线路及负载不对称造成的。三相电压不对称的程度可以用三相电压不平衡度来描述，《电能质量 三相电压不平衡》（GB/T 15543—2008）给出的三相电压不平衡度定义为负序电压有效值占正序电压有效值的百分比。

对三相电压不平衡度的补偿主要可以采用以下 3 种策略。

①将不对称的三相负载补偿为一个等效的三相对称纯阻性负载，其中比较有代表性的算法是单周期控制（one cycle control）算法。

②补偿为三相功率平衡。

③将非线性或不对称负载的馈线电流补偿为基波正序有功电流，常见的算法有基于瞬时无功功率理论的 p-q 算法和 Ip-Iq 算法，以及基于派克变换的补偿算法。

第一种补偿策略在不对称电压由三相不平衡负载引起时非常有效，但对于由系统元件参数不对称造成的三相不对称电压的补偿则不再适用，因为不对称的电压会在三相对称纯阻性负载上产生三相不对称电流，从而会对电网的其他部分带来一定的影响。第二种补偿策略是对三相无功功率进行完全补偿，同时将三相的有功功率补偿为三相对称。这种补偿策略在电压较高的一相上会造成较低的相电流，而电压较低的相电流则较高，三相电流依旧不平衡。

第三种补偿策略由于系统只提供基波正序有功电流，因此对于不对称负载造成的电压不对称补偿非常有效，同时不会影响到电网的其他部分，也不会导致不对称电压的恶性循环，同时还补偿和抑制了系统的无功功率与谐波，是一种较好的补偿策略，因此，后文中将采用此补偿策略。

要实现此补偿策略，需要对系统提供的负载电流中的谐波以及无功分量进行准确的检测。在三相对称系统中，针对谐波与无功分量检测方法的研究众多，并且许多已经投入使用，取得了不错的效果，但是，这些方法在三相不对称系统中并不适用，这主要是由不对称电压造成的。

如图 13.20 所示，由于三相电压不对称，因此基波相电压矢量与基波正序相电压矢量之间存在相位差，对基波正序相电流按照基波正序相电压矢量的相位进行有功无功分解，才能得到正确的基波正序有功和基波正序无功电流。针对三相对称系统的检测方法都是将基波正序电流按照基波相电压矢量的相位进行分解，因此会产生误差，不能得到精确的结果。在图 13.20 中，下标“a”表示 A 相电气量，下标“1”表示基波分量，下标“p、q”分别表示有功和无功分量，上标“+”表示正序分量。

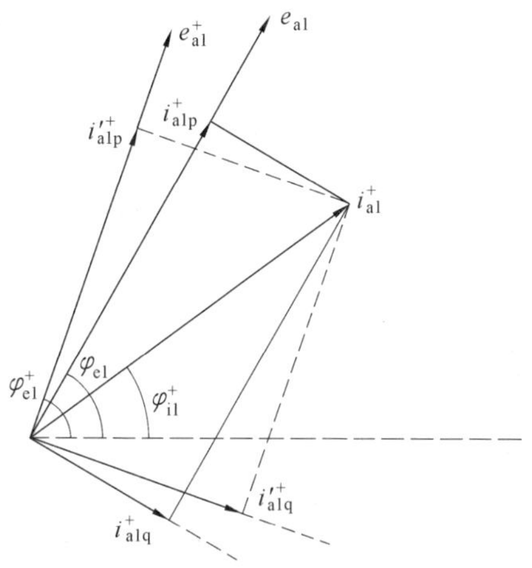

图 13.20　基波正序电流的有功无功分解示意图

因此，在不对称系统中对基波正序有功电流的检测需要首先检测基波正序电压的相位，然后才能得到精确的基波正序有功电流分量，其与负载电流的差就是 APF 或 SVG 要补偿的电流。

13.1.7　基于派克变换的基波正序有功电流控制

派克变换是电力系统分析中广泛应用的数学工具，它可以将 *abc* 静止坐标系下以角速度正向旋转的电压和电流基波正序分量变换到以同样角速度正向旋转的 *dq*0 坐标系下，使之相对于旋转的 *dq* 轴成为静止的矢量，在 *dq* 平面坐标系下表现为直流，在 0 轴上表现为 0；对于 *abc* 坐标系下以角速度反向旋转的基波负序分量，在经过派克变换后，成为相对于 *dq* 轴反向旋转的矢量，其在 *dq* 平面坐标系下表现为二次谐波，在 0 轴上表现为 0；对于 *abc* 坐标系下静止的零序分量而言，其通过派克变换后，成为 0 轴上的静止矢量，

其在 dq 平面坐标系下表现为 0；而对于 abc 坐标系下的不同次数的正序及负序谐波分量在经过派克变换之后，相对于正向旋转的 dq 轴均为旋转的矢量，所不同的只是旋转角速度和旋转方向。

派克变换及其反变换的计算公式为

$$\begin{cases} f_{dp0} = \boldsymbol{T} f_{abc} \\ \boldsymbol{T} = \dfrac{2}{3}\begin{bmatrix} \cos(\omega t) & \cos\left(\omega t - \dfrac{2\pi}{3}\right) & \cos\left(\omega t + \dfrac{2\pi}{3}\right) \\ -\sin(\omega t) & -\sin\left(\omega t - \dfrac{2\pi}{3}\right) & -\sin\left(\omega t + \dfrac{2\pi}{3}\right) \\ \dfrac{1}{2} & \dfrac{1}{2} & \dfrac{1}{2} \end{bmatrix} \\ f_{abc} = \boldsymbol{T}^{-1} f_{dq0} \end{cases} \tag{13.1}$$

1. 基波正序电压的计算

考虑到在不对称电力系统中可能存在的负序、零序以及谐波分量，U_a、U_b、U_c 坐标系下的电压可以表示为

$$\begin{cases} u_a = \sqrt{2}\sum\limits_{n=1}^{\infty}[U_n^+ \cos(n\omega t + \varphi_{Un}^+) + U_n^- \cos(n\omega t + \varphi_{Un}^-)] + U^0 \\ u_b = \sqrt{2}\sum\limits_{n=1}^{\infty}\left[U_n^+ \cos\left(n\omega t + \varphi_{Un}^+ - \dfrac{2\pi}{3}\right) + U_n^- \cos\left(n\omega t + \varphi_{Un}^- + \dfrac{2\pi}{3}\right)\right] + U^0 \\ u_c = \sqrt{2}\sum\limits_{n=1}^{\infty}\left[U_n^+ \cos\left(n\omega t + \varphi_{Un}^+ + \dfrac{2\pi}{3}\right) + U_n^- \cos\left(n\omega t + \varphi_{Un}^- - \dfrac{2\pi}{3}\right)\right] + U^0 \end{cases} \tag{13.2}$$

式中，下标“n”表示谐波次数，上标“+、-、0”分别表示正序、负序和零序分量。联立上式得到电压的派克变换结果为

$$\begin{cases} u_{dq0} = \boldsymbol{T} u_{abc} \\ u_d = \sqrt{2}\sum\limits_{n=1}^{\infty}(U_n^+ \cos[(n-1)\omega t + \varphi_{Un}^+] + U_n^- \cos[(n+1)\omega t + \varphi_{Un}^+]) \\ u_q = \sqrt{2}\sum\limits_{n=1}^{\infty}(U_n^+ \sin[(n-1)\omega t + \varphi_{Un}^+] - U_n^- \sin[(n+1)\omega t + \varphi_{Un}^+]) \\ u_0 = U^0 \end{cases} \tag{13.3}$$

由此可知，在 abc 静止坐标系下以角速度 ω 正向旋转的电压基波正序分量经过派克变换，相对于以角速度 ω 旋转的 dq 轴成为静止的矢量，在 dq 平面坐标系下表现为直流。而

其他分量经过派克变换之后依然为三角函数，且最大周期为一个工频周期 T_0，因此在一个工频周期 T_0 内的积分值为 0。借此计算出直流分量即可求得基波正序电压的相位

$$\begin{cases}\begin{bmatrix}\bar{u}_d\\ \bar{u}_q\end{bmatrix}=\begin{bmatrix}\dfrac{1}{T_0}\displaystyle\int_t^{t+T_0}u_d\mathrm{d}t\\ \dfrac{1}{T_0}\displaystyle\int_t^{t+T_0}u_q\mathrm{d}t\end{bmatrix}=\begin{bmatrix}\sqrt{2}U_1^+\cos(\varphi_{U1}^+)\\ \sqrt{2}U_1^+\sin(\varphi_{U1}^+)\end{bmatrix}\\ \varphi_{U1}^+=\arctan\left(\dfrac{\bar{u}_q}{\bar{u}_d}\right)\end{cases} \tag{13.4}$$

2. 基波正序有功电流的计算

通过同样的变换，也可以得到基波正序电流，根据有功功率的定义，基波正序电流在基波正序电压上的投影即基波正序电流的有功分量。为了便于计算，在此将 $dq0$ 坐标系旋转一个角度 φ_{U1}^+，也就是基波正序电压的初相角。这样经过修正的派克变换后，基波正序电压在 $dq0$ 坐标系下将与 d 轴重合，而基波正序电流在 d 轴上对应的分量则是基波正序有功电流。此时，修正后的派克变换矩阵 $\boldsymbol{T'}$ 为

$$\boldsymbol{T'}=\frac{2}{3}\begin{bmatrix}\cos(\omega t+\varphi_{U1}^+) & \cos\left(\omega t+\varphi_{U1}^+-\dfrac{2\pi}{3}\right) & \cos\left(\omega t+\varphi_{U1}^+ +\dfrac{2\pi}{3}\right)\\ -\sin(\omega t+\varphi_{U1}^+) & -\sin\left(\omega t+\varphi_{U1}^+-\dfrac{2\pi}{3}\right) & -\sin\left(\omega t+\varphi_{U1}^+ +\dfrac{2\pi}{3}\right)\\ \dfrac{1}{2} & \dfrac{1}{2} & \dfrac{1}{2}\end{bmatrix} \tag{13.5}$$

同样定义系统提供的电流为

$$\begin{cases}i_a=\sqrt{2}\displaystyle\sum_{n=1}^{\infty}[I_n^+\cos(n\omega t+\varphi_{I_n}^+)+I_n^-\cos(n\omega t+\varphi_{I_n}^-)]+I^0\\ i_b=\sqrt{2}\displaystyle\sum_{n=1}^{\infty}\left[I_n^+\cos\left(n\omega t+\varphi_{I_n}^+-\dfrac{2\pi}{3}\right)+I_n^-\cos\left(n\omega t+\varphi_{I_n}^- +\dfrac{2\pi}{3}\right)\right]+I^0\\ i_c=\sqrt{2}\displaystyle\sum_{n=1}^{\infty}\left[I_n^+\cos\left(n\omega t+\varphi_{I_n}^+ +\dfrac{2\pi}{3}\right)+I_n^-\cos\left(n\omega t+\varphi_{I_n}^- -\dfrac{2\pi}{3}\right)\right]+I^0\end{cases} \tag{13.6}$$

对三相电流进行修正后的派克变换可得

$$\begin{cases} i'_{dq0} = T'i_{abc} \\ i'_d = \sqrt{2}\sum_{n=1}^{\infty}(I_n^+ \cos[(n-1)\omega t - \varphi_{U_1}^+ + \varphi_{I_n}^+] + I_n^- \cos[(n+1)\omega t - \varphi_{U_1}^+ + \varphi_{I_n}^+]) \\ i'_q = \sqrt{2}\sum_{n=1}^{\infty}(I_n^+ \sin[(n-1)\omega t - \varphi_{U_1}^+ + \varphi_{I_n}^+] - I_n^- \sin[(n+1)\omega t - \varphi_{U_1}^+ + \varphi_{I_n}^+]) \\ i'_0 = I^0 \end{cases} \tag{13.7}$$

对三相电压进行修正后的派克变换可得

$$\begin{cases} e'_{dq0} = T'e_{abc} \\ e'_d = \sqrt{2}\sum_{n=1}^{\infty}(E_n^+ \cos[(n-1)\omega t - \varphi_{U_1}^+ + \varphi_{I_n}^+] + E_n^- \cos[(n+1)\omega t - \varphi_{U_1}^+ + \varphi_{I_n}^+]) \\ e'_q = \sqrt{2}\sum_{n=1}^{\infty}(E_n^+ \sin[(n-1)\omega t - \varphi_{U_1}^+ + \varphi_{I_n}^+] - E_n^- \sin[(n+1)\omega t - \varphi_{U_1}^+ + \varphi_{I_n}^+]) \\ e'_0 = E^0 \end{cases} \tag{13.8}$$

在经过修正后的派克变换之后，基波正序电压分量与 d 轴重合，而基波正序有功电流分量恰是 d 轴电流的直流分量，如图 13.21 所示。

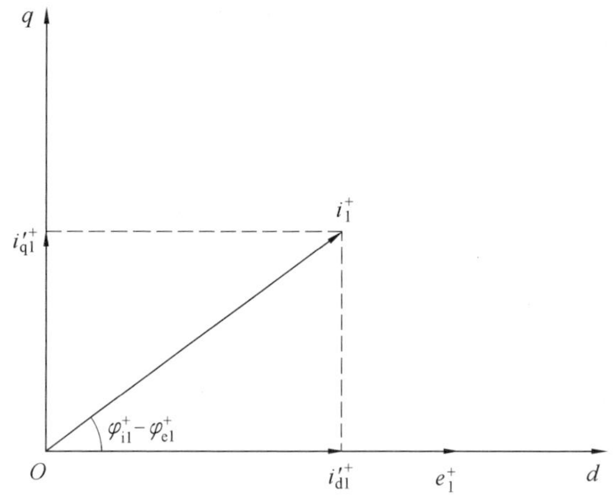

图 13.21　$dq0$ 坐标系下的基波正序电压和电流分量

对 $I'd$ 在 T_0 时间段内取平均值即可求得在 $dq0$ 坐标系下的基波正序有功电流，而其余分量在经过派克逆变换之后则是要补偿的对象。

$$\overline{i'_d} = \frac{1}{T_0}\int_t^{t+T_0} i_d \mathrm{d}t = \sqrt{2} I_1^+ \cos(\varphi_{I_1}^+ - \varphi_{U_1}^+) \tag{13.9}$$

由于微电网内的微电源大都通过逆变器并网，因此其输出的电压、频率以及无功功率都是可控的，其供电的灵活性也允许其在并网运行时为电力系统做出更大的贡献。逆变型分布式电源（IBDG）接入到电网中的典型形式如图 13.22 所示，由图中可以看到，IBDG 有着与 SVG、APF 相似的拓扑结构，如果可以在其逆变器接口的控制中加入对无功功率和谐波的补偿与抑制，无须在微电网中安装 SVG 或 APF 即能改善微电网的电能质量。

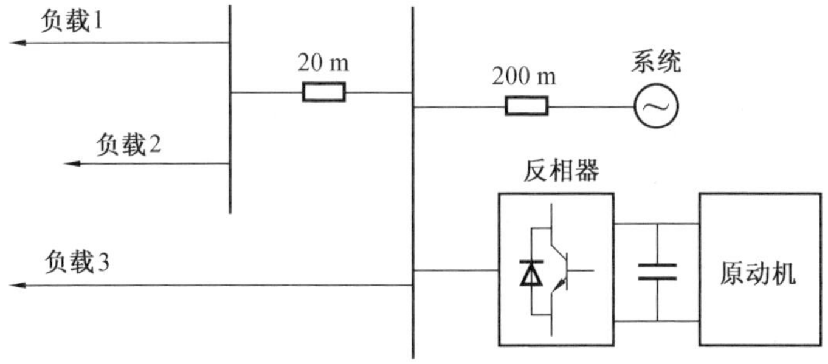

图 13.22　IBDG 接入电网典型形式

同时，IBDG 的逆变器直流侧可以用图 13.23 所示的等效电路来分析。如果忽略逆变器的损耗，直流侧输入逆变器的有功功率即逆变型分布式电源的交流侧输出有功功率，表达式为

$$p_{\mathrm{dc}} = U_{\mathrm{dc}} I_{\mathrm{d2}} = p_{\mathrm{ac}} \tag{13.10}$$

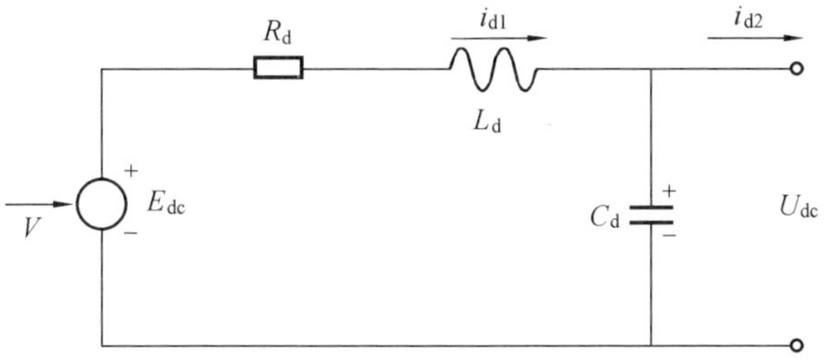

图 13.23　逆变器直流侧等效电路

对于如图 13.23 所示的等效电路模型，基尔霍夫电压和电流定律（KVL、KCL）描述为

$$\begin{cases} E_{\mathrm{dc}} = R_{\mathrm{d}} I_{\mathrm{d1}} + L_{\mathrm{d}} \dfrac{\mathrm{d}i_{\mathrm{d1}}}{\mathrm{d}t} + U_{\mathrm{dc}} \\ i_{\mathrm{d1}} = i_{\mathrm{d2}} + C_{\mathrm{d}} \dfrac{\mathrm{d}U_{\mathrm{dc}}}{\mathrm{d}t} \end{cases} \tag{13.11}$$

联立上式可以求得输入逆变器的有功功率与直流侧电压的关系

$$p_{\mathrm{dc}} = \left(1 - \mathrm{e}^{-\frac{R_{\mathrm{d}}}{L_{\mathrm{d}}}t}\right)\left(\frac{E_{\mathrm{dc}}U_{\mathrm{dc}}}{R_{\mathrm{d}}} - \frac{U_{\mathrm{dc}}^2}{R_{\mathrm{d}}}\right) - C_{\mathrm{d}} U_{\mathrm{dc}} \frac{\mathrm{d}U_{\mathrm{dc}}}{\mathrm{d}t} \tag{13.12}$$

输入逆变器的有功功率与直流侧电容上的电压 U_{dc} 以及原动机电动势 E_{dc} 呈非线性关系，当 U_{dc} 稳定在设定的基准值时，P_{dc} 仅由原动机的出口电压 E_{dc} 确定。由于光伏电池、风力发电机等分布式电源都会安装最大功率追踪控制系统，在其控制下，原动机的出口电压会稳定在能够输出最大功率的出口电压基准值。因此 U_{dc} 稳定时，逆变器将输出原动机所能提供的最大有功功率。

由图 13.21 可知，改变 $i_{\mathrm{d1}}'^{+}$ 即可以改变逆变器输出的有功功率，并且基波正序分量在 d 轴上是直流，用 PI 控制可以实现无静差调节。因此，可以通过检测逆变器直流侧的电容电压与基准值的差完成对 $i_{\mathrm{d1}}'^{+}$ 的 PI 调节，同时也无静差地实现了对输出有功功率的控制。

现有的谐波与无功补偿算法都是提取负载电流进行分解，进而计算补偿电流的基准，但在实际系统中 IBDG 的接入点一般具有多条馈线或负载出线，对于如图 13.22 所示的接线方式，提取总的负载电流具有一定的难度和复杂度。因此可提取 IBDG 接入点母线进线上的电流，接线简单，易实现，结合前文所述的无功和有功控制算法，提出 IBDG 在并网运行时的控制方法及仿真电路，如图 13.24 所示。

具体的 IBDG 补偿控制过程如下：首先提取 IBDG 接入母线的三相电压，计算出基波正序电压的相位，并将其导入修正后的派克变换矩阵 $\boldsymbol{T}'$ 中，然后提取母线进线上的三相系统电流，并进行修正派克变换，将直轴的直流分量去除后进行 PI 控制，并将 PI 控制器的输出作为逆变器的基准输出电流。当系统电流中不包含无功、谐波、负序、零序分量时，PI 控制器的输出达到稳定。同时，直流侧电容电压达到稳定时，IBDG 也可以稳定地输出有功功率，使微电网的补偿控制算法得以实现。

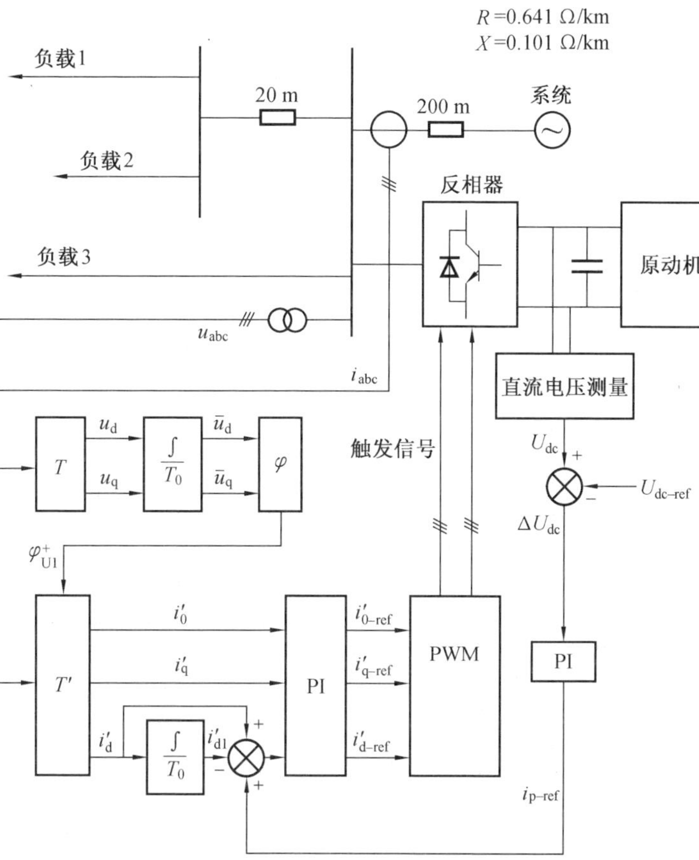

图 13.24　IBDG 控制方法及仿真电路示意图

13.2　中低压直流配用电技术

13.2.1　中低压直流配电概述

直流配电系统电压等级的确定应坚持简化电压等级、减少变压层次、优化网络结构的原则。

直流配电电压等级的确定需要考虑与现有交流电压序列衔接，新能源、储能和直流用户等的便利接入。

直流配电系统电压等级的确定需要综合考虑应用范围、容量、供电半径、电压偏差和安全性等。

直流配电系统所包含的直流电压变换装置或交直流变换装置主要考虑电压源型。

用户供电电压等级，应在上述电压等级下，根据用电容量、用电设备特性、供电可靠性、供电半径、供电线路的回路数、当地公共电网现状及其发展规划等因素综合考虑确定。

13.2.2 电压等级

直流配电网直流电压的选择应充分考虑与交流电网的衔接、用户接入的实际需求、供电能力约束、设备发展水平、投资经济性、网架发展需求、电网运行经验、分布式电源及各类负荷接入需求等因素，尽量简化电压层级序列，避免重复降压。

直流配电网直流电压等级的选择应符合《中低压直流配电电压导则》（GB/T 35727—2017）的规定。直流标称电压在±50 kV及以下时，标称电压应从表13.1中选取。中压层宜选取1～2个直流电压等级，低压层级可根据用户、分布式电源等实际接入需求选取1～2个直流电压等级。直流标称电压在3（±1.5）kV～±50 kV范围内，中压直流配电系统的标称电压宜从表13.1中选取。

表13.1　中低压直流配电网系统的标称电压

推荐值	备选值
	±50 kV
±35 kV	
	±20 kV
±10 kV	
	±6 kV
±3 kV	
3 000 V（±1 500 V）	
1 500 V（±750 V）	
	1 000 V
750 V（±375 V）	
	400 V
220 V（±110 V）	
	110 V
48 V	

不同电压等级直流电网传输容量见表 13.2。

表 13.2　±50 kV～±110 V 直流电网传输容量

电压等级/kV	传输容量/MW
±50	23～62
±35	16～44
±20	8～22
±10	4～12
±6	2～7
±3	0.8～3.5
±1.5	0.5～2
±0.75	0.2～0.8
±0.375	0.08～0.3
±0.11	0.02～0.07

直流配电网接入交流系统的电压等级应考虑交直流系统的交换功率、网架结构和配电网规模等因素。

13. 2. 3　容载比

直流容载比的确定应考虑负荷分散系数、平均功率因数、换流站负载率、储备系数等主要因素的影响。在工程中可按下式计算

$$R = \frac{\sum S}{P_{\max}} \tag{13.13}$$

式中，R 为容载比；$P_{\max}$ 为该电压等级供电区的年网供最大负荷；$\sum S$ 为该电压等级供电区内公用换流站容量之和。

对于区域较大、负荷发展水平极度不平衡、负荷特性差异较大、分区年最大负荷出现在不同季节的地区，可分区计算容载比。

应根据规划区域经济增长和社会发展的不同阶段，确定合理的容载比取值范围，容载比总体宜控制在 1.5～2.2 之间。直流配电网容载比选择范围见表 13.3。

表 13.3　直流配电网容载比选择范围

负荷增长情况	较慢增长	中等增长	较快增长
年负荷平均增长率/K	$K \leqslant 7\%$	$7\% < K \leqslant 12\%$	$K > 12\%$
容载比（建议值）	1.5～1.8	>1.8～2.0	>2.0～2.2

对处于负荷发展初期及快速发展期的地区、发展潜力大的重点开发区或负荷较为分散的偏远地区，可适当提高容载比的取值；对于网络发展完善（负荷发展已进入饱和期）或规划期内负荷明确的地区，在满足用电需求和可靠性要求的前提下，可适当降低容载比取值。

13.2.4 电气计算

直流配电网在设计时应针对设计方案进行潮流和短路计算。

直流配电网潮流计算的运行方式应包括有代表性的正常运行方式、故障运行方式和各种有代表性的负荷、发电水平。当项目投运后3～5年内有规划投运的分布式电源或负荷时，应进行相应水平年的潮流计算。

直流配电网接入交流系统潮流计算，应对设计水平年有代表性的运行方式进行分析，且至少应包含向交流系统输出最大功率、零交换功率/独立运行、从系统吸收最大功率，必要时校核该地区潮流分布情况及上级主变压器和线路的输送能力。

直流配电网的短路计算应考虑交流系统的运行方式、直流系统的接地方式，并分别对单极、双极短路进行计算。

直流配电网的短路计算应考虑限流电抗器的影响。

交直流混合配电网交流侧宜进行短路电流计算，校验交流设备的动、热稳定极限，并对继电保护进行整定。

采用电流源型换流器时，应进行换流母线短路水平校核，满足换相所需最小短路容量要求；交直流互联装置采用电压源型换流器时，必要时可考虑校验换流母线短路水平电流。

13.2.5 一次系统设计

1. 基本原则

（1）直流配电网的网架结构应具备供电可靠性、安全性、灵活性、经济性和适用性；应具有适当的负荷转移能力、合理的分布式电源接纳能力。高可靠性供电区域的直流配电网网架结构还应具有一定的网络重构能力和自愈能力。

（2）低压直流负载的接入应遵循差异化原则，根据不同供电区域内电源及负荷分布特点确定接入电压等级及接入点位置。

（3）直流配电网网架的选择应与现有直流设备的制造能力和直流配电技术发展水平相适应。

2. 网架结构

（1）中压直流配电网宜根据其负荷特点、重要程度、不同应用场景选择相应网架结构，主干网架结构宜采用单端辐射式结构、单端环式结构、双端式结构、多端树枝式结构、多端环式结构等，但不限于以上结构。

（2）中压直流配电网的发展初期及过渡期，可根据区域供电安全水平要求，综合考虑区域负荷与分布式电源的发展情况，合理选择单极辐射型等过渡网架结构和接线方式，并考虑后期向终期接线方式过渡的扩展形式。

（3）中压直流配电网的直流侧母线结构应根据电网规模、应用场景、所属供电分区，综合考虑供电可靠性、分布式电源接入方式、储能的分布方式、主干线长度、负荷分布情况等因素选择单母线、双母线等不同的母线结构，并合理配置各分段负荷容量。

（4）低压直流配电网结构应简单安全，宜采用单端辐射式结构，应以换流器供电范围实行分区供电。

直流配电网直流侧电网结构示意图如图 13.25 所示。

单端单路辐射状直流配电网直流侧电网结构如图 13.25（a）所示，单端环状直流配电网直流侧电网结构如图 13.25（b）所示，双端直流配电网直流侧电网结构如图 13.25（c）所示，多端树枝状直流配电网直流侧电网结构如图 13.25（d）所示，多端环状直流配电网直流侧电网结构如图 13.25（e）所示。

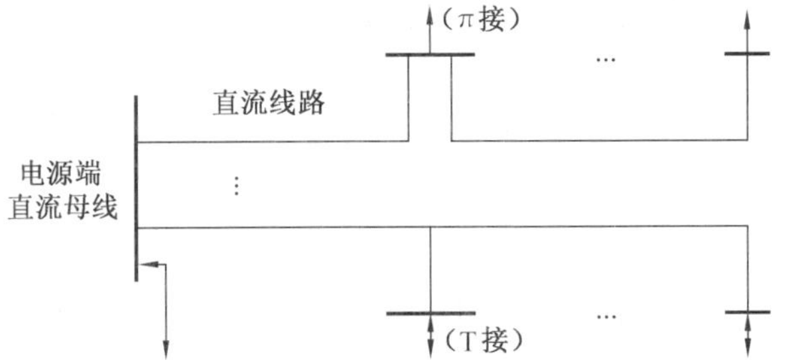

（a）单端单路辐射状拓扑示意图

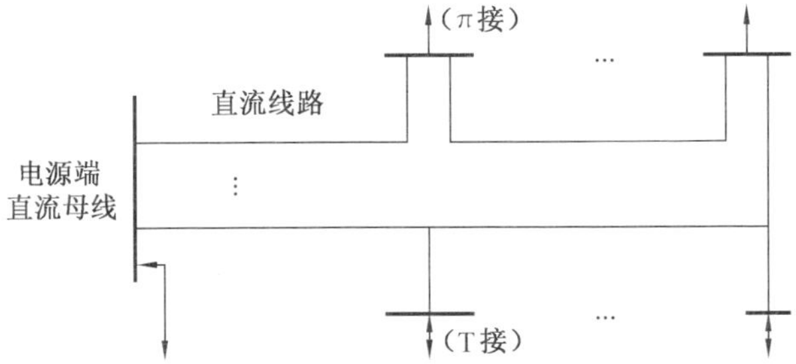

（b）单端环状拓扑示意图

图 13.25　直流配电网直流侧电网结构示意图

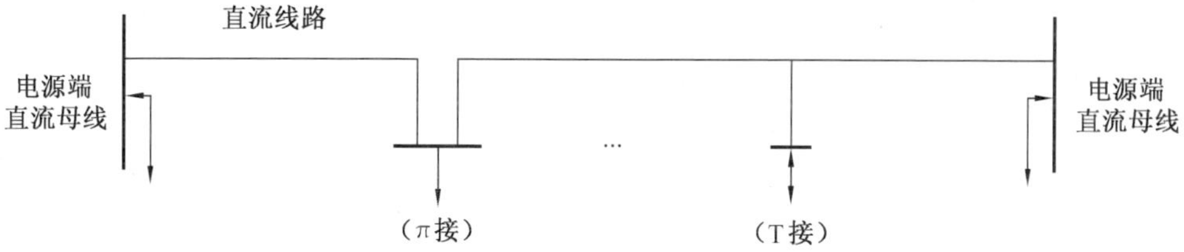

（c）双端拓扑示意图

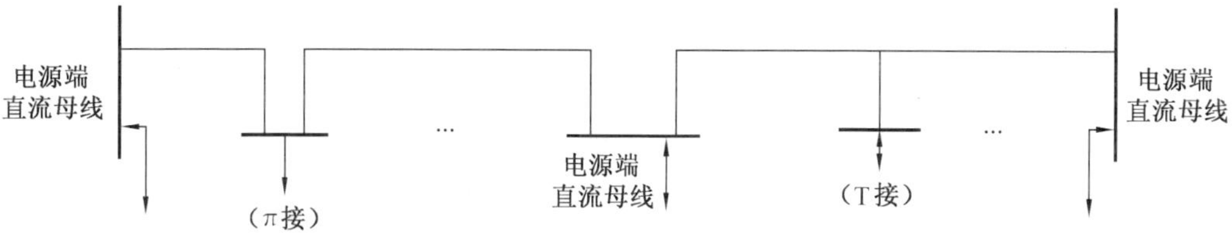

（d）多端树枝状拓扑示意图

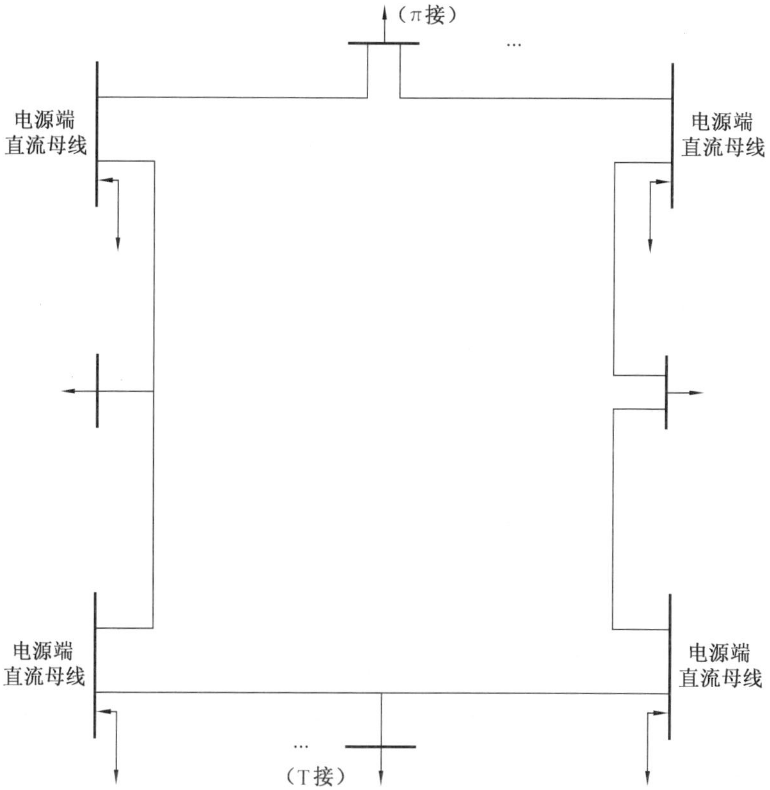

（e）多端环状拓扑示意图

图 13.25（续）

注 1：电源端直流母线位于电源侧，上级电网/电源通过对应接口装置与其连接，所连上级电网/电源既可以是交流也可以是直流，或两种形式并存。

注 2：图中单纯直流负荷用单向背向母线的箭头表示，含分布式电源及储能供电区域的负荷用双向箭头表示，该表示方式表现了两种不同类型的等效负荷。

注 3：图中包含了 T 接与π接两种接线方式，实际工程中可根据需要进行选择。

注 4：图中一路直流线路指同一送电走廊的两极或三极直流导线，当直流系统采用单极（或对称单极）的接线形式时每路直流线路具有两极直流导线，当直流系统采用双极的接线形式时每路直流线路具有三极直流导线。

3. 直流接线方式

直流配电网在不同应用场景推荐的接线方式有单极结构、双极结构及对称单极结构。

（1）单极结构。直流配电网中仅有一个直流母线电压等级。单极结构形式示意图如图 13.26 所示。单极结构形式简单、组网较容易、投资少，适用于对供电可靠性要求不高的地方。

图 13.26　单极结构形式示意图

（2）双极结构。直流配电网采取双极供电的方式，直流母线分正负两条。双极结构形式示意图如图 13.27 所示。双极结构可降低输电线路的绝缘要求，增加供电可靠性，可以对不同电压等级的设备灵活供电，多用于直流馈出线的母线。

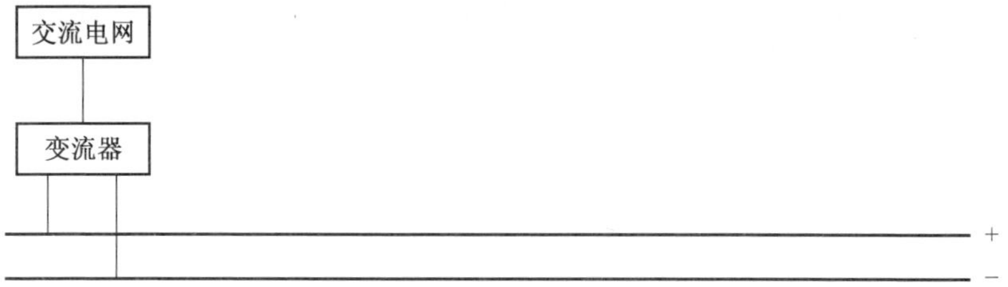

图 13.27　双极结构形式示意图

（3）对称单极结构。母线与双极结构相似，直流回路中点通过电容器或其他方式接地，一极故障另一极不能单独运行。对称单极结构形式示意图如图 13.28 所示。对称单极结构可以对不同电压等级的设备灵活供电，适用于对供电可靠性要求一般的地方。

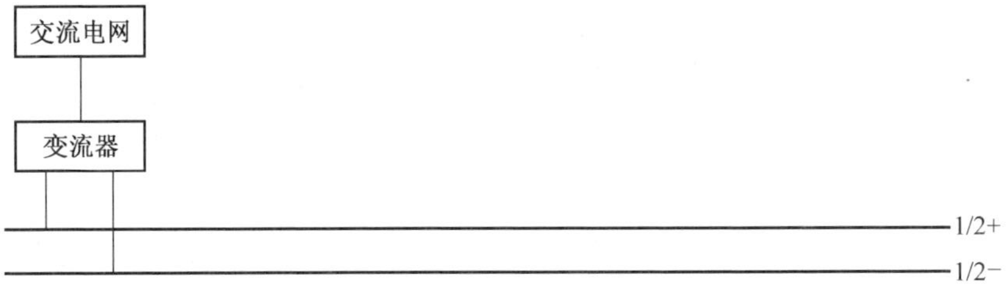

图 13.28 对称单极结构形式示意图

4. 接地方式

（1）直流配电网接地系统的设计应综合考虑交流配电系统的接地方式、直流与交流互联装置的拓扑结构、直流系统单极接地故障的短路电流值等因素，合理选择经电阻接地、经直流电容中点接地、不接地等接地方案。

（2）单极和双极直流配电网，接地系统可采用金属回线方式。

（3）接地系统的设计应考虑单极运行时接地电流对交流配电系统，邻近的各类管道，以及通信、有线电视和市政等弱电系统的影响。

（4）基于模块化多电平换流器的直流配电网，当交流侧为中性点接地系统时，中性点需要经电阻接地，直流侧采用不接地方式；当交流侧为中性点不接地系统时，直流侧采用经钳位电阻接地的方式较优。

（5）基于两电平电压源型换流器的直流配电网，交流侧推荐采用中性点经电阻接地的接地方式；直流侧推荐采用直流电容中点经电阻接地的方式。

13.2.6 设备选型

1. 一般要求

（1）设备选型应坚持安全可靠、经济适用及差异化原则，采用技术成熟、少（免）维护、低损耗、节能环保、具备可扩展功能的设备，所选设备应通过具备相应资质机构的检测。电能质量要求较高区域宜适当提高设备的配置标准。

（2）直流设备及线路容量应留有合理裕度，保证设备在负荷波动或转供时满足运行要求，同时应考虑功率反送的需求。

（3）电气设备容量配置应综合考虑负荷密度、空间资源条件、上下级电网的协调和整体经济性等因素确定。

（4）对可靠性要求较高的直流负荷供电时，可配置两台及以上换流器或直流变压器，当任意一台换流器或直流变压器退出运行，其余换流器或直流变压器的容量应满足负荷的供电要求。各级换流器、直流变压器等配电设备宜户内配置。

2. 能量路由器

（1）中低压侧能量路由器交流、直流端口参考电压等级。配用电侧能量路由器的交流、直流端口参考电压见表13.4。

表13.4　配用电侧能量路由器的交流、直流端口参考电压

直流电压等级	交流电压等级（有效值）
±50 kV	66 kV
±35 kV	35 kV
±20 kV	20 kV
±10 kV	10 kV
±6 kV	6 kV
±3 kV	—
±750 V	—
±375 V	400 V
±110 V	220 V
±48 V	—

（2）能量路由器应具备电能质量扰动的双向隔离能力，宜具备电能质量治理与补偿功能。能量路由器在保障基本功能的情况下，根据实际条件运行于电压补偿、无功补偿、谐波抑制或滤波功能时，宜等效于同等电压等级无功补偿和谐波治理装置的相关功能，其技术要求宜满足《低压成套无功功率补偿装置》（GB/T 15576—2020）和《静止无功补偿装置（SVC）功能特性》（GB/T 20298—2006）中的相关要求。

（3）能量路由器应监测公用电网必要的运行信息，其电能端口应具备与公用电网并网、离网运行能力。并、离网运行能力应满足《分布式电源并网运行控制规范》（GB/T 33592—2017）中的相关规定。

3. 直流负荷开关

（1）直流负荷开关最大连续运行电流应不小于1.1倍额定电流，1 min过负荷能力应不小于1.5倍额定电流。最大开断电流不小于1.1倍额定电流，分断时间不大于5 ms，断路器具备全范围开断电流的能力，至少具备一次重合功能。

（2）直流负荷开关在直流系统稳态运行工况下，具备耐受直流系统最高运行电压能力，并具备耐受直流系统暂态过电压能力。

4. 换流器

（1）用于满足有功率交换需求设备接入的换流器应采用双向换流器。

（2）直流配电网换流器的选择应考虑换流器的性能、可靠性、损耗、占地、体积、安装条件、综合造价等因素，宜选择电压源型换流器。

（3）换流器的交流侧可配置换流变压器，提供站用电源，实现电压调节和故障隔离。

（4）应用于并网点的换流器应具备检测并网点的电压功能，在并网点电压异常时，应能断开与电网的电器连接。电压异常范围及其对应的断开时间相应参考《光伏发电站设计规范》（GB 50797—2012）中相关规定。

5. 直流变压器

（1）用于接入直流负荷和无功率外送需求的直流配电网宜采用单向直流变压器，用于接入有功率交换需求的直流储能系统和直流配电网宜采用双向直流变压器。

（2）综合考虑设备制造能力和技术经济合理性，可装设多台直流变压器并联运行。

6. 直流断路器

连接储能系统的直流断路器额定电流应根据储能充放电电流选择，并按事故初期放电电流校验保护动作的安全性，且应与直流馈线回路保护电器相配合。

7. 直流熔断器

（1）直流回路采用熔断器作为保护电器时，应装设隔离电器，如刀开关，也可采用熔断器和刀开关合一的刀熔开关。

（2）应用于直流配电网保护的熔断器，应选用直流型且能够毫秒级快速开断的产品，宜考虑作为后备保护设备或应用于拓扑结构简单且对选择性不高而对经济性要求高的场合，与直流断路器保护相配合。

（3）直流回路中的熔断器，在必要时可带有报警触点。

13.2.7 线路选型

直流线路可选用电缆或架空线路两种方式。

直流线路的选型应综合考虑电压等级、载流量、电压偏差、故障运行方式及供电裕度等因素确定导线截面。直流电缆截面选择计算可参考《电力工程直流电源系统设计技术规程》（DL/T 5044—2014）中的计算方法。

针对交流配电网改造区域，在保证安全可靠供电的前提下，直流线路可利用已有交流电缆运行。

直流电缆的选择和敷设应符合《电力工程电缆设计标准》（GB 50217—2018）中的有关规定。

线路推荐导线的配电容量与最大供电半径见表13.5。

表13.5　中低压直流配电距离推荐表

电压等级/kV	导线截面积/mm^2	最大载流量/A	配电容量/MW	最大供电半径/km
±50	240	500	23～62	150
±35	240	500	16～44	100
±20	240	500	8～22	70
±10	240	500	4～12	35
±6	300	600	2～7	20
±3	300	600	0.8～3.5	10
±1.5	120	310	0.41～0.93	5
±0.75	120	310	0.24～0.47	2.5
±0.375	120	310	0.08～0.24	1.2
±0.11	150	350	0.02～0.08	0.4

注：本表中为铜电缆推荐数据。

13.2.8　保护配置

直流配电网区域内的继电保护应满足可靠性、选择性、灵敏性和速动性要求，反映直流配电网短路故障和异常运行状态，其配置应满足《继电保护和安全自动装置技术规程》（GB/T 14285—2023）、《电力装置的继电保护和自动装置设计规范》（GB/T 50062—2008）、《低压配电设计规范》（GB 50054—2011）相关要求。

1. 交流侧保护区域

交流侧保护区域包括交流侧变电站、配变、线路、母线及各类配电设备。

2. 交直流互联设备保护区域

交直流互联设备保护区域包括换流变压器、换流器、连接电抗器等交直流互联设备。

3. 直流侧保护区域

直流侧保护区域包括直流变压器、直流母线、直流线路、直流开关设备设施等。

交流侧保护区域应按《继电保护和安全自动装置技术规程》（GB/T 14285—2023）的要求配置继电保护和安全自动装置。

换流变压器应采用差动保护、本体保护；换流器应配置过流保护，并可根据需要增设桥臂电抗差动保护等。

直流变压器可通过电力电子设备实现保护控制功能。

直流配电网内各种类型电源应针对不同特性配置完备的本体保护，保证电源内部出现故障时可靠切除。

直流母线应配置母线差动保护，AC/DC 换流器直流出口可设置断路器，若直流断路器不具备故障限流功能，可根据需要配置电力电子限流设备，母线故障时由故障母线相连的出线出口断路器隔离。

直流配电线路主保护宜选用“全线速动”的保护元件；实现“全线速动”困难时，可采用阶段式保护，时间定值的确定需考虑互联装置动、热稳定性和故障切除时间对故障恢复过程的影响。±10 kV 及以上直流线路应配置直流欠压过流保护、直流电压不平衡保护。

直流馈线宜单端配置断路器，具备过电流保护功能，对于具有分布式电源及储能的馈线还应配置直流方向元件。

直流配电网的继电保护系统应设置断路器等直流开断装置失灵保护。

直流配电网宜依据系统运行要求、直流断路器等直流开断装置的技术条件设置自动重合闸功能。

直流用户端应配置过电流、低电压保护，并具有绝缘监测功能。

直流配电网宜配置故障录波和事件记录仪器。

不同保护区域的配合应遵循如下原则。

①交流侧发生故障时，应由交流侧保护选择性切除故障，尽量避免交直流互联设备保护动作，且不应引起直流侧保护误动。

②交流线路后备保护应确保线路末端出现故障时具有足够的灵敏度，并应与交直流互联设备保护配合。

③直流配电网保护应与互联电网的保护相协调配合，相邻保护范围之间应重叠，避免保护死区，以确保设备及电网安全。交流保护、直流保护与互联装置控制策略间的配合应满足所有运行方式要求。

13.2.9　直流电能量计量装置

直流配电网应明确计量点，电能计量点设置原则上安装在产权分界点处，产权分界点不具备安装条件的应以双方协商为准。直流配电网内部有计费结算要求的分布式电源应安装关口计量装置。计量装置配置要求应符合《电能计量装置技术管理规程》（DL/T 448—2016）和《电能量计量系统设计规程》（DL/T 5202—2022）的相关规定。

每个计量点均应装设双向电能量计量装置，可根据负荷、电源性质，选择直流电能表或多功能电能表。多功能电能表技术性能应符合《电测量设备（交流）　特殊要求　第21部分：静止式有功电能表（A级、B级、C级、D级和E级）》（GB/T 17215.321—2021）和《多功能电能表》（DL/T 614—2007）的相关要求，直流电能表技术性能应满足《电子式直流电能表检定规程》（JJG 842—2017）的相关要求；通信协议应符合《多功能电能表通信协议》（DL/T 645—2007）的相关规定。

用于结算的电能量计量装置，应安装采集设备，接入用电信息采集系统，实现用电信息远程自动采集。

13.2.10　通信系统

通信系统应作为一个整体进行规划，协调发展、资源共享，防止网络重复建设和资源浪费。通信网络应满足实时性、可靠性等要求。

通信系统应与电网一次网架同步规划、同步设计，在一次网架规划时预留相应位置和通道。

通信方式的选择应综合考虑所传输数据实时性要求、通信节点的地理位置分布等因素。

±35 kV 及以上电压等级骨干层通信网络原则上应采用光纤传输网，在条件不具备的特殊情况下，也可采用其他专网通信方式作为补充。

±35 kV 以下电压等级接入层通信网络应因地制宜，可综合采用光纤（工业以太网、EPON 等）、中压载波、无线等多种通信方式。

无线组网可采用无线公网和无线专网方式。采用无线公网通信方式时，应选用专线 APN 或 VPN 访问控制等安全措施；采用无线专网通信方式时，应采用国家无线电管理部门授权的无线频率进行组网，并采取双向鉴权认证、安全激活等安全措施。

配电终端本地通信方式可选择现场总线、以太网、屏蔽双绞线串口、配电线载波、无线公网和无线专网等。

13.2.11　自动化

直流配电网自动化装置配置应满足《配电自动化系统技术规范》（DL/T 814—2013）和《电力系统调度自动化设计规程》（DL/T 5003—2017）对信息采集的相关要求。

通过±10 kV 以上电压等级接入的电力电子设备应纳入地市或县公司调控中心调度运行管理，±10 kV 及以下电压等级接入的电力电子设备应纳入配电自动化系统的监控范围。

自动化采集信息包含但不限于设备状态、电压、电流、功率等。通过±10 kV 及以上电压等级接入的电力电子设备本体监控系统应具备接受调度遥控、遥调指令调整设备工作模式的功能。

13.2.12 接入要求

1. 分布式电源接入

直流配电网供区内应优先满足光伏、风电等直流电源接入。根据电源容量、上级电网状况、线路可接纳能力及地区电网状况等因素，综合选择并网方案。

分布式电源接入应满足直流配电网整体和局部可靠性要求，根据电源开发条件，开展备选电源发电功率预测，分析典型出力特性、设备故障率等指标。

分布式电源并网电压等级，根据装机容量，可按表13.2进行初步选择，最终并网电压等级应根据电网条件，通过技术经济比选确定。若高、低两级电压均具备接入条件，优先采用低电压等级接入。

接入±50 kV～±35 kV中压直流配电网的电源，宜采用专线接入方式；接入±10 kV电网的电源可采用专线接入或T接并网；接入±3 kV及以下电网的电源宜采用T接并网方式。

2. 储能接入

在直流配电网中承担重要用户供电时应急电源功能的储能配置应满足《重要电力用户供电电源及自备应急电源配置技术规范》(GB/T 29328—2018)的要求。

储能系统接入直流配电网后公共连接点处的电能质量，在电压波动、电压偏差等方面应满足《电化学储能电站接入电网技术规定》(GB/T 36547—2024)的有关要求。

储能系统应通过双向电力电子设备接入直流配电网，其容量和接入电压等级根据直流配电网传输容量确定。

储能系统接入直流配电网后，不应导致其所接入直流配电网的短路容量超过该电压等级的允许值。

3. 充换电设施接入

充换电设施所采用的直流标称电压应符合《中低压直流配电电压导则》(GB/T 35727—2017)的要求。

充换电设施的供电电压等级，应根据充电设备及辅助设备总容量，综合考虑需用系数、同时系数等因素，经技术经济比较后确定。

具有重大政治、经济、安全意义的充换电设施，或中断供电将对公共交通造成较大影响或影响重要单位的正常工作的充换电站宜采用双回路供电，应满足如下要求。

(1) 当任何一路电源发生故障时，另一路电源应能对保安负荷持续供电。

(2) 应配置自备应急电源，电源容量至少应满足全部保安负荷正常供电需求。

属一般用户的充换电设施可采用单回路供电，宜配置自备应急电源，电源容量应满足80%保安负荷正常供电需求。

充换电设施接入直流配电网线路应具有较强的适应性，其导线截面宜根据充换电设施最终规划容量一次选定。

4. 用户接入

用户供电电压等级选择应根据电网条件、交直流负荷占比、报装容量等因素，经技术经济比较后确定接入电压等级。用户接入容量和供电电压等级参考见表 13.6。

用户接入应根据报装容量、供电可靠性等因素，综合选择专线接入、用户综合线接入和分支线接入等方式。用户报装容量和接入方式参考见表 13.7。

重要电力用户接入应满足《重要电力用户供电电源及自备应急电源配置技术规范》（GB/T 29328—2018）、《建筑电气设计规范》（GB 50052—2019）的相关规定。

重要电力用户应采用双电源或多电源供电，并应配置自备应急电源，电源配置要求应符合《重要电力用户供电电源及自备应急电源配置技术规范》（GB/T 29328—2018）的相关规定。

表 13.6　用户接入容量和供电电压等级参考

用户接入容量	电压等级
23 MW～62 MW	±50 kV
16 MW～44 MW	±35 kV
4 MW～12 MW	±10 kV
0.8 MW～3.5 MW	±3 kV
500 kW～2 000 kW	±1.5 kV
200 kW～800 kW	750 V
小于 200 kW	400 V

表 13.7　用户报装容量和接入方式参考

报装容量/MW	接入方式
≥8	专线接入
2～<8	综合线接入
<2	分支线接入

13.3　柔性配电网技术

13.3.1　柔性配电网概述

传统配电网（简称刚性配电网，与柔性配电网相对）由于受短路容量、电磁环网等问题的限制，被迫采取闭环设计开环运行的模式。潮流随网络结构参数以及负荷需求而自然分布，只能通过开关操作的网络重构才能在一定程度上改变潮流分布。开环运行对供电可靠性有负面影响，潮流控制力不强对安全性和供电能力也是不利的。

本书将FDN定义为能实现柔性闭环运行的配电网。FDN有两个特征：第一个特征是闭环，这是因为 FDN在闭环点对短路电流具有阻断能力；第二个特征是柔性，即某些节点对所连多个支路的潮流具有多方向连续调控能力，从电网角度看能一定程度改变潮流的自然分布。闭环特征让FDN可能达到更高的供电可靠性，能做到故障或检修时避免短时停电；柔性特征让FDN具备更强大的潮流控制能力，能更快更广地适应负荷与DG的波动。

FDN 概念属于智能配电网的子集。智能配电网是新一代配电网的统称，其内涵非常丰富，既有DG、储能等新元件接入，又包括配电网络自身的升级换代。网络换代有两方面内容。

（1）信息通信技术对二次系统的升级。

（2）电力电子技术对一次系统的升级。

FDN 的提出是针对电力电子技术对一次系统的升级的。FDN 与主动配电网（active distribution network，ADN）概念不同：ADN针对DG进行主动调度，让其与电网协同工作；FDN针对电网一次系统，让其具备柔性能力。二者也存在联系：柔性化提高了电网潮流转移调节能力，有助于间歇性 DG 的消纳，对提高整个配电网的主动调节性也是有益的。

13.3.2 柔性配电网的实现

在已有电网基础上构建FDN，只需要部分关键节点或支路具有柔性闭环能力，这部分节点或支路称为柔性节点或柔性支路。柔性节点或柔性支路的关键设备是电力电子装置。柔性开关本质上是一种两端电力电子装置，可由背靠背电压源型变流器（back-to-back voltage source converter，B2BVSC）、统一潮流控制器（unified power flow controller，UPFC）、静止同步串联补偿器（static synchronous series compensator，SSSC）等电力电子装置实现。若直接使用柔性开关，通常在馈线联络处替代传统开关（以下称刚性开关，与柔性开关相对），这种情况适合单联络接线的柔性改造。

对于多联络接线，既可采用多台柔性开关，也可采用连接效率更高的多端电力电子装置。由于开闭站在现有城市配电网中广泛使用，柔性开闭站（flexible switching station，FSS）是构建 FDN 的关键设施，具有组网效率高、规模易于伸缩扩展的优点，更能满足大规模复杂FDN的组网需求。FSS的核心是一台多端柔性装置，但从配电网工程师的角度来看，更适合视为由通过母线连接的多个柔性开关构成的开闭站，单台柔性开关也可视为 FSS 的特例。FSS的构建还利于结合刚性开关，采用柔性开关和刚性开关的混合方式，混合 FSS 对到变电站的主馈线可采用柔性开关连接，对到次级分支线路可采用刚性开关连接。

13.3.3　FDN 的组网形态

一些新的研究探讨了与我国现状不同的组网形态方式，例如网格化组网、利用能量路由器组网等。但由于我国已基本完成了大规模配网建设改造，现有网络规模庞大，已具有超前性。因此必须考虑从现有接线模式向 FDN 过渡并简化接线。

FDN 并非全面替换刚性开关，而是在关键位置采用柔性开关，这是由于柔性开关造价高，即使大规模应用后也会明显高于刚性开关，在设备可靠性和耐久性方面也很难超过刚性开关。因此，部分柔性化改造会取得性价比更高的结果。

传统配电网的多联络接线比单联络接线具有更高的允许负载率，未来高比例分布式电源需要更灵活畅通的网络结构。因此，本书认为城市配电网采用多端 FSS 对多回馈线进行组网更为合适。

依据配电网规划技术原则，中压配电网中架空网接线模式主要包括辐射和多分段适度联络两种；电缆网主要包括单环和双环两种。如图 13.29 所示。

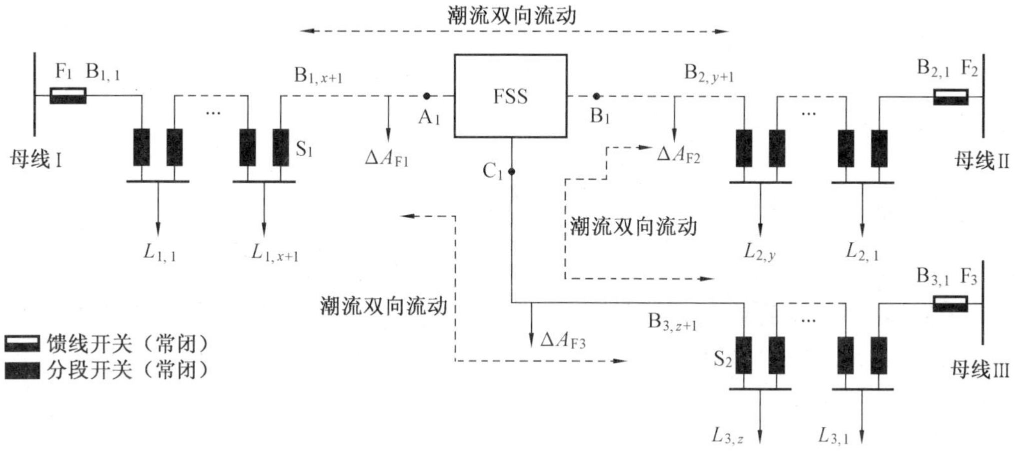

图 13.29　中压配电网中架空网接线模式

13.3.4　柔性配电网的优势

柔性配电网 FDN 的定义及其特征：提出了以柔性开闭站 FSS 为核心的多馈线互联组网形态；提出了从现有接线到 FDN 的过渡方式；提出了 FDN 的运行方式以及安全性分析方法。与传统刚性配电网对比，发现 FDN 的优势如下。

1. 正常运行方面

FDN 能较好地均衡馈线以及变电站主变的负载，安全裕度更高；而刚性配电网会出现重载或者轻载很不均衡的情况。

2. *N*-1 安全性方面

由于 FSS 在多馈线间具有连续负荷分配能力，能充分利用网络相互支持，安全性更高；而刚性配电网依靠开关重构的负荷转移是离散的，相对 FDN 安全性更低。

3. 供电能力方面

FDN 不仅会提升 TSC，并且 TSC 能在各种负荷分布下达到，在实际运用中容易实现；而刚性配电网在很多分布下无法实现 TSC。柔性化是配电网发展的一个重要趋势，FDN 构建会带来很多令人感兴趣的课题，如柔性化程度如何衡量、如何确定合理的柔性度。后续研究还将提高计算精度，计及损耗和 FSS 无功输出的独立性，并考虑 DG、储能、用户响应等因素，研究 FDN 对消纳间歇性 DG 的作用。

必须指出，电力电子器件应用于中压配电网目前还存可靠性、损耗和成本等问题。FDN 的研究仍处于概念和起步阶段，大规模的推广应用还需要时间。但随着科学技术的发展以及新型可关断器件的出现，FDN 在未来应具有广阔的应用前景。

13.3.5 配电网的柔性互联互济新结构与新形态技术

面向未来高比例分布式能源接入配电网的需求，完成智能配电网的一次网架改造和完善，建成支撑高比例分布式能源接入的柔性互联互济的智能配电网新结构与新形态，加强电网技术改造，治理电网安全隐患，提高新能源消纳能力。

13.3.6 柔性配电系统灵活高效调控技术

为满足韧性提升策略实现的快速性，通过有线通信实现多区域系统协同，采用去中心化控制架构取代通信负担大的集中式控制方式将成为发展趋势。因此面向柔性配电系统高灵活性运行，建立支撑柔性配电系统高灵活性运行的去中心化控制架构，是亟待解决的关键科学问题。在分布式控制架构下，需要各分区具备更强的智能化自主决策水平，基于本地信息进行精当决策，支撑系统高灵活性运行，实现柔性配电系统区域自治，实现高韧性供电的目标。

13.3.7 柔性配电系统自适应运行调控技术

在实际配电网复杂运行环境中，精准的配电网络参数往往难以获取，且分布式能源高比例接入，配网用户个体层面的信息收集更加困难，配电系统精确的数学机理模型很难建立，且其适用性较有限，给柔性配电系统的精细化运行调控带来新挑战。因此，充分利用多源数据集合并挖掘其蕴含的重要信息，以数据驱动为核心构建柔性配电系统自适应运行调控新模式成为准确参数匮乏场景下解决电压越限等一系列问题的关键。随着实时量测和通信系统的发展，配电网可以获取海量多源异构的运行数据，利用不断产生的多源数据集合，充分挖掘其中蕴含的重要信息，实质性提升柔性配电系统运行控制在复杂场景下的动态自适应能力。

智能柔性开关（也称软开关，包括 SNOP，SOP，DC Link）是安装于传统联络开关处的一种新型智能电力电子装置，它能使传统闭环设计开环运行的配电网改为柔性闭环运行。传统配电网通过调节开关的开合状态来改变电网拓扑，这种 0-1 调节模式，能在一定程度上改变潮流分布；安装柔性开关后，能平滑调节馈线间潮流分布，其优势主要体现在以下几方面。

（1）响应速度更快，潮流调节能力更强。

（2）降低电网损耗，优化电压分布，提高暂态电压稳定性。

（3）提高对分布式电源波动负荷的消纳能力。

（4）均衡馈线间负载，提高供电能力。

（5）缩小故障停电范围，提高供电可靠性。

第 14 章　高比例新能源并网支撑技术

14.1　高比例新能源并网概述

加强电网运行调度和新能源消纳能力建设。按照分层分区、安全高效原则，推进主网架向“合理分区、柔性互联、安全可控、开放互济”的形态转变，配电网以交直流混合柔性电网+智能微电网等多种形式协同发展。全面推动新型电力技术应用和运行模式创新，优化电网安稳控制系统配置，提升电压、频率调节支撑能力，发展柔性直流输电，全面提升电网开放接入、灵活控制和抗扰动能力。统筹一次网架、设备和通信网，提升电网资源配置能力和智能化水平，提升新能源并网友好性，推动调度运行智能化扁平化。推动电网更好适应大规模高比例新能源发展，增强电网就地平衡能力，大力发展以消纳新能源为主的微电网、局域网，实现与大电网兼容互补。

14.1.1　新能源发电功率预测技术

新能源发电功率预测技术涵盖气象资源的监测、多时空尺度资源预报、不同时空尺度的新能源功率预测等多个环节，从时间尺度上可分为 0～4 h 的超短期功率预测、3 d 的短期功率预测、7 d 的中期功率预测，以及月度、年度电量预测；从空间尺度上可分为场站功率预测、集群功率预测以及省级（地区级）功率预测；从预测对象上可分为对特定时刻功率数值的点预测、对预测不确定性描述的概率预测，以及对特定波动过程的事件预测。

随着我国新能源的快速发展和预测应用场景的变化，我国新能源功率预测的发展方向也在不断变化。在应用层面，一是要延长预报长度。在以火电为主的电源结构下，现有 3 d 预报不能适应机组组合的动态优化需求，需进一步延长气象预报和功率预测长度。二是要提高预测精度。我国新能源装机容量同等预测水平下对应更大的绝对误差，需要进一步提高预测精度。三是要准确把握预报风险。现有功率预测缺乏对预测偏差的科学预估，只能凭借以往运行经验安排调度计划，既可能影响充分消纳，又存在供电不足风险，亟须研究刻画预测偏差范围的概率预测技术，同时提升多层级优化调度与风险防控技术。具体来看，需要持续加强以下几方面研究。

（1）分区精细化建模方法研究。

（2）长时间尺度发电量预测技术研究。

（3）多元功率预测模型集中功率预测算法研究。

14.1.2　新能源发电预测

新能源发电预测用于提高新能源电场/站的出力可预见性，为发电计划编制与电网调度提供决策支持，缓解电力系统调峰、调频压力，使得电网能够在安全稳定运行的前提下，增强新能源发电的竞争力，提高新能源发电的消纳水平。同时，新能源发电预测在电站发电量评估、检修计划编制以及智能运维等方面都将发挥重要作用。

根据预测的时间尺度，新能源发电预测可分为超短期预测和短期预测，超短期预测的时效为未来 15 min～4 h，短期预测的时效为未来 0～72 h。随着预测技术发展和应用场景的丰富，新能源发电预测有了新的需求，延伸出中长期电量预测、气象资源中长期预测等。

1. 超短期预测

常用的预测方法有卡尔曼滤波法、自回归滑动平均法（ARMA）、指数平滑法、人工神经网络法、支持向量机、模糊逻辑法等，其中卡尔曼滤波法是利用有限时间内的观测数据进行预测建模，这种方法适用于噪声信号服从高斯分布的情况。ARMA 可以利用风电场单一风速或功率的时间序列建立预测模型。指数平滑法建立的模型较简单，需要存储的数据少，预测结果依赖于平滑初值和平滑系数。人工神经网络法应用最为广泛，具有较强的容错性以及自组织和自适应能力，对非线性问题的求解十分有效，但存在训练速度慢、容易陷入局部极小等缺点。支持向量机具有全局收敛性、样本维数不敏感、不依赖于经验信息等优点，但最佳核变换函数及其相应的参数确定较为复杂。单纯的模糊逻辑法用于风电功率预测，效果往往不佳，通常要与其他方法配合使用，如遗传算法、人工神经网络法等。

在超短期预测技术的实用化方面，德国太阳能技术研究所开发的 WPMS（wind power management system）中包括了基于人工神经网络（ANN）的超短期预测模型，丹麦科技大学开发的 WPPT（wind power prediction tool）使用自回归（AR）预测模型实现风速和功率的预测建模。

目前，国内外的风电场超短期功率预测主要是基于历史数据来预测风电场功率，也就是在若干个历史数据（包括功率、风速、风向等参数）和风电场的功率输出之间建立一种映射关系，主要包括持续法、线性法、人工神经网络法等。

（1）持续法。

这是最简单的预测方法，是把最近一点的风速或功率观测值作为下一点的预测值，该法适用于 3～6 h 以下的预测。该法通常采用时间序列模型，其预测误差较大且预测结果不稳定。其改进后的方法为卡尔曼滤波法，这一预测方法具有可以动态修改预测权值的优点，且预测精度较高，但是建立卡尔曼状态方程和测量方程较为困难，此方法只适用于在线风力发电功率预测。

采用时间序列法可以对风速进行时间序列分析，然后将其转换成风电场输出功率，也可直接对风电场的输出功率进行时间序列分析。输入数据通常包含风速、风向、气温、气压等 SCADA 实时数据。

（2）线性法。

在线性预测中，应用较为广泛的是 ARMA 法。ARMA 法优于持续法，通常采用一组不同阶数的 ARMA 的模型组合，对提前 1～6 h 的风速及风电场功率进行研究。该法利用大量的历史数据来建模，经过模型识别、参数估计、模型检验来确定一个能够描述所研究时间序列的数学模型，再由该模型推导出预测模型。该法计算精度较高，其中训练数据和验证数据的选取很重要。

根据 Box-Jenkins 方法，可将随机时间序列的模型分为 4 类：自回归模型（AR）、滑动平均模型（MA）、自回归-滑动平均模型（ARMA）、累积式自回归-滑动平均模型（ARIMA）。对于 AR 模型当前时刻的观测值由过去几个历史时刻的观测值和一个当前时刻的随机干扰来表示；对于 MA 模型，当前时刻的观测值由称为随机干扰的白噪声序列的线性组合来表示；将 AR 模型与 MA 模型结合起来，就可以得到 ARMA 模型。

（3）人工神经网络法。

人工神经网络是模仿人脑结构及其功能，由大量简单处理元件以某种拓扑结构大规模连接而成的，对复杂问题的求解比较有效，已有人将其用于风电场风速和发电功率预测。目前广泛应用于风电场风速及功率预测的神经网络为多层前馈神经网络，即 BP 神经网络，它包括一个输入层、一个或多个隐层和一个输出层，层间的神经元进行单向连接，层内的神经元则相互独立。隐层神经元的映射函数常采用 S 型函数，输出层采用线性函数。网络的学习训练过程就是权值的调整过程，由信号的正向传播与误差的反向传播两个步骤来实现。经过良好训练的网络，对于不是训练集中的输入也能给出合适的输出，具有泛化能力，这种能力为预测提供了可能性。人工神经网络法的优点在于能并行计算、有自适应性，可充分逼近复杂的非线性关系。

2. 短期预测

由于国外的风力发电开发较早且其电力市场较为成熟，风功率预测相关软件亦得到广泛的应用。20 世纪 80 年代，Notis 等科学家最早提出了基于天气预报模式预测未来 24 h、时间分辨率为 1 h 的风速预测方法。这一时期科学家的研究主要集中在改进风速预测模型上，先后提出了持续时间序列、多元回归模型、马尔科夫模型、卡尔曼滤波以及 ARMA 模型等风速预测方法，同时也提出了将风向、气压、温度等加入风速预测中提高预测精度的设想。20 世纪 90 年代初，丹麦 Risø 研究室研发了 Prediktor 风功率预报系统，同一时期丹麦科技大学也开发了 WPPT 风电功率预测系统，开启了风电功率预测的商业化模式；20 世纪 90 年代中期，美国 AWS Truewind 公司推出了 eWind 预测系统，其物理和统计方法相结合的混合模型保证较高的预测精度，大大减少了风电场的发电计划考核，优化了风力发电机检修计划，给风电调度提供了较好的辅助决策，因此在北美得到了较好的推广和应用。进入 21 世纪，风力发电短期功率预测模型的在线更新和预测不确定性分析得到了深入研究。有学者对风速预测的线性模型和非线性模型进行了对比，研究表明，非线性模型的预测效果要整体优于线性模型。在各种非线性模型中，神经网络模型预测效果最好。在预测不确定性分析研究方面，德国奥尔登堡大学在 2003 年 Previento 系统的研究中，发现风速短期预测的不确定性独立于预测风速的等级，功率预测的不确定性是风-功率曲线和相关风速预测误差的函数。Risø 实验室研发的 Prediktor 在线系统的研究表明，采用优化的数值天气预报系统能够有效提高风电场的短期功率预测精度。

目前较为成熟的预测系统有以下 14 种，分别应用于 9 个国家和地区的电力系统，具体见表 14.1。

表 14.1　国外各种风功率预测系统的应用情况

国家（地区）	预测系统	备注
德国	WPMS	ISET 开发，应用于德国 4 个电网公司
	Previento	奥尔登堡大学开发，德国气候服务部门（DWD）提供 NWP 模型
丹麦/加州	Prediktor	应用于 SCADA 系统 CleverFarm 中实现维护时序安排功能
丹麦	WPPT	0.5～36 h，Hirlam 气象预测输入，应用在丹麦东部
	Zephyr	集合 WPPT 模型和 Prediktor 模型，应用在丹麦西部
爱尔兰/葡萄牙	MORE-CARE	同时支持 Hirlam，Skiron 的气象预测输入
法国/爱尔兰	AWPPS	统计方法的短期预测，适应性模糊神经网络的中期预测模式
宾州	eWind	采用 ForeWind 数字天气模块
西班牙	Sipreolico	西班牙的 Hirlam 气象预测输入
	LocalPred	西班牙可再生能源中心开发
希腊	NTUA	希腊国立理工大学开发
	AUTH	希腊亚里士多德大学开发
英国	Forecaster	基于自适应回归的统计方法
爱尔兰	HIRPOM	由爱尔兰科克大学、丹麦气象学院合作

目前，国内外的风电场短期功率预测主要是基于数值天气预报来预测风电场功率，也就是利用气象部门提供的数值天气预报模型，对风电场或附近某个点的天气情况（如风速、风向、气温、气压等参数）进行预测，并建立预测模型，再结合其他输入，将数值气象预报模型的预测值转换成风电场功率输出的方法。这类方法的短期预测模型有统

计模型和物理模型两类。

（1）统计模型。

统计模型方法在系统的输入中包含了数值天气预报模型、风电场的测量数据等，并和风电场功率建立了一种映射关系，其中包含线性和非线性函数的关系。其优点是预测具有自适应性，可以自发调节风电场位置，且系统误差自动减小。缺点是需要长期测量数据及进行额外的训练和计算。另外，在极端天气状况下需要进行修正，否则会产生很大的预测误差。

（2）物理模型。

物理模型方法一般采用时间序列模型，其输入数据包含数值天气预报系统的风速、风向、气温、气压等数据。该方法可以根据风电场周围的地形数据（如等高线、粗糙度、障碍物、温度分层等）得到风电机组轮毂高度的风速、风向等信息，并根据风电场的功率曲线计算得到风电场的输出功率。物理模型方法通常采用中尺度或微尺度模型在数值天气预报模型与当地风之间建立映射关系，这一方法包含两个步骤：一是从天气预报点水平外推到风电机组坐标处；二是从气象预报提供的高度转换到轮毂高度。该方法的优点在于不需要大量的、长期的测量数据，且更适用于复杂地形；缺点是需要丰富的气象知识，且建立的模型较为复杂。

以 Prediktor 系统为例，阐述商业化风电功率预测系统的基本模块：首先通过数值天气预报导入需要的风速、风向等气象数据；然后根据地表粗糙度和障碍物及轮毂高度对风速风向进行校正；最后根据考虑尾流效应的电功率曲线模型进行出力预测。其预测流程如图 14.1 所示。

3. 中长期电量预测

新能源中长期电量预测是指未来月、季、年尺度的电量预测，对优化中长期电量计划和提升新能源消纳有重要的作用，还能为新能源跨区域电力交易、新能源电场/站经济效益提供参考。目前，国内新能源中长期电量预测尚处于起步阶段。

中长期电量预测一般是利用气象资源中长期预测结果，通过功率曲线对未来发电量进行估算。气象资源中长期预测可分为动力方法和统计方法。动力方法是通过对描述地球气候系统的状态、运动和变化的物理方程进行数值求解，再现过去、现在和将来的气候状态和各种变化特征，对未来可能发生的气候状态做出估计；统计方法是通过分析历史数据，选取预测因子及预测对象，采用统计方法建立统计预测模型，预测未来可能发生的气候状态。与短期功率预测方法类似，国内较为常见的中长期气象资源预测方法是动力-统计集成方法，既考虑了统计方法充分利用实况历史资料的特点，又结合了动力方法充分利用物理规律的特点，将二者预测结果分配不同权重，得到最终预测结果。

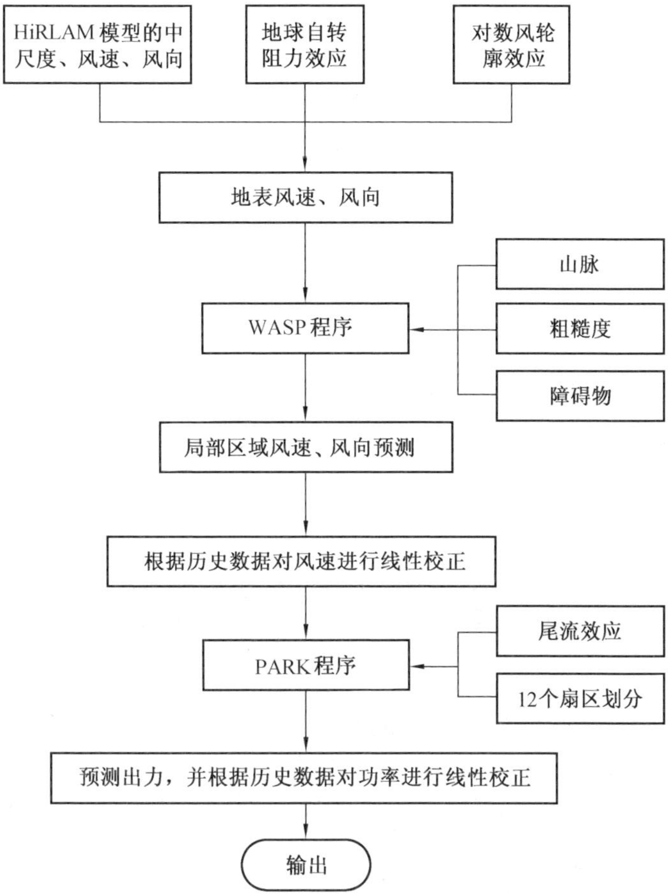

图 14.1　Prediktor 系统预测流程

4. 气象资源中长期预测

中长期电量预测一般基于气象资源中长期预测结果，通过功率曲线对未来发电量进行估算。气象资源中长期预测以月、季、年为时间尺度，预测时间较长，一直以来都是世界性的难题，预测结果的准确率普遍不高。目前，气象资源中长期预测以统计方法为主，动力方法结果作为重要参考。

（1）动力方法。

气象资源中长期预测的动力方法一般通过气候模式来实现。在短期功率预测中已经介绍过数值天气预报模式，用于气象资源中长期预测的模式也是数值天气预报模式的一种，称为气候模式。气候模式与中尺度模式一样，要依靠能够模拟大气和海洋的三维网格，在连续的空间间隔或网格格点上，模式运用物理定律去计算大气和环境变量，模拟大气中气体、粒子和能量的传递；具有相同的描述大气运动的数学物理模型：大气运动方程组、大气中的水循环过程（凝结降水过程）、辐射传输过程、湍流混合过程、陆气相互作用和海气相互作用等。

气候模式与天气模式关注的对象不同，二者在研究内容、分析方式上有明显区别。天气模式主要关注大气的短期变化，故常用对陆气相互作用等过程考虑较少的中尺度模式，气候模式必须考虑地球系统各圈层间的相互作用；天气模式关注的目标是尽可能细致的瞬时天气现象，气候模式研究重点是一定时间尺度、空间尺度的平均状态；天气模式关注的内容是天气的精确演变过程，气候模式研究内容是能量的收支、转换和平衡等。气候模式可分为全球气候模式和区域气候模式。

早期的气候模式称为大气环流模式（GCM）。GCM 等动力学气候模式能对不同时间尺度的大范围气候变化进行模拟，但是这类模式在区域气候的模拟和预测中不是很好。其原因是水平分辨率低，不能细致描述区域内中小尺度地形、地表特征和其他因子对区域气候变化的影响。

区域气候模式（regional climate model，RegCM）是由美国国家大气研究中心（NCAR）开发的。第一代 NCAR RegCM 是由 Dickinson 和 Giorgi 等于 1980 年后期在 NCAR-宾夕法尼亚州立大学（PSU）的中尺度模型 MM4 的基础上建立起来的。其动力学分量源自 MM4，它是一个可压缩的有限差分模型，并带有流体静力学平衡和垂直 S 坐标，且加入了显式分裂积分方案，以及一个减少在较大地形梯度时产生的水平辐射的算法。

大尺度的环流模式往往不能较好地模拟区域气候特征，区域气候模式具有分辨率高、对大地形模拟较精细等优点，能够较好地模拟区域气候变化特征，在世界范围内应用广泛。

区域气候模式 RegCM4 是由意大利国际理论物理研究中心（Abdus Salam international center for theoretical physics，Abdus Salam ICTP）发展的 RegCM 系列的最新版 RegCM4。RegCM4 是在 RegCM3 的基础上发展起来的。RegCM4 模式的动力结构是采用 MM5 物理框架，它与 MM4 类似。相比于 RegCM3，最新版本的 RegCM4 成功实现了与化学模块、新的陆面模式 CLM3.5 的耦合，并且加入了新的混合方案，比如对流参数化方案 Tiedtke，边界层方案 UW-PBL 等，并且允许用户选择大陆和海洋的标识功能。其中的陆面模块 CLM3.5 是一种发展很成熟的陆面模式，它能较好地模拟陆面过程。

（2）统计方法。

统计方法在资源中长期预测中得到广泛的应用，主要方法有：回归分析、方差分析、概率转移、判别和聚类分析、神经网络、各种改进的经验正交函数展开等。统计方法需特别注意预报时效的问题，预报时效指发布预测结果与预测起报点之间的时间间隔。一般统计方法的步骤可分为预测对象、预测因子、建立模型、后报实验。

预测对象可根据气象要素和现象的特点取为平均值（例如风速）、总量（例如太阳辐射）或者距平（例如位势高度场）等。有时，仅预测其在预测时段内的倾向、趋势或等级。例如对于某站太阳辐射，我们可以预测日辐射量，也可以预测日辐射量距平。

气象资源中长期预测的预测因子是极端重要的，预测因子的选取直接影响到预测结果的好坏，应该选择那些与预测对象关系密切，并且有物理意义的要素作为预测因子。预测因子既可以是大气内部的因子，也可以是外部的强迫因子，甚至可以是地球系统外的因子。此外，由于短期气候预测是对月、季和年的预测，因而我们还应该注意预测因子的预报时效性。

建立模型就是使用预测因子和预测对象以前的历史资料，依照采用的预测方法，求解预测因子与预测对象之间关系的过程。建立预测模型时，采用的方法有多种，主要包括线性方法[多元线性回归方法、逐步回归方法、主分量分析（PCA）与多元线性回归相结合的方法]，PCA 与 CCA、SVD 相结合的方法和非线性方法（人工神经网络方法等）。在建立预测模型这一步骤中，是知道预测因子和预测对象的结果，去求解它们之间关系的过程，这就是我们所说的求解“反问题”过程。

后报试验就是利用建立模型的物理预测因子数据，代入建立好的模型中去计算，将算出的结果与真实的观测结果进行比较，检验该预测模型对历史拟合的能力。一般来说后报试验对历史拟合的准确率都较好。独立试报试验是利用选择的物理预测因子实时数据，代入预测模型中去计算预测结果，然后与观测资料进行对比来检验该模型的实时预测能力。由于在独立试报中使用的是物理预测因子的实时数据来进行预测，它的预测准确率可以较好地反映所选择的物理预测因子以及预测模型的好坏。在这一步骤中，知道实时预测因子以及预测因子与预测对象之间的关系（即预测模型），求解预测结果的过程，就是我们所说的求解“正问题”过程。

14.1.3　发电量转换

发电量转换主要是建立气象要素与电站发电量的映射模型，能够通过统计方法实现，其目的是建立风速/太阳辐射与电站发电量之间的对应关系。下面介绍风速/太阳辐射-电量曲线拟合方法。

风电场/光伏电站历史电量数据会受到限电、发电单元损坏等情况的干扰，从而导致发电量不能正确表示资源的利用情况。因此，在拟合风速/太阳辐射-电量曲线时，应排除这些干扰，即选取非受控时段、稳定运行的风电场/光伏电站历史电量数据和历史气象监测数据作为样本，建立日平均风速/日辐射量与日发电量的对应关系

$$g_{\mathrm{d}} = f(x) \tag{14.1}$$

式中，g_{d} 为历史日发电量；x 为日平均风速/日辐射量；$f(x)$为拟合函数，可参考前面提到的神经网络、支持向量机、线性回归等方法。

利用拟合的风速/太阳辐射-电量曲线，以气象资源中长期预测结果为输入样本，即得到预测日发电量 G_{d}。以预测日发电量为基础，按月、年算术求和可得预测月、年发电量。

1. 爬坡预测

爬坡预测技术用来预测某一风电场或者某一区域风电出力的上、下波动。出力上爬坡是指一段时间内（通常为 1 h）风电出力的增加量超过装机容量的指定阈值比例（通常为 20%），出力急剧上升大多由强低压系统或气旋、低空急流、雷暴雨等天气引起；出力下爬坡是指一段时间内风电出力的减少量超过装机容量的指定阈值比例（通常为 15%），出力急剧下降主要由气压坡度的急剧放缓以及大风切机两种情况引起。

随着风电装机容量的快速增加，风电出力的波动性尤其是急剧爬坡对电网的安全稳定运行带来很大影响。在风电出力急剧上升的时候，若常规火电机组无法短期内减少相应出力，则需要对风电场的部分出力进行限制；在风电出力急剧下降的情况下，调度机构需及时开启水电等快速启动机组，否则会造成切负荷事故。因此爬坡预测技术在风电功率预测系统中的作用非常重要，随着风电出力占比越来越大，更需要准确的爬坡预测算法，给调度人员提供辅助决策。

与常规短期和超短期预测相比，爬坡预测更有挑战性。爬坡预测的误差主要体现在时间误差、爬坡速率误差及爬坡量误差 3 个方面。

风电爬坡事件预测研究较为成熟，作为“事件预测”，其预测对象是一个风电功率的变化过程，因此与针对单个时间点的常规风电功率预测有所区别。目前，根据预测模型和方法的不同，可以大致将爬坡预测分为两类。

一类是基于物理方法。极端气象条件下风速快速变化是引发风电爬坡事件的主要原因，因此，可采用物理方法，基于数值天气预报模型对风速进行预测，进而依据风电机组的功率特性曲线计算风电场输出功率。

另一类是基于统计学习方法。风电爬坡事件可视为一段风电功率时序变化过程，因而可采用时间序列、机器学习等统计方法进行预测，预测模型的输入数据除应包括风电功率历史数据外，还应结合风电爬坡事件与气象条件的统计关系，以提高预测准确度。

通常物理方法相对适合做长期预测，统计学习方法则在短期/超短期时间尺度上预测精度较好。物理方法因为其不需要历史数据，比较适合新建或新规划的风电场的爬坡预测，但是采用物理方法需要考虑气象变量及地形、尾流效应等的影响，模型会比较复杂。而统计学习方法只需要了解输入和输出之间的统计关系，相对易于实施。

另外，引起爬坡事件的气象因素多种多样，主要分为水平气象过程和垂直气象过程。水平气象过程包括冷暖风、海陆风、山谷风等，依靠现有的数值天气预报技术可较好地进行预测；而垂直气象过程，如对流、雷暴等，发生较为突然，时间尺度小，且对某些气象变量敏感度高，采用现有的 NWP 技术难以预测出准确的发生时间和地点。

2. 极端天气对预测的影响

在我国的北方、西北地区，出现-20℃以下的气温及大雪、大风并不会是偶然的。对于全球来说，俄罗斯、美国北部、加拿大、欧洲北部等，极端低温和风雪更是常事。而影响风光场站发电的天气现象不只有低温和大雪，还包括台风、暴雨、洪涝、雷暴、冰雹、沙暴、雾霾、降雪、极寒等极端天气。

如沙暴天气在我国西部时常发生，沙暴所带来的大量积尘会遮蔽达到组件的光线，严重影响发电量，同时还影响组件散热，进一步影响转换效率，并且带有酸碱性的灰尘长时间沉积在组件表面，会侵蚀板面造成板面粗糙不平。

在我国的东部和北部地区，雾霾天气也较为严重。雾霾中悬浮颗粒物和 NO_2 浓度较高，对太阳光吸收和反射增强，导致光伏组件表面接收到的太阳光辐照强度降低，从而导致光伏电站发电量降低。而且如果雾霾天气频繁持续出现，电池组件表面的颗粒物不断累积，在组件表面会形成难以清洗的积尘遮挡，造成电池组件表面污染，影响组件寿命。

高温会影响光伏组件的发电输出，温度上升 1 ℃，晶体硅太阳电池最大输出功率下降 0.04%，开路电压下降 0.04%（−2 mV/℃），短路电流上升 0.04%。但是，低温也会对光伏组件有影响，光伏组件的材料中，像玻璃、铝边框、电池片等无机材料，一般来讲对温度的依赖性较小，最怕的或许是低温冰雹对玻璃的撞击，而组件材料中的封装材料、背板、接线盒等有机材料，往往是最怕极高或极低的温度的，通常会使组件材料的脆化温度和玻璃化转变温度发生变化，从而影响光伏组件转换效率。

传统的极端天气预测研究主要集中在月和季节的平均气候状况，同时也包括对延伸期（11～30 d）和年度气候趋势的预测。这些预测内容涵盖气温、降水等气象要素相较于平均状态的偏离程度，以及重要天气过程和极端气候事件的预测。通常采用统计方法、动力方法和动力统计相结合的方法。

（1）统计方法即利用历史观测数据，应用各种统计方法建立预报量与预报因子之间的转换函数，预测诸如强降水日数、高温日数、低温日数等极端气候要素。转换函数包括线性回归、非线性回归、人工神经网络、典型相关分析或主成分分析等。

（2）动力方法即首先利用大气模式或海气耦合模式的回报序列，统计所预报的极端气候变量阈值，然后根据气候模式数值模拟结果，预报极端气候的强度、发生概率或频次。

（3）动力统计相结合的方法，即采用模式输出统计预报的方法，近年统计方法进一步发展，如与随机天气发生器结合进行极端气候变量的预测。

将极端天气事件预报应用于新能源发电功率预测，将会在一程度上提升功率预测精度水平，增强极端天气条件下新能源场站管理水平。

光伏功率预测对天气类型和空气质量要求比较高，当雾霾天气发生时，发电量会急剧下降。以在某年 11 月 4 日发生在我国北方地区一场雾霾事件为例，通过某天气网 App

客户端查出当日该地区雾霾较为严重，区域内雾霾指数为中度污染。实时天气状况截图如图 14.2 所示。

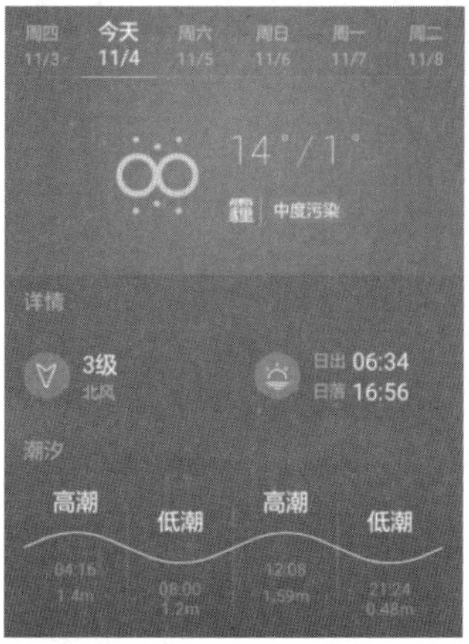

图 14.2　实时天气状况截图

通过区域内网公司调度平台的发电功率预测系统，定位到该地区由于受雾霾影响，该区域光伏实际出力水平一般，发电效率低下，如图 14.3 所示。

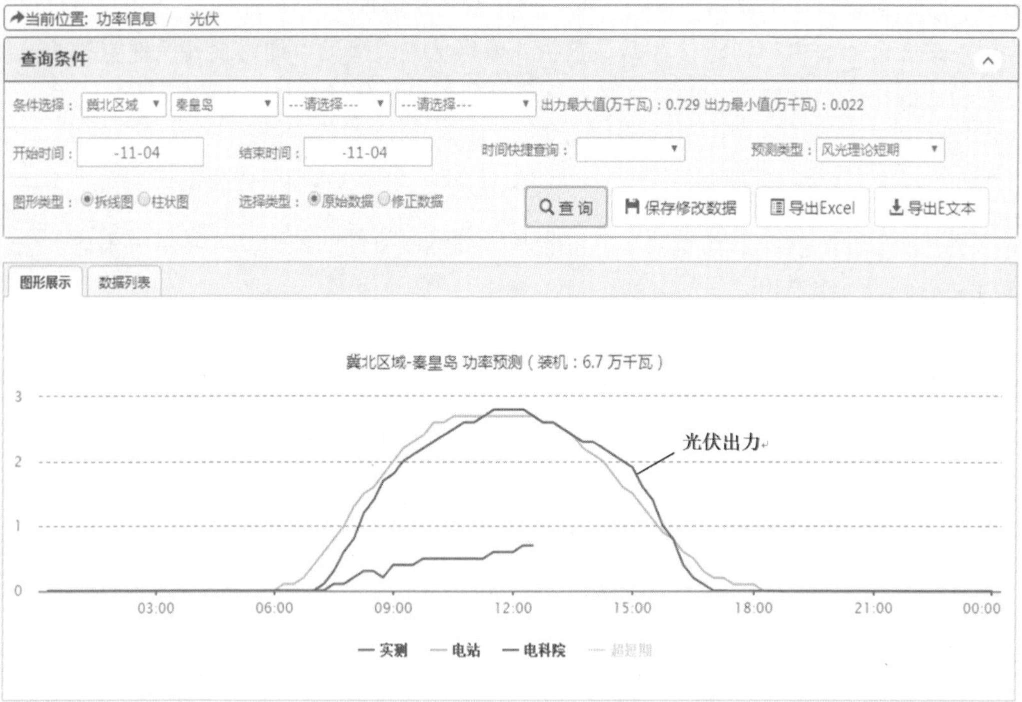

图 14.3　雾霾影响下的区域光伏出力曲线

由图 14.3 可以看出，区域光伏的实际出力与没有考虑雾霾事件影响的光伏理论预测出力差距非常大。雾霾对光伏发电的影响非常严重，可以让光伏出力跌落到正常出力的 30%以下，给地区电网运行安全带来风险。

如图 14.4 所示，前面遭受雾霾侵袭区域里的某光伏电站，通过连续多天的数据监测，较为完整地记录了一次雾霾侵袭该光伏电站的影响过程。可以发现某年 11 月 1 日该地区没有雾霾，该光伏电站的光伏出力较为平稳，可以达到正常的发电水平。从该年 11 月 2 日开始，该光伏电站所处区域大气质量变得不稳定，雾霾事件开始发生。该年 11 月 3 日开始，该光伏电站地区受雾霾侵袭，光伏电站实际出力下降，严重影响光伏发电效率，给光伏发电造成损失，同时也给地区电网带来运行风险。同时，雾霾天气也给光伏发电预测带来难度，导致光伏预测误差偏大，其主要原因是中尺度数值天气预报没有准确预测出受雾霾影响的空气指数。而雾霾的区域特性和形成机理复杂，其组成成分的不同，对光伏发电的影响也会不同。所以，要想提高预测精度，需要针对雾霾发生机理、雾霾监测手段与数值预报模型相结合，开展联合建模预报技术研究。

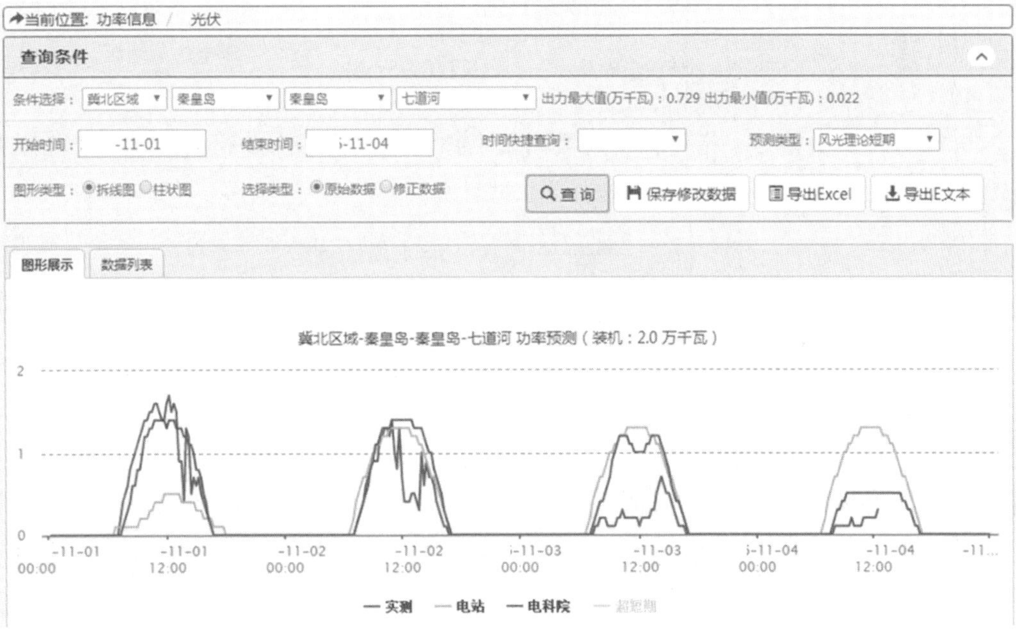

图 14.4　雾霾影响下的某光伏电站出力曲线

3. 预测误差评价及应用

新能源发电与气象紧密相关，结合气象预测的特性，预测必然会产生误差。如何准确评估新能源功率预测的误差环节，分析评价误差，增强新能源发电预测的可用性，显得尤为重要。以风光发电为主的可再生能源大规模并网，以及风光出力的不确定性，给电网的调度运行带来了严峻的挑战。本节将分别从新能源发电预测评估、预测不确定度估计、预测结果的相关应用展开叙述，力求可以恰当地说明新能源出力不确定性评估如何应用到电力系统调度领域，服务于电网生产运行。

14.1.4 新能源发电预测评价指标

1. 场站评价指标

评价指标包括 95% 分位数偏差率、准确率、合格率、平均绝对误差率、极大误差率以及预测数据上报率。

（1）95% 分位数偏差率。

95% 分位数偏差率包括 95% 分位数正偏差率和 95% 分位数负偏差率。95% 分位数正偏差率指将评价时段内单点预测正偏差率由小到大排列，选取位于 95% 位置处的单点预测正偏差率，按如下公式计算：

$$\begin{cases} E_i = \dfrac{P_{Pi} - P_{Mi}}{C_i} \geqslant 0, \quad i = 1, 2, \cdots, n \\ E_j = \mathrm{sortp}(E_i), \quad j = 1, 2, \cdots, n \\ \mathrm{Per}_{95} = E_j, \quad j = \mathrm{INT}(0.95 \cdot m) \end{cases} \tag{14.2}$$

95% 分位数负偏差率指将评价时段内单点预测负偏差率由大到小排列，选取位于 95% 位置处的单点预测负偏差率，按如下公式计算：

$$\begin{cases} E_i = \dfrac{P_{Pi} - P_{Mi}}{C_i} \leqslant 0, \quad i = 1, 2, ..., n' \\ E_j = \mathrm{sortn}(E_i), \quad j = 1, 2, ..., n' \\ \mathrm{Per}_{95} = E_j, \quad j = \mathrm{INT}(0.95 \cdot m') \end{cases} \tag{14.3}$$

式中，Per_{95} 为 95% 分位数偏差率，Per_{95} 取值步长根据具体情况而定；P_{Pi} 为 i 时刻预测功率；P_{Mi} 为 i 时刻可用发电功率；C_i 为 i 时刻开机容量；E_i 为 i 时刻预测偏差率；E_j 为排序后的单点预测偏差率；sortp(·)为由小到大排序函数；sortn(·)为由大到小排序函数；INT(·)为取整函数；n 和 n' 分别为评价时段内的正偏差样本数和负偏差样本数，不少于 1 年的同期数据样本。

（2）准确率（C_R）。

准确率（C_R）按如下公式计算：

$$C_\mathrm{R} = \left(1 - \sqrt{\frac{1}{n}\sum_{i=1}^{n}\left(\frac{P_{Pi} - P_{Mi}}{C_i}\right)^2}\right) \times 100\% \tag{14.4}$$

式中，P_{Pi} 为 i 时刻的预测功率；P_{Mi} 为 i 时刻的可用发电功率；C_i 为 i 时刻的开机容量；n 为统计时段内的总样本数。

（3）合格率（Q_R）。

合格率（Q_R）指预测合格点数占评价时段总点数的百分比，合格点数是指预测绝对偏差小于给定阈值的点数，计算公式为

$$Q_R = \frac{1}{n}\sum_{i=1}^{n} B_i \times 100\% \tag{14.5}$$

$$B_i = \begin{cases} 1, & \dfrac{\left|P_{Pi} - P_{Mi}\right|}{C_i} < T \\ 0, & \dfrac{\left|P_{Pi} - P_{Mi}\right|}{C_i} \geqslant T \end{cases} \tag{14.6}$$

式中，B_i 代表 i 时刻预测绝对误差是否合格，若合格为 1，不合格为 0；T 为判定阈值，依各电网实际情况确定，一般不大于 0.25。

（4）平均绝对误差率（M_{AE}）。

平均绝对误差率（M_{AE}）按如下公式计算：

$$M_{AE} = \frac{1}{n}\sum_{i=1}^{n}\left(\frac{\left|P_{Pi} - P_{Mi}\right|}{C_i}\right) \times 100\% \tag{14.7}$$

（5）极大误差率（E_V）。

极大误差率（E_V）包括正极大误差率和负极大误差率，按如下公式计算：

$$E_{V_{pos}} = \max\left(\frac{P_{Pi} - P_{Mi}}{C_i}\right) \times 100\%,\quad i = 1, \cdots, n \tag{14.8}$$

$$E_{V_{neg}} = \min\left(\frac{P_{Pi} - P_{Mi}}{C_i}\right) \times 100\%,\quad i = 1, \cdots, n \tag{14.9}$$

式中，$E_{V_{pos}}$ 为正极大误差率；$E_{V_{neg}}$ 为负极大误差率。

（6）预测数据上报率（R_r）。

预测数据上报率（R_r）按如下公式计算：

$$R_r = \frac{R}{N} \times 100\% \tag{14.10}$$

式中，R 为评价时段内数据上报成功次数；N 为评价时段内应上报次数。

2. 调控机构评价指标

评价指标包括 95% 分位数偏差率、准确率、合格率、平均绝对误差率、极大误差、极大误差率以及预测数据上报率。

95% 分位数偏差率、准确率、合格率和预测数据上报率统计方法与场站评价指标相同。

（1）平均绝对误差率（M_{AE}）。

平均绝对误差率（M_{AE}）按如下公式计算：

$$M_{\text{AE}}=\frac{1}{n}\sum_{i=1}^{n}\left(\frac{\left|P_{Pi}-P_{Mi}\right|}{T_{\text{C}_i}}\right)\times 100\% \tag{14.11}$$

式中，T_{C_i} 根据需要采用 i 时刻的电网用电负荷、电网旋转备用容量、风电开机容量。

（2）极大误差和极大误差率（E_{V}）。

极大误差和极大误差率（E_{V}）按如下公式计算：

$$E_{\text{pos}}=\max(P_{Pi}-P_{Mi}) \tag{14.12}$$

$$E_{\text{neg}}=\min(P_{Pi}-P_{Mi})$$

$$E_{\text{V}_{\text{pos}}}=\max\left(\frac{P_{Pi}-P_{Mi}}{T_{\text{C}_i}}\right)\times 100\%，\quad i=1,\cdots,n \tag{14.13}$$

$$E_{\text{V}_{\text{neg}}}=\min\left(\frac{P_{Pi}-P_{Mi}}{T_{\text{C}_i}}\right)\times 100\%，\quad i=1,\cdots,n$$

式中，E_{pos} 为正极大误差；E_{neg} 为负极大误差；$E_{\text{V}_{\text{pos}}}$ 为正极大误差率；$E_{\text{V}_{\text{neg}}}$ 为负极大误差率。

14.1.5 新能源发电资源评价

1. 风光资源预报综合评价

风光资源预报评价的对象为数值天气预报中的预报风速和太阳辐照度，统计指标包括平均准确率和相关系数，评价指标为风速预报指数和太阳辐照度预报。

风速的平均准确率通过统计预报风速与实测风速的相对偏差得到，计算方法如下：

$$A_{\text{C}_i}=\left(1-\frac{1}{n}\sum_{i=1}^{n}\frac{\left|V_{Mi}-V_{Pi}\right|}{V_{\max}}\right)\times 100\% \tag{14.14}$$

相关系数用于衡量预报风速与实测风速趋势的一致性，计算方法如下：

$$r_{\text{nwp}}=\frac{1+\dfrac{\sum_{i=1}^{n}\left[\left(V_{Mi}-\overline{V}_M\right)\left(V_{Pi}-\overline{V}_P\right)\right]}{\sqrt{\sum_{i=1}^{n}\left(V_{Mi}-\overline{V}_M\right)^2\sum_{i=1}^{n}\left(V_{Pi}-\overline{V}_P\right)^2}}}{2} \tag{14.15}$$

式中，V_{Mi} 为 i 时刻的测风塔实测风速；V_{Pi} 为 i 时刻的预报风速；$\overline{V}_M$ 为实测风速的平均值；$\overline{V}_P$ 为预报风速的平均值；$V_{\max}$ 为实测风速的最大值；n 为参与统计的样本个数。

以风速预报指数综合评价单一预报风速的精度，风速预报指数由平均准确率和相关系数加权获得。

$$W'_{\mathrm{PI}} = k_1 \cdot A_{\mathrm{C}_i} + k_2 \cdot r_{\mathrm{nwp}} \tag{14.16}$$

式中，k_1、k_2 为组合系数，且 $k_1 + k_2 = 1$。

以区域风速预报指数综合评价特定区域内风速的预报精度，计算方法如下：

$$R_{\mathrm{WPI}} = \sum_{j=1}^{n} k_j \cdot W'_{\mathrm{PI}_j} \tag{14.17}$$

$$k_j = \frac{C_j}{C_1 + C_2 + \cdots C_n} \tag{14.18}$$

式中，C_j 为第 j 个风电场的装机容量；n 为评价区域内的风电场个数。

太阳辐照度的平均准确度、趋势的一致性和预报指数综合评价方法，则是通过统计预报辐照度与实测辐照度的相对偏差计算得到，其计算方法与风速的平均准确率相同，风速与太阳辐照度计算的差别在于太阳辐照度需要对太阳近地面短波辐射的直接辐射、散射辐射和总辐射进行分别计算评价。

2. 风光发电资源与预测评价

风光场站功率预测评价主要对短期预测功率和超短期预测功率进行评价。

（1）短期功率预测的误差指标。

短期功率预测的误差指标包括极大误差率、准确率、合格率、相关系数等，各指标的计算方法如下：

极大误差率

$$E_{\mathrm{V}} = \max\left(\frac{\left|P_{Pi} - P_{Mi}\right|}{C_i}\right) \times 100\%\text{，}\quad i = 1, \cdots, n \tag{14.19}$$

准确率

$$C_{\mathrm{R}} = \left[1 - \sqrt{\frac{1}{n}\sum_{i=1}^{n}\left(\frac{P_{Mi} - P_{Pi}}{C_i}\right)^2}\right] \times 100\% \tag{14.20}$$

合格率

$$Q_{\mathrm{R}} = \frac{1}{n}\sum_{i=1}^{n} B_i \times 100\% \tag{14.21}$$

$$B_i=\begin{cases}1, & \dfrac{|P_{Mi}-P_{Pi}|}{C_i}<0.25\\ 0, & \dfrac{|P_{Mi}-P_{Pi}|}{C_i}\geqslant 0.25\end{cases} \tag{14.22}$$

相关系数

$$r_{\text{power}}=\frac{1+\dfrac{\sum_{i=1}^{n}\left[\left(P_{Mi}-\overline{P}_M\right)\left(P_{Pi}-\overline{P}_P\right)\right]}{\sqrt{\sum_{i=1}^{n}\left(P_{Mi}-\overline{P}_M\right)^2\sum_{i=1}^{n}\left(P_{Pi}-\overline{P}_P\right)^2}}}{2} \tag{14.23}$$

式中，P_{Mi} 为 i 时刻的实测功率；P_{Pi} 为 i 时刻的预测功率；$\overline{P}_M$ 为实测功率的平均值；$\overline{P}_P$ 为预测功率的平均值；C_i 为 i 时刻的开机容量。

短期预测综合评价指数用于评价短期预测功率的整体精度水平，计算方法如下：

$$C'_{\text{EI}}=k_1\cdot(1-E_{\text{V}})+k_2\cdot C_{\text{R}}+k_3\cdot Q_{\text{R}}+k_4\cdot r_{\text{power}} \tag{14.24}$$

式中，k_1、k_2、k_3、k_4 分别为不同误差指标对应的权值系数，满足 $k_1+k_2+k_3+k_4=1$。

（2）超短期功率预测误差指标。

超短期功率预测误差指标包括超短期预测合格率、极大误差率、准确率和相关系数。超短期预测合格率定义如下：单次预测功率中第 1 点预测结果的绝对误差小于持续法（以上一时刻实测功率作为下一时刻预测功率的方法），且单次 16 点预测序列的准确率大于对应时段短期预测结果的预测称为合格预测，合格预测次数与预测总次数之比的百分数定义为超短期预测合格率。

$$S_{\text{QR}}=\frac{n}{m}\times 100\% \tag{14.25}$$

式中，n 为合格预测次数；m 为预测总次数。

其余指标的计算方法如下：分别提取单次 16 点预测功率中的第 1 点，第 2 点，…，第 16 点，构造 16 个不同预测提前时间的预测功率序列，针对各序列分别进行误差指标的统计，误差计算方法与短期误差指标相同。

超短期预测综合评价指数用于评价提前 4 h（第 16 点）的超短期预测精度水平，计算方法如下：

$$S'_{\text{CEI}}=k_1\cdot S_{\text{QR}}+k_2\cdot(1-E_{\text{V}})+k_3\cdot C_{\text{R}}+k_4\cdot r_{\text{power}} \tag{14.26}$$

式中，k_1、k_2、k_3、k_4 分别为不同误差指标对应的权值系数，满足 $k_1+k_2+k_3+k_4=1$。

14.1.6　预测结果应用研究

1. 高峰低谷时段预测误差

高峰低谷区间误差用于评价短期预测功率中系统负荷高峰区间的最大正向误差和负荷低谷区间的最大负向误差，根据系统负荷曲线确定高峰、低谷区间，以高峰、低谷时刻前后 1.5 h 以内的区间作为高峰、低谷评价区间，取区间内的实测功率和预测功率，分别统计高峰区间正向误差的最大值和低谷区间负向误差的最大值，其中：

最大正向误差

$$E_s = \max\left[\max\left(\frac{P_{Pi} - P_{Mi}}{L_i}\right), 0\right] \tag{14.27}$$

最大负向误差

$$E_d = \max\left[\max\left(\frac{P_{Mi} - P_{Pi}}{L_i}\right), 0\right] \tag{14.28}$$

2. 预测不确定度估计

由于数值天气预报的误差和预测模型的随机性，风电功率预测呈现出较强的不确定性。相比较常规的确定性预测，风电功率的概率预测则包含了更多的有效信息，因此可以更好地应用于辅助决策和发电计划。目前比较常用的概率预测方法有分位数预测和区间预测，两者之间存在着一一对应的关系。

θ 分位数预测是指在某一时段风电预测的平均出力小于指定阈值的概率为 θ。β 区间预测则是对应于 $\left[\frac{100-\beta}{2}, \frac{100+\beta}{2}\right]$ 之间的分位数预测，对于某一 99 MW 装机容量的风电场，分位数预测和区间预测示意图如图 14.5 所示。

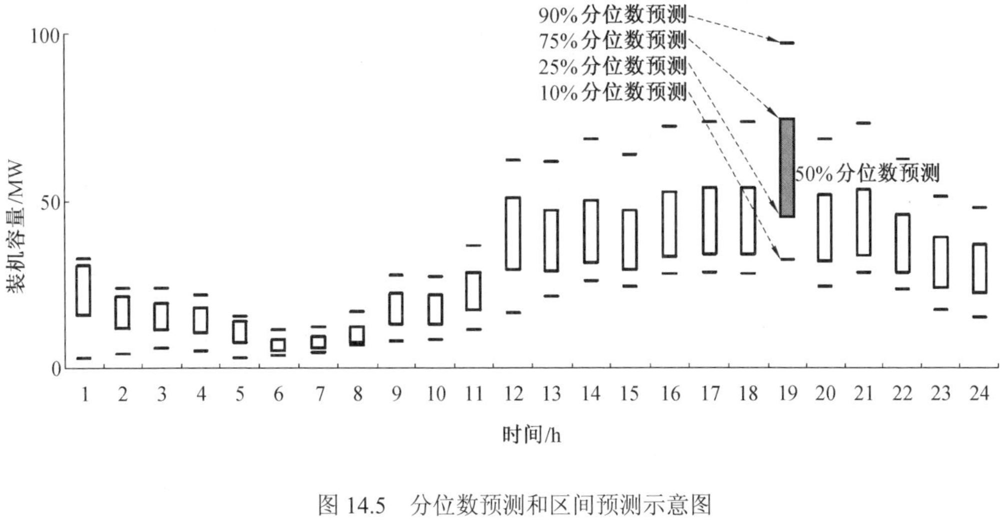

图 14.5　分位数预测和区间预测示意图

概率预测的应用主要包括两个方面。

（1）国外主要应用于最优出力上报。

由于国外风电场参与电力市场竞价，若某一时段上报参与竞价的出力为 P_{bid}，而实际出力为 P，日前市场电价为 C_{spot}，上下误差处罚电价分别为 C_{+}、C_{-}，其最终受益函数如式（14.29）所示。

$$B=\begin{cases}P\cdot C_{\text{spot}}-C_{+}\cdot(P-P_{\text{bid}}), & \text{若}P\geqslant P_{\text{bid}}\\ P\cdot C_{\text{spot}}-C_{-}\cdot(P_{\text{bid}}-P), & \text{若}P<P_{\text{bid}}\end{cases} \tag{14.29}$$

考虑实际出力的随机性，则可以计算出最优的竞价出力应按照 $\dfrac{C_{+}}{C_{+}+C_{-}}$ 的分位数预测结果上报。

（2）国内主要将区间预测应用于风电调度。

根据短期预测和超短期预测的区间，由上下限的出力水平制订相应的日前计划和日内滚动实时电力平衡，对于风电调度人员起到了较好的辅助决策作用。

数值天气预报（NWP）数据对基于 NWP 的风电功率预测至关重要，在 NWP 数据转化为风电输出功率的过程中会带来一定的误差，理论上风电功率预测的误差来源有以下两个方面。

①NWP 是在一定的初始和边界条件下，通过数值求解大气运动方程，从而预知大气运动状态的技术。受初/边界条件及地形、粗糙度描述的准确性，次网格尺度物理过程的引入和数值方法自身的误差等因素的限制，数值天气预报的误差是客观存在的，并且具有较大的不确定性。数值天气预报的准确性也是影响风电功率预测精度最主要的因素。

②风电机组功率曲线。风电功率预测本质上是模拟风力发电机的风电转换过程，因此无论是物理模型还是统计模型都不可避免地显式或隐式包含风电机组功率曲线信息。而典型的风力发电机功率曲线为非线性曲线，因此在风电转化过程中必然会出现对风误差的放大或缩小效应。同时，预测采用的功率曲线一般为风力发电机理论功率曲线，受设备工况、气象条件等因素的影响，理论功率曲线与实际功率曲线会有一定的差别，因此功率曲线的不准确性也将在一定程度上影响功率预测误差。

一般来说，NWP 数据的不确定性随着预报时长的增加而增大。为分析不同预报时长对预测风速不确定性的影响，需要构建不同预报时刻的 NWP 序列，与相同时刻测风塔风速序列数据进行误差计算，针对每一个误差序列进行分析，分别计算其平均误差和标准差。以各个误差点的平均误差绘制误差曲线，计算 95% 置信度下的置信区间，以评价 NWP 风速的系统性偏差。以标准差评价样本与其均值的偏离程度，标准差越大，误差分布越离散，风速预报的不确定性越大。

通过大量的数据验证，可以得到以下结论。

①NWP风速与风力发电机功率曲线是影响风电功率预测不确定性的重要因素。

②不同预报时长、不同预报风速水平下的NWP风速误差总体满足正态分布，且预报不确定度随着预报时长的增加、预测风速水平的增大而增大。

③风力发电机理论功率曲线、实际功率曲线的不确定性以及功率曲线的固有特性都会对功率预测结果的不确定性产生影响。

另外，风电功率预测方法本身也会引入误差，其理论上是通过确定性数值预测，计算得到的预测结果为确定性数值，由于风能具有波动性和随机性的特点，确定性的预测结果难以满足电网和风电场运行风险决策的要求，单一而确定的预测结果往往不适应风险分析与调控的需要。因此，应该对功率预测值包含的风险做出合理的评估。对风电功率进行概率性预测将有助于决策者在电网规划、风险分析、可靠性评估等方面更好地把握数据的变化情况。

从不同角度，利用不同方法，通常对风电功率不确定性技术的研究应用主要有以下几种。

①将风电功率样本根据预测值大小进行分区，对每个分区内预测误差的概率密度函数进行建模。

②通过分析实测功率以及不同高度的气象数据对功率预测结果的影响，建立基于神经网络的误差带预测模型，实现了误差带预测。

③分析历史功率的预测误差及其特性，采用非参数区间估计风电功率预测值的置信区间。

④利用历史数据求得历史的预测误差及其分布特性，将预测误差按风电场功率值大小划分区间，在已建预测模型的基础上应用蒙特卡罗随机模拟原理，进行风电场功率短期预测不确定性分析，得到不同置信水平下的预测波动范围。

这些预测方法可以在不同场景的应用中，在一定程度上的置信度水平下，反映风电功率整体变化波动情况的概率性区间预测结果，为电网企业风险评估提供了分析依据。

14.2 新能源发电并网与运行控制技术

14.2.1 应用电力电子技术

在现代化科技水平逐步提升的趋势影响下，电网在运行期间的自动化水平、智能化水平更高，想要实现电网的自动化运行，便要着重关注对电力电子技术的运用，并将其作为主要依据。电力电子技术，主要是将微网结构作为基础条件而加以运用的，此种技术能够与微网的实际运行标准相契合，制造出可以为电网运行提供良好条件的电力电子设备。例如，并网逆变器是新能源发电并网系统中十分重要的基本设施，构成此设备的元件一般都是通过连接电力电子变换器与微网的方式来达成相应效果的。此设备的系统运行期间的表现大致为速率快、过流性能低下等。另外，运用电力电子技术，可以对微网结构的控制性能进行弥补与提升，从而对新能源发电并网系统进行高效化管理与控制。

14.2.2 运用微网技术

在实际运用微网技术期间，一般会用到分布式微源、电能转换设施、能源储备设施等，这些装置除了可以科学有效地处理能源，还能够为形式各异的能源发电转化目标提供保证。微网技术是可以完善新能源技术并网系统的主要技术手段，不仅可以为当地电力市场供给充足的能源，还能够将剩余的电力能源并入电网之中，防止过度浪费电力能源。然而，在微网中，各种各样的新能源会极大地影响到电网运行的安全性，在考虑电网安全运行需求的基础上，要采取有效的控制技术来管理微网技术的使用情况。在微网运行期间，需要关注所有零部件存在的问题，采取适当的调节与改良措施，避免过度影响微网在电力系统中的使用效果，确保电网运行的安全性。

14.2.3 进行微网能量管理

在微网不断运行的过程中，能量管理是最具核心作用的组成部分。当前，市场在电力资源方面的需求越发高涨，微网在运行期间，能够综合考虑电力资源在发电方面的具体需要，采取灵活的方式来调整分布式设备与负荷，实现对现有电力系统的改良与完善。除此以外，在使用微网期间，能够促使微电源、电网之间进行能量互换，如果电网系统运转过程中产生了偶发状况，可以对一部分不重要的负荷提高电力系统负荷的承载性能。

14.2.4 对微网故障问题进行检测与维护

微网技术的运用，可以为新能源发电并网系统的运转带来保障，因此，需要确保微网处于正常运转状态，实时监测微网的运行情况，并对其进行保护，及时针对微网当中存在的故障进行分析，采取适宜的维护手段与处理措施。在新能源发电并网系统当中，微网运行故障主要包含故障电流、设备损坏等。在开展微网故障问题检验并采用保护措施时，首要任务是将分布式电源功能是否可以充分发挥出来这一问题作为着手点，采用对应的措施来保护分布式电源。另外，对于微网系统中的故障损坏问题，要对当前应用在微网系统当中的设备不断进行研究开发，并采用优化措施，方可保证微网技术能够在新能源发电系统中发挥更佳效果。

14.2.5 规模化新能源接入系统方案研究

分析日间用电负荷类型、特性、新能源出力特性，研究就地、就近新能源消纳能力，研究新能源接入配电网承载能力，研究提出多种分布式新能源接入设计方案；从方案造价、预期功能效果及实现可行性等方面开展研究，提出分布式新能源规模化接入布局建议及接入设计方案。

14.2.6　新能源规模化接入配电网的调控技术研究

分析区域典型用电负荷特性、供给侧分布式新能源出力特性，研究形成规模化分布式新能源项目在保障就地负荷用电需求、最大化消纳利用新能源的功能体系，研究适配不同典型系统场景的系统内部分布式新能源机组的协调互补运行策略。

14.2.7　多接入点新能源发电系统与配电网的无功协调控制技术研究

研究新能源发电单元的无功-电压主动支撑控制技术；研究分布式新能源发电集群的无功-电压主动支撑及协调控制技术；在现有光伏逆变器/风力发电机变流器基本控制不变的情况下，提出通用型新能源发电单元动态电压支撑实现方案；研究基于分布式新能源系统与电网实时工况特性的电网无功动态支撑控制参数优化整定方法。

14.2.8　新能源场站集群协同控制技术研究

研究大电网运行态势主动感知及运行决策技术，在主动感知电网运行需求的基础上，研究新能源场站集群协同主动支撑电网调峰、主动平抑有功功率、主动提升新能源消纳能力、主动支撑电网一次调频、惯量响应、快速调压等关键技术，改善大电网运行性能。

14.3　“源网荷储”协调互动的电力系统调度控制技术

重点开展“源网荷储”协同互动可调度潜力研究，“源网荷储”协同互动环境下电网特性分析，互动主体特性分析与建模，“源网荷储”协同互动优化调度互动控制技术，以及支撑“源网荷储”协同互动的有源配电网技术。

重点突破“源网荷储”协同互动的电力系统运行机理和调度控制技术，包括运行机理分析、运行态势感知、多元资源多级协同智能调控、信息安全防护等一批关键核心技术，开展市场机制设计。重点研发“源网荷储”多元资源智能感知和运行监测系统、“源网荷储”服务云平台、大电网及配电网“源网荷储”多元协同调控系统和基于区块链的交易系统，提出“源网荷储”资源的接入和网络通信安全要求，形成标准规范和可复制、易推广的互动交易机制。示范应用大规模、多类型“源网荷储”多元资源参与电网互动。

14.3.1　强化广域“源网荷储”互动管控平台支撑力量

“源网荷储”的高效互动管理需要高技术的有效支撑。以南方的某经济发达省份为例，其资源相对匮乏，是典型的能源依赖区，从其他区域输入电力是该省的必然选择，属于“西电东送”当中的重要消费省份。但是巨大的清洁能源并入电网后会带来一些负面问题，比如电压越限和潮流过载等情况，为输电安全造成了一定的隐患。该省在解决这一问题的实践中形成了以互联网与清洁能源为核心的“源网荷储”互动在线管控平台，这样能够把风能、光能、潮汐能等各类再生能源有效地并入全省的能源保障体系当中，同时也能够大幅提升远距离输电的效能，电网配置体系和硬件设施也能够符合远距离输送电的相关要求。在这一过程中着力形成了 3 个子系统。

一是能源需求和输出互动系统建设。其重点是对应用端的终端设备管理模块进行开发通过，对用户居民分布式电源、电动类汽车和储能装置等的海量信息进行收集和分析，对电能负载分布情况进行精准计算，集中调配资源输出负荷，实现统一调度和高效管理。

二是大电网的安全管控系统。该系统以确保电网输配送安全可控、提升系统安全防护能力为目标，通过信息采集、感应预警故障、清除和紧急报停等模块在电力输配送中出现重大安全故障时，能够实现智能化控制，在极短的时间内，根据负荷重要性的先后顺序，对一些需要重点保障的关键用户，电厂辅助机械、大型电厂设备等以外的设施进行复核中断，从而达到复合控制与发电机组之间快速调节功能的协同。

三是打造泛信息通信系统，依托大数据、云计算、人工智能以及区块链等技术，打造更加高效集成智慧化的通信控制和信息共享系统，实现各类信息流的互动集约。通过信息通信两大系统的构建，能够对信息数据资源进行优化整合，进一步发挥资源价值，从而对电源端、电网端、用户端等多区域数据构建起高度集中、分布计算、信息互通互享以及状态感知和及时科学调控的一体化算力系统。

14.3.2 发挥“源网荷储”互动机制作用在互动管控平台的应用

搭建好互动管控平台就需要在能源输出、电网配送、负荷和能源存储 4 个方面之间建立起更加现代智能和友好的互动机制，从而实现最终的“源随荷动、源网互动、网荷互动、网储互动”目标。

（1）将电力系统资源配置平衡。

作为提升常规发电机组调节响应能力的有效手段，以此来更好地迎合负载的实时变化。以东南某省为例，通过调节性能实时监测，可以将全省近 1 000 W 的火电机组加入线上测试评价体系当中，使发电企业的调节能力全面提升。

（2）实现电源与电网之间的联动配合。

通过交直流输电技术的科学合理运用，以及微网技术的相关配合，实现新能源电源精准化的控制。在功率合理调整、电网变压器灵活调节等方式作用下，降低新能源出力波动对电网稳定运行造成的一些负面影响，从而提升新能源并入电网的适应能力。

（3）通过与用户签订用电协议，运用一定的激励措施，将负荷转化为电网的调控资源。

结合电网故障处理和资源平衡的相关需求，实现灵活和动态的管控。以市场化机制为准则，按照“谁投资谁受益”的原则，通过双边协定、经济方法引导大量的负荷资源，主动去调整改变电力消费形式，加入互动当中。

（4）网储互动。

有效地运用储能装置的双向调节功能，把放电和充电两大模块集约整合，类似于超大容量充电宝，根据用电的波峰波谷变化情况来合理地调节充放电结构，以此实现充放电调节的快速、科学、精准，能够实现电网调峰调频、需求响应备份等多种快捷服务。实践操作中可以利用电化学等储能装置，把补峰填谷的作用有效地发挥出来，让复合曲线更加平稳，实现电网送电和配电的瞬时平衡。

14.3.3 多元合作利益共享形成机制凝聚合力

（1）打造需求端积极响应机制。

把用户端的负荷管理从原来的行政化手段转化为市场化调节机制。利用经济杠杆作用来更好地调整负荷，需要发挥杠杆的撬动作用，进一步激发电网市场需求主体对于合理节约用电的主动性和积极性。而结合杠杆的调节作用，利用峰值电价的加收部分，进行需求响应用户费用补贴，从而更好地转移和分散用电尖峰负荷，让用电安全宽裕程度更加丰厚，电网对清洁能源发电的吸收能力进一步提升。

（2）打造负荷中断共享补偿机制。

通过资源补偿机制，利用市场交易平台在公平公正的契约基础上实现民用用电负荷、公用用电负荷以及其他用电负荷之间的合理调配和资源优化配置，并对其价格实行相应的补偿。通过精准规划，编制计划，实施和恢复送电保障等全流程措施的运用，推动网荷的有效互动。需要进一步发挥电网在连接能源生产侧与消费侧的枢纽作用与平台优势，积极推动“源网荷储”协同互动。

14.4 电网控制保护与安全防御技术

14.4.1 电力系统稳定概述

电力系统的主要任务就是向用户提供不间断的、电压和频率稳定的电能。它的性能指标主要包括安全性、可靠性和稳定性。电力系统可靠性是指符合要求长期运行的概率，它表示长期连续不断地为用户提供充足电力服务的能力。安全性指电力系统承受可能发生的各种扰动而不对用户中断供电的风险程度。稳定性是指经历扰动后电力系统保持完整运行的持续性。

14.4.2 电力系统安全稳定控制模式的分类

按照信息采集和传递以及决策方式的不同，电力系统安全稳定控制模式可以分为以下几种。

（1）就地控制模式。

在这种控制模式中，控制装置安装在各个厂站，彼此之间不进行信息交换，只能根据各厂站就地信息进行切换和判断，解决本厂站出现的问题。

（2）集中控制模式。

这种控制模式拥有独立的通信和数据采集系统，在调度中心设置有总控，对系统运行状态进行实时检测，根据系统的运行状态制定相应的控制策略表，发出控制命令并实施对整个系统的安全稳定控制。

（3）区域控制模式。

区域控制型稳定控制系统是针对一个区域的电网安全稳定问题而安装在多个厂站的安全稳定控制装置，能够实现厂站间运行信息的相互交换和控制命令的传送，并在较大范围实现电力系统的安全稳定控制。

14.4.3 电力系统安全稳定控制的关键技术

1. 电力系统安全稳定控制的常用技术

（1）低频控制技术。

低频振荡与系统网络结构、运行状况及发电机磁系统参数密切相关，产生的原因主要包括远距离的输电电路发生功率摆动、大区间联系弱、大机组系统阻尼变弱、远距离输电线路中部或受端的电压不足等。在安全稳定控制装置内增加低频检测判据和控制策略，可以实现对低频振荡的及时检测和控制。具体措施包括增强网架、串联补偿电容、采用直流输电方案和在远距离输电线路中部装设同步调相机以加强电压支撑的作用。

（2）低压控制技术。

电压不稳定是促使低压控制技术产生的重要动力因素，因为电压不稳定往往导致整个系统的不稳定。电压崩溃是伴随电压不稳定导致电力系统大面积、大幅度电压下降的过程，致使大范围内停电。低压控制技术能利用相关的信息管理系统采集当前系统运行时的各种数据，同时还可以针对可能造成电压崩溃的预想事故进行暂态电压稳定（小于10 s）和中期电压稳定（10～30 s）分析计算，提出电压预防性控制措施。

（3）过频控制技术。

如果送电联络线发生跳闸，相关的电网就会因为功率过剩导致发电机加速和电网频率的升高，而过高的频率是导致电网不稳定的重要因素。过频切机是目前电网系统所普遍采用的防止频率过高的防护措施。过频切机的运行机制就是根据电网电源的分布情况合理配置过频切机装置和这些装置的动作值。为了提高动作的可靠性，应设有频率启动级和频率变化率闭锁。

2. 基于光电传感器的新技术

与传统的电压和电流互感器相比，新型光学电流和电压互感器具有非常明显的优势，如良好的绝缘性能、较强的抗电磁干扰能力等。与现代数字信号处理器（DSP）技术紧密结合的光电传感器成为电力系统安全稳定控制技术的新导向，同时将其应用于全球定位系统（GPS）中，可以使广域中采集实时量的统一时标问题得到有效解决。这一问题的解决对促进继电保护技术的进一步发展发挥了至关重要的作用。

3. 自适应稳定控制技术

使控制系统对未建模部分的动态过程以及对过程参数的变化变得不敏感是自适应控制的最终目标。其作用原理为：当系统控制过程发生动态变化时，自适应控制系统就能及时捕捉到这一变化并实时调节控制策略和相关的控制器参数，从而实现系统的稳定控制。除此之外，为了使控制操作更为精确，安装有自适应稳定控制系统的电力系统主站或调度中心还可以根据其所接收的电网实测数据及时完成紧急控制策略的自动优化，从而有效实现电力系统的自适应稳定控制，同时还具备相关的事故自动处理功能。目前，自适应稳定控制技术与电力系统紧急控制在线决策技术以及广域测量技术的有效结合实现了电力系统安全稳定的广域测量分析控制一体化，为实现电力系统安全稳定提供了极为重要的技术支撑。

14.4.4　电力系统安全稳定控制技术应用分析

1. 电力系统安全稳定控制体系的构建

在进行电力系统规划设计时要把电力系统的安全性放在首要位置，确保电力系统的持续安全稳定。因此，运用电力系统安全稳定控制技术构建合理的、具有预防性控制调度手段的电网结构，组成一个完备的电网安全防御体系是预防电力系统动荡因素和大停电事故的有效方式。电力系统安全稳定控制体系是一个综合性的系统工程，涉及电网结构设计、电力系统运行方式规划、安全稳定控制和系统自动控制等方面。电力系统安全稳定控制体系可以分为受扰动前的电力系统安全保障体系和受扰动后的电力系统安全稳定控制体系。安全稳定控制体系由 3 道防线构成。

第一道防线：用于保证系统正常运行和承受各类电力系统大扰动的安全要求。在发生安全故障时，该防线可以借助继电保护机制安全快速切除故障元件，确保电网发生常见的单一故障时能够正常稳定运行。该防线主要应用了继电保护、一次性系统设备以及安全稳定预防性控制技术等措施。

第二道防线：该防线借助稳定控制装置及切机、切负荷等稳定控制、功率紧急调制、串联补偿等技术措施来有效预防稳定破坏，实现系统参数发生严重越限时的紧急控制，从而确保在发生严重故障时电网能继续保持稳定运行。

第三道防线：该防线采用系统解列、再同步以及频率及电压紧急控制等技术实现系统崩溃时的紧急控制，从而当电网遇到多重严重事故而稳定破坏时可以有效防止事故扩大，从源头上杜绝电力供应中大面积停电的出现。

2. 电力系统安全稳定控制过程分析

电力系统作为一个极其复杂的非线性的动态大系统，由于系统的电气量变化范围相对比较大，而且持续的时间短，分析计算又相对比较烦琐，电力系统安全稳定控制过程实现起来也相对较为复杂，为了更好地保证电力系统的安全稳定控制效果，要求相关安全控制策略的分析计算应在事故发生前做好充分的相关准备工作。解决这一问题的方法一般有两种。

（1）在线方法。

该方法主要是根据当时电网的实时运行状态由在线决策系统的服务器对可能发生的相关故障进行稳定分析计算，从而形成当前电网的稳定控制策略表。需要指出的是，该方法的实现需要当前电网的运行状态和大量相关的数据信息，实现起来比较困难，在实际的分析计算中很少采用该方法。

（2）离线方法。

该方法是人为通过对电网不同运行状态下可能遇到的故障进行稳定计算分析后形成电网的稳定控制策略表的一种分析计算方法。相比于在线方式，该方法实现起来比较简单，缺点是计算、维护工作量大，对电网发展变化的适应性较差。

电力系统安全稳定控制过程的核心就是要生成电网的稳定控制策略表，而系统稳定控制决策的主要任务就是通过不断计算分析当前这些控制策略表内容以形成新的控制策略，从而不断刷新稳控装置的策略表的控制策略。然后在事故发生时这些稳控装置就可以根据事故前电网运行方式、有关参数及故障类型查找预先存放在装置内的控制策略表，采取相应的措施，保障电力系统的安全稳定运行。

14.4.5 小结

充分发掘与综合运用信息技术和计算机网络以及控制领域的先进技术来为电力系统安全稳定控制服务，是提升电力系统安全稳定控制水平的有效方式。我们应探索应用新的电力安全控制技术及其运用的合理模式，确保电力系统的安全稳定运行。

第 4 篇

新型电力系统——荷端

构建新型电力系统建设的能源高效利用技术包括产消融合互动技术、低碳综合能源供能技术、终端部门电气化技术 3 部分，如图 1 所示。

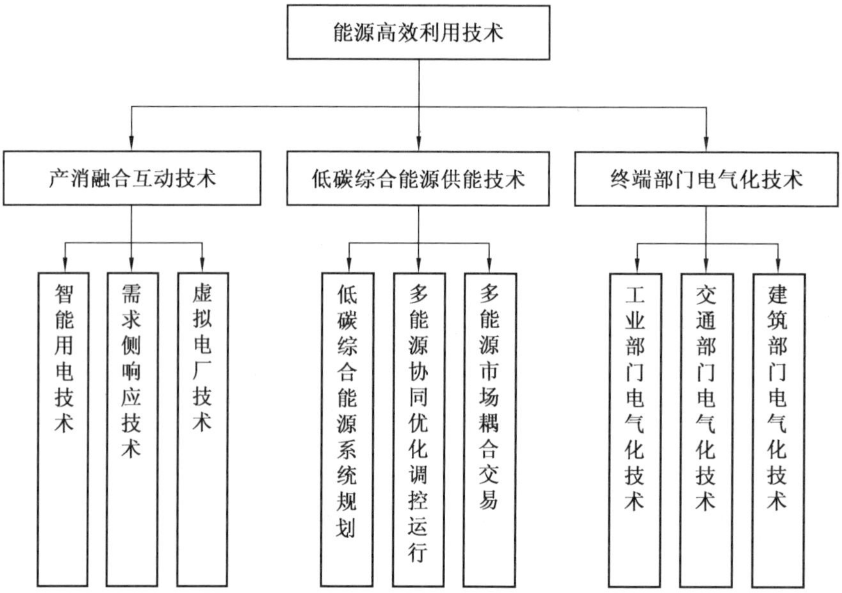

图 1　电网技术

第15章　产消融合互动技术

信息通信技术的飞速发展为电力系统带来了新的发展机遇与挑战。用户能源电力数据采集、深度挖掘以及供需互动涉及信息通信、电力系统、云计算、人工智能等基础理论与关键技术，是智能电网发展的重要领域。通过解决用户群体多能信息融合和深度挖掘、多元用户用能形态特征提取和建模等问题，实现用户侧和供给侧双向能源信息的交互行为精准分析与预测，并结合系统供需信息开展灵活高效调控，对建立科学合理的电力能源市场模式、用户侧资源的充分利用和优化配置意义重大。产消融合互动技术是电力能源生产、消费和管理模式发生重大变革的支撑性技术。

产消融合互动技术覆盖市场机制设计、源荷协同调度等关键环节，主要包含智能用电技术、需求侧响应技术、虚拟电厂技术等方向。其中智能用电技术包括智能用电关键技术与装备研发、需求侧潜力分析与特性挖掘，主要面向新型电力系统供需互动的基础设施建设与用户数据分析。需求侧响应技术包括海量需求响应主体互动机制与架构设计、大规模工业需求响应、电动汽车等灵活性资源互动，主要面向负荷侧，侧重市场机制与政策激励。虚拟电厂技术包括信息通信、自动需求响应，侧重区域内各类分布式资源的聚合与协同控制，可直接接受电力系统调度机构的调度。

15.1　智能用电技术

坚强、自愈、兼容、经济、集成、优化是智能电网的重要特征。建设智能电网不仅仅是传统电网和特定系统的升级和改造，而且需要实现需求侧响应，以及系统和用户的双向互动。因此需要先进的传感通信技术、高级量测技术、分析和辅助决策技术、可视化技术等作为保证。

智能用电是中国坚强智能电网的重要组成部分。智能用电和电力用户关系最为紧密，智能用电建设的好坏直接关系到电网的能源使用效率、经济运行和有序用电，会对电网建设、节能环保、电能质量管理产生深远的影响。

1. 高精度状态感知关键技术与装备研发

供需互动的实施依赖于可靠的智慧用电基础设施与装备。目前亟须研发低成本、高可靠、具备即插即用功能的能源交互终端和智能表计，开展自动状态感知技术研究，对用户电、气、热、水等不同能源的使用情况进行精准测量与自动分析。

2. 弹性潜力分析与特性挖掘

实现用电侧智能化，必须根据用电数据提取特征模型或用能模式，进而分析其互动潜力。

15.1.1 智能用电技术概述

所谓智能用电，通俗来讲是指通过对电力的智能化掌控和支配，以及通信技术支持下的电力信息终端交互功能，从而实现电力的优化配置、节能环保，使人们的生活变得更加轻松、便捷。智能用电这一概念的提出与低碳经济下的节能用电需求和建设坚强智能电网的政策密切相关。

智能用电技术涵盖了高速实时通信、智能电能表、智能采集、双向交互和需方响应等多方面的技术，是计算机应用技术、现代通信技术、高级量测技术、控制理论和图形可视化等学科交叉的技术集群。

15.1.2 用电系统的现状

由于过去的电网建设一直是“重发输电，轻配用电”，因此用电系统建设相对比较薄弱，自动化、信息化程度不高。用电系统实用化程度不高，无法对用电系统进行信息化、自动化、标准化管理，更谈不上实现电力企业和电力用户的双向信息交互，无法满足智能用电对需方响应的要求。

从 20 世纪 90 年代中期起，国家电网公司旗下的网省公司对用电系统的标准化、自动化建设进行了有益的探索。在标准化建设方面，浙江、黑龙江等省相继出台了关于现场管理终端和低压集中抄表系统的一系列标准和技术规范。在应用方面，江苏、浙江等省在低压用户集中抄表系统方面做出一定的探索。在大用户、台区抄表中大量使用的负荷管理终端和配变监测终端，由于采用了 GPRS 公网通信、230 MB 无线或光纤等方式，得到了广泛的应用，积累了丰富的运行经验，取得了良好的经济效果。2006 年起，黑龙江、河北等省积累的新一代低压用户集抄系统的建设经验，也为实现智能用电的建设打下了坚实的基础。

15.1.3 智能用电建设技术路线

我国智能用电的建设将是一个持续、渐进、丰富和完善的过程。在智能用电技术研究的整体思路上必须遵循“明确目标，滚动修正，持续提升、深化完善”的科学发展观。因此，智能用电的发展既要立足于目前发展期的现实，又要兼顾未来成熟期的前景；既要满足近期需要，又要适应未来发展。

首先，智能用电技术的研究应该采取“产、学、研”结合的方式，集中攻关。积极吸收相关先进技术，集中展开科研攻关，解决智能用电面临的关键技术难题。

其次，智能用电体系及框架研究按照高标准、高起点、严要求的原则，全面科学评估国际国内先进的标准化技术体系和最佳实践效果，以基于现实和发展的眼光构建高标准的智能用电体系架构。同时智能用电应着眼于未来，兼顾现实的原则，高起点开展关键性技术研究。在智能用电新技术研究过程中，应严格设计标准、设计方案、设计过程、试点项目、测试数据，客观真实地总结新技术的应用情况。

最后，坚持理论研究和实践相结合的原则；依托网省公司实施示范性工程；为新技术在智能用电领域的应用提供技术支持和技术储备；对示范性项目做好科学评估，总结试点经验和教训，做好合理整改；智能用电坚持按区域特点分阶段逐步推广，逐步总结，逐步调整，逐步完善。

15.1.4　高速通信技术

高速通信技术是支撑智能电网的关键技术，对于智能用电也不例外。其主要特征如下。

（1）骨干、大容量光纤通信网络到台区及有条件的小区和居民家中，满足用电数据采集和交互信息传输。

（2）基于广域同步时钟（如 IEEE1588）对时功能，确保重要节点负荷、功率等采集量在同一时间断面上。

（3）抗干扰能力强的无线通信技术和无线组网技术，应用包括 Zigbee 在内的微功率无线通信方式。

（4）公网通信（包括 3G 在内的新一代公网通信方式），基于语音、数据、视频的传输。

（5）在条件不具备的地区，可考虑电力线载波作为补偿。

（6）信息安全加密。

15.1.5　智能电能表技术

智能电能表属于多功能电能表的范畴，新一代智能电能表最大的特点就是可以将人力解放出来实现自动抄表、自动测量管理。自动抄表包括抄收和存储智能燃气表、智能水表等表计的功能；自动量测管理不仅包括对动态浮动的快速响应、切换、实时结算，还包括记录异常的用电量故障，对自身硬件运行状况进行自我诊断、评估和修复。

智能电能表的推广应用，可以促进供电企业由人工抄表向自动抄表转型，同时能够获取更加详细的用电数据，经过分析与处理，将实时电价信息、缴费信息和用电信息等通知给用户，这样就可以更加优质地为客户服务，并促使用户更加科学合理地用电，共同积极地参与到负荷调节中来。具体表现在以下几个方面。

（1）抄表实行智能化电表后，不再需要抄表人员到现场进行集抄，而是实现数据全采集，抄表人员基本实现转型或转岗，只需要智能电能表维护人员不定期到现场进行巡查核对，出现异常后进行核对修正。由于采用了预付费方式，减少了抄表人员，可以把抄表人员培训成智能电能表维护人员；采集的数据准确性更高，提升了供电服务水平；可以按日计算电费，实现每日抵扣预收电费，有利于提高电费回收率。

（2）核算实行智能化电表后，由于数据采集准确性较高，因此不需要电费核算环节，而是每月确定一个固定抄表结算日，由系统自动判断电量电费是否异常，无异常即自动发送电费信息，若有异常，就发起异常流程到电费中心，由电费核算人员负责判断处理。由于采用了预付费方式，减少了电费核算人员，可以把电费核算人员培训成数据采集异常分析处理人员；由于数据采集准确性较高，因此由于抄表差错需要处理的件数也就减少了。

（3）在预付费模式下，停电很方便，只要主站触发停电指令，远程即停电，而且客户无法私自进行操作。

15.1.6 智能采集技术

智能采集终端对大用户专变、公变和低压居民用户用电信息进行自动采集。实现用户侧电能量信息、负荷数据、用电设备数据采集及在线诊断，支持实时数据的远传。其主要特征如下。

（1）实时采集电力用户侧电能量信息，并计算出实时负荷、整点电量、月累计电量、已购电费（电量）、剩余电费（电量）等用电数据以及计量工况。

（2）根据主站设置的超限定值，对采集的用电信息进行统计、分析，判断数据是否超限，并根据统计结果生成相应的事件记录。

（3）根据主站设置，终端定时冻结日、月和抄表日用户负荷数据，以及终端设备运行工况，生成用电负荷曲线。

（4）根据主站下发的控制定值，实时监测用户用电情况，自动执行本地功率闭环控制、本地电量闭环控制，并能够执行主站遥控、保电/剔除、催费告警、控制解除等控制命令，引导用户合理有序用电。

（5）进行变压器、开关、电源分配箱等设备数据的采集，进行在线设备故障诊断和分析，提高设备使用的安全性。

（6）采集更多的电网实时运行数据（电压、电流、功率等），从而掌握更加详细的用户负荷情况，加强需求侧管理，为电网规划和扩容提供决策支持数据。

（7）采集终端间支持快速通信，用于在线分析用电异常情况。

（8）实时监测和预警电能质量，必要时提供无功补偿和谐波治理方案。

（9）支持装置级的线损和变损分析、统计及曲线的存储。

（10）基于 IPv6 技术下的终端设备的管理，实现采集终端与主站、电能表及终端之间数据的无缝传输。

（11）实现用户定制模式下的个性化数据采集。

（12）能够实现厂矿、企业、家庭电器工作参数、环境参数等多种数据的定时采集和召唤采集。

（13）可进行用电效能分析，为客户提供经济、安全的电能。

15.1.7　交互终端技术

智能交互终端为电力企业和电力用户之间的交互提供了友好、可视的交互平台，是电力企业提供人性化管理、连接客户的桥梁。

基于网络化、人机交互，融合业务与功能的原则，凭借用电信息采集系统的网络平台，直接向用户显示用电信息、用电方式、告警信息以及电价政策等相关内容。

对于居民用户，将用电信息采集系统通信网络向用户家庭延伸，可在家中安装用电显示终端，采用 TFT 液晶屏显示，可以直接连接到家庭电气线路上，以采集器或者电能表为网关，通过电力载波通道，自动监测自家的电能表，提供实时用电信息，也可以接收用户用电信息采集系统下发的各类信息。

（1）用户可以通过简单操作，主动查询历史用电记录、历史交费记录、历史数据统计图形等。

（2）居民及大型专变用户可及时获得用电量、电价、预付电费、剩余电费等信息，家中购电。

（3）供电局可根据剩余电量情况给居民发送停电、缴费通知，欠费、违约金提醒，进行电价政策宣传、社区信息发布等。

（4）查询功能，用户通过各类终端设备（手机、网络等）进行用电信息的查询。

（5）对用户用电设备进行监测，及时发现客户受电装置隐患，以“隐患整改通知书”等书面形式通知客户，履行告知义务，避免出现安全事故，减少企业不必要的经济损失。

（6）终端具备可视化功能，满足电力企业和电力用户之间的可视化交互沟通。

15.1.8　智能用电管理系统

智能用电管理系统是通过分析电能的使用情况和储存情况，通过计算机之间的联网实现数据流通，尽可能地保证电力资源的合理分配。一般智能用电管理系统包括主站和子站系统，通过在主站和子站系统之间进行数据交换，进行统一的智能用电管理。

1. 主站系统

主站系统一般设置在以地区为单位的电力公司系统，任务是对一个地区的电力资源使用和储存情况进行分析和管理，通过及时监测用户的用电量，并根据历史数据进行预测，对电网负荷采取平峰填谷的调节措施。

2. 子站系统

子站系统通常是设置在基层的变电所，通过对负责范围内的用户用电量进行监测，及时将数据反馈给主站系统，使主站系统能够做出正确的判断。另外，子站系统还要承担负责范围内的电力设备维修和维护工作，将故障信息进行统计后汇总到主站系统，使主站系统结合运行状况进一步提高故障定位的准确率，降低故障带来的损失。

15.1.9 用电终端智能化

1. 智能电表

智能电表是每一个用户实现智能用电的关键，能够利用计算机实现远程记录，自动对用户的用电量和费用进行管理，而且可以根据电价的浮动进行自动结算。

通过应用智能电表，首先可以使用户通过互联网对用电信息状况进行了解，及时在网上查阅用电费用，利用网银等进行缴纳，可以节约时间。其次可以起到对用户进行消费引导的作用，通过对用户提醒阶梯电价和用电高峰时段，使用户能够改变一些用电习惯，避开用电高峰期，不仅可以节约一部分电费，而且能够减轻整个电网的压力。最后可以避免出现漏电和窃电的现象，减少电力资源的损失。

2. 智能用电终端

智能用电终端是用户所有智能用电设备的管理核心，智能用电设备是继传统用电设备之后的一种新型设备，可以进一步实现信息化管理。通常智能用电终端与智能用电设备之间能够通过无线传输的方式进行信息交换，智能用电设备将用电信息传输给智能用电终端，智能用电终端发出反馈指令给智能用电设备，以进一步调整智能用电设备的最优化运转。因此，利用智能用电终端对用户的智能用电设备进行控制，不仅能够实现对智能用电设备的监控，而且可以依照用户的想法，通过智能用电终端对智能用电设备进行管理。

3. 智能插座

目前大多数用户的用电设备均存在待机耗能的现象，相关调查显示，我国城市家庭中每天平均待机能耗 15～30 W，将所有家庭的待机能耗进行汇总后是一个非常庞大的数据，造成了电力资源的极大浪费。现阶段出现的智能插座，可以很好地对家庭用电设备进行智能化控制，减少资源的浪费。智能插座的技术含量非常高，通常涵盖了通信和网络技术，具有显示和监测的功能，通过感应电源的使用情况，可以做出自动的切换工作，不仅能够进行过流保护，实现用电安全，而且能够实现用电设备信息的监测，在待机时自动关闭电源。

15.1.10　智能互动式管理用户用电

传统的管理方式已经不适用于现代化的用电管理，智能互动式管理方式已经在一些地区实施。首先电网工作人员可以为用户提供及时的用电信息数据，使用户能够随时掌握电力使用情况和用电余额，在网上进行自助缴费，提高效率。其次供电方可以在考虑区域内用电负荷的情况下，制定相应的用电优惠方案，对用户的用电方案进行指导，进一步利用智能用电终端对智能电器的使用进行合理控制。最后用户与供电方也可以进行网上交流，将意见及时反馈给供电方，进一步优化供电方的工作。

1. 互动式用电技术

互动式用电技术是指随着现代化的信息技术、通信技术、计算机技术的发展，智能电网侧与用户侧之间能够实现电力流、信息流及业务流的双向互动，使电力用户享受到智能化、多样化的优质服务，同时，又能够提高电力企业对电力用户的有效管理与控制能力，并改善供电质量与服务，可分为用户远程互动与用户现场互动两种形式。互动式用电技术示意图如图 15.1 所示。

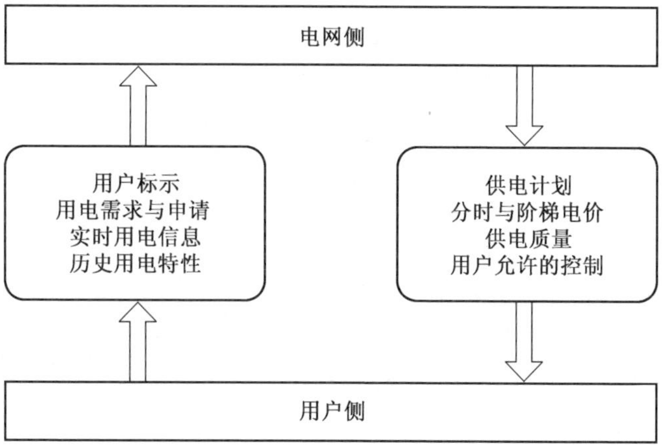

图 15.1　互动式用电技术示意图

互动式用电技术的功能如下。

（1）提供实时、透明的监测与预警数据。

（2）为用户提供灵活多变的信息获取手段，如 IP 电话、短信、传真、语音及电子邮件等。

（3）为电力企业提供便捷的信息发布服务，包括实时电价显示与分时电价预报、用电政策指引、用户服务定制、电网实时状态查询等功能。同时，还能够向用户反馈电量使用、电费余额及购电套餐等信息。

（4）实现电力用户的多渠道自助缴费功能。用户可以使用银行卡、预付费电表 IC 卡、缴费发票等方式完成缴费，提高企业收费及用户缴费的效率。

（5）家庭用电智能化控制及管理。电力企业可以根据用户的需求，结合系统负荷特性进行分析，指导用户实现合理用电，同时生成最佳用电方案并下载至智能用电终端，可以自动控制及管理家用智能电器的使用。

（6）用户远程互动是指电力企业主要以语音、短信、传真等方式与电力用户进行互动和信息的双向传递，使用户可以便捷完成业务查询、受理及缴费等。

（7）用户现场互动是指电力企业通过智能用电终端或数字媒体等视频技术与电力用户进行互动和信息的双向传递，使用户如在现场一般观看电力企业的电力展示活动及发布的电价与停电信息，还可以实现智能化家居设备的自动化控制。

2. 智能用电信息管理系统

智能用电信息管理系统是一个能够获取、处理、存储和分析测量与计量值的计算机管理系统，并具备与其他信息系统进行交互使用的功能。一般可分为智能用电管理主站系统及智能用电管理子站系统，它们之间通过集中器进行数据的传递，如图 15.2 所示。

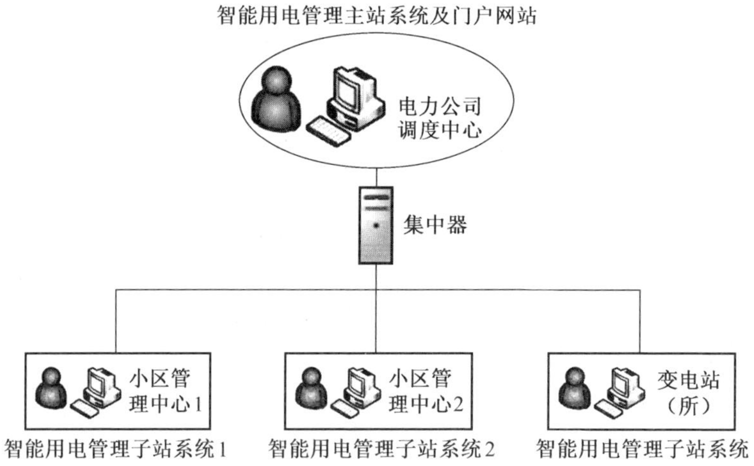

图 15.2　智能用电信息管理系统

（1）智能用电管理主站系统。

该系统通过收集、储存并智能分析来自电网末端用户的实时用电信息，实现与各类电力用户的有效互动，为智能电网营销系统的分时与阶梯电价、全面预付费等灵活服务策略的实施提供技术基础，在一定程度上实现电网负荷预测和平峰填谷的调节功能。一般置放于区级电力公司的调度中心内，负责对整个区域进行用电信息管理。

（2）智能用电管理子站系统。

监视与浏览辖区实时用电信息，完成辖区日常业务的处理，包括收费、设备维护、电力公司政策执行、用户的投诉或需求响应等。一般置放于小区管理中心或者辖区所属的变电所内，负责对单个或多个小区进行用电信息管理。

在电网侧通过智能用电信息管理系统，电网公司可以实现如下功能。

（1）进行有效的负荷预测，并在一定程度上实施平峰填谷的调节功能。

（2）根据构建的用户用电设备模型及其历史用电特性，通过与实时用电数据进行综合对比及智能化数据分析，可显著提高线路故障定位与报警能力。

（3）提高供电效率与供电质量，有效降低供电成本。

15.1.11　小结

未来的智能电表将实现模块化，使电表更换更加方便，并安全可靠。电表功能多样化，通过多功能控制器可实现智能控制，如可在电费便宜时段控制洗衣机和空调的开启；可实现用户计算机控制，对家中电器进行管理。

用户侧储能技术也是智能用电发展的重要内容。通过召唤用户在电力负荷低谷时段存储电能，在负荷高峰时释放电能，有效调节电力负荷的波动，提高负荷利用率。用户的储能设备包括超级储能电池、超级储能线圈等。

智能用电中同步测量技术也可能会大量应用。通过应用同步测量技术，可以更好地分析、监测、控制微电网的稳定问题，接入大电网的扰动问题，防止事故的蔓延。

电力线通信也是对未来智能电网影响深远的关键技术。传统的电力线载波由于通信速率低，抗干扰能力差，极大地制约了系统的发展。相信未来的电力线通信技术一定能够找到新的调制解调方式，实现高速、可靠通信。

现代能源进一步紧缺，不可再生资源的可持续利用成为人们非常关注的问题，也是制约国家可持续发展的根本。我国的传统火力发电方式需要消耗大量的化石能源，利用智能用电技术进一步节约电力资源和促进电力资源的合理分配是实现可持续发展的可行之路。

15.2　需求侧响应技术

15.2.1　需求侧响应概述

电力需求响应（demand response，DR）是指电力市场价格明显升高（降低）或系统安全可靠性存在风险时，电力用户根据价格或激励措施，暂时改变其用电行为，减少（增加）用电，从而促进电力供需平衡、保障电网稳定运行、抑制电价上升的短期行为。

简单来说，需求侧响应是用户响应电网的号召，有计划地暂时调整自己的用电情况（包括减少和增加两种情况），从而促进电力系统稳定的行为。

20 世纪 90 年代，我国电力供应紧缺，为了保护电力资源，实行计划用电，强行限制需求侧用电量，超标企业会被强行拉闸限电，属于政府对电力市场的行政干预。

1993 年，传统电力需求侧管理被正式引入我国，以经济手段解决缺电问题，从限制电能的消费，转变为减少电能的浪费。我国开展的需求侧管理工作主要有峰谷分时电价和负荷控制两项。

而在电力工业市场化改革后，传统一体化电力公司被拆分，难以找到一个需求侧管理的责任主体，我国的电力供应也已经具有足够保障，需求侧管理需要变革为“电力需求响应”。需求响应不再是强制手段，而是发出信号驱动用户自愿响应；目的也不只是供需平衡，也包括提高系统消纳可再生能源电量，并保障电力系统稳定运行。

同时，需求响应可以充分唤醒负荷侧沉睡资源，引导客户优化用电负荷，促进源网荷储友好互动，增强电网应急调节能力。

15.2.2　国内外需求侧响应的实践

1. 美国电力需求侧响应实践

美国的需求侧响应工作主要有以下几类。

①针对大型能耗企业提供技术咨询和技术服务。

②推广节能建筑，建设智能节能社区，试点智能家居。

③推广蓄冷（热）设备，或免费安装高效节能用电设备，控制和转移用电负荷。

④节能信息宣传，通过广播、电视、报纸，或随电费账单向用户传递节能信息，提高用户节能意识。

⑤实行灵活的价格政策，设置可中断电价，引导用户优化用电方式。

⑥为需求侧响应项目提供贷款或给予补贴。

在美国，用户需求管理/响应工作已经形成了完整的产业链，从规划、设计、设备到实施、服务、验证、评估与跟踪等各环节都有成熟的模式，并由专业队伍执行，培养潜在的专业人才。电力供应商、用电服务商以及社区管理者，多方参与，推动新的商业模式和服务理念。

例如，位于得克萨斯州的 AustinEnergy 公司和 IBM 公司合作，共同建设开发了一套智能家庭能量管理平台。该项目旨在优化居民家居能耗，提供家庭用能服务，减少碳排量。该平台利用 IBM 先进的 IT 技术，使得用户可以直观参与到节能服务中，提高用户节能理念。用户可以查看实时电价，制定家庭的用能策略；还可以通过能源网关控制家庭用能设备，远程管理和监控关键的内部功能，如温度、灯光、空气质量、能耗使用等；网关还可以实时接收电力服务商的信息或根据制定的策略对家庭用能进行控制，并可以随时查看历史用能记录，访问社区用能网站，发布用能理念。智能家庭能量解决方案使得居民用电得到更好的监控和管理，允许用电服务商为用户提供更广泛的增值服务。

2. 欧洲电力需求侧响应实践

欧洲自 20 世纪 70 年代开始研究推广了电力需求侧管理，采取法律和经济激励等手段，实施节约用电和削峰填谷措施，在减少和减缓电力建设投资、改善电网运行的经济性和可靠性、控制电价上升幅度、减少电力用户电费开支、降低能源消耗、改善环境质量等方面取得了显著成效。目前需求管理已成为欧盟国家先进的能源管理活动和可持续发展战略的重要手段，在英国、法国、德国、瑞典等欧洲国家得到了成功实施，并越来越受到关注。法国通过应用电力负荷监控等需求管理措施，日负荷率由 73% 提高到 85% 左右，相应减少发电容量 1 900 万 kW。英国筹集 1.65 亿英镑，投资到 500 多个提高能效的项目中，实现节能 68 亿 kW·h，相当于 200 万个家庭的年用电量。

欧洲还积极建设需求响应机制，该机制将需求方资源等同于供应侧资源，通过价格机制改变用户用电模式，用户积极响应价格信号，主动参与需求响应项目。任何具有灵活用电需求的用户都可以参与需求侧响应；在需求侧响应中，用户要安装专门的控制器和监视器来确认并接受需求侧响应；电力公司通过减免用户电费或提供资金支持的方式鼓励用户参与需求侧响应。在计算负荷削减对电力市场参与者的效益时，一般采取如下办法：建立多方结算系统，计算负荷削减对电力市场各方的效益；对于具有可控负荷（电热水、空调）的用户，需要取得他们的负荷特性；把负荷削减和可调度负荷作为辅助服务，由独立系统运营商购买；建立规范的负荷控制协议，参与者可以直接在市场上进行负荷交易。目前，丹麦电力市场已经建立这种机制。

欧洲国家主要通过以下手段实现需求侧响应目标。

（1）出台相应法规。

通过制定能源法、能源税法等，明确规定政府、行业管理部门、中介及研究机构、电力用户在能效管理和需求侧管理中的作用、权利和义务。

（2）编制能效行动计划。

能效目标按照多个维度进行分解，如结构调整、改变习惯、能效投资、新技术应用等。

（3）提供能效项目的补贴和贷款。

使国家能源政策与财政税收政策及节能机制相结合。

（4）建设能效电厂。

能效电厂是指通过实施一揽子节电改造计划，减少电力用户的电力消耗并提高能源使用效率，从而达到与新建电厂相同目的的虚拟电厂。

（5）建立能源服务竞争机制。

多家能源服务商参与竞争，为用户提供最合算的能源服务。

（6）大力推广开发新技术。

技术进步是提高能效的基础，节能潜力的挖掘也是建立在能效技术开发之上的。新技术、新产品极大地推进了节能产品的更新周期和市场化步伐。

（7）大力发展建筑节能。

针对建筑运行管理，实行严格建筑节能监管，提供建筑节能信息服务。

（8）热电联产及其他可再生能源利用。

欧盟国家相当重视开发利用水能、太阳能、风能、生物质能、海洋能及地热等可再生能源，以此作为减排温室气体的有效途径，同时积极研究和推广热电联产技术。

3. 中国需求侧响应的实践

我国从 1993 年引进需求侧管理概念以来，相继在北京、江苏、广东和辽宁等地取得了一系列成效。

国家电网公司提出坚强智能电网建设目标之后，在智能电网建设推进这一新形势、新背景、新目标下看待电力需求侧响应，具有十分重要的现实意义；对于电力需求侧理论在实践中的运用研究，具有积极的探索意义。建立智能电力需求侧响应系统需要政府、电网公司以及用户积极参与，保证电网建设功能需求与电能用户间有较好的信息交互，实施分时电价，通过相关监测系统对用户用电信息进行全面监控预测，达到合理分配、节能降耗的目的。

目前我国建设需求侧管理的内容和指导思想主要集中于政策制定、技术研发和宣传推广等几个方面。

①制定政策法规。政府和电网公司加快推出智能电网体系下需求侧响应的政策法规，保障需求管理、需求响应的顺利推广。

②制定科学合理电价体系。按照尖、峰、平、谷 4 个时段形成供用户选择的综合性电价，并根据季节性负荷要求，制定节能降耗的电价奖励措施。

③积极开发新技术、新手段。从技术手段上加强用电监管、节能服务以及智能用电的实施。提高智能电网水平，运用先进的信息、通信、传感器技术全面提升需求侧响应方式。

④电网公司积极加强与用户的实时互动，开展节能用电宣传，提高社会参与度。

15.2.3 微电网的需求侧响应技术

作为新型的智能化电能服务网络，微电网通过创建开放的信息系统和共享的信息模式，可以高效整合微电网系统中的数据，优化电力基础设施的运行和管理，促进与用户的互动。由于微电网系统整合了高级的信息、控制及通信技术来动态管理电网供需，因而能为各类需求侧响应方案的成功实施提供强有力的技术支持，并将促使需求侧响应的发展提升到新的层次。微电网与传统电网的一个重要不同点就是微电网尤其强调与用户的互动，包括信息互动与电能互动，而互动性主要是通过部署各类需求侧响应方案来实现的。

在信息互动方面，主要体现在供需之间的信息交互。需求侧响应实施单位可以及时收集、统计与分析用户的需求，并在电网运行中动态整合用户信息，以增强系统的安全、可靠与经济运行能力。用户也可以及时了解电网的实时动态，并在参与需求响应项目时安排合理的用电方案和响应策略，以更好地管理、优化、节约、监控电能使用。

在电能互动方面，主要体现在供需双向互动供电。在传统电网中，供需双方的界定和划分以用户计费电表为界限：计费电表以上为供应侧，计费电表以下为需求侧，即用户计费电表就是供应侧的终点与需求侧的起点。而在智能电网中，借助于具有双向计量与通信功能的高级计量系统，用户也可以向电网供电（如参与分布式发电项目的用户在系统高峰期向电网供电），这也打破了传统的电能供需双方划分方式。

微电网建设过程中，会涉及如下一些基础系统建设，如高级量测体系（advanced metering infrastructure，AMI）、配电运行系统、资产管理系统等。在这些系统中，信息技术在支持需求侧响应和促进微电网与用户的互动方面起着关键的作用。通过信息技术建设，可以改进客户服务、停电管理、窃电监测、远程连接/断开用户、电能质量管理、负荷预测、远程改变计量参数、远程升级仪表、支持各类需求侧响应项目、与水表或天然气表接口、预付电费购电、电价高峰/紧急事件的通知。可以看出，微电网环境下的需求侧响应建设的主要技术手段是通过信息化建设实现的，以 AMI 为核心的信息化体系构成了需求侧响应相关的智能微电网的主要部分。

微电网技术与需求侧响应项目是协调推进、相辅相成的，二者的协作可以产生多方面效益并有利于促进多方共赢。

（1）激励用户主动参与需求侧响应项目。

微电网环境下，运营商将用户设备和行为融入电网的设计、运行与通信中，因而能有效提高用户参与 DR 项目的积极性以及参与过程中的决策能力。针对各类需求侧响应项目，用户能更直观地理解实时电价等需求侧响应项目的理念，并根据自身用电特性与风险喜好来做出最合适的选择。智能电表与双向通信系统让用户能及时了解实时的系统电价、系统负荷与自身负荷等信息，用户也可以利用相关的决策支持系统来制定各个时段的合理用电计划和响应策略，以管理和优化用电成本。参与部分需求侧响应项目的用户需要对电价变化做出快速响应，而具有自动响应功能的 AMI 可以让用户不必去频繁地观察电价变化或者手动用电调整，这可以给用户带来极大的便利。改进的客户服务则让用户能更准确地了解参与需求侧响应项目的收益。另外，需求侧响应项目的推广还可以鼓励用户通过投资高能效的用电装置来提高用电效率和节省用电成本。

（2）优化需求侧响应项目管理与微电网运行。

需求侧响应实施机构可以利用广泛、无缝、实时的智能电网技术，对需求侧响应项目进行智能化管理，并对电网运行情况进行智能监控与诊断。结合先进的计量与通信技术，需求侧响应实施机构可以进行远程用户管理（如及时准确地获取各用户的实时用电与电费信息），以节约人力成本和提高工作效率；通过结合先进的分析技术、控制策略，可以在系统出现电价高峰/紧急情况之前进行预警，向参与用户的智能设备发送需求响应项目指令（如调整参与项目的用户的智能恒温器温度设定值）。实时诊断技术可以对用户的用电设备与电网重要元件进行动态监视和诊断，并对紧急情况做出快速响应，以有效改善停电管理流程和提升需求侧响应项目的客户服务水平。通过将需求侧响应资源引入能量市场、容量市场以及辅助服务市场，需求侧响应实施机构可以灵活运用多元化的资源选择来优化电网运行，并分别从可靠性、环境友好、运行效率与经济性等方面来提升电网性能。集成了先进传感与量测技术的智能电表也可以提高资产管理效率，比如提供更充裕的电能、改进负荷率和降低系统损耗。

（3）促进电力市场的发展。

借助微电网先进的市场分析工具与智能调度系统，需求侧响应项目可以在不同时间尺度上（从年度系统规划到实时市场调度）协调市场定价与系统调度管理。通过在供给侧增加发电途径、在用户侧结合需求侧响应资源、分布式发电（distributed generation，DG）与储能装置，可以将供需两侧的各类资源充分引入综合资源规划中，有利于推迟发电、输电、配电等基础设施的升级和实现电力资源优化配置，并降低系统运行对环境的影响。开放的市场准入机制和市场参与者选择权的放开将为各市场参与者提供更多的选择与获益机会，并将极大地促进竞争性电力批发/零售市场的发展和形成公平合理的市场电价。通过建立包含供电服务商和用电服务商的次级电力市场，可以孕育新的交易产品与服务。

（4）兼容各类发电方式与新技术。

风能、太阳能等可再生能源具有随机性与间歇性特点，随着可再生能源发电（renewable energy generation，REG）的大规模部署，系统的安全稳定运行将面临严峻挑战。为了提高分布式能源的利用率并使其能更安全可靠地接入电网，可以利用其他发电资源或储能装置配合分布式能源的运行（如风水互补系统）。由于需求侧响应资源可以灵活部署和迅速替代发电资源，因而基于微电网中先进的传感与控制技术，利用需求侧响应来配合新能源发电运行以降低分布式能源的波动性是在技术上与经济上都极佳的解决方案。智能电网采用“即插即用”的简化互联方式，不仅可以与各类发电方式和储能装置实现无缝衔接，还可以支持多种新技术应用的接入。用户在参与需求侧响应项目时，也可以更容易地决定投资和安装何种分布式发电设备（如屋顶太阳能光伏发电、小型冷热电联产系统）或储能装置[如插电式混合动力汽车（PHEV）]，并根据实时电价信息来决定何时启动或关闭这些设施（如在电价较高时断开电网供电并启动分布式发电设备、在电价较低时将 PHEV 接入电网充电），以充分发挥各类需求侧资源在削峰填谷方面的积极作用。另外，通过调用本地资源也可以有效提高能源独立性与安全性。智能电网还能促进电力供需的双向互动供电，用户在安装智能电表后，可以向电网出售电能、储能装置等的富余电力。

15.2.4　需求侧响应类型

从驱动方式上，可以分为激励型需求响应和价格型需求响应；这也是美国联邦能源管理委员会（FERC）采用的分类法。

从响应时段上，可以分为削峰需求响应和填谷需求响应。

从响应速度上，可以分为约时需求响应和实时需求响应。

（1）激励型需求响应。

直接采用激励政策和补偿方式，诱导用户参与系统需要的负荷削减项目。比如在用电高峰需要削减负荷时，用户通过调整或者削减用电，或者运行分布式发电机，降低负荷，以此获得电费折扣或者直接得到奖励。相当于系统为了让用户降低某段时间的负荷，付钱给用户。

（2）价格型需求响应。

价格型需求响应包括分时电价（峰谷电价机制）、实时电价等（电价每小时或者更短时间就会变化一次），通过零售电价的变化，让用户主动改变电力消费行为。

（3）削峰需求响应。

需要用户在用电高峰期间减少用电。

（4）填谷需求响应。

需要用户在用电低谷期间增加用电。

（5）约时需求响应。

电力公司于需求响应执行前一天（日前响应）、执行前数小时（小时级响应），通过平台公告、短信、电话等方式向参与主体发出响应邀约，告知响应范围、需求量、时段及邀约截止时间等信息；参与主体于邀约截止时间前，通过平台反馈响应量；电力公司按照“应约时间早的用户优先、应约响应量大的用户优先”的原则，并适当兼顾公平，确定参与主体和应约响应量，直至达到响应需求量。用户在响应时段自行完成负荷调节。

（6）实时需求响应。

在电网紧急情况下，电力公司于需求响应执行前 30 min（分钟级响应），通过平台向参与主体下发调节指令，告知响应范围、需求量、时段等信息，并通过平台自动完成响应能力确认；或于执行前 1 min（秒级响应），通过省级平台向参与主体直接下发控制指令。参与实时需求响应的用电设备应具备可快速中断或可远程中断的特性。参与主体利用需求响应终端与自有电力能效监测相关系统的联动策略，于 30 min 内自动完成负荷调节；对秒级响应，省电力公司通过省级平台自动完成对参与主体的负荷控制。

15.2.5 需求侧响应参与流程

多地均以省级电力管理平台为媒介。

1. 实时需求响应

（1）参与用户提前在平台上进行申请，填写相关资料。

（2）需要需求响应时，平台下发控制指令，用户的电力设备在智能控制下自动调节。

（3）需求响应结束后，平台进行响应效果评估，结算补偿费用。

2. 约时需求响应

（1）电力用户在省级平台上发布需求响应邀约，包括响应类型、响应时段等。

（2）用户在平台上选择要参与的需求响应邀约，填写邀约答复信息，包括申报的响应负荷、联系方式等。

（3）到需要需求响应的时段时，用户自行控制负荷，调节使用电器的时间，峰段时保证负荷不高于承诺的响应负荷（谷段保证不低于承诺的响应负荷）。

（4）需求响应结束后，平台进行响应效果评估，结算补偿费用。

15.2.6 新能源型电力系统基本特征与其需求侧响应作用

在系统特征层面，新能源型电力系统基本特征集中表现在随机性、智能性这两个层面，具体如下。

一是针对随机性特征。新能源型电力系统当中，负荷侧和发电侧有较强的随机性，新能源式发电，促使原电力系统总体发电的单位数量改变，系统当中可调度容量及其调度电力实际占比均呈减少趋势，电力系统自身随机的扰动性提高，致使电力系统总体可控性被削弱。

二是针对智能性特征。新能源型电力系统具体实现，需各种智能化设备起到支撑作用，包含着新能源的发电并网及需求侧响应，且需依靠大数据、云计算、智能控制及管理系统、网络信息化系统等，实现智能化设施设备和传统的电力系统相应调度方法联合，增强新能源型电力系统总体智能性。

在需求侧响应作用层面，新能源型电力系统之下，以调控机制及其实现手段差异为基础，需求侧响应针对新能源型电力系统实际运行过程有着不同作用。那么，从其分时电价及尖峰电价层面价格类型需求侧响应分析，由于控制信号响应控制周期均经小时级予以规划设定，其负荷无法结合新能源具体应用情况而实现及时响应，以至于新能源的发电短时强烈波动所致并网困难层面问题无法得以解决。故而，新能源型电力系统具体应用期间，需借助价格类型需求侧响应而满足其运行过程高效、可靠、稳定及安全需求。相比较价格类型需求侧响应，以合同激励类型为基础的需求侧响应所表现出的优势更为突出，特别是在新能源大规模发电并网及高效运行层面上可起到一定的促进作用。由于激励类型需求侧响应能够对负荷用电实际活动实现直接管理，负荷能够结合新能源具体应用情况，实现快速、精准且可靠响应，对新能源实际出力情况实施跟踪匹配。现阶段我国大力支持激励类型需求侧响应，并持续落实相关的推广及运用工作。

15.2.7　需求侧响应技术有效应用情况

1. 在信息通信技术层面

信息通信技术属于新能源型电力系统当中所运用的一种需求侧响应技术，它是以模拟或是数字信号的调制方法为基础，促使所连接系统相互间各类信息实现有效传输的一项技术。新能源型电力系统当中，要想实施需求侧有效管理，便需运用远方通信。我国现阶段所运用的远程通信技术以无线电固定网络、专用的公共网络、电力线的宽带网络及载波为主。

2. 在高级量测技术层面

高级量测技术即对用户实际用电信息实施测量收集及储存分析、有效运用的信息技术手段，其包含通信网络、智能电表、量测数据信息管理系统等。经此项技术手段的有效运用，新能源型电力系统的运行者能够实现用电设备的统一监管，实时采集及分析新能源型电力系统当中实时负荷信息数据及负荷控制相应信号等用户的实际用电信息，电力企业和用户之间可以实现双向通信，便于管理者更好地指导用户实现合理用电，促使电网和用户实现互动操作。

3. 在兼容性DR综合资源科学规划技术层面

针对新能源型电力系统，需着重考虑到供应侧及需求侧各项资源，依照各项标准及要求，将综合资源的规划落实到位，确保新能源式发电在规模化地接入至电力系统之后所致不良影响得以降低，便于DR技术作用得以充分发挥。DR技术实际应用期间，需综合考虑新能源型电力系统实际运行状态多样性，便于DR技术实现更好地运用。

4. 在需求侧的负荷协调及优化控制技术层面

因传统能源和新能源具体运行过程有差异性存在，故其有着不可控性，DR技术有效运用之后，便可解决此问题。相比较集中调控，以聚合方式有效接入 DR 资源，所用控制技术则更为复杂。现有研究集中于单一化DR资源控制实施策略设计、多种不同DR技术资源有效协调配合层面。结合相关研究资料可了解到，通过 DR 技术各项调控策略的合理运用，可促使新能源型电力系统实际运行期间各种外部问题处理能力得以提升。

5. 在 DR 效益评价及市场化的运行机制层面

DR 技术的科学运用，能够为新能源型电力系统实现安全稳定运行起到基础保障作用，促使系统运行能耗得以降低。针对电网企业，能够确保新能源的发电并网实施期间所致不利影响降低，提升电力设施设备总体利用效率，增加企业效益。积极参与 DR，降低自身电费，确保新能源型电力系统实际运行过程可获取更多经济效益；此外，新能源型电力系统当中引入 DR 技术，确立响应灵活资源分时及实时化价值体系、交易机制，实现市场化的运行机制逐步完善化，确保企业收益得以增加。

15. 2. 8　应用发展建议及对策

1. 需求侧响应运营策略建议

从微电网运营策略角度出发，微电网需求侧响应建设可根据目标负荷的重要程度，将微网内需求侧响应的负荷对象分为两类。

可推延负荷，一般指一个在一天内可灵活进行时间安排的任务（即投切后其能量需求要在同一天内更晚的时间得以满足）。典型的应用包括水泵、电热水炉等设备。

可中断负荷，一般指重要性相对不高或常年存在的恒定负载，因此可以在紧急情况下减少/供应其功率或直接切断其电力供应。典型的应用包括备用设备（没有近期使用计划）和日间照明等。

微电网中可推延/可中断负荷的可以通过自愿或经济补偿的形式来履行其需求侧响应的目标，而在后一种情况下其补偿费用可以作为电费的一部分减免项目，或直接在本地电力平衡市场作为一个服务项目进行交易。

未来的配电网负荷将可以根据其特性与重要程度分为正常（不参与需求侧响应）、可推延、可中断 3 个类别。因此微电网中的“智能家庭”“智能办公室”和“智能农场”等用户侧供电方案将需要提供这 3 种不同等级负荷的本地区分与管理控制方案，从而最大化需求侧响应所能带来的好处。

这样，微电网将面对多台多种可控的分布式发电设备和多台储能设备，以及多组参与到需求侧响应方案中来的不同等级可控负荷，从而形成微电网体系的资源一体化优化。同时如果该微电网中一部分可控发电设备还长期运作在热电联产模式下的话，该资源优化问题还需要同时优化电系统和冷热系统两方面的运营状态。需求侧响应方案会涉及整个微电网多种能源的控制、运行以及管理等多个层面。

2. 需求侧响应技术实现建议

与传统的输电网相比，在微电网的系统框架之下位于微电网内的分布式能源运营商可以向微电网用户提供全面的技术服务和增值服务，与用户之间的联系更加紧密，所有这些都将基于微电网中各电力环节的信息采集和分析。在新能源微电网建设过程中，可以考虑如下建议。

（1）实现微电网各个电力环节电能信息一体化采集、监控、集成和综合应用。

通过智能表计、一体化实时远程监控、在线能效评估和优化决策，能够随时了解用户用电详情，并通过经济、技术手段指导用户合理用电。

（2）针对大工业和商业用户开展智能用电管理与服务，并将此项业务逐步推广到居民用户。

通过可中断负荷管理和直接负荷控制等简单方式开展系统紧急状态的需求侧响应方案，吸引能够改善系统可靠性的负荷响应资源参与到系统的可靠性管理。同时分布式能源运营商可依托用电信息系统优势，为工商业用户用电信息提供一系列能效增值服务。例如能效评估、行业对标、合同能源管理等。在提高微电网用能效率的同时，为园区用户实现节能减排的目标。

（3）通过需求侧响应项目推动家庭智能管理系统、智能楼宇、智能家电、智能交通等领域的技术创新。

支持用户使用分布式电源，改变终端用户用能模式，使用户不仅具有充分的选择权进行供电服务商的选择，而且可以以需求侧报价的方式从电网中买入或向电网出售电能，提高能源利用的市场性、独立性和安全性。智能楼宇作为微电网园区建设的子系统，在需求侧响应项目中起到重要作用。通过楼宇能效管控，结合分布式能源和储能设备，对平滑电网峰谷负荷具有重大意义。

（4）构建能量一体化优化平台，综合优化发、输、用电及储能环节。

结合多种类型分布式能源特性，包括多类型储能装置的互补机制和协调控制，考虑经济效益对比，提高微电网系统可靠性，促进可再生能源利用和消纳。

（5）更多的信息技术和通信技术可以应用到需求侧响应项目中，如云计算、物联网和大数据分析技术等。

这些先进的 IT 技术为需求侧响应项目的数据采集、分析和挖掘提供了必要的技术支撑，也为新能源微电网探索智能电网发展，创建微电网商业运营生态环境给出了思路。

3. 需求侧响应对策

（1）注重电力系统技术的完善化发展。

结合电力负荷的管理系统及各项安全防护层面要求，确保需求响应的主站和终端设施设备、智能化交互终端、传感采集设施设备相互间实施有效通信，各能源侧、用能侧的监控系统则实现接口交互，促使网络互动及即时连接得以实现，确保可靠性交互式的供用电系统服务得以实现。先结合新能源型电力系统当中双侧的随机性这一特点，借助计算机对于用户实际用电情况实施采集梳理及总结，围绕局部的输电网提出科学合理化规划设计实施方案，确保需求侧的确定性得以减少。而后，升级优化调度控制技术，使新能源型电力系统总体调度能力增强，积极落实相关软件系统的研发及升级优化，促使新能源型电力系统当中需求侧响应（DR）技术得到更好的应用发展。

（2）逐步完善各项机制技术层面持续创新优化的同时，还应争取政府机构更多支持。

针对新能源型电力系统，务必要积极落实统筹规划各项工作，积极开展 DR 项目融资工作，便于获取更多资金支撑；同时，逐步确立及完善各项机制，如确立及完善投资补贴专项机制，借助基金方式对新能源的并网 DR 项目实施投资补贴；还可积极引入更多市场化的项目投资专项机制，以合同能源的管理方式为基础，积极推进 DR 项目的投资，且需确立风险及收益双方之间的均摊机制，便于更好地维护各自利益；此外，确立 DR 技术之下辅助服务的分担共享专项机制，便于适应新能源的并网条件下系统调峰及调频各项辅助服务全新要求。

15.2.9 小结

综上所述，新能源型电力系统当中，为更好地运用需求侧响应（DR）技术，需结合实际的需求情况，科学合理地运用信息通信及高级量测技术、兼容性 DR 综合资源科学规划技术、需求侧的负荷协调及优化控制技术、DR 效益评价及市场化的运行机制等。此外，还需注重电力系统技术的完善化发展，逐步完善各项机制，便于确保新能源型电力系统当中需求侧响应（DR）技术更好地应用发展。

15.3 虚拟电厂技术

15.3.1 虚拟电厂概述

所谓虚拟电厂（virtual power plant，VPP），是一种通过先进信息通信技术和软件系统，实现分布式电源（distributed generator，DG）、储能系统、可控负荷、电动汽车等分布式能源资源（distributed energy resource，DER）的聚合和协调优化，作为一个特殊电厂参与电力市场和电网运行的电源协调管理系统。

虚拟电厂的提出是为了整合各种分布式能源，包括分布式电源、可控负荷和储能装置等。其基本概念是通过分布式电力管理系统将电网中分布式电源、可控负荷和储能装置聚合成一个虚拟的可控集合体，参与电网的运行和调度，协调智能电网与分布式电源间的矛盾，充分挖掘分布式能源为电网和用户所带来的价值和效益。虚拟电厂主要由发电系统、能量存储系统、通信系统构成，如图 15.3 所示。

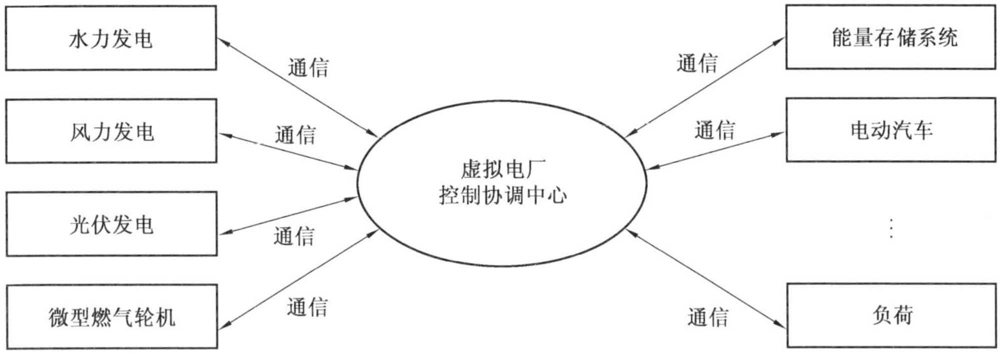

图 15.3　虚拟电厂的构成

1. 发电系统

发电系统主要包括家庭型（domestic distributed generation，DDG）和公用型（public distributed generation，PDG）两类分布式电源。DDG 的主要功能是满足用户自身负荷，如果电能盈余，则将多余的电能输送给电网；如果电能不足，则由电网向用户提供电能。典型的 DDG 系统主要是小型的分布式电源，为个人住宅、商业或工业分部等服务。PDG 主要是将自身所生产的电能输送到电网，其运营目的就是出售所生产的电能。典型的 PDG 系统主要包含风电、光伏等新能源发电装置。

2. 能量存储系统

能量存储系统可以补偿可再生能源发电出力波动性和不可控性，适应电力需求的变化，改善可再生能源波动所导致的电网薄弱性，增强系统接纳可再生能源发电的能力，提高能源利用效率。

3. 通信系统

通信系统是虚拟电厂进行能量管理、数据采集与监控，以及与电力系统调度中心通信的重要环节。通过与电网或者与其他虚拟电厂进行信息交互，虚拟电厂的管理更加可视化，便于电网对虚拟电厂进行监控管理。

15.3.2　虚拟电厂业务

1. 注源

注源即为电网注入新的电力来源，让更多的小型分布式新能源电源有组织地接入系统平台，统一协调管理，形成合力，相对可控，实现并入电网运行。

2. 控流

控流即控制调节用电侧电力流向及流量。尽可能多地接入可调节用电负荷，使其有纪律地按计划用电，并提升能效管理，以不影响生产生活用电为前提，综合考虑外部电网供电情况、内部自发电（如有）情况、各类用电成本、电网需求侧管控等因素，科学合理、最具经济性地安排用电计划。

3. 电力储备

储存电力，即储能。储能是实现上述两个方面的关键支撑。正如小溪汇入大河、大河注入大海，分散在各地的小型新能源电力也需汇流才更有力量、更具操作空间，汇流地点即配套的储能系统，汇流后统一听从上级调令；对于控流，也是同样需要配套储能系统才能更灵活地制定最佳用电方案。可以说，一个可靠的虚拟电厂，离不开一套高效稳定的储能系统。

15.3.3 虚拟电厂的关键技术

根据虚拟电厂信息流传输控制结构的不同，虚拟电厂的控制方式可以分为集中控制方式、分散控制方式和完全分散控制方式。

1. 集中控制方式

集中控制的虚拟电厂（centralized controlled VPP，CCVPP），要求可以完整掌握涉及分布式运行的每一个单位的信息，同时，其操作设置需要满足当地电力系统的不同需求。这一类型的虚拟电厂，在达到最佳运行模式时会有很大的潜力。但是，往往由于具体的运行实际的限制，可扩展性和兼容性较为有限。

2. 分散控制方式

分散控制的虚拟电厂（decentralized controlled VPP，DCVPP）是指本地控制的分布式运行模式，在本地控制的系统中，构成一个整体的层次结构。针对上一种集中控制模式中的弱点，DCVPP 模式通过模块化的本地运行模式和信息收集模式有效地改进了缺陷。然而，中央控制系统在运行时仍然需要位于整个分散控制的虚拟发电系统的最顶端，以确保系统运行时的安全性和整体运行的经济性。

3. 完全分散控制方式

完全分散控制的虚拟电厂（fully decentralized controlled VPP，FDCVPP）运行模式可以认为是 DCVPP 的一种延伸。分散式控制模式中的中央控制系统由数据交换处理器代替，这些数据交换代理提供如市场价格、天气预报以及数据记录等有价值的信息。对于分散控制模式中的小单位来说，由于 FDCVPP 模式下的即插即用能力（plug and play ability），在此模式下运行，相比前两种模式，会具有很好的可扩展性和开放性。

基于以上 3 种模式的运行特点，完全分散控制的虚拟电厂虚拟电站更适合于在市场中投入运行的模式。在欧盟研究委员会规划设计的一个未来电力系统网络模型中，将一个完全分散控制的虚拟电厂视为分布式发电成功迈向全面运营的基础，在这个规划中，电网中的每一个节点都被激活，反应灵敏，对于周围环境的变化敏感，并且可以智能调整价格。

虚拟电厂与电网运营商、各类电力市场、分布式发电资产客户和能源消费者之间有着微妙的关系，通过促成 4 个角色之间的数据交互，虚拟电厂完成了电力系统中的优化功能。

虚拟电厂的优化调度问题可以分为两种。

（1）内部调度。

虚拟电厂对自身内部多个电源的容量配置或出力进行优化调度。

（2）外部调度。

由电网将虚拟电厂当成一个整体进行优化调度。

15. 3. 4　虚拟电厂投入运行所需技术

驱使人们研究智能电网以及虚拟电厂的主要原因不是制造电力本身的成本，而是保证合格电力所需要的成本。

虚拟电厂技术可以提高智能电网各方面的优点，包括兼容性、优化电能质量、互动性以及集成系统资源等。如今，通信以及计算机技术的长足发展使得虚拟电厂内部各部分的实时通信成为可能。但是，为了在实际市场的运行中发挥虚拟电厂兼容、互动和自愈等优势，还有一系列的关键技术问题需要解决。

1. 数字化的量测体系

数字化的量测体系在虚拟电厂的发电侧及用户侧都引入了数字化智能仪表（advanced metering infrastructure，AMI）。AMI 相对于现行的测量仪表的一大特点是授权于用户，将电网和用户联系起来，让用户可以支撑电网的运行。

AMI 的组成和特点如下。

（1）高级智能仪表相对于现有的电表的区别。

二者类似于电网上的传感器，可以将用户端的实时数据，如电量、电压、电流、用电功率等信息及时传送到发电端。这样可以为电网的运行、调度和规划提供大量准确信息，方便运行人员精确把握电网的运行状态。尤其是针对分布式电源的管理，更需要通过高级智能仪表，精确掌握和预测分布式能源的状态信息。

（2）供用电服务。

在用户端引入智能仪表后，系统可以根据电网的用电信息，对用户的用电量实行实时计价，不同时段不同电价，鼓励用户在电价高时少用电，电价低时多用电，实现负荷的平衡和优化控制。这样不仅可以降低用户的用电成本，同时可以提高电能的利用效率，并且实现与用户互动的负荷侧管理。

（3）用户室内网。

智能电网得到完善和普及后，用户端将不再仅仅担当负荷侧这一种角色，在一定情况下，用户本身也可以成为一个小型的虚拟电厂，参与电网的运行。通过网关或用户入口把智能电表和用户室内可控的电气或装置连接起来，让用户能根据电网公司的需要，积极参与需求、响应电力市场的功能。

（4）远程接通或断开 AMI。

这将为虚拟电厂提供系统故障快速检测功能，一旦发生故障，系统将立刻切断故障区域，等待故障修复之后自动合闸。

2. 广域测量系统

目前广域测量系统（WAMS）的电源管理单位（PMU）装置以 GPS 为采样基准，它能实现全网同步采集机组和线路的电压、电流以及重要的开关保护信号，并且能够计算出相应的电压和电流相量、频率和频率变化率、机组和线路功率、发电机内电势（功角）以及根据机组键相信号实测机组功角，同时还能提供扰动触发的暂态记录。广域测量系统能实现对电力系统动态过程的监测，其测量的数据能反映系统的动态行为特征。广域测量系统为电力系统提供了新的测量和监控手段，其突出优点是：广域测量可以实现在时间/空间/幅值三维坐标下，同时观察电力系统全局的电力动态过程全貌。

3. 先进的监控软件和辅助决策体系

目前电网的调度和监控采用的大多是 EMS、SCADA 系统或者其扩展功能，这些系统的弊端是处理问题速度慢，系统储存的信息量十分有限，并且系统的在线分析能力较差，在多数时间需要人脑经验来解决问题，而这些弊端使得这类系统已经无法应用于如今日益复杂多变的电力系统。

而智能电网在运行时，需要实时监控网内所有节点、线路和设备上的所有数据，这是传统的监控软件和决策系统无法完成的任务。虚拟电厂需要依靠最先进的计算机优化算法来实现采集、组织、分类和处理智能电网中的海量信息，并基于数据和分析为运行人员提供辅助决策。

符合虚拟电厂运行要求的监控软件，可以通过将分布式监控系统与集中式监控系统相结合的方式实现。目前电力系统的调度方式是采用将所有信息在电网调度中心进行统一处理，然后向相应的下级发电厂发布处理决定的模式。而在智能电网中，随着负荷侧管理数字化仪表的应用，分布式的监控系统能够采集、分析本地的数据，并且筛选出需要与上级或其他分布式系统通行的数据，分布式的监控系统还能根据计算的结果决定采取必要的本地控制措施，而不是通过控制中心下达命令。在智能电网中，虚拟电厂可以引入多代理系统，将信息发布至相应等级的代理来处理，而集中式的监控层主要负责统筹和协调各个代理之间的信息通信和交流。

在辅助决策层面，虚拟电厂可引入高级的可视化界面和运行决策支持。通过数据过滤和分析，高级的可视化界面能够将大量数据分层次、具体而清晰地呈现出来，从整体到局部地向运行人员展示精确、实时的电网运行状态，并且提供相应的辅助决策支持，包括预警工具、事故预想工具和行动方案工具，这样较为完善的辅助决策系统便可成型。同时，系统也可通过内部储存的数据，对电网可能出现的问题进行预测，方便虚拟电厂对潜在危险采取一定的预防措施。

4. 快速仿真和模拟快速仿真

快速仿真和模拟快速仿真包括风险评估、自愈控制与优化等高级软件系统，可实时监测和分析系统目前状态，帮助虚拟电厂做出快速响应和预测。通过其数字运算和预测功能，应用于虚拟电厂的配电快速仿真与模拟（DFSM）可支持 5 个主要的自愈功能：网络重构、电压与无功控制、故障定位、隔离和恢复供电以及当系统拓扑结构发生变化时继保再整定，提高了智能电网的稳定性、安全性和可靠性。

15.3.5　虚拟电厂与微网的区别

虚拟电厂和微网是目前实现分布式电源并网最具创造力和吸引力的两种形式。

对于微网的定义，国内一般认为微网是指由分布式电源、储能装置、能量转换装置、相关负荷和监控、保护装置汇集而成的小型发配电系统，是一个能够实现自我控制、保护和管理的自治系统，既可以与外部电网并网运行，也可以孤岛运行。它能够很好地协调大电网与分布式电源的技术矛盾，并具备一定的能量管理功能，但微网以分布式电源与用户就地应用为主要控制目标，且受到地理区域的限制，对多区域、大规模分布式电源的有效利用及在电力市场中的规模化效益具有一定的局限性。

虚拟电厂并未改变每个分布式电源并网的方式，而是通过先进的控制、计量、通信等技术聚合分布式电源、储能系统、可控负荷、电动汽车等不同

类型的分布式能源，并通过更高层面的软件构架实现多个分布式能源的协调优化运行。它能够聚合微网所辖范围之外的分布式电源，更有利于资源的合理优化配置及利用。

虚拟电厂与微网的区别见表 15.1。

表 15.1　虚拟电厂与微网的区别

项目	虚拟电厂	微网
运行特性	参照常规电厂指示：有功/无功负载能力、出力计划、爬坡速度、备用容量、响应特性、运行成本等	孤岛运行时：配电网自身运行特性
	其辖域内配电网的运行特性由配电系统操作员进行衡量	并网运行时：与外部系统的相互作用

续表 15.1

项目	虚拟电厂	微网
运行模式	始终与公网连接	单一的受控单元
	并网模式	并网模式+孤岛模式
设计理念	控制模式	自下而上
	主要控制目标： 1. 吸引并聚合各种 DER 参与电网调度和电力市场交易 2. 优化 DER 组合以满足电力系统或电力市场交易	主要控制目标： 1. 网络正常时的并网运行 2. 网络发生扰动或故障时的孤岛运行
	强调对外呈现的功能和效果	强调自治
构成条件	依赖于软件和技术	依赖于元件

15. 3. 6　虚拟电厂的未来

一个功能全面的能源云的前提是虚拟电厂，虚拟电厂的增长将使能源云成为一种交易平台，参与者能够在其中相互购买和出售来自多个电源点的能源，基于虚拟电厂的能源云使得能源交易双向互动，而不是传统意义上的能源单向流动。

随着国家对清洁能源和新兴技术的大力推动，虚拟电厂将成为智能电网和全球能源互联网建设中重要的能源聚合形式，具有广阔的发展空间。

1. 分布式电源的互补性减少出力的不确定性

由于可再生能源出力存在较大的随机性、波动性、间歇性，分布式电源的动态组合问题亟待解决。能源互联网战略推进跨境电力与输电通道建设，积极开展区域电网升级改造合作，充分发挥不同区域内分布式电源的时差互补和季节互补特性，提高可再生能源的利用率和虚拟电厂的效益。

2. 多个分布式单元灵活地进行动态组合组成虚拟电厂

虚拟电厂与微电网的最大区别在于构成虚拟电厂的多个分布式发电单元不一定在同一个地理区域内，其聚合范围以及与市场的交互取决于通信能力和可靠性。多个分布式发电单元按照一定的规则或目标进行聚合，以一个整体参与电力市场或辅助服务市场，最后将利益分配给每个分布式发电单元。虚拟电厂作为中介，根据动态组合算法或动态博弈理论等规则对多个分布式发电单元灵活地进行动态组合。动态组合的实时性和灵活性可以避免实时不平衡所带来的成本问题以及由于电厂停机、负荷和可再生能源出力预测失误时所导致的组合偏差问题。

3. 大数据对可再生能源进行预测，提高虚拟电厂数据处理速度

大数据是指无法在可承受的时间内用传统的 IT 技术、软硬件工具和数学分析方法进行感知、获取、管理、处理和分析的数据集合。大数据技术可进行负荷预测和可再生能源出力预测，包括风能和太阳能。风能预测非常必要，因为数据显示在用电高峰期，风电场的实际产能变化幅度很大。准确预测太阳能和风能需要分析大量数据，包括风速、云层等气象数据。同时，利用大数据技术处理虚拟电厂内的各种信息，能有效提高数据交换与处理中心的处理速度，为虚拟电厂的数据交换与处理中心提供各子系统实时、精确的数据信息流。

4. 虚拟电厂参与多种市场进行优化调度和竞价

虚拟电厂通过对多个分布式单元进行聚合成为一个整体参与电力市场运营，既可以发挥传统电厂出力稳定和批量售电的特点，又由于聚合了多种发电单元而具有较好的互补性。虚拟电厂所参与的电力市场包括日前市场、实时市场、辅助服务市场等，由此可建立日前市场、双边合同、平衡市场及混合市场等多种市场模型。考虑虚拟电厂中可再生能源出力、负荷和实时电价等不确定因素，在不同市场环境下建立调度和竞价模型，使虚拟电厂具有更广泛的适用性。

5. 基于博弈论建立科学的合作机制，确保虚拟电厂的稳定性

博弈论主要研究存在利益关系或冲突的多个决策主体，根据自身能力和了解的信息，如何各自进行有利于自己或决策者群体的决策的理论。基于博弈论，认为虚拟电厂内的所有发电和用电单元及虚拟电厂与外部所有运营商均为合作博弈关系。根据合作博弈理论制定科学的合作机制，包括虚拟电厂内部聚合的多个发电或用电单元之间的合作机制和虚拟电厂与集成运营商、配电网或输电网以及电力市场运营者之间的合作机制，保证所有参与者的合理收益，使参与者保持长期的参与积极性，确保虚拟电厂的稳定性。

第 16 章　低碳综合能源供能技术

低碳综合能源系统利用先进的物理信息技术和创新管理模式，整合区域内电、气、热、冷、氢等多种能源，实现多种异质能源子系统之间协调规划、优化运行、协同管理和互补互济，可提高能源的综合利用效率与供需协调能力，推动能源清洁生产和就近消纳，减少弃风、弃光、弃水，对建设清洁低碳、安全高效的现代能源体系具有重要的现实意义和深远的战略意义。

16.1　低碳综合能源系统规划

16.1.1　多元化清洁能源供给体系

加快清洁能源产业发展部署，构建多元化清洁能源供给体系。

一是要加快推进新能源产业布局，科学研究水、核、风、光等清洁能源产业的协同发展路径。尤其是清洁能源富集省份要加快构建多元化清洁能源供给体系，强化多种能源之间的协同互补，避免单一能源供给结构影响地区能源资源的安全稳定供应。

二是要坚持集中式与分布式并举，在规划建设、重点发展大型清洁能源基地的同时配套推进分布式清洁能源发展。可以考虑通过资金扶持和政策激励等手段调动用电企业自建分布式电源的积极性，因地制宜开发利用风、光、水能资源。

三是要结合各地发展实际，积极探索地热能、核能等清洁能源供热新方式，作为煤炭、天然气等常规能源的重要补充。有条件的地区应该加快清洁取暖和散煤替代，通过多种方式加大清洁取暖的金融扶持，引导社会资本积极参与清洁取暖项目的投资、建设和运营。

立足基本国情和发展阶段，确立生态优先、绿色发展的导向，坚持在保护中发展、在发展中保护，深化能源供给侧结构性改革，优先发展非化石能源，推进化石能源清洁高效开发利用，健全能源储运调峰体系，促进区域多能互补协调发展。

16.1.2　优先发展非化石能源

开发利用非化石能源是推进能源绿色低碳转型的主要途径。中国把非化石能源放在能源发展优先位置，大力推进低碳能源替代高碳能源、可再生能源替代化石能源。

1. 推动太阳能多元化利用

按照技术进步、成本降低、扩大市场、完善体系的原则，全面推进太阳能多方式、多元化利用。统筹光伏发电的布局与市场消纳，集中式与分布式并举开展光伏发电建设，实施光伏发电“领跑者”计划，采用市场竞争方式配置项目，加快推动光伏发电技术进步和成本降低，光伏产业已成为具有国际竞争力的优势产业。完善光伏发电分布式应用的电网接入等服务机制，推动光伏与农业、养殖、治沙等综合发展，形成多元化光伏发电发展模式。通过示范项目建设推进太阳能热发电产业化发展，为相关产业链的发展提供市场支撑。推动太阳能热拓展市场领域和利用方式，在工业、商业、公共服务等领域推广集中热水工程，开展太阳能供暖试点。

2. 全面协调推进风电开发

（1）按照统筹规划、集散并举、陆海齐进、有效利用的原则，在做好风电开发与电力送出和市场消纳衔接的前提下，有序推进风电开发利用和大型风电基地建设。

（2）积极开发中东部分散风能资源。

（3）积极稳妥发展海上风电。

（4）优先发展平价风电项目，推行市场化竞争方式配置风电项目。

（5）以风电的规模化开发利用促进风电制造产业发展，风电制造产业的创新能力和国际竞争力不断提升，产业服务体系逐步完善。

3. 推进水电绿色发展

（1）坚持生态优先、绿色发展，在做好生态环境保护和移民安置的前提下，科学有序推进水电开发，做到开发与保护并重、建设与管理并重。

（2）以西南地区主要河流为重点，有序推进流域大型水电基地建设，合理控制中小水电开发。

（3）推进小水电绿色发展，加大对实施河流生态修复的财政投入，促进河流生态健康。

（4）完善水电开发移民利益共享政策，坚持水电开发促进地方经济社会发展和移民脱贫致富，努力做到“开发一方资源、发展一方经济、改善一方环境、造福一方百姓”。

4. 安全有序发展核电

（1）将核安全作为核电发展的生命线，坚持发展与安全并重，实行安全有序发展核电的方针，加强核电规划、选址、设计、建造、运行和退役等全生命周期管理和监督，坚持采用最先进的技术、最严格的标准发展核电。

（2）完善多层次核能、核安全法规标准体系，加强核应急预案和法制、体制、机制建设，形成有效应对核事故的国家核应急能力体系。

（3）强化核安保与核材料管制，严格履行核安保与核不扩散国际义务，始终保持着良好的核安保记录。

（4）迄今为止在运核电机组总体安全状况良好，未发生国际核事件分级 2 级及以上的事件或事故。

5. 因地制宜发展生物质能、地热能和海洋能

（1）采用符合环保标准的先进技术发展城镇生活垃圾焚烧发电，推动生物质发电向热电联产转型升级。

（2）积极推进生物天然气产业化发展和农村沼气转型升级。

（3）坚持不与人争粮、不与粮争地的原则，严格控制燃料乙醇加工产能扩张，重点提升生物柴油产品品质，推进非粮生物液体燃料技术产业化发展。

（4）创新地热能开发利用模式，开展地热能城镇集中供暖，建设地热能高效开发利用示范区，有序开展地热能发电。

（5）积极推进海流能、波浪能等海洋能技术研发和示范应用。

6. 全面提升可再生能源利用率

（1）完善可再生能源发电全额保障性收购制度。

（2）实施清洁能源消纳行动计划，多措并举促进清洁能源利用。

（3）提高电力规划整体协调性，优化电源结构和布局，充分发挥市场调节功能，形成有利于可再生能源利用的体制机制，全面提升电力系统灵活性和调节能力。

（4）实行可再生能源电力消纳保障机制，对各省、自治区、直辖市行政区域按年度确定电力消费中可再生能源应达到的最低比重指标，要求电力销售企业和电力用户共同履行可再生能源电力消纳责任。

（5）发挥电网优化资源配置平台作用，促进“源网荷储”互动协调，完善可再生能源电力消纳考核和监管机制。

16.1.3 清洁高效开发利用化石能源

根据国内资源禀赋，以资源环境承载力为基础，统筹化石能源开发利用与生态环境保护，有序发展先进产能，加快淘汰落后产能，推进煤炭清洁高效利用，提升油气勘探开发力度，促进增储上产，提高油气自给能力。

1. 推进煤炭安全智能绿色开发利用

努力建设集约、安全、高效、清洁的煤炭工业体系。推进煤炭供给侧结构性改革，完善煤炭产能置换政策，加快淘汰落后产能，有序释放优质产能，煤炭开发布局和产能结构大幅优化，大型现代化煤矿成为煤炭生产主体。加大安全生产投入，健全安全生产长效机制，加快煤矿机械化、自动化、信息化、智能化建设，全面提升煤矿安全生产效率和安全保障水平。推进大型煤炭基地绿色化开采和改造，发展煤炭洗选加工，发展矿区循环经济，加强矿区生态环境治理，建成一批绿色矿山，资源综合利用水平全面提升。实施煤炭清洁高效利用行动，煤炭消费中发电用途占比进一步提升。煤制油气、低阶煤分质利用等煤炭深加工产业化示范取得积极进展。

2. 清洁高效发展火电

坚持清洁高效原则发展火电。推进煤电布局优化和技术升级，积极稳妥化解煤电过剩产能。建立并完善煤电规划建设风险预警机制，严控煤电规划建设，加快淘汰落后产能。实施煤电节能减排升级与改造行动，执行更严格能效环保标准。煤电机组发电效率、污染物排放控制达到世界先进水平。合理布局适度发展天然气发电，鼓励在电力负荷中心建设天然气调峰电站，提升电力系统安全保障水平。

3. 提高天然气生产能力

加强基础地质调查和资源评价，加强科技创新、产业扶持，促进常规天然气增产，重点突破页岩气、煤层气等非常规天然气勘探开发，推动页岩气规模化开发，增加国内天然气供应。完善非常规天然气产业政策体系，促进页岩气、煤层气开发利用。以四川盆地、鄂尔多斯盆地、塔里木盆地为重点，建成多个百亿立方米级天然气生产基地。

4. 提升石油勘探开发与加工水平

加强国内勘探开发，深化体制机制改革，促进科技研发和新技术应用，加大低品位资源勘探开发力度，推进原油增储上产。发展先进采油技术，提高原油采收率，稳定松辽盆地、渤海湾盆地等东部老油田产量。以新疆地区、鄂尔多斯盆地等为重点，推进西部新油田增储上产。加强渤海、东海和南海等海域近海油气勘探开发，推进深海对外合作。推进炼油行业转型升级。实施成品油质量升级，提升燃油品质，促进减少机动车尾气污染物排放。

16. 1. 4　加强能源储运调峰体系建设

统筹发展煤电油气多种能源输运方式，构建互联互通输配网络，打造稳定可靠的储运调峰体系，提升应急保障能力。

1. 加强能源输配网络建设

持续加强跨省跨区骨干能源输送通道建设，提升能源主要产地与主要消费区域间通达能力，促进区域优势互补、协调发展。提升既有铁路煤炭运输专线的输送能力，持续提升铁路运输比例和煤炭运输效率。推进天然气主干管道与省级管网、液化天然气接收站、储气库间互联互通，加快建设“全国一张网”，初步形成调度灵活、安全可靠的天然气输运体系。稳步推进跨省跨区输电通道建设，扩大西北、华北、东北和西南等区域清洁能源配置范围。完善区域电网主网架，加强省级区域内部电网建设。开展柔性直流输电示范工程建设，积极建设能源互联网，推动构建规模合理、分层分区、安全可靠的电力系统。

2. 健全能源储备应急体系

建立国家储备与企业储备相结合、战略储备与商业储备并举的能源储备体系，提高石油、天然气和煤炭等储备能力。完善国家石油储备体系，加快石油储备基地建设。建立健全地方政府、供气企业、管输企业、城镇燃气企业各负其责的多层次天然气储气调峰体系。完善以企业社会责任储备为主体、地方政府储备为补充的煤炭储备体系。健全国家大面积停电事件应急机制，全面提升电力供应可靠性和应急保障能力。建立健全与能源储备能力相匹配的输配保障体系，构建规范化的收储、轮换、动用体系，完善决策执行的监管机制。

3. 完善能源调峰体系

坚持供给侧与需求侧并重，完善市场机制，加强技术支撑，增强调峰能力，提升能源系统综合利用效率。加快抽水蓄能电站建设，合理布局天然气调峰电站，实施既有燃煤热电联产机组、燃煤发电机组灵活性改造，改善电力系统调峰性能，促进清洁能源消纳。推动储能与新能源发电、电力系统协调优化运行，开展电化学储能等调峰试点。推进天然气储气调峰设施建设，完善天然气储气调峰辅助服务市场化机制，提升天然气调峰能力。完善电价、气价政策，引导电力、天然气用户自主参与调峰、错峰，提升需求侧响应能力。健全电力和天然气负荷可中断、可调节管理体系，挖掘需求侧潜力。

16.1.5 支持农村及贫困地区能源发展

落实乡村振兴战略，提高农村生活用能保障水平，让农村居民有更多实实在在的获得感、幸福感、安全感。

1. 加快完善农村能源基础设施

让所有人都能用上电，是全面建成小康社会的基本条件。实施全面解决无电人口问题三年行动计划，2015 年底全面解决了无电人口用电问题。中国高度重视农村电网改造升级，着力补齐农村电网发展短板。实施小城镇中心村农网改造升级、平原农村地区机井通电和贫困村动力通电专项工程。2018 年起，重点推进深度贫困地区和抵边村寨农网改造升级攻坚。加快天然气支线管网和基础设施建设，扩大管网覆盖范围。在天然气管网未覆盖的地区推进液化天然气、压缩天然气、液化石油气供应网点建设，因地制宜开发利用可再生能源，改善农村供能条件。

2. 精准实施能源扶贫工程

能源不仅是经济发展的动力，也是扶贫的重要支撑。中国合理开发利用贫困地区能源资源，积极推进贫困地区重大能源项目建设，提升贫困地区自身“造血”能力，为贫困地区经济发展增添新动能。在革命老区、民族地区、边疆地区、贫困地区优先布局能源开发项目，建设清洁电力外送基地，为所在地区经济增长做出重要贡献。在水电开发建设中，形成了水库移民“搬得出、稳得住、能致富”的可持续发展模式，让贫困人口更多分享资源开发收益。加强财政投入和政策扶持，支持贫困地区发展生物质能、风能、太阳能、小水电等清洁能源。推行多种形式的光伏与农业融合发展模式，实施光伏扶贫工程，建成了成千上万座遍布贫困农村地区的“阳光银行”。

3. 推进北方农村地区冬季清洁取暖

北方农村地区冬季清洁取暖关系广大人民群众生活，是重大民生工程、民心工程。以保障北方农村地区广大群众温暖过冬、减少大气污染为立足点，在北方农村地区因地制宜开展清洁取暖。按照企业为主、政府推动、居民可承受的方针，稳妥推进“煤改气”“煤改电”，支持利用清洁生物质燃料、地热能、太阳能供暖以及热泵技术应用。

开展工业综合能源脱碳技术方向，解决工业生产电气化、氢能替代、低成本 CCUS 及循环经济实现难题，达到高能耗工业近零排放效果。

16.1.6　工业脱碳的关键路径

1. 提高能效

该途径为短期脱碳解决方案的实施提供了最好的机遇，无须对工业过程进行重大改变，能够立即减少排放。关键目标包括：提高系统效率、工艺产量和热能回收；扩大能源管理；加大部署智能制造以降低能耗。

2. 工业电气化

制造业用能中超过 50% 用于热处理，而其中只有不到 5% 实现了电气化。工业电气化包括过程热电气化或过程用氢电气化，关键目标包括：提高现有电气技术或混合系统的能源效率；创新的电气系统或混合系统；克服在基于化石燃料的现有工艺系统中实施电气化技术的经济障碍和技术障碍。

3. 低碳燃料、原料和能源替代

该途径主要包括灵活应用燃料工艺、清洁氢燃料和原料、生物燃料和生物原料、核能、聚光太阳热能和地热能。

4. 碳捕集、利用和封存（CCUS）

前 3 个关键途径可先于 CCUS 部署，三者共可贡献约 40% 的目标碳减排。CCUS 可作为实现长期减排的最有力途径，其重点在于提高效率、经济可行性和安全性，催化剂和工艺设计改进对于提高效率、降低成本和减少材料消耗或废物产量至关重要。

通过上述关键途径，到2050年可使5个重点行业的碳排放减少87%。要实现净零排放还需使用替代方法及负排放技术，主要包括：土地利用生态系统管理活动，如造林/再造林、使用生物炭、进行土壤碳管理等；结合碳捕集和封存的生物能源技术（BECCS）、从空气中捕集CO_2（直接空气碳捕集）等。

16.1.7 重要行业实现净零排放的研发与示范行动计划

钢铁、化工、食品、炼油和水泥5个碳密集型行业到2050年实现净零排放的研发与示范行动计划如下。

1. 钢铁行业

（1）短期。

支持资金成本相对较低的解决方案，如能效、能量管理和减少余热/余热回收解决方案；实现向低碳燃料和工艺热解决方案的转型，如再热炉和下游炉电气化、清洁氢用于工艺供热、生物燃料；继续推进CCUS与难以减排的来源整合。

（2）中期。

探索继续提高材料效率和灵活性的途径，包括再利用、回收利用和翻新；投资低碳工艺改造路线，如熔融氧化物电解、扩大感应电炉规模、清洁氢直接还原铁电弧炉；扩展基础设施和整合能力及知识，尽可能以最高效率和最佳经济效益捕集难减碳源的CO_2；探索使用低碳、净零碳或负碳方法生产碳还原剂的创新途径，例如使用清洁电力供电解CO_2和水生成合成气用于直接还原铁。

（3）长期。

推进模块化制造方法，扩大市场规模和占比；降低变革性炼钢方法的技术和经济挑战，加快开发进度；开发在现场或附近设施利用废气（H_2、CO、CO_2等）的其他途径，提高气体分离效率，显著降低其能源和资源需求，降低部署门槛。

2. 化工行业

（1）短期。

推动低成本解决方案的研发与验证，如能源/材料/系统效率、分离和干燥技术创新、传热效率、高碳能源向低碳能源转换、智能制造、低温工艺电气化；推进工艺用热脱碳，低温推进到中温，在适当的情况下以高温过程热为目标；研究行业如何与合作伙伴一同更有效地利用波动性能源和储能，开发和部署路线，实施能源转换和混合能源解决方案；开发更有效的制氢电解槽、化学过程、新型能量传输、创新分离技术；在有利的地点（如产业集群）进行试验，降低应用门槛；研究工艺整合，降低CCUS实施成本；推进低碳解决方案有效性、生命周期评估、系统效率和其他分析相关数据的存储、编目和可达性，以支持评估技术在减少能源使用、温室气体排放和产品碳含量方面的有效性；进行碳基化学品的生物制造，使用生物催化剂以显著减少工艺用热需求，并开发多种化学转化的集成工艺以减少反应容器；使用生物质和废物原料生产碳基化学品，降低石油投入，生产净排放或负排放化学品。

（2）中期。

支持使用低碳氢（如电解）生产氨、甲醇和塑料的研发与示范；支持利用电气化和低碳能源进行工艺和原料改造以及 CO_2 利用技术的研发与示范；启动示范与投资，支持变革性工艺技术，如复合膜；开发通过氢燃烧提供高温过程热的技术；研究快速扩大变革性技术规模的改进途径；支持研发与验证，持续推动提高工艺能源效率、消除浪费并降低产品碳含量；开发新型途径和反应器设计，扩展能够利用生物途径生产化学品的种类。

（3）长期。

支持研发与示范，发现能够实现变革性化学工艺的基础科学；研究变革性技术的连接策略，以便与未来的基础设施无缝连接；预测原料和材料的市场可用性；加深对快速扩展技术关键因素的理解，在其他方案不可行的情况下提高改进效率；研究具有性能优势的生物产品，其性能优于石油基产品，可减少材料总用量，大幅减少温室气体排放；开发更高效和强化的生物制造工艺设计，包括无细胞生物制品生产，实现连续生物化学生产工艺。

3. 食品行业

（1）短期。

如有可能，开发电热烘箱、炸炉、锅炉等技术，尤其是在电价下降时；通过生命周期评估确定的方法和制造商之间的合作，减少整个供应链中食品浪费，如废物流再利用、源头减量、供应链可见性、加工和包装的改进等；投资智能制造战略，如系统优化、热系统整合和制冷优化；支持将低碳燃料和生物燃料用于食品制造原料的研发与示范，以减少排放；研发和示范将 CO_2 作为原料的技术，减少燃料燃烧和发酵过程中的排放，进一步挖掘 CCUS 的应用潜力。

（2）中期。

研发并示范更好地共享和存储低品位余热的方式，加强废物流再利用，包括废热；增强研发和示范自动化和模块化技术；增强对热泵的研发与示范，以回收和供应食品饮料制造过程中的工艺用热；通过替代包装和减少塑料废物等方法，促进回收和材料效率；推进对深冷分离、防结冰先进涂层、高级酶、低产乙醇酵母等潜在变革性技术的研发与示范；支持研发和示范可再生天然气、利用核能生产合成天然气以及将清洁氢用于中温工艺。

（3）长期。

开发将清洁氢用于食品制造过程的技术；加深对快速推进变革性技术所需条件的理解；大规模整合新工艺、新燃料和新技术。

4. 炼油行业

（1）短期。

推动低成本解决方案的研发与验证，如能源/材料/系统效率、蒸馏和分离技术创新、传热效率、高碳能源向低碳能源转换、低温过程热电气化；通过进一步开发供应链数据、支持技术研发和示范部署、开发温室气体核算机制以提高低碳解决方案和供应链系统效率等方式，推进采用低温室气体排放的替代燃料；研发和示范吸附剂、氧化脱硫和电化学脱硫，以推进零氢脱硫工艺；将无组织甲烷排放量降至近零水平；研究行业如何与合作伙伴一同更有效地利用波动性能源和储能，开发和部署路线，实施能源转换和混合能源解决方案；开发更有效的制氢电解槽、化学过程、新型能量传输、创新分离技术；在有利的地点（如产业集群）进行试验，降低应用门槛；开发热集成技术，降低 CCUS 实施成本。

（2）中期。

支持研发和示范电气化及低碳能源技术，以实现工艺和原料转化；支持研发和示范可再生能源及核能制氢工艺，以及用于液体燃料原料的碳捕集技术；开发使用氢燃烧提供高温工艺热的技术；研究快速扩展变革性技术的改进路线；支持研发和示范提高工艺能源效率、消除浪费及降低产品碳含量的技术。

（3）长期。

支持研发与示范，以实现到 2050 年用新的低碳方式生产液态烃燃料、润滑剂和其他炼油产品，从而实现炼油行业转型，如：以高能效和高成本效益的方式将 CO_2 还原为可行的原料，以转化为符合现有基础设施和最终产品用途的烃类燃料和产品；应用先进核反应堆产生的高品位热能；研究与未来基础设施相符的变革性技术的连接策略，包括现有碳氢化合物管道、未来 CO_2 管道、脱碳电网和清洁氢的可用性；预测前体、原料和材料的市场可用性；加深对快速扩展技术关键因素的理解，在其他方案不可行的情况下提高效率。

5. 水泥行业

（1）短期。

支持利用低成本解决方案，如能效、能量管理和减少余热或余热回收技术；实现向低碳燃料和工艺热的转型，如使用清洁氢、生物燃料；继续推进整合 CCUS 技术，如在水泥厂进行燃烧后碳捕集的试点。

（2）中期。

探索继续提高材料效率和灵活性的途径，包括再利用、回收利用和翻新；投资低碳工艺改造和路线，如预热煅烧炉电气化、太阳能或核能供热，以及大规模使用氢作为燃料；扩大基础设施、集成能力和知识，以尽可能捕集、运输和再利用 CO_2。

（3）长期。

开发减少浪费的方法，包括混凝土施工中使用循环经济方法、开发低碳胶结材料和天然辅助胶凝材料；干燥装置全面电气化，使用 100% 清洁能源，或大规模使用清洁氢作为替代燃料；开发利用 CO_2 的其他途径，包括全面部署新型碳捕集技术。

16.1.8　相关技术

1. 区域综合能源系统技术

与微网相比，区域综合能源系统适用于规模较大的园区或城市区域。它涉及多种能源网络层面的互联互济，面临的对象更多、随机性更强，在运行过程中需考虑的目标和约束更复杂多样。区域综合能源系统强调电、热、冷、气等能源的耦合，以提升综合能源网络的灵活性和经济效益。

2. 低碳综合能源系统规划技术

低碳综合能源系统规划涉及电、气、冷、热、交通不同能源环节，以及不同部门的利益诉求。需要通过多目标优化，以达到全局优化与局部优化的有机平衡；同时还要考虑大量随机性因素的影响，以及低碳综合能源发展的长期愿景与近期利益的相对平衡。

3. 新型能源转换与传输技术

能源转换环节对综合能源系统的耦合互补及能源综合利用的效率具有重要影响。需要进一步提高既有能源转换环节的效率（如一次能源转换效率、交流变压器、整流/逆变器效率等），大力推进高效能冷热电联产、电解制氢、直流变压器、固态变压器等新型能源转换技术，以提高综合能源利用水平。

16.2　多能源协同优化调控运行

低碳综合能源系统的“源网荷储”涉及特性各异的不同能源环节，既包含传统能源（如电、气、冷、热），也包含新型能源（如氢能、太阳能、风电等）。

16.2.1　多能互补的可行性分析

随着科学技术的不断发展，能源监控技术、控制技术和管理技术不断完善，各种新型的能源利用系统被开发和广泛应用，不同能源之间耦合越来越紧密，基本实现了多能源功能利用状态下的能源优势互补。综合能源系统是多能互补在区域能源供应中的重要实现形式，通过能源源、能源网、用能点等协调和紧密互动，实现功能系统的全面科学分析、设计和运行。这与计算机技术的发展有密切联系。通常，综合能源系统一般涵盖供电系统、供热系统、供水系统以及其他基础能源供给系统。多能互补系统的构建核心就相对单纯，通过优化能量生产、传输、存储和管理等几个方面，在充分考虑系统稳定性的基础上，实现各个能源系统的协调与配合，以集成化的方法提高能源利用效率，进而降低生产成本。

16. 2. 2 多能互补综合能源系统研究

1. 区域多能互补

从整个能源系统出发，可以确定的是不同能源形式的耦合会对能效产生一定的影响，其中冗余能量路径提供的一定自由度为多能源协同优化提供了空间。构建不同能量系统之间的协调机制，可有效改善不同能源在不同供能背景下的时间和空间不平衡状况，从而提高能源的综合利用率，降低系统运行成本，保证能源供应系统的稳定性。其中，多能量载体的规模化和集成化管理可利用是实现区域多能互补的核心问题，也是近年来能源科学研究的重点问题。

2. 家庭式能源智能管理

家庭式能源智能管理指的是从用户角度实现的多能互补方式，以家庭为例，家庭生产环境中需要运用到的能源形式有电气、冷、热、天然气，如果能够在用户端（用能端）实现多能源的交互和耦合，将极大地提高能源的利用效率，同时也为用户的能源利用提供了更多的可靠选择，这也推动了能量流、信息流、业务流等特性各异的物理对象的融合。未来的综合能源系统不再是由供给侧到用户侧的单向能量传递，能源用户也由过去的能源使用者转换成能源消费者和服务商，传统能源系统中供给者、消费者的概念被淡化，取而代之的是综合能源系统供需双侧的智能交互。

3. 多种储能的控制方法和配置策略

现阶段，按照时间尺度来划分，电储能一般用于“低储高发”、联络线功率控制和电能质量治理 3 个方面，经济效益体现在峰谷电价差和延缓电网升级两方面。由于供冷是非时变的，储热没有套利空间，一般用于与冷热电联供系统（CCHP）机组协调调度，优化 CCHP 机组的运行状态，使以热定电的 CCHP 机组可在用电峰段多发电，燃气锅炉运行在效率较高的状态，在用电谷时段停机由储能供热，显著提高机组的经济效益。另外，对于电制冷机组，其经济效益与实时电价关系密切，加入蓄冷可以显著降低电空调的运行成本，减少电制冷机组的配置容量。

16.2.3　多能互补在综合能源系统中构建的重点

1. 多能互补协同运行调度

多能互补综合能源系统中，能源的调度和优化配置一直是核心问题，是实现多能互补系统构建和市场效益的基础。通过多个能源系统的协同机制，人们可以实现能源的高效利用和高能产出，进而缓解区域能源紧张问题。虽然多能互补的协同运行能够带来极高的经济效益，但是这也意味着风险的扩大，当多能互补耦合性较强时，多能互补的综合能源系统内能源的流动不再是单向的，而是存在多向互动，如果某一环节出现问题，就会发生故障传递效应，使损害结果扩大。因此，多能互补的协同运行调度是构建多能互补综合能源系统的核心问题之一，只有通过良好的调度，将故障发生率锁定在最小范围内才能最大限度地发挥多能互补的优势。当然，相应的风险评估机制也是多能互补调度的重要环节。

2. 多能互补协同风险评估机制

在多能互补综合能源系统构建过程中，由于故障风险具有可传递的特征，因此需要构建相应的风险评估机制。同单一能源供应系统相比，多能互补的能源风险评估机制相对复杂，需要综合各种能源系统、市场、管网等多方信息，严格计算投入产出比以及风险发生率和风险发生后的损害范围、损害程度，在诸多方案中找到最符合经济性、安全性、可靠性、市场性特征的风险评估机制。当然，由于多能互补综合能源系统中不确定因素的增加，想要精确评估运行风险的难度较高，可以引入弹性概念，允许合理的风险存在。

3. 用能替代的综合需求响应

对于多能互补系统，用户参与需求响应的手段不仅限于传统的电能削减和在时间上的平移。用能替代正逐渐成为综合需求响应的一种重要方式，能量的替代使用可降低用户侧的用能成本，在满足用能需求的前提下响应各个能源系统的调度期望。

4. 能流计算

能流计算是多能互补综合能源系统中静态模型和动态模型的共通点，也是系统构建和管理的核心内容之一。现阶段，实践作业一般采用改进的能源集线器模型，考虑耦合单元作为平衡节点对于电力网络和天然气网络潮流的影响，形成该系统适用的潮流求解算法。相应的研究可分为统一求解法和解耦求解法两类。采用统一求解法时，需要构建多系统的混合模型，然后在统一的框架下建立包含多个能网状态的潮流方程，对系统综合潮流进行求解，在算法求解方面往往要求较高。而解耦求解法需分析不同模式下多个系统的耦合关系，将电力潮流与天然气以及热力系统解耦计算，因此可以在原有独立的潮流计算模块上增加能源耦合分析模块来实现，计算难度较小。

16.2.4 小结

随着能量需求呈现多样化和分布化趋势，以多能互补为中心的综合能源系统理论研究和工程实践也逐渐展开，然而在实践和研究过程中，各子系统通过大量的异质元件耦合，耦合元件在不同的管理模式、运行场景和控制策略下相互影响，呈现出不同的电气、热力、水力特性，对所耦合的能源系统产生强烈的非线性、不确定的影响，综合能源系统无论在科学研究还是工程应用方面仍面临着巨大的挑战。为进一步提高用能效率，促进多种新能源的规模化利用，多种能源的源、网、荷深度融合和紧密互动又是未来能量系统发展的必然趋势，因此在未来的很长一段时间内，能源科学领域中，多能互补综合能源系统的研究将一直是热点问题。

16.3 多能源市场耦合交易

16.3.1 多能源市场耦合交易概述

通过推动跨区域多能源系统市场交易技术创新，实现跨区域多能源的联动交互，促进跨区域能源消纳和交易机制完善；通过培育虚拟电厂、负荷聚集商、储能电站等新型市场主体，建立能源消费与能源生产的互动以及不同能源需求之间的协同关系，推动需求响应等辅助市场的市场主体和规则完善；以综合能源系统灵活性特点为基础，加强与其他市场主体的合作与交互，促进能源供给的集群优化和市场主体间的合作共赢。

多能源系统协同运行对提升能源系统可靠性、经济性和清洁性的显著作用已受到广泛关注。首先，多能源系统协同运行能够丰富能源系统运行调节手段，增强能源系统灵活性，减小单一能源系统价格及供需不确定性的影响，降低能源系统运行风险，提升能源系统安全性及可靠性。其次，多能源系统协同运行能够实现能源的梯级利用，挖掘不同类型能源生产和消费间的互补性和替代性，提高能效，降低排放及能源成本，提升能源基础设施利用率。最后，多能源系统协同运行能够充分利用不同能源时空互补替代特性，补偿可再生能源的不确定性，促进可再生能源的充分消纳。

当前对多能源系统耦合建模、效益评估、协同规划、优化运行的研究较为丰富，但对市场机制及交易行为等问题的研究尚不系统。随着全球范围能源行业放松管制的进程不断深入，能源领域市场化程度显著提升，如何发挥市场配置能源资源的优势作用，实现高效的能源供给、传输、储存和消费并有效激励能源技术进步，是亟待解决的重要问题。本书重点关注网络化能源系统（即电力、天然气、供热等）的多能源市场耦合交易问题，在分析多能源市场耦合交易的必要性、综述多能源市场耦合交易研究应用现状的基础上，分析提出进一步研究和发展中面临的关键问题。

16.3.2　多能源市场耦合交易的必要性

高效、高流动性的多能源市场耦合交易是多能源系统协调运行、综合优化的机制基础。近年来，多能源市场耦合交易快速发展，并受到了学术界和工业界的广泛关注，主要包含以下几方面原因。

1. 能源间转换技术的发展带来更多的能源联合生产及消费

天然气发电机组作为电力系统的供给者及天然气系统的消费者，是电力和天然气系统耦合的最重要环节。由于具有灵活低碳的特点，随着可再生能源电网渗透率的增加，天然气发电机组在发电结构中的占比不断提升。电转气（P2G）技术的出现使电力、天然气系统的耦合从传统的通过天然气发电机组的单向转换改变为双向。近年来，由于成本降低、电解效率提高、氢能消费增加，P2G 得到快速发展。

传统的热电联产将电力和热力的生产耦合，运行灵活性较低。近年来，电锅炉、电热泵等能源转换技术逐渐成熟，应用于热电联产机组有助于弱化热电耦合特性，减小电力和供热系统中能源供给的相互制约，已在部分国家实践中表现出良好特性。

能源间转换设备的丰富使各能源市场的惯性、价格差异能够实现互补、流动，增强了能源市场的流动性。多能源市场的耦合交易应促进能源联合生产和消费设备的优化运行与科学规划，并引导需同时参与不同能源市场的市场主体合理安排能源生产和消费行为。

2. 消纳可再生能源需在更大范围内配置灵活资源

提升可再生能源消纳能力的关键是提升灵活资源的配置效率，包括增加灵活资源容量及占比、扩大灵活资源配置范围、采用合理的调度交易机制使灵活资源高效补偿可再生能源的不确定性。

相较单一能源系统，多能源系统的协同运行既增加了灵活资源容量，又扩大了灵活资源配置范围。具体来说，多能源系统协同运行有以下几方面作用。

（1）挖掘能源生产的替代性和互补性，促进不同种类能源生产者之间的竞争，弱化能源消费者和生产者之间的界限，提升能源生产的灵活性。

（2）挖掘能源消费的替代性和互补性，激励用户根据用能习惯和能源价格调整、转换不同种类能源的负荷需求，提升能源消费的灵活性。

（3）挖掘能源储存的替代性和互补性，减小如电储能成本较高、抽水蓄能选址约束较多、热储能效率较低等单一系统储能自身约束对增强系统灵活性的制约，提升能源储存的灵活性。

（4）挖掘能源传输的替代性和互补性，削弱单一系统传输受阻对能源供给安全的影响，充分利用多能源系统传输容量及天然气、供热管道储能能力，提升能源传输的灵活性。

多能源市场的耦合交易应合理、高效地配置及调用多能源系统生产、消费、储存、传输的灵活性。

3. 各能源市场的价格相关性增强

随着用于电力生产的天然气消费逐年增加，电力和天然气价格的关联越来越紧密，天然气发电机组在电力和天然气市场的定价中均扮演着重要角色。天然气发电机组通常是电力系统中的边际机组，天然气市场的价格直接影响天然气发电机组报价行为，进而影响电力系统的机组组合及经济调度结果；相反，电力价格也会影响天然气生产和运输成本，进而影响天然气价格。此外，两种市场价格的变化及相关性会进一步催生套利空间，刺激两种市场耦合交易需求。同样，在热电联产机组占比较高的电力系统中，电力和供热价格也有很强的相关性。

随着能源系统耦合程度的加深，来自不确定性的风险将在能源系统中传递，任何一种能源系统发生阻塞或产生价格波动，都会给耦合能源系统带来风险。

多能源市场的耦合交易应协调各能源系统，在满足系统安全约束的同时，减小系统能源供给成本，降低交易风险，并为市场主体提供有效的风险管理手段。

4. 有助于推动能源增值服务发展

在能源消费侧，用户通常只关注用能效果而非用能种类，如居民用户只关注供暖期间的取暖成本与房间温度，并不关心具体供热的是电力、天然气还是集中供暖。

多能源市场耦合交易有助于实现多种能源市场价值的统一衡量，可通过向用户提供电、气、热、冷等不同能源组合产品，开展个性化能源服务，满足多元化能源需求，推动能源增值服务发展，促进竞争，增进社会福利。

16.3.3　多能源市场耦合交易研究现状

1. 多能源市场间交互影响

随着同时参与多个能源市场的市场主体逐渐增多，能源市场间的交互影响越来越显著。天然气系统的运行约束和天然气市场中的市场力均会改变天然气发电机组的生产成本，引起其中标电量的变化，影响电力市场购电成本及电价。由于天然气短期市场往往流动性不足，天然气发电企业更多地通过电力市场报价行为的变化间接调整天然气市场中的消费行为，发电厂面临将长期天然气合同转化为短期电力交易的决策风险，因此天然气短期市场的低效会影响电力市场的价格信号；反之，提升天然气价格形成机制的灵活性能够提升电力市场效率。对比以电力视角及天然气视角研究两种市场交互影响的方法，电力视角下，在电力市场社会福利最大化出清模型中融入通过天然气市场模型计算得到的等效天然气合同；天然气视角下，在天然气市场购气成本最小出清模型中融入电力市场中边际收益与天然气消费的关系。单一能源系统中的灵活性也会影响其他耦合能源系统运行的经济性，如电力需求响应能够减小在天然气系统阻塞时电力系统运行的风险，减少电力系统对天然气的需求并降低天然气短期市场价格。提升热电联产机组的灵活性会减小因供热而限制电力出力的机会成本，增加其市场力，从长期来看，还能促使更多的热电联产机组参与供热市场。此外，在系统规划问题中考虑多能源系统的协同运行能够降低成本、延缓投资。

2. 多能源市场协调运行及联合出清

由于各类能源之间存在互补性和替代性，一些学者以能源系统整体的经济性为目标，研究多能源市场协调运行机制，提出了多能源市场联合出清模型。与单一能源市场出清模型以单一能源购买成本最低、风险最小、社会福利最大化为目标函数相似，多能源市场联合出清模型以多能源购买总成本最低、风险最小、社会福利最大化为目标函数。对比 3 种电力与天然气市场的出清模式，分别为电力与天然气市场分别出清且日前与实时市场顺次出清、电力与天然气市场联合出清且日前与实时市场顺次出清、电力与天然气市场联合出清且考虑实时市场场景进行日前市场出清。结论显示，电力与天然气市场联合出清可以降低购能成本并优化天然气潮流及管存。此外，日前与实时市场联合出清通过更高效地补偿可再生能源的不确定性也进一步降低了购能成本。建立电力、天然气、区域供热 3 个市场的联合出清模型，并在目标函数中同时考虑了成本和风险。考虑微网作为电力需求响应的执行主体，以电力、天然气系统综合运行成本最小及电力系统动态安全和天然气管道过载指数为目标函数建立了多目标优化模型。但多能源市场联合出清的前提是多个能源市场的运营权应属同一机构，因此区域能源系统和微网更有可能采用联合出清。考虑外部能源供应成本、需求响应申报及新能源低碳价值建立了区域综合能源系统日前出清模型。以系统购能成本、环境成本、失负荷成本最小为目标构建了冷热电区域综合能源系统优化调度模型，采用 NSGA-Ⅱ求解，验证了多能源系统协同运行能够降低系统成本、减少排放、提高能效。对于各能源系统运营者不同、无法实现多能源市场联合优化及出清的情况，研究中通常采用基于各能源市场出清结果交互或基于一致性的交替方向乘子等分布式算法，实现各能源市场多次出清、经多次迭代达到均衡的目标。对于出清时序不同的能源市场，可生成较晚出清的能源市场的多个场景并纳入较早出清的能源市场出清模型中考虑。

借鉴电力市场中节点电价的思想，提出节点能价的概念。在天然气日前市场应用节点气价，利用协同进化算法求解通过综合能源需求者耦合的电力及天然气市场，提出电力与热力耦合系统中包含生产边际成本和能源耦合成本的节点能价计算方法。与节点电价不同，由于供水系统和回水系统两套供热系统的存在，节点热价的特性规律较复杂。

距离热源越远的节点热价不一定更高，节点热价与热负荷大小及运行调节方式有关。

现有研究也关注了零售侧的多能源市场。通过多能源市场主体实现电力、天然气批发市场与当地能源系统（local energy systems）的交互方案，建立了双层混合整数非线性优化模型，并证明多能源市场主体的存在能够提升不同能源系统交互的效率。多个能源供给站作为电力、天然气、热力的耦合环节在电力、供热零售市场中扮演供给方，电力、热力负荷聚集商作为需求方，建立了以能源供给站总收益最大化为目标函数的零售市场出清模型，算例结果表明，通过电力与热力的耦合能够促进可再生能源消纳并降低终端用户用能成本。建立基于购能总成本最低的多个热电耦合微网之间能量交易模式，并出于微网运行隐私性的考虑，采用分布式算法求解，提出包含电力、天然气、供热的综合能源微网参与多能源市场的优化运行模型，考虑电储能、热储能、天然气储能，以优化可再生能源的利用。建立氢能与电能交互下的促进分布式可再生能源灵活消纳的当地电力市场迭代出清机制。

还有一些学者基于多能源市场耦合的特点，提出创新性的交易机制。提出一个灵活天然气合同，在天然气发电机组未能在电力市场中被调用时，将天然气直接转供给用户，并探讨了合同定价的问题。提出多能源市场的关联竞价机制，例如天然气发电机组同时作为天然气市场的需求方和电力市场的供给方申报关联报价信息，只有在天然气市场中中标时才可在电力市场中中标。通过在日前市场给天然气传输容量合理定价，使电力、天然气耦合市场实现更高效的资源配置。

3. 多能源市场中的交易行为及均衡分析

在多能源市场中，市场主体基于对市场的判断，优化自身策略，实现效用最大化。一些研究着重关注批发侧市场主体的交易策略。假定电力、天然气市场时序相同并采用节点电价及节点气价，研究了天然气发电机组在两个市场中的竞价策略。中长期交易也会对短期市场策略产生影响，本书分别探讨了电力及天然气市场耦合下天然气发电机组的中长期电量合同和中长期天然气合同的分解执行策略；研究了天然气发电机组在天然气现货市场购气决策、中长期天然气管道容量购买策略及电力市场策略的相互关系，表明短期的电力市场申报策略受长期天然气管道容量购买的限制，故优化天然气容量购买策略应考虑未来短期电力市场场景。天然气发电机组和 P2G 设备能够实现电力和天然气市场的双向耦合，二者联合参与市场能够获得更高的效益。考虑电价和热负荷的不确定性，本书研究了热泵和电锅炉在电力及供热市场中的优化策略，验证了其经济效益；建立了包含天然气发电和天然气锅炉的社区综合能源系统参与电能量和调频、备用辅助服务市场的鲁棒优化策略，社区综合能源系统整合了冷热电需求及分布式发电资源，算例结果显示，当参与电力辅助服务市场时，天然气发电能更好地发挥其调节性能好的特点而获得收益。

也有一些研究关注零售侧能源供给者在多能源市场中的交易策略。多能源零售商购买天然气，向终端用户供电和供冷，建立了以分布式能源站为领导者决策电力和冷气的价格，多能源用户为跟随者决策用能量的 Stackelberg 博弈模型。相似地，本书建立了多能源市场零售商以在电力和天然气市场实现收益最大化为上层，通过当地能源系统对分布式及需求侧资源优化调用为下层的策略优化模型；研究了天然气和电力市场异步的情况下综合能源服务商参与两个阶段市场的策略；着重探讨了电储能和热储能的优化运行策略，并提出利用实时电价能够更加高效利用储能资源，平抑能源需求波动。

还有一些研究关注了终端用户参与多能源市场的交易策略；研究了装设有热电联产、锅炉、热储能的电力及热力用户在实时电价下的需求响应管理模型，同时采用避险合同规避实时电价风险，降低最恶劣情况下满足电力及供热需求的购能成本；考虑基于价格和基于激励的电力、天然气需求响应，终端制造业用户通过电力及天然气需求响应与能源供应商产生互动，降低能源成本；说明了电力需求响应能在天然气系统传输受限而使天然气供给量减少时，为电力系统提供灵活爬坡服务以减少电力系统对天然气供给的依赖。

电力市场中的需求响应在多能源市场中衍生成为综合需求响应，除与电力需求响应相似的包含可削减多能源负荷及可转移多能源负荷外，综合需求响应还可通过可转换负荷来实现，促使不具有电价弹性的负荷也能参与到需求响应项目中。适用于配置在需求侧的典型能量转换设备包括微型燃气轮机、微型热电联产机组、P2G、电锅炉、燃气锅炉、制冷设备、热泵等。能量枢纽（energy hub）是一种广泛采用的描述可转换负荷的等效建模方法，数学层面上是一个多能源输入到多能源输出的函数。本书建立了电力、天然气配网与多个综合负荷聚合商之间的主从博弈模型，并探讨了综合需求响应和储能容量对负荷聚合商购能成本的影响。

16.3.4　进一步研究的关键问题

多能源系统耦合交易旨在利用市场配置资源的优势作用优化多能源系统的规划和运行，将对传统能源体系带来革命性的改变。当前很多国家都对多能源系统耦合交易做了一些探索，但总体而言尚处于起步阶段，在市场模型、交易算法、行为风险分析等方面还需开展深入研究。本书基于对当前各国研究现状的综述，提出以下需要在进一步研究中关注的重要问题。

1. 不同市场基础下多能源市场的协调问题

不同类型能源市场基础条件不同，主要体现为交易时间尺度、交易空间尺度、市场流动性方面的差别。

在交易时间尺度方面，电力市场包含成熟的中长期、日前、实时平衡市场，近年来欧洲很多国家还引入了日内交易；天然气市场多为中长期交易，且通常签订照付不议的合同，尽管天然气短期交易逐渐增加，但也多以双边交易为主且日内价格恒定；供热市场较不成熟且多采用中长期合同，但由于大量灵活供热设备的接入增加了短期市场供热成本的波动性，使短期市场未来发展具有较大潜力。此外，各能源市场交易时序并不统一。以美国中西部独立系统运营商（MISO）所在区域为例，电力现货市场在天然气市场交易日到来前出清，因此电力现货市场出清结果将影响同一交易日内天然气市场中市场主体的行为。在丹麦，热力供应计划是在电力现货市场出清前确定的，因而热电联产机组在参与日前电力现货市场的时候只具有很有限的灵活性，不利于系统安全运行和可再生能源消纳。低碳目标下的能源系统势必会接入更多的可再生能源，也必将增加对各能源市场短期灵活交易的需求，因此需考虑当前市场基础条件，深入研究不同时间尺度交易下各能源市场的协调机制。

在交易空间尺度方面，欧洲已建立了国家间电力现货市场，美国也建立了西部电力平衡市场，但天然气市场仍主要在国家或地区内部开展。此外，由于供热系统损耗较大，供热市场的范围较小，通常为区域供热市场，竞争程度较低，市场力和策略性竞价行为仍需深入研究。因此，多能源市场的协调机制也需要考虑不同空间尺度的能源交易。

在市场流动性方面，电力市场发展较为成熟，中长期、日前、实时平衡市场均有较强的流动性，天然气短期市场流动性较低，供热市场更是多以中长期合同为主开展交易，各能源市场流动性的差异可能降低市场效率。例如，中国当前已开展了电力现货市场试点，以南方（以广东起步）电力现货市场为例，运营规则中提到热电联产机组如因供热需求开机，在运行补偿费用（即上抬费用）中将不考虑补偿启动成本，而由于供热市场市场化程度较低，热电联产机组实际上很难通过供热市场回收机组启动成本。因此，市场流动性的差别会影响市场主体行为和市场出清结果，可能削弱多能源系统协同运行的效益，在研究中应重点关注。

2. 不同产权和运营权下多能源市场的协调问题

除少数如澳大利亚、丹麦等国家由同一机构运营电网和天然气管网外，更多国家的不同能源系统产权和运营权归属不同企业，由此给多能源市场耦合交易的开展带来挑战，应在研究中重点关注。一方面，不同能源系统由不同部门运营的特点给跨部门的信息汇总与协调优化带来困难，如美国 PJM 就已发布报告提出要加强电力及天然气系统运行信息的交互。因此，在研究中应建立支撑多能源市场耦合交易的信息交互机制，促进各能源市场信息的主动披露并做好信息所有权保护。另一方面，多能源市场耦合交易下各类能源的定价将影响多能源系统协同运行效益在不同能源系统中的分配，其合理性评价方法还需深入研究，并应以多能源系统协同运行效益合理分配为目标建立多能源市场耦合交易机制。

3. 与多能源系统协同运行安全性的协调问题

多能源系统协同运行下，能源种类的多样性、网络的复杂性和运行中的不确定性，放大了单一能源系统的异常运行给其他能源系统带来的安全风险。以美国东北地区为例，天然气发电所需的天然气使用优先级低于居民及商业用气，在冬季供热需求较大时，用于发电的天然气供应量减少、天然气价格出现尖峰，影响电力系统运行、增加电力市场风险。同时，天然气发电企业为获得较低的天然气价格，通常会签订可中断天然气供应合同，当天然气系统出现阻塞等导致供给短缺时，天然气发电机组也会因燃料短缺而停机，影响电力市场供需关系和电价。此外，在用户供热需求高峰时，热电联产机组电力出力也会较大，可能导致局部电压升高，给电网调度运行及新能源消纳带来困难。因此，多能源市场耦合交易应能考虑能源系统间运行安全性的交互影响，建立合理的价格机制反映能源系统安全风险。此外，当遇到系统供应可靠性问题时，不同能源系统运营者如何协调应对也是研究中需要重点关注的问题。

4. 开发新的市场机制、出清算法及分析手段，应对计算复杂性、隐私性及不确定性

多能源市场机制设计应能够挖掘多种能源生产、消费、储存、传输的灵活性，激励高效的能源转换，实现可再生能源和灵活资源的广泛接入，有效保护私有信息，实现能源的公平交易和综合利用。电力、天然气、供热系统中包含大量的非线性约束，多能源系统协同运行将增加优化模型复杂度。此外，大量的报价信息还会进一步增加计算复杂性，在多能源市场机制设计和出清算法研究中应做好出清速度和模型精度的权衡。多能源形式发用电资源在系统同一节点的行为耦合和多能源系统运行的不确定性，也将给市场效应评估、市场主体行为分析、市场风险管理提出新的挑战。

16.3.5　小结

多能源系统协同运行和多能源市场耦合交易能够挖掘利用不同能源间的互补性和替代性，实现灵活的能源生产、消费、储存、传输，在更大的范围内优化配置资源、消纳可再生能源，推动能源系统的低碳化转型和发展。特别是在当下全球范围能源行业放松管制的现实背景下，开展多能源市场耦合交易的研究具有重要的理论价值和现实意义。本书立足能源市场发展实际，分析了开展多能源市场耦合交易的必要性，包括能源间转换技术的发展带来更多的能源联合生产及消费、消纳可再生能源需在更大范围内配置灵活资源、各能源市场的价格相关性增强、有助于推动能源增值服务发展等方面原因；总结了多能源市场间交互影响、多能源市场协调运行及联合出清、多能源市场中的交易行为及均衡分析等方面的最新研究进展；提出了进一步研究中面临的关键问题，包括不同市场基础、不同产权和运营权下多能源市场间的协调，与多能源系统协同运行安全性的协调，开发新的市场机制、出清算法及分析手段以应对计算复杂性、隐私性及不确定性等。

第 17 章　终端部门电气化技术

终端部门电气化与电力系统脱碳相结合是实现碳中和的关键要素。与其他部门相比，电力部门更快更易实现大幅减排，且电气化也有助于提升设备用能效率。碳中和情景下，中国电气化率到 2060 年需达到 65% 左右。而快速电气化将给电力系统供需双方均带来巨大挑战，需要重大的技术突破、巨大的基础设施投资以及增强的跨部门政策和行动的协调。电气化工作组致力于制定一个具有整体性的电气化战略，识别深度电气化的主要挑战和机遇，并在与领域专家和利益相关者沟通的基础上，确定有效行动的优先次序，形成工作组层面可实施的工作计划以推动实现碳中和的必要电气化转型。

在工业领域，当前工业部门的能源消费约占全国终端能耗的 65%（包括建筑业的第二产业为 67.5%），是最大的能源消费和 CO_2 排放部门。

在交通领域，多种类型交通系统蓬勃发展，其能耗和碳排放巨大，是全球第三大温室气体排放源。

建筑领域是实施节能降碳的重点行业领域之一。

17.1　电力行业

电力行业碳排放需要最早达峰并快速下降，至 2050 年争取实现零排放甚至负排放。电网系统需要考虑通过灵活发电、改进电网基础设施、需求侧响应以及部署储能技术提高电网灵活性，建立并完善电力现货市场，通过电力市场改革增加跨省绿电交易。预计至 2050 年时可再生能源发电占总发电量比例升至 70%。

在发电行业，除了识别并关停燃煤电厂中的一小部分老旧、高污染且低效率的电厂，也将继续增加非化石燃料发电的比例（2025 年提高至 45%左右）；通过完善碳捕集与封存利用（CCUS）政策，以促进新的化石燃料电厂采用 CCUS 技术，和/或在现有电厂进行 CCUS 改造。粤港澳大湾区电力部门脱碳是实现碳中和的先行条件，“十四五”时期主要的低碳/脱碳技术主要集中在以下领域，见表 17.1。

表 17.1　“十四五”时期主要的低碳/脱碳技术主要集中在以下领域

减碳路径	行动方向	碳减排措施及技术
电力脱碳化	低碳能源与可再生能源	持续扩大可再生能源发电规模
		提升风电光伏资源利用效率和转化效率
	储能	抽水蓄能
		机械储能（飞轮、压缩空气）
		液流电池储能
		绿电-氢储能
	智能电网	利用可再生电力储能提供辅助服务
		推广需求侧响应、虚拟电厂
	发展分布式可再生能源	分布式风能、分布式光伏技术
		需求侧储能、分布式储能技术
		动力电池梯级利用与储能技术
可持续消费	降低线损	利用 AI 优化主干网潮流降低线损技术
		更新线路、断路器和变电站，或应用直流系统供电，降低线损
	需求侧响应	虚拟电厂与负荷交易，降低火力发电量

17.2　工业部门电气化技术

在具体的工业电气化实现技术方面，主要包括鼓励利用热泵技术满足工业低温热力需求，推进“煤改电”“煤改气”等清洁能源替代工程，减少工业散煤利用；提升工业电气化水平，因地制宜利用可再生能源和生物质能替代煤炭；发挥绿色氢能作为低碳原料和绿色能源的“双重属性”，扩大氢能、生物质能在石油、化工、钢铁等工业行业的应用。

碳中和目标下，工业部门排放量尽快达到峰值，2050 年实现在 2015 年基础上减少约 90% 的排放量。

工业部门不仅需要消除产能过剩，优化工业结构，提高效率和创新能力，也需要采取需求管理措施，控制工业产品产量，优先部署节能技术，控制并降低总能源需求。各工业领域将通过能效提高、材料替代和循环经济途径降低能源需求；通过数字化转型以及从化石燃料转向电力，特别是替代煤炭的使用，持续提高工业电气化水平，并降低碳强度；对于难以实现电气化的设施，以绿色氢能或生物质能替代化石燃料；对于产生高浓度 CO 的设施，需要应用碳捕集与封存利用技术。

17.3 交通部门电气化技术

碳中和目标下，交通部门预计排放量在2025—2035年间达到峰值，到2050年碳排放量相对于2015年减少80%。

通过在基础设施和交通工具中广泛应用大数据、5G、人工智能、区块链和超级计算机等创新技术，推动构建电气化、智能化和共享的交通系统；加强交通需求管理（TDM）的政策创新，大力发展智能交通，显著提高交通能效结合交通规划实现综合管理，提升交通系统效能。对于货运领域，通过加大铁路和水路利用率，加快长途货运结构的调整；对于城市客运，将加快发展以“公共交通+骑自行车/步行”为重点的绿色出行系统；持续发展以新能源汽车等为重点的低碳交通工具，加速向包括电力、可持续生物燃料和氢能低碳能源转型。粤港澳大湾区交通部门碳排放依然以较快速度增长，在中心城市已经成为排放规模最大的行业部门。

17.3.1 新型电气化载运工具

研发电动化、新能源化和清洁化的城市公共交通工具和城市物流配送车辆关键技术装备；重点攻克3万t级重载列车、时速250 km级高速轮轨货运列车关键装备技术；加强高速磁悬浮系统、高速轮轨客运列车系统、低真空管（隧）道高速列车等技术储备；强化大中型邮轮、大型液化天然气船、极地航行船舶、大型溢油回收船、大型深远海多功能救助船、智能船舶、新能源船舶等自主设计建造能力。

17.3.2 电气化交通低碳高效动力系统装备

高效环保的动力系统是推动电气化交通发展的首要核心技术。重点研究纯电动汽车、插电式混合动力（含增程式）汽车的先进模块化动力电池技术和多能源动力系统集成技术，突破整车智能能量管理控制、轻量化、低摩阻等共性节能技术；在充电设施方面，重点突破电缆与动力电池高性能液冷技术、宽电压范围与高转换效率充电模块技术、高电压平台电动汽车技术、动态无线充电技术等一系列先进充电技术；研究高效率、大推力/大功率发动机装备设备关键技术，攻克永磁同步高速电机、高能效电传动系统关键核心技术，提升轨道交通电力机车、汽车、飞行器、船舶等装备动力传动系统技术水平，形成清洁能源、智能化、数字化、轻量化、环保型的电气化交通成套技术装备体系。

17.3.3 智能交通系统

各种交通方式一体化融合发展是大势所趋，需要大力推动智能交通发展，逐渐形成安全、便捷、高效、绿色、经济的现代化综合交通体系。研究广泛覆盖、深度感知的智能交通系统数据采集与传输架构；重点攻克满足交通系统智能高效数据采集需求的智能终端与芯片技术，研究高速率、高容量、高可靠性、低时延、低能耗的多源、高维数据采集技术，保障海量终端数据实时可靠、安全可控、经济灵活地传输；研究大数据、互联网、人工智能、区块链、超级计算等新技术与交通行业的融合技术方案，推进交通基础设施网、运输服务网、能源网与信息网络融合发展，形成综合交通大数据监控中心。

17.4　建筑部门电气化技术

（1）以生态文明发展理念为基础的绿色生活方式和建筑室内环境营造方式。

（2）建筑用能“电气化”。

为了实现建筑直接排放零碳化的目标，需要对建筑现有的化石燃料设备进行相应的电气化替代。

（3）“光储直柔”建筑新型电力系统。

配合新型电力系统的发展，建筑应该从能源系统的使用者转变为能源系统的生产者、使用者和储存调控者，从而更加有效地生产和消纳风电光电。应大力发展“光储直柔”建筑新型电力系统。

（4）以分布式光伏为基础的农村新型能源系统。

以分布式光伏为基础的农村新型能源系统主要包括：分户的直流微网；通过光伏发电满足包括炊事、热水在内的生活用能；对全部农机具进行电气化改造，利用屋顶光伏发电满足电动汽车、电动摩托、拖拉机和其他拖动农机的充电。同时，农村公用建筑及设施和空地也可安装部分光伏，每个村庄设置 100 kW·h 储能蓄电池，同时为各类农业生产和农产品加工设备（水泵、磨面机等）供电。所有蓄电池和电动农机具、电动车用电都可采用“需求侧响应”模式，根据光伏状况运行。

碳中和目标下，建筑行业预计将进入存量时代，实现碳排放量快速达到峰值，到 2050 年排放比 2015 年减少约 90%。

建筑部门将通过城市更新、建筑节能改造来延长既有建筑寿命、提升建筑能效和可再生能源利用率。通过完善建筑照明、空调、取暖以及家电能效标准、纳入智能技术以实现系统节能、鼓励使用自然通风和照明等被动技术持续降低建筑行业能耗强度。电气化也是建筑部门碳中和的主要路径，通过持续提高建筑设计标准，预计到 2050 年，75% 甚至更高比例建筑能耗应实现电气化。粤港澳大湾区建筑部门碳排放占比高于国内其他地区，也是降碳潜力最显著的领域。

17.4.1　建筑部门如何实现碳中和

建筑部门不能指望以“碳汇”去实现零排放，应该把“零碳”作为目标。建筑部门 4 种类型的碳排放包括：由于使用化石能源造成的直接碳排放，由于使用电力、热力造成的间接碳排放，由于房屋的建造和维修、承担的建材生产中的碳排放责任和由于制冷剂泄漏造成的非 CO_2 温室气体排放。在建筑部门实现碳中和，要做到建筑相关活动不造成碳排放。

1. 消除直接碳排放的途径

消除直接碳排放就要求不再使用任何化石燃料——煤、油、气；要推进炊事方式的电气化，用热泵、电热等推进生活热水的电气化；用热泵替代燃气热水锅炉；取消集中蒸汽系统，实行汽改水，必须使用蒸汽的，改用小型电热蒸汽发生器，集中供应蒸汽的系统永远是源侧大于汇侧，造成巨大浪费。在农村，推行煤改空气源热泵去替代散煤。总体上来说，这些没有太多的技术障碍，主要是文化的障碍，要去引导逐渐改变原来传统的用能方式。

2. 消除使用电力、热力造成的间接碳排放

我国现在煤电占总发电量的 65%，气电不到 5%，剩下的大约 30% 是水电、光电和核电。节约用电是减少间接碳排放的第一要务，因为要用好风电、光电，必须要有配合的调峰手段，可以用水电、核电配合，但水电、核电总量有限；继续建筑节能事业，节能是第一要务。

17.4.2 实现“绿电”的措施

1. 安装空间问题

风能、太阳能都是低密度能源，功率密度约为 100 W/m^2，必须有巨大的空间才能承载风电、光电的发展。根据详细分析，目前我国空余的屋顶的总面积有 405 亿 m^2（包括城市和农村），开发量达到 70% 就可以达到装机容量 28 亿 kW。所以，用好城乡空间的屋顶和其他一些可见太阳的垂直表面开发光伏，是减少建筑用电造成的间接碳排放的重要方面，应该作为建筑应对零碳要求的重要行动。

2. 风电、光电大比例应用导致的调峰问题

从火电的“源随荷动”转变为风电、光电的“荷随源动”，让用电侧的负载适应天气变化，使用电方式发生变化，去解决调峰的问题。此外，通过新的配电方式——“光储直柔”来帮助调节一天内的风电、光电的变化，实现建筑用电全部为风电、光电。

17.4.3 光储直柔配电系统

在“双碳”目标指引下，未来的电力系统将转型成为以可再生能源为主体的零碳电力系统。

“光储直柔”建筑配电系统可有效解决电力系统零碳化转型的两个关键问题，即增加分布式可再生能源发电的装机容量和有效消纳波动的可再生能源发电量。

“光储直柔”是在建筑领域应用光伏发电、储能、直流配电和柔性用能 4 项关键技术的简称。它并非简单地将光伏发电、储能、直流配电系统、智能电器等技术进行组合，上述技术也并非独立存在，而是有机融合并构成一个整体来实现“柔性用能”，即实现建筑与电网之间的友好互动。“光储直柔”建筑配电系统如图 17.1 所示。

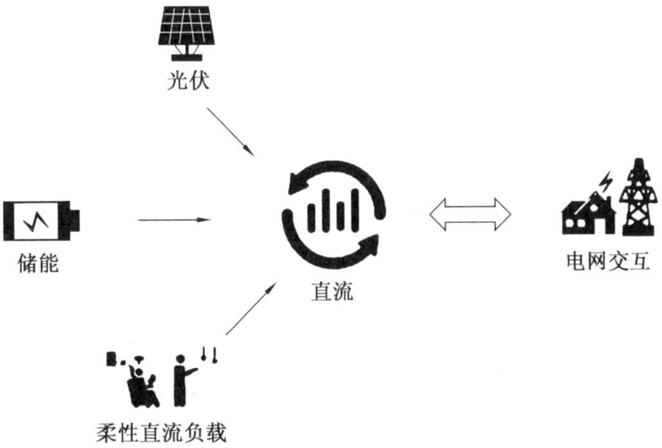

（a）4 项关键技术的关系

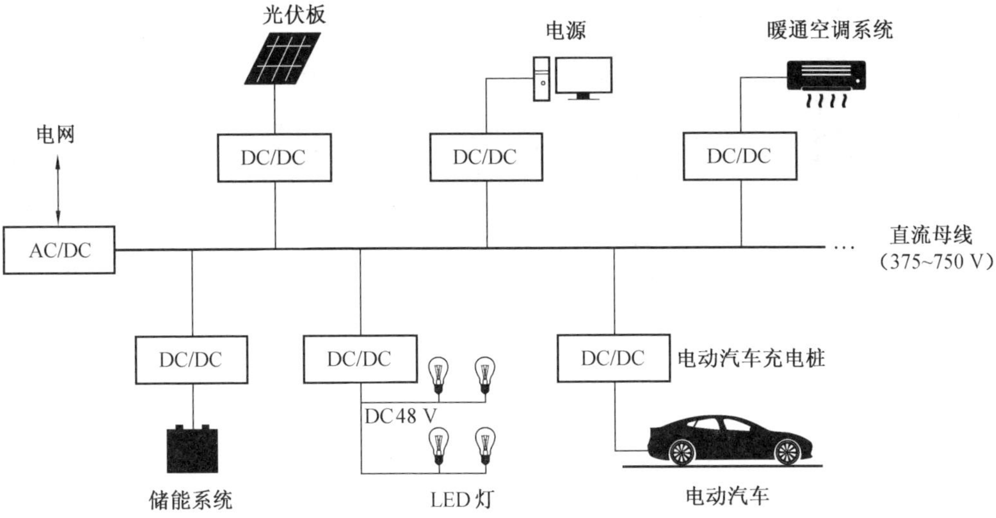

（b）典型系统架构

图 17.1　“光储直柔”建筑配电系统

1. 光

“光”指的是建筑中的分布式太阳能光伏发电设施。这些设施可以固定在建筑周围区域、建筑外表面或直接成为建筑的构件。

随着光伏组件和系统的成本不断降低，以及光伏组件色彩、质感、与建筑构件的结合形式越来越丰富，目前它已成为可再生能源在建筑中利用的最主要方式之一，与其他分布式发电设备（如分布式风力发电机等）一起成为推广低碳建筑的必然选择。

在发电的成本方面，光伏发电系统较传统发电系统的经济性优势也在不断体现。我国光伏组件成本从 2010 年前后的约 13 元/Wp 降低至近年来的 0.7 元/Wp。地面光伏电站在 1 200 h 等效利用时间下的平均用电成本到 2025 年将会降到 0.35 元/(kW·h)，逐渐具备与煤电竞争的能力。近年我国光伏设备的效率及价格走势如图 17.2 所示。

建筑分布式光伏集绿色、经济、节能、时尚等优势于一身，与集中式光伏电站相比更具优势。

建筑分布式光伏建设可通过与建筑设计、施工同时进行，或安装在既有建筑屋面上，节省土地租赁等一系列建设维护费用。随着技术迭代和规模化应用，其组件效率和经济性将会进一步提高。

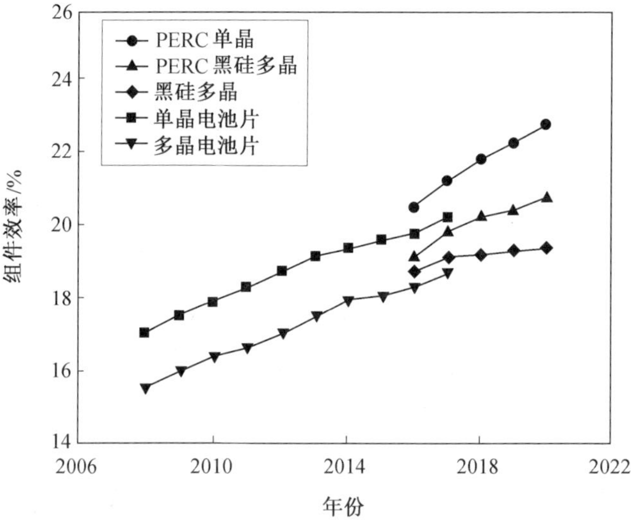

（a）

图 17.2　近年我国光伏设备的效率及价格走势

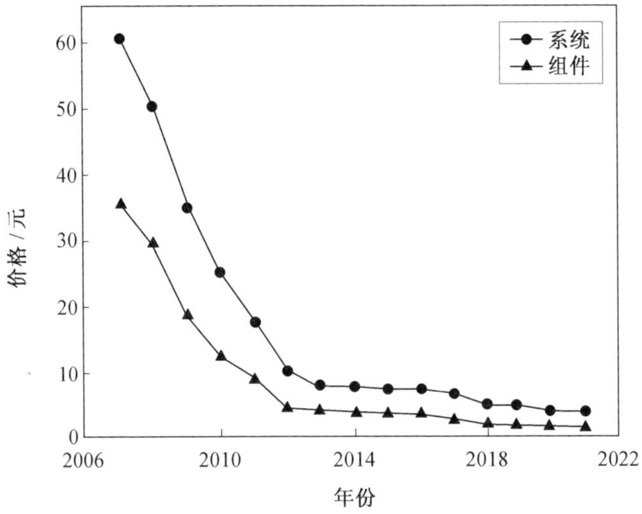

（b）

图 17.2（续）

2. 储

“储”指的是建筑中的储能设备，包括电化学储能、生活热水蓄能、建筑围护结构热惰性蓄能等多种形式。

有效、安全、经济的储能方式对于可再生能源的高效利用来说至关重要。为了应对巨大的分布式储能需求，应从“硬性”的储能技术和“软性”的储能模式两方面共同着手，提出适用于不同应用场景的储能解决方案。

近年来，电化学储能技术发展最为迅速，其具有响应速度快、效率高及安装维护要求低等诸多优势。可用于建筑储能的蓄电池主要包括锂离子电池、铅酸电池、镍镉电池等，电池技术呈现出成本降低和收益增加的趋势。

当然，建筑储能技术并非储能电池技术的简单移植，如何与建筑使用场景特点结合来保证电池安全散热，如何合理管理电池来匹配建筑负荷特性，都是储能电池应用于建筑场景所必须解决的问题。

除“硬技术”外，针对现有技术的模式创新（即软模式）应为当前迫切的储能需求提供实用、经济的解决方案。

比如，随着电动车的普及，具有双向充放功能的充电桩可把电动车作为建筑的移动储能使用；通过空调末端充分利用建筑物自身的热容实现冷热量储存（如热活化建筑系统）；通过大地的热惯性实现冷热量储存（如地源热泵）等。

3. 直

“直”指的是建筑低压直流配电系统。直流设备连接至建筑的直流母线，直流母线通过 AC/DC 变换器与外电网连接。

随着建筑中电源、负载等各类设备的直流化程度越来越高，建筑直流配电系统在提高建筑的能源利用效率、实现能源系统的智能控制、提高供电可靠性、增加与电力系统的交互、提升用户使用安全性和便捷性等方面均具有较大优势。

构建直流电器生态是推广“光储直柔”系统的基础。虽然目前直流电器的产业化能力比较薄弱，但许多设备厂家均在直流电器方面进行了一定布局，直流家电及直流系统专利申请量呈总体上升趋势。此外，各种直流电器的智能控制策略也亟待开发，以实现基于“光储直柔”系统原理的电器柔性用能调节。

除直流智能电器外，建筑级电网中的各类配电设备也是“光储直柔”系统发展的瓶颈。

随着直流配电技术的不断成熟，推出直流建筑相关标准的呼声越来越高。《民用建筑直流配电工程技术导则》（建标工〔2017〕135 号）已启动编制，于 2022 年初发布并启动 2.0 版编制工作。该标准重在从建筑电气设计工作者的角度出发，解决低压直流配电当前面临的主要问题，并与既有的国家标准《民用建筑电气设计标准》（GB 51348—2019）形成相互补充。二者的关联如图 17.3 所示。

4. 柔

“柔”指的是柔性用电，也是“光储直柔”系统的最终目的。柔性建筑的概念是由国际能源署 IEAEBCAnnex67 课题（2014—2020）系统提出的，在满足正常使用的条件下，通过各类技术使建筑对外界能源的需求量具有弹性，以应对大量可再生能源供给带来的不确定性。

随着建筑光伏、储能系统、智能电器等融入建筑直流配电系统，建筑将不再是传统意义上的用电负载，而将兼具发电、储能、调节、用电等功能。

柔性建筑实现的“用电负荷可控”这一特性对于电网的运行调节具有重大意义。为鼓励建筑柔性用能技术的发展，多省市已出台需求侧响应补偿政策及示范。

从技术角度上看，柔性用电的实现方式更加简单、经济、可靠。其直流母线电压可以在较大范围的电压带内变化，而非传统直流微网的“恒定直流母线电压”策略，主要通过 AC/DC 控制母线电压，以母线电压为信号引导各末端设备进行功率调节，有利于适应复杂多样的建筑终端设备和用户需求。

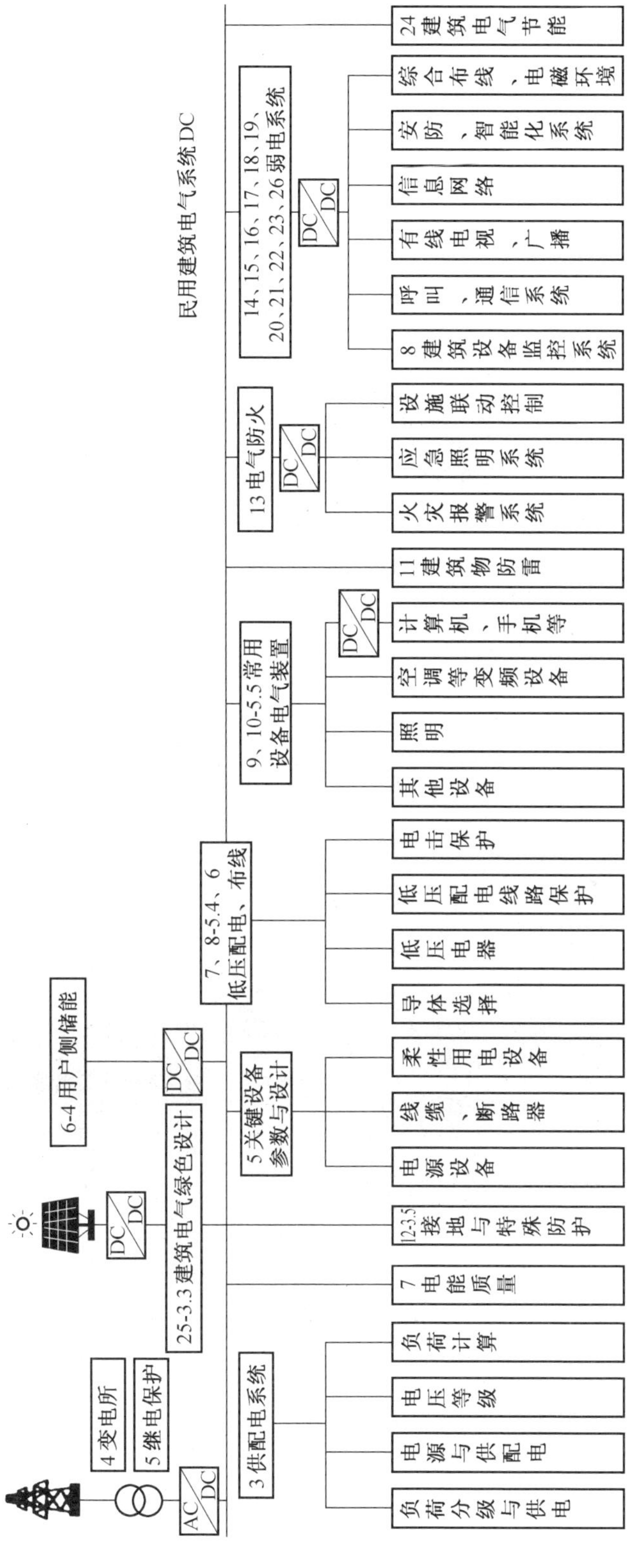

图17.3　《民用建筑直流配电工程技术导则》（建标工〔2017〕35号）与《民用建筑电气设计标准》（GB 51348—2019）的关联

为了更直观地展示“光储直柔”系统的工作原理，根据其系统的拓扑结构和控制策略，模拟典型建筑在一天内的电力供需情况，如图 17.4 所示。

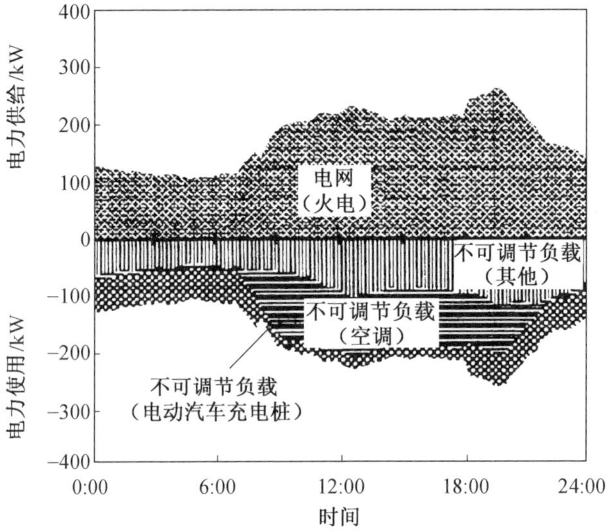

（a）一般建筑配电系统

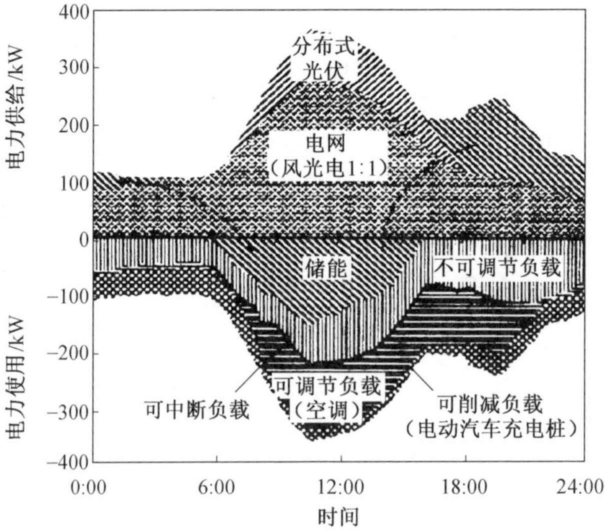

（b）“光储直柔” 建筑配电系统

图 17.4 “光储直柔”系统的工作原理

该建筑由公寓房和商铺组成，负载包括家用电器/照明、商铺电器/照明、商户中央空调、充电桩、景观照明喷泉等。若以火力为主的电力供给，负载均不能调节，只能通过电网供给侧的调节来满足电力需求。

若采用“光储直柔”建筑配电系统，可安装分布式光伏约 500 m^2（90 kWp），负载可拆分为不可调节负载（152 kW）、可切断负载（4 kW）、可削减负载-电动汽车充电桩（210 kW）和可削减负载-中央空调（150 kW），配备 1 200 kW·h 的储能系统（约一日总用电量的 29%）。

此时，电网可以完全按照风光电 1∶1 的零碳电力结构供给，分布式光伏可按最大功率发电，储能系统可续存日间电力供给夜间使用，因此可完全实现“零碳运行”。

5. 总结

“光储直柔”系统将给电力系统的设计和运行带来巨大变革，从传统的“自上而下”（集中电站发电，并通过电网输配给各终端用户）转变为“自下而上”（各终端用户自身具有发电能力，分布式发电首先自消纳，若有剩余再传输至上一级电网）。

“光储直柔”系统将成为电力系统中可调度的柔性用能节点。对于目前以火电为主的电力系统，“光储直柔”建筑可实现“削峰填谷”（消纳夜间谷电，减少日间取电）；对于未来以风光电为主的电力系统，“光储直柔”建筑则可实现增加可再生能源的利用率。

发展“光储直柔”系统，对于解决电力负荷峰值突出问题，以及未来与高比例可再生能源发电相匹配的问题均具有重要意义。需要开展更深入的研究来揭示其系统中的各组成部分对建筑用能柔性的影响，从而给出最大化柔性的技术指导方案。

面对未来零碳电力系统的建设，建筑物要从消费者转为生产者、消费者以及储电和调节者三位一体的角色。

（1）要坚持节能优先，减少供暖热负荷需求，减少对电力的需求；优化建筑设计，尽可能更多利用光伏；发展冬季利用火电、核电和热电联产余热及工业余热供热的各项技术；发展光储直柔的配电方式或其他可实现柔性用电的方式，为电网调峰；研究各种建筑用电设备转移负荷、实现调峰的方法。

（2）要解决季节差导致的电力供需失衡，最经济的措施是启用火电调峰电厂，启动生物质电厂、燃煤燃气电厂发电，补充冬季风电、光电和水电的不足，再通过碳捕集与封存回收 CO_2；另外，既然是冬季需要调峰，正好采用热电联产，在满足电力调峰的同时，将发电余热作为城镇供暖热源，满足供暖需求。此外，未来北方还有 1 亿 kW 的核电，收集余热，可以满足北方城镇 80%以上建筑的供暖需求，其余可用多种电热泵供暖。

（3）减少建筑建造和维修中使用建材的碳排放责任。目前各类建材生产导致的碳排放约占我国碳排放总量的 40%，其中房屋建造和维修用材占建材总量的 50%；房屋建造将实现软着陆，维修和翻建可能成为建筑业的主营业务。必须避免“大拆大建”、以修代建，减少钢材水泥用量。对于新建建筑，要使用低碳建筑材料，并不断研发新的低碳建筑材料和建筑结构体系去替代水泥。研究发展新型建材和相应的新型结构体系，把碳捕集与封存得到的 CO_2 固化在建筑中，将是对减碳事业的重大贡献。

（4）减少 CO_2 的排放。目前制冷工质仍属温室气体，其 GWP（GWP 是衡量化合物对气候变暖相对贡献的指标，CO_2 的 GWP 为 1）远高于 1。分析数据显示，我国制冷剂泄漏导致的温室气体排放相当于建筑运行碳排放的 1/3，因此这也是重要的减排任务；要减少制冷和热泵相关的 CO_2 排放的途径。

17.4.4 碳中和战略将推动能源领域前沿科技发展

碳中和战略将推动蓄电池技术、电力电子技术的发展，推动电机技术的革命，促进光伏器件的飞速发展和建筑材料领域的革命，势必会引起建筑配电方式的革命以及对供热系统、空调系统的再思考。

第 5 篇

新型电力系统——储端

电储能的储能技术主要分为 3 类：电化学储能（如钠硫电池、液流电池、铅酸电池、锂离子电池、镍镉电池、超级电容器等）、物理储能（如抽水蓄能、压缩空气储能、飞轮储能等）和电磁储能（如超导电磁储能等）；也可以分为功率型和能量型，功率型的特点是功率密度大、充放电次数多、响应速度快、能量密度小，例如飞轮、超级电容、超导，能量型的特点是能量密度大、响应时间长、充放电次数少、功率密度低，例如蓄电池。

从目前的情况来看，两种储能设备混用会产生更大的效果，混用比单一使用更有利于降低成本。

新型电力系统的能量高效存储技术包括抽水蓄能技术、电化学储能技术、机械与电磁储能技术、相变储能技术 4 部分，如图 1 所示。

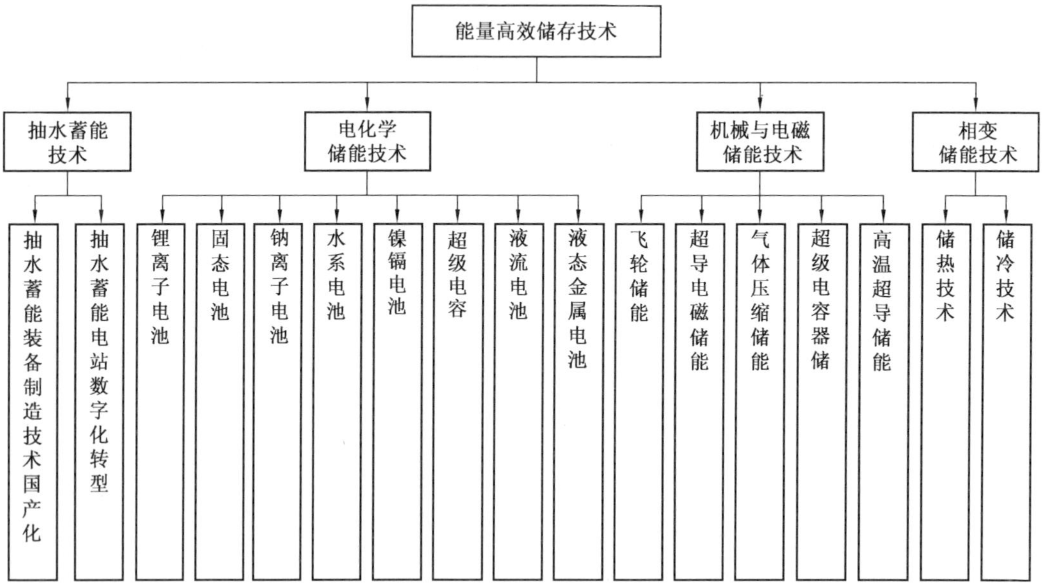

图 1　能量高效储存技术

储能是电力系统重要的灵活调节资源，未来作为“源网荷储”的独立环节，统筹电源侧、电网侧、负荷侧、用户侧资源，联合可控负荷、虚拟电厂等灵活性资源参与系统调节，形成源网荷储协同互动的促消纳格局，有效提升源网荷储协调运行的动态平衡能力和系统整体运行效率。

第 18 章　抽水蓄能技术

18.1　抽水蓄能电站

抽水蓄能电站不同于一般的水力发电站。一般的水力发电站是只安装发电机，将高水位的水一次使用后弃之东流，而抽水蓄能电站安装有抽水-发电可逆式机组，既能抽水，又能发电。在白天和前半夜，水库放水，高水位的水通过可逆式机组，此时机组作为发电机，将高水位的水的机械能转化为电能，向电网输送，解决用电高峰时电力不足的问题；到后半夜，电网处于用电低谷，电网中不能储存电能，这时将机组作为抽水机（可逆式机组可作反向旋转），利用电网中多余的电能，将低水位的水抽向高水位，并注入高水位的水库中。这样，在用电低谷时把电网中多余的电能转化为水的机械能储存在水库中。到用电高峰，水库放水，又将水的机械能，通过发电机转化为电能，向电网输送。水库中的水多次使用，与两机组一起，完成能量的多次转化。高水位水库储存了大量低水位的水，相当于储存电网中多余的电能，解决了电能不能储存的问题。

抽水蓄能电站的耗电量与发电量之比是 4∶3，从表面上看似乎得不偿失，但是，实际上这是一种行之有效的节能措施，因为社会生产和生活规律决定了用电量在 24 h 内是不均衡的。举个例子：当工厂开足马力生产时，用电量达到峰值；当工厂停产，人们休息时，用电量达到低谷。电力系统就要调峰来解决这种电力盈缺现象。要调峰必须增加费用，增加后备容量。计算结果表明，抽水蓄能发电要比烧煤发电作为补充电源更为经济。

抽水蓄能电站既是水电站，又是电网管理的工具，今后的发展机制和管理模式可能多样化，可以由电网投资、管理（如广东电网公司），也可以由火电厂或以火电为主的公司投资兴建和管理（如山东电力公司），实现调峰填谷和水火互济。电价改革将出台峰谷电价，调频、调相等动态效益付费后，抽水蓄能电站也可以独立存在。

18.1.1　抽水蓄能电站的适用范围

经过初步分析，具有以下 3 种情况之一的电网，都可能需要配置抽水蓄能电站。至于具体是否需要配置，何时配置，配置多少，要根据各个电网的具体情况分别研究论证。

一是没有水电或水电很少的电网。东部沿海各省市近年调节以上夏季可供调峰的水电容量小于 3%。他们不仅缺少水电，大都缺少能源，因而都是“西电东送”的受电区，需建抽水蓄能电站以调峰、调频、调相和紧急事故备用。接受远距离送电的受电区从安全考虑，也必不可少地要建设一定数量的保安电源，在电价改革和实施峰谷电价后，受电区从经济效益考虑，也需要配置抽水蓄能电站。

二是虽然有水电，但调蓄性能差的电网。

三是风电比例高的电网。

在第一种情况所列的地区中有相当一部分地区位于海河流域。建设相应容量的抽水蓄能电站，既可解决瞬时电力的冲击，又可缓解调峰电力不足等矛盾。初步估计上述情况，远景抽水蓄能机组的建设规模可能达到 0.89 亿～1.04 亿 kW。

抽水蓄能是当前世界上公认的技术最成熟的大规模储能品种。在电力系统中承担着调峰填谷、储能、调频、调相、事故备用和黑启动等作用。因此，它也是各国电力系统安全稳定运行的重要保障。

抽水蓄能技术是指在电力负荷低谷期将水从下池水库抽到上池水库，将电能转化成重力势能储存起来，在电网负荷高峰期，水泵变成发电的水轮机，释放上池水库中的水发电。抽水蓄能电站是现在最常用的大规模蓄（电）能方法。

抽水蓄能电站的优点是：规模大，可达百万千瓦以上；抽水储能的释放时间可以从几小时到几天，综合效率为 70%～85%，主要用于电力系统的调峰填谷、调频、调相、事故备用等。

抽水蓄能电站局限性是要有合适的场地和水源，以适合修建水库；一次投入的建造费用过高，建设周期较长；响应速度慢；当电站距离用电区域较远时输电损耗较大。

18.1.2 抽水蓄能工作原理

抽水蓄能电站在电力系统中具有不同于一般发电站的工作特性。抽水蓄能不能利用一次能源直接发电，它通过水泵工况抽水将系统中的多余电能转化为上水库水的势能，在系统需要时，通过水轮发电机将水的势能转化为电能。抽水蓄能的低吸高发功能，实现了电能的有效存储，有效调节了电力系统生产、供应、使用，保持了三者之间的动态平衡。抽水蓄能是能够大规模储能的发电装置，是保障电力系统安全稳定经济运行的有效调节装置。

18.1.3 抽水蓄能在电力系统中的功能

抽水蓄能在电力系统中具有调峰填谷、事故备用、储能、调频、调相、黑启动等多种功能，是当前最成熟、最经济的大规模电能储存工具。

1. 调峰填谷

低谷时电网有多余电力，高峰时电网电力不足。抽水蓄能电站利用低谷多余电力抽水蓄能，高峰时放水发电承担高峰负荷，可明显减少电网峰谷差。

2. 事故备用

抽水蓄能电站从静止达到满负荷运行仅需 1～2 min，能够快速启动，迅速转换工况。由它来承担系统事故备用容量，可以有效减少火电机组承担的旋转备用容量，起到改善火电机组运行方式、减少系统燃料消耗以及稳定系统频率和缓解事故等重要作用。

3. 储能

抽水蓄能通过水泵工况抽水将系统中的多余电能转化为上水库水的势能，在系统需要时，通过水轮发电机将水的势能转化为电能，是当前最成熟、最经济的大规模电能储存工具，储能是其实现各项功能的基础。

4. 调频

在电网的频率下降至设定值时，抽水蓄能机组会自动从水泵工况、调相工况或停机状态转为发电工况，向电网输送电力，使电网的频率自动调整到设定值，保证了电网的频率质量。

5. 调相

调节系统无功，提高系统的稳定性，是抽水蓄能电站的又一显著特征，随着技术的进步和电网运行的需要，目前大型抽水蓄能机组均可以在抽水和发电两种工况下调节系统的无功功率。

6. 黑启动

黑启动已成为电网崩溃后系统恢复正常运行的重要措施。一旦电网发生垮网事故，抽水蓄能电站在无外界帮助情况下，便可利用电站的上水库的蓄水冲动水轮发电机，完成电厂自救发电，同时向无自救能力的火电厂提供厂用电，启动火电机组，使电网得以恢复正常运行。

18. 1. 4　抽水蓄能在我国电力系统中的作用

抽水蓄能电站与其他电源优化配置，充分发挥其在电力系统中的调峰填谷、调频、调相、事故备用、黑启动等多种功能，可以保障电力系统的安全稳定经济运行，大力促进风电、太阳能发电、核电等清洁能源的发展。抽水蓄能在电力系统中的具体作用如下。

1. 配合火电机组运行，实现电力系统节能减排

抽水蓄能电站的调峰填谷具有明显的节煤作用，一是减少了火电机组参与调峰启停次数，使得火电机组出力过程平稳，提高负荷率并在高效区运行，降低机组的燃料消耗；二是在经济调度情况下，低谷电由系统中煤耗最低的基荷机组发出，而高峰电由系统中煤耗最高的调峰机组发出。

抽水蓄能电站的环保效益体现在一方面通过减少火电机组参与调峰启停次数降低机

组燃料消耗，减少硫化物、氮氧化物、粉尘及 CO 等的排放；另一方面可以通过耗用装有脱硫装置的高效电量替代未安装脱硫装置的落后机组电量，减少污染物排放。

2. 保证电力系统安全稳定运行水平，提高供电质量

我国电力系统装机以煤电为主。煤电机组的调峰幅度相对较小、调峰能力相对较差，虽能满足系统正常运行要求，但远不能保障电力系统事故情况下的快速调节要求。抽水蓄能电站具有适应负荷快速变化的特性，从抽水工况到满负荷运行一般只有 1～2 min，可以快速大范围调节出力。

抽水蓄能电站对于提高电力系统安全稳定运行水平，保证供电质量具有重要作用。一是抽水蓄能电站启停灵活、反应快速，具有在电力系统中担任紧急事故备用和黑启动等任务的良好动态性能，可有效提高电力系统安全稳定运行水平；二是抽水蓄能电站跟踪负荷迅速，能适应负荷的急剧变化，是电力系统中灵活可靠的调节频率和稳定电压的电源，可有效地保证和提高电网运行频率、电压质量的稳定性；三是抽水蓄能电站利用其调峰填谷性能可以降低系统峰谷差，提高电网运行平稳性，有效减少电网拉闸限电次数，减少对企业和居民等广大电力用户生产和生活的影响。

3. 配合风电等可再生能源大规模发展，提高电力系统消纳风电等清洁能源的能力

自《中华人民共和国可再生能源法》颁布后，我国风电发展迅猛。但是，风电受风力变化的影响，发电极不稳定，对系统冲击非常大。我国陆地风资源主要分布在“三北”等经济欠发达地区，当地电网无法消纳大量风电，制约了风电的发展，风电必须经高电压等级电网远距离送出。

电力系统建设适当规模的抽水蓄能电站，充分发挥抽水蓄能与风电运行的互补性，在系统中有多余风电时抽水、蓄能，在风电突然减少时及时发电，保持电网特别是高电压等级电网输电的稳定性，发挥抽水蓄能电站既可以平衡风电发电量的不均衡性，又可以参加电网运行调频的优点，减少风电对电网的冲击，解决当前风电开发送出困难的实际问题。

4. 配合核电大规模发展，减少系统调峰调频压力

核电是我国电力系统实现节能减排、减少温室气体排放的重要举措。核电适宜长期稳定带基荷运行，大规模发展核电将给以煤电为主的电力系统调峰带来极大压力。建设适当规模的抽水蓄能电站与核电配合运行，可解决核电在基荷运行时的调峰问题，提高核电站的运行效益和安全性。同时抽水蓄能电站还是核电站的事故备用电源。广州抽水蓄能电站对大亚湾核电站的调节是当前我国抽水蓄能与核电配合运行的成功范例。

5. 特高压输电的安全保障，智能电网的有机组成部分

特高压电网实现了我国各个电网间电力电量补偿、备用，是优化能源资源配置和保障国家能源安全的重要工具。但特高压电网建设也对电网安全提出了更高要求，电网规模越大，电网安全稳定运行风险就越大，一旦出现问题所造成损失也就越大。对于大容量和长距离送电，必须配备一定容量具有快速反应特征和调频、调相功能的电站作为紧急事故备用，以防止系统崩溃造成巨大损失。

在特高压电网的受电端、中间落点，甚至起点建立适当规模的抽水蓄能电站，可以充分发挥抽水蓄能电站独有的快速反应特性，有效防范电网发生故障的风险，防止事故扩大和系统崩溃。另外，在特高压送电的受电端配置一定规模的抽水蓄能电站，可以有效提高受端电网的调节能力，提高整个区域输电线路的利用率，减少输电损失。

随着国家能源结构调整步伐的加快，风电、太阳能发电、核电大规模发展，我国电力系统对风电等清洁能源消纳、平稳运行的压力逐步加大，社会对电力系统安全稳定运行的要求逐步提高，抽水蓄能作为电力系统安全稳定经济运行的重要工具，在电力系统中发挥的功能将日益凸显。

18.1.5　风电较集中的电网需要建设抽水蓄能电站

在风电较集中的或准备大规模开发风电的电网，需要建设抽水蓄能电站，把随机的、质量不高的风电电量转换为稳定的、高质量的峰荷电量。如目前风电比重较大的新疆、内蒙古和正在准备大规模开发风电的东南沿海省份，为了充分利用当地资源，在发展风电的同时，配备一定比重的抽水蓄能电站，是非常必要的。

风力发电是一种清洁可再生的能源，不污染环境，没有燃料运输、废料处理等问题，建设周期短，运行管理方便。风能资源丰富的省、市和自治区，可充分利用当地资源，发挥这一优势。由于风能存在随机性和不均匀性，只有电网装机容量大的时候这种影响才会减小，因此发展风电必然要受到电网规模的限制。抽水蓄能电站是解决电网调峰填谷的手段，国内外已有成熟的经验，在运行实践中，已显示出其在改善电网运行条件，提高经济效益方面的优越性。对于风电较集中的或风电资源丰富准备大规模开发的电网，在大力发展风电的同时，建设一定规模的抽水蓄能电站，实现风蓄联合开发，是该地区能源资源优化配置的具体体现。风蓄联合开发，可利用抽水蓄能电站的多种功能和灵活性弥补风力发电的随机性和不均匀性，不仅可以打破电网规模对于风电容量的限制，为大力发展风电创造条件，而且可以为电网提供更多的调峰填谷容量和调频、调相、紧急事故备用的手段，改善其运行条件。

18.1.6　水电丰富的地区需要建设抽水蓄能电站

在有些水电丰富的地区建设抽水蓄能电站，其经济性的评价要比火电为主的电网更加复杂，至今人们对水电丰富地区的电网中建设抽水蓄能电站的必要性还存在较大争议。对于缺少常规水电的电网，无论是从调峰还是从紧急事故备用方面看，都需配备一定数量的抽水蓄能机组，这已逐步得到公认；而在常规水电丰富的地区，径流式水电站较多，水电调节性能较差，系统负荷峰谷差较大，是否也应建设一定规模的抽水蓄能电站呢？可以从以下几个方面进行分析。

（1）抽水蓄能机组吸收电力系统低谷电量，正好克服了系统内径流式水电站多的缺点，减少水电汛期弃水调峰。将负荷低谷时段的水电电量转化为高峰时段可使用的调峰电量，而在负荷高峰时段则可以替代火电调峰。

（2）抽水蓄能机组在负荷高峰时可以替代火电机组发电，负荷低谷时可以抽水填谷，减少火电站的出力变幅，使大型火电机组在高效区运行，降低发电成本。由于抽水蓄能机组运行灵活、工况变换迅速、具有抽水和发电双向功能，除承担调峰外，还可担负紧急事故备用等任务。

（3）抽水蓄能电站投入水电丰富但调节性能差的电网，经济效果显著。建设时以低于火电投资的建设费用替代相当规模的火电必需容量，运行时将改善水、火电站运行工况，节省系统煤耗，从而达到节省系统运行费用的效果；同时也是减少污染、保护环境的需要。

（4）水电丰富而调节性能差的电网，尤其是“西电东送”的受电端，抽水蓄能电站投运后，可调整超高压电网的电压，并具有调整电网频率的功能，是维护电网安全、稳定运行的需要。

（5）在某些水电比例不低的电网，随着时间的推移，常规水电资源基本开发完后，电网中水电的比重将逐步减少。而抽水蓄能电站的运用不受天然来水条件的影响和制约，其他综合利用要求也较少，与常规水电站相比，建设中碰到的问题相对简单。建设一定规模的抽水蓄能电站可满足电网中电源结构优化的需要，是经济可行的办法。

18.1.7　抽水蓄能电站运行方式

抽水蓄能电站有发电和抽水两种主要运行方式，在两种运行方式之间又有多种从一个工况转到另一个工况的运行转换方式。正常的运行方式具有以下功能。

1. 发电功能

常规水电站最主要的功能是发电，即向电力系统提供电能，通常的年利用时数较高，一般情况下为 3 000～5 000 h。

蓄能电站本身不能向电力系统供应电能，它只是将系统中其他电站的低谷电能和多余电能，通过抽水将水流的机械能变为势能，存蓄于上水库中，待电网需要时放水发电。蓄能机组发电的年利用时数一般为 800～1 000 h。蓄能电站的作用是实现电能在时间上的转换。经过抽水和发电两个环节，它的综合效率为 75% 左右。

2. 调峰功能

具有日调节以上功能的常规水电站，通常在夜间负荷低谷时不发电，而将水量储存于水库中，待尖峰负荷时集中发电，即通常所谓的带尖峰运行。

而蓄能电站是利用夜间低谷时其他电源（包括火电站、核电站和水电站）的多余电能，抽水至上水库储存起来，待尖峰负荷时发电。因此，蓄能电站抽水时相当于一个用电大户，其作用是把日负荷曲线的低谷填平了，即实现"填谷"。填谷的作用使火电出力平衡，可降低煤耗，从而获得节煤效益。

3. 调频功能

调频功能又称旋转备用或负荷自动跟随功能。常规水电站和蓄能电站都有调频功能，但在负荷跟踪速度（爬坡速度）和调频容量变化幅度上蓄能电站更为有利。

常规水电站自起动到满载一般需数分钟。而抽水蓄能机组在设计上就考虑了快速起动和快速负荷跟踪的能力。现代大型蓄能机组可以在一两分钟之内从静止达到满载，增加出力的速度可达 1 万 kW/s，并能频繁转换工况。最突出的例子是英国的迪诺威克抽水蓄能电站，其 6 台 300 MW 机组设计能力为每天起动 3～6 次；每天工况转换 40 次；6 台机组处于旋转备用时可在 10 s 达到全厂出力 1 320 MW。

4. 调相功能

调相运行的目的是为稳定电网电压，包括发出无功的调相运行方式和吸收无功的进相运行方式。常规水电机组的发电功率因数为 0.85～0.9，机组可以降低功率因数运行，多发无功，实现调相功能。

抽水蓄能机组在设计上有更强的调相功能，无论在发电工况还是抽水工况，都可以实现调相和进相运行，并且可以在水轮机和水泵两种旋转方向进行，故其灵活性更大。另外，蓄能电站通常比常规水电站更靠近负荷中心，故其对稳定系统电压的作用要比常规水电机组更好。

5. 事故备用功能

有较大库容的常规水电站都有事故备用功能。

抽水蓄能电站在设计上也考虑有事故备用的库容，但蓄能电站的库容相对于同容量常规水电站要小，所以其事故备用的持续时间没有常规水电站长。在事故备用操作后，机组需抽水将水库库容恢复。同时，抽水蓄能机组由于其水力设计的特点，在作为旋转备用时所消耗电功率较少，并能在发电和抽水两个旋转方向空转，故其事故备用的反应时间更短。

此外，蓄能机组如果在抽水时遇电网发生重大事故，则可以由抽水并以同样容量转为发电。所以有人说，蓄能机组有 2 倍装机容量的能力来作为事故备用。当然这种功能是在一定条件下才能产生的。

6. 黑启动功能

黑启动是指出现系统解列事故后，要求机组在无电源的情况下迅速启动。常规水电站一般不具备这种功能。现代抽水蓄能电站在设计时都要求有此功能。

抽水蓄能机组的正常运行可能有下列的多种操作方式。可见蓄能机组的运行方式是相当复杂的，同时也说明蓄能机组的功能是很完善的。

（1）水轮机发电及停机 2 种操作方式。

（2）水泵抽水及停机 2 种操作方式。

（3）发电转调相及返回 2 种操作方式。

（4）抽水转调相及返回 2 种操作方式。

（5）停止至发电方向调相及停机 2 种操作方式。

（6）停止至抽水方向调相及停机 2 种操作方式。

（7）发电转空载转抽水 1 种操作方式。

（8）抽水转空载转发电 1 种操作方式。

（9）抽水直接转发电 1 种操作方式。

（10）黑启动 1 种操作方式。

18. 1. 8　抽水蓄能电站与核电站配合运行效果

我国大亚湾核电站与广州抽水蓄能电站一期是同步建设的。广州抽水蓄能电站对提高大亚湾核电站的功能起到了巨大的作用，是抽水蓄能电站发挥效益的一个典型实例，其效果主要有以下几方面。

1. 抽水蓄能电站保证了核电站按基荷方式运行

核电机组在电网中要带基荷运行，必须解决调峰问题。广东电网各电站的老机组、小机组很多，调峰能力仅为 20%～30%，电网中可调峰的水电机组容量比例也不大，而抽水蓄能机组在电网中担任调峰，是核电机组实现满载基荷运行的可靠保证。大亚湾核电站商业运行以来，随着蓄能机组可用率的提高，以及电网对调度核电机组和蓄能机组方式的日臻完善，核电站满载基荷运行已成事实。

2. 抽水蓄能机组有助于提高核电站的安全性

核电机组投资大，投入运行后设备将带放射性，使核电机组维修及设备失效的后处理费用很高。有了蓄能机组的配合，可以避免核电机组频繁升降负荷调峰，大大节省瞬变消耗，也就是说，设备的安全裕度加大了；可保证核电机组长期稳定运行，有助于保持燃料组件包壳的完好性，也就是提高了核电站的安全性。

3. 抽水蓄能电站有助于电网的安全

大亚湾核电机组容量大，一旦甩负荷对电网冲击很大。在机组调试阶段，各种计划的和非计划的跳机次数较多，如 1、2 号机均经过了 1 000 多次的试验，其中有 4 个系统的试验带有较高跳机风险。这些试验都是依靠蓄能机组快速承担负荷的能力来完成的，所以蓄能机组的投入对维护整个电网的安全起到了重要作用。

4. 蓄能机组有助于提高核电站的经济效益

在我国目前的电价制度下，对于任何一类的发电站，发电量高经济效益就高，对核电站来说这个效果就更明显。核燃料费在核电站生产成本中所占比重很低，根据近 20 年数据测算，核燃料费只占生产成本的 12.2%。所以可以说，核电站的经济效益几乎与发电量成正比。大亚湾核电站前 3 年实际每年上网电量分别为 107 亿 kW、100 亿 kW 和 115 亿 kW，比可行性研究报告预测年上网电量（当时尚无同步建设抽水蓄能电站的计划）分别高出 51%、15%和 16%。

18.2　抽水蓄能装备制造技术国产化

1. 大型交流励磁可变速抽水蓄能机组关键技术

研究大型交流励磁可变速抽水蓄能机组关键技术，解决变速发电电动机电磁、通风、绝缘、结构设计、刚强度、水泵水轮机性能、交流励磁装置以及机组工程设计、设备安装、调试、运维等技术难题，加快推进机组成套设备国产化应用，实现抽水蓄能电站调节能力向更灵活、更广泛、更高效大幅迈进，推动我国抽水蓄能产业升级。

2. 大型抽水蓄能机组“卡脖子”技术

研究大型抽水蓄能机组“卡脖子”技术，解决大容量抽水蓄能出口断路器等开关设备、核心控制系统软硬件、空气压缩机等国产化技术难题，打破国外垄断，真正实现大型抽水蓄能机组成套设备自主可控，增强抗风险能力，为坚强电网提供强大稳定器和调节器。

3. 抽水蓄能机械化、电气化、智能化施工技术装备

研究抽水蓄能机械化、电气化、智能化施工技术装备，解决大型地下洞室群智能化机械化施工、复杂地形地质条件下防渗工程等重大技术问题，突破常规钻爆法施工速度慢、安全风险高、开挖质量不高等较粗放传统施工问题，推动全断面硬岩隧道掘进技术和施工机械电气化、智能化技术研究应用。

18.3 抽水蓄能电站数字化转型

研究抽水蓄能电站数字孪生技术，充分利用物联网、云计算和大数据等手段，建设基于数字孪生的数字化智能电站，逐步在真实物理空间和虚拟数字空间搭建起“信息-物理-人”协同交互的系统，打造全景监控、虚实融合、高度协同、自主管控、安全高效、绿色低碳的数字孪生电站，提升基建全过程管控能力、电站安全运行水平和企业经营管理效率效能。

水电站数字化转型是顺应信息化、数字化、智能化发展趋势，以先进的数字技术为驱动，重塑水电站生产、运营、管理和服务模式。

18.3.1 水电站数字化转型的背景及意义

1. 水电站数字化转型的背景

（1）水电行业面临的新挑战。

传统水电站运营面临设备老化、运维成本高、水资源利用效率低等问题。

（2）数字技术的发展。

云计算、大数据、物联网、人工智能等数字技术蓬勃发展，为水电站数字化转型提供了技术支撑。

（3）政策的推动。

国家大力支持数字化转型，水利部出台《数字化赋能水利高质量发展实施指南》，为水电站数字化转型指明了方向。

2. 数字化转型对水电站发展的重大意义

（1）提升运维效率。

通过数字化技术，实现设备远程监控、故障预警、无人巡检等，大幅提高运维效率和安全水平。

（2）优化资源配置。

利用大数据分析和人工智能技术，优化水资源调度和机组运行，提升水电站综合效益。

（3）提升用户体验。

通过数字化平台，为用户提供实时用电信息、故障报修等在线服务，提升用户满意度。

（4）推动产业转型。

水电站数字化转型将带动上下游产业链数字化转型，推动水电行业高质量发展。

18. 3. 2　水电站数字化转型的重点环节和关键技术

1. 水电站数字化转型涵盖的重点环节

（1）设备物联化。

利用传感器、物联网技术，实现水电站设备的互联互通，获取设备运行数据。

（2）数据采集与管理。

建立统一的数据平台，采集、存储和管理水电站设备、运行、环境等各类数据。

（3）数据分析与应用。

利用大数据、人工智能技术，对数据进行分析，提取价值信息，为决策提供依据。

（4）智能化决策支持。

基于数据分析结果，构建智能化决策支持系统，辅助运营人员制定最佳决策。

（5）运维管理数字化。

将数字化技术融入巡检、检修、维修等运维管理环节，提高运维效率和质量。

（6）用户服务数字化。

建立数字化用户平台，提供用电信息查询、故障报修、在线客服等服务。

2. 水电站数字化转型涉及的关键技术

（1）物联网技术。

用于实现设备物联化，获取设备运行数据。

（2）大数据技术。

用于处理和分析海量数据，提取价值信息。

（3）人工智能技术。

用于智能化决策支持、故障预警、设备优化等。

18. 3. 3　水电站数字化转型案例实践

国内外已有多个水电站成功开展了数字化转型实践。

1. 三峡集团

打造了数字化水电云平台，实现了水电站设备远程监控、数据分析、智能决策等功能。

2. 中国华能集团

推出了智慧水电平台，实现了水电站设备全生命周期管理、智能调控和决策支持。

3. 巴西圣保罗能源集团

实施了数字化水电站项目，提高了水库管理效率，减少了发电成本。

4. 美国南方电力公司

建立了数字化水电系统，实现了水电站实时监测、故障预警和优化调度。

18.4 抽水蓄能的发展

从抽水蓄能电站诞生和发展的历史来看，它是经济增长并发展到一定程度的产物。当前，我国电力工业形势已经发生了实质性的变化，电力供需紧张关系渐趋缓解，除少数地区仍有拉闸限电外，全国大部分地区已从缺电的困境中解脱出来，电力市场开始从“卖方市场”转向“买方市场”。在这样的条件下，建设抽水蓄能电站是电网提高供电质量，赢得用户的重要措施之一。为了优化电网电源结构，适应用电构成变化的要求，提高电网管理水平，应大力发展抽水蓄能电站。

为了使抽水蓄能电站得到更大的发展，应解决以下问题。

（1）加强调查和分析研究工作，提高对抽水蓄能电站的认识。如有人认为抽水蓄能电站只是给核电配套的，没有核电的地区就不需要建设抽水蓄能电站；也有人认为火电机组也能调峰，调峰深度能达到50%甚至70%，另建抽水蓄能电站不合理；还有人认为水电比重大的电网，只是丰水期缺调峰容量，对是否要建抽水蓄能电站表示怀疑；等等。产生上述看法，主要是对蓄能电站的功能了解不全面。

对于水电很少或水电调蓄性能不佳的电网，配置抽水蓄能电站后，系统年运行费降低，煤耗减少，供电可靠性和质量提高，系统的经济效益、社会效益和环境效益较好。这些需要宣传、沟通，逐步统一认识。

（2）抽水蓄能电站除调峰填谷外，还具有调频、调相和紧急事故备用等动态功能，因而年发电量较少，年利用时间大多只有800～1 000 h；抽水蓄能电站创造的动态效益，在保证火电、核电正常运行以及系统供电安全和提高电能质量方面作用显著，却又得不到经济补偿，仅体现在社会效益上。

上述情况致使抽水蓄能电站国民经济评价结论很好，而财务评价结论却不够理想。这是由于抽水蓄能电站的效益在电网，不在电站本身，以及现行的电价体制基本采用单一电量核算方法，难以衡量电能的质量，更无法计算动态效益。既然抽水蓄能电站的效益主要体现在电力系统和火电厂（或核电厂）之中，则应从全网的角度来分析、评价、核算其经济效益，电价体制应逐步改革。

应找到一个好的经营模式，使抽水蓄能电站的公司能够盈利，至少不亏本，就能加快抽水蓄能电站的建设步伐。除广州抽水蓄能电站建成后采取租赁模式租赁给广东电网公司外，还有的公司提出将抽水蓄能电站和火电厂“捆绑”在一起。“捆绑”后，火电厂增加了利用时间，降低了单位煤耗；抽水蓄能电站以燃料成本价来计算抽水电价，也降低了成本，是一个双赢的方案。

抽水蓄能电站水工建筑工程量较小，而机组的投资比重大，约占总投资的 50%～60%。现在运行的大型抽水蓄能机组的主要部分靠进口，其投资较高，使还贷电价更高，无疑在一定程度上影响了抽水蓄能电站的发展。我国抽水蓄能电站的发展前景广阔，抽水蓄能机组需求量较大，应大力推进机组的国产化和本土化。采用在我国生产的机组，造价就可降下来，从而提高抽水蓄能机组的经济效益。

18.4.1 优化抽水蓄能电站发展

抽水蓄能电站的调峰填谷具有明显的节煤作用。在经济调度下，低谷电由系统中煤耗最低的基荷机组发出，而高峰电由系统中煤耗最高的调峰机组发出。抽水蓄能电站的作用就是用高效、低煤耗机组发出的电，来替代低效高煤耗机组发出的电，其实质是以煤换煤。在满足同样用户电力需求的情况下，抽水蓄能电站所节省的煤耗为低效调峰机组与高效机组的耗煤之差。

抽水蓄能电站还具有显著的环保效益，它能减少硫化物、氮氧化物、粉尘及 CO 等的排放，其中氮氧化物、粉尘及 CO 的减排是通过节煤实现的，而硫化物的减排不仅仅是由其节煤实现。由于抽水蓄能电站在正常运行时耗用的是先进的超临界、亚临界机组的电量，这些机组一般都装有脱硫装置，所以抽水蓄能电站在抽水时耗用电力燃煤的污染物排放量很低；而抽水蓄能电站在发电时所替代的机组是系统中最落后的中高压机组，一般都没有安装脱硫装置，所以抽水蓄能电站的环保效益不仅仅是节煤所减少的污染物排放效益，而是全部替代中低压机组发电耗煤的污染物排放所减少的污染物排放效益。对于我国日益严峻的生态环境来说，抽水蓄能电站具有至关重要的作用。

我国具有数量巨大的风能等间歇性可再生能源，这些能源是我国未来能源利用的发展方向。由于风能发电的不可调节性，这些间歇性可再生能源大规模并网后产生的一个问题就是，不利于电网的安全调度，增加了供电系统的不稳定性。系统中配置一定容量的抽水蓄能电站后，可以充分发挥其蓄能作用，确保电网的安全稳定运行。风能等可再生能源的利用又有利于减少化石能源的消耗，有利于生态环境的保护。

随着我国核电的快速发展，因其经济和安全特性也需要建设配套的抽水蓄能电站。

综上所述，抽水蓄能电站调峰填谷作用减少了火电机组参与调峰启停次数，使得火电机组出力过程平稳，提高其负荷率并在高效区运行，降低机组的燃料和检修维护等费用，减少了污染物排放，为燃煤电厂降耗和社会环保带来巨大效益。同时，抽水蓄能电站可以替代部分常规火电机组，减少常规火电调峰电源的建设，减少火电机组备用容量，可以使火电和核电机组更多地承担系统的基荷和腰荷。抽水蓄能电站的建设，有利于我国能源节约和环境保护，有利于促进可再生能源的发展，与可持续发展及循环经济的理念相一致。抽水蓄能电站的发展，必将成为促进我国电力节能深化发展的必要环节。

18.4.2 优化抽水蓄能电站在电力系统中的定位

抽水蓄能电站高发低吸，用系统的低谷电抽水，高峰时发电，它本身不能利用一次能源产生电力，使其在电力系统中无法成为一种独立的发电方式，必须依靠其他发电方式才能存在，其在系统中所有的效益都是通过它为电力系统的服务来实现的。

抽水蓄能电站本身耗能，没有产生节能和环保效益，其节能降耗和环保等的效益，主要通过不同煤耗机组间的煤耗差转换作用来实现，这些效益的产生体现在整个系统中的火电机组中。这说明了抽水蓄能电站是为发电机组的节能降耗服务的，实现整个电力系统内发电机组的节能降耗是抽水蓄能电站的一项主要静态功能。

与静态效益相对应的，抽水蓄能电站更重要的作用是动态效益。抽水蓄能电站由于启停迅速，运行灵活，出力变速快、变幅大，跟踪负荷能力强，因而特别适宜在电力系统中承担调频、调相、旋转备用和事故备用等“动态”任务，满足系统运行上的需要，该功能对避免发生大范围停电而带来的巨大经济损失所产生的间接的社会效益是无法估量的。所以抽水蓄能电站也是为电网安全稳定服务的。

随着我国风电等间歇性可再生能源的大规模并网利用，以及用户对供电质量要求的不断提高，抽水蓄能电站的动态功能将日益凸显，抽水蓄能电站将成为提高用户供电质量的最佳选择。所以抽水蓄能电站也是为用户服务的。

由此可见，抽水蓄能电站是为包括发电、电网、电力用户的整个电力系统及广大用户服务的一种发电方式，它以一定的能源消耗为代价，实现整个系统的节能降耗、电网的安全稳定、用户供电质量的提高等效益。

抽水蓄能电站在系统中服务性的定位，明确了它与其他发电方式相辅相成的关系，理顺了其与各种发电机组、电网及用户的关系，有助于确定其在电源结构中的规模，也有助于确定其合理的运营机制和回报机制，从而促进抽水蓄能电站的进一步良性发展。

18.4.3 优化抽水蓄能电站的规划

由于抽水蓄能电站是用系统中的电能生产电能，是对短时富裕电能的储存，其节能效益是在与系统中的其他类型机组配合中产生的，所以抽水蓄能电站在系统中有一个适度的容量，过与不及，均不能产生最佳的效益。

对抽水蓄能电站进行合理规划，要做到：收集电力系统电力负荷现状及远景预测成果，分析规划设计水平、年系统负荷水平、负荷特性及系统调峰需求；收集电力系统电源组成现状及远景规划资料，根据地区能源资源条件和电力发展规划，分析规划设计水平年电源结构；对于接受区外送电或有核电的电力系统，应根据外来电源的特性及调节能力、核电及风电的规模及运行特性，分析其对电力系统运行的影响；根据电力系统的用电结构、负荷特性及水电调节能力，分析电力系统对抽水蓄能电站调节性能的要求；

根据电力系统负荷特性和电源组成，从安全、稳定、经济运行等方面分析电网对抽水蓄能电站的需求；根据地区条件，分析电力系统可能采取的其他调峰措施，通过初步的技术经济比较，论述建设抽水蓄能电站的必要性及经济性，并提出规划设计水平年电力系统对抽水蓄能电站的需求规模。

社会或电力系统对抽水蓄能电站的需求有静态需求和动态需求。静态需求是系统内火电机组节能降耗的需要，动态需求是保证电网安全稳定运行、提高用户供电质量的需求。这两种需求随社会经济发展的阶段不同而变化。在社会经济发展的初级阶段，对供电质量要求不高，对抽水蓄能电站建设更多考虑的是其静态需求；当社会经济发展到一定程度后，对供电质量的要求将不断提高，对抽水蓄能电站的动态需求将不断增加。

在对抽水蓄能电站进行规划时，确定系统中抽水蓄能电站的适度规模，考虑社会对抽水蓄能电站的各种需求，既要满足对抽水蓄能电站静态效益的需求，也要满足对抽水蓄能电站动态效益的需求，实现抽水蓄能电站的规划与实际需求相一致。抽水蓄能电站的动静态容量分别规划，静态容量由当地平衡，满足负荷中心的静态需求；动态容量由区域电网统一平衡，确保整个电力系统的供电质量和可靠性。

在确定了抽水蓄能电站的合理规模的情况下，还应对抽水蓄能电站的站址进行优化。抽水蓄能电站的站址不同，其单位造价变化相差很大。对抽水蓄能电站进行优化选址，既要有利于其各项效益的发挥，又要有利于降低造价成本，以最小的成本满足最大需求，发挥最大效益。对达不到一定经济技术指标的站址不能进行前期开发，避免资源的无度浪费和前期投资风险。在市场经济条件下，投资主体成为市场的独立主体，站址的经济性将决定抽水蓄能电站未来生存和发展能力。

18.4.4　为抽水蓄能电站提供发展空间

抽水蓄能电站具有广泛的动静态效益，它是为包括发、供、用的整个电力系统服务的，在电力系统中必须与其他电源进行有机结合，发挥作用。目前，从国内外正在运行的抽水蓄能电站的情况来看，抽水蓄能电站的主要功能已从调峰填谷逐渐向担负调频、调相、事故备用及黑启动等职能即电网动态管理工具转换。随着角色的转变，由电网企业建设和经营抽水蓄能电站的方式已被国际和国内普遍认同。电网企业根据电网规划制订抽水蓄能电站规划，统一建设、统一管理、统一调度，有利于抽水蓄能电站各项效益、作用的充分发挥。

应该看到，我国抽水蓄能电站目前在投资建设与经营管理上还存在以下问题：一是缺乏统一规划，不利于社会资源的优化配置和抽水蓄能电站综合效益的发挥。当前国内一些地区抽水蓄能项目前期开发存在无序状态，有的一个省的选点就多达几十个，投入了大量的前期费用，造成资源的极大浪费。二是缺乏统一管理，导致抽水蓄能电站的投资、造价、资金、成本等控制不严，影响了抽水蓄能电站的经济效益。三是蓄能电站设备国产化能力不足，电站投资及运行成本较大。

抽水蓄能电站建设的健康、有序和良性发展迫在眉睫。国家电网公司成立了以发展抽水蓄能为核心业务的国网新源控股有限公司，南方电网公司成立了调峰调频电源公司，这标志着我国抽水蓄能的发展开始步入规范化、集约化、专业化发展的轨道。

抽水蓄能电站的建设必须结合经济发展状况、电网规划布局、负荷曲线、用电需求以及站址建设条件、技术指标等进行科学规划布局。新源公司成立后，对抽水蓄能电站实行集约化、专业化规划建设和运营管理，主要体现在：一是通过对抽水蓄能电站实行集约化、专业化规划建设和运营，通过科学规划，更好地集中有限的社会资源，真正使项目的优劣次序与资源投入的优先次序基本一致，有效提高抽水蓄能电站的开发效率。有利于从整体上统一项目建设管理方式，提高管理水平和管理效益，降低工程造价。同时便于协调各项目的前期工作推进速度，有效分配人力和资金、控制前期费用。二是有利于降低融资成本和工程造价，保证工程质量，发挥集约化管理优势和规模效益；通过对设备和技术的打捆招标，降低采购成本，可以集中调配技术和管理人才，形成抽水蓄能电站建设经营管理的专业化队伍，降低建设和运营成本。三是有利于抽水蓄能电站群在布点、检修、生产调度等方面的统一规划和管理，真正形成抽水蓄能电站群与强大电网间相互依存、互惠互利的运行机制和管理模式。集约化管理为抽水蓄能电站提供了良好的发展空间。

18.4.5 合理的经营机制

抽水蓄能电站投资巨大，在电网建设资本金有限的条件下，建立有效合理的电站回收方式和电价机制，对加快我国抽水蓄能电站建设并滚动发展至关重要。

我国目前已投产的抽水蓄能电站由于当时的历史背景不同，其采取的经营模式、电价政策和运行方式也存在较大差异。在制定电站经营模式时，必须要考虑其差异性和不确定性。一是由于蓄能电站的建设受地形影响较大，单位容量造价差异较大，相应电价定价差异也较大；二是蓄能电站的调峰填谷、调频、调相、事故备用和黑启动等辅助服务的收费标准难以确定。因此，在制定我国抽水蓄能电站定价机制时，应充分考虑电站的建设成本、运行成本、费用以及一定的收益。在电网企业控股建设的前提下，也可以允许地方适当参股投资抽水蓄能电站建设。这样，有利于解决电站建设过程中和投产后同地方间的利益冲突；同时有利于繁荣地方经济，增加地方税收和就业，加快所在地方新农村建设和发展，保持社会稳定。

第 19 章　电化学储能技术

电化学储能是指通过发生可逆的化学反应来储存或者释放电能量，其特点是能量密度大、转换效率高、建设周期短、站址适应性强等。电化学储能器件包括锂离子电池、固态电池、钠离子电池、水系电池、镍镉电池、超级电容、液流电池和液态金属电池。

19.1　锂离子电池

19.1.1　锂离子电池概述

锂离子电池（Li-ion）由锂电池发展而来，所以先介绍锂电池。举例来讲，以前照相机里用的扣式电池就属于锂电池。锂电池的正极材料是二氧化锰（MnO_2）或亚硫酰氯（$SOCl_2$），负极是锂。电池组装完成后电池即有电压，不需充电。这种电池也可以充电，但循环性能不好，在充放电循环过程中，容易形成锂枝晶，造成电池内部短路，所以一般情况下这种电池是禁止充电的。

后来，日本索尼公司发明了以碳材料为负极，以含锂的化合物为正极的锂电池，在充放电过程中，没有金属锂存在，只有锂离子，这就是锂离子电池。

锂离子电池的正极材料是氧化钴锂（$LiCoO_2$），负极材料是碳材。电池通过正极产生的锂离子在负极碳材中的嵌入与脱出来实现电池的充放电过程，为了区别于传统意义上的锂电池，人们称之为锂离子电池。

19.1.2　锂离子电池的工作原理

当对电池进行充电时，电池的正极上有锂离子生成，生成的锂离子经过电解液运动到负极。而作为负极的碳呈层状结构，它有很多微孔，达到负极的锂离子就嵌入到碳层的微孔中，嵌入的锂离子越多，充电容量越高。同样，当对电池进行放电时（即使用电池的过程），嵌在负极碳层中的锂离子脱出，又运动回正极。回正极的锂离子越多，放电容量越高。我们通常所说的电池容量指的就是放电容量。在 Li-ion 的充放电过程中，锂离子处于正极→负极→正极的运动状态。Li-ion 就像一把摇椅，摇椅的两端为电池的两极，而锂离子就像运动员一样在摇椅两端来回奔跑。所以，Li-ion 又叫摇椅式电池。

通俗来说，电池在放电过程中，负极发生氧化反应，向外提供电子；在正极上进行还原反应，从外电路接收电子，电子从负极流到正极，而电流方向正好与电子流动方向相反，故电流经外电路从正极流向负极。电解质是离子导体，离子在电池内部的正负极之间定向移动而导电，阳离子流向正极，阴离子流向负极。整个电池形成了一个由外电路的电子体系和电解质的离子体系构成的完整放电体系，从而产生电能。充放电原理如图 19.1 所示。

正极反应：$LiCoO_2 = Li_{(1-x)}CoO_2 + xLi + xe$

负极反应：$6C + xLi + xe = Li_xC_6$

电池总反应：$LiCoO_2 + 6C = Li_{(1-x)}CoO_2 + LixC_6$

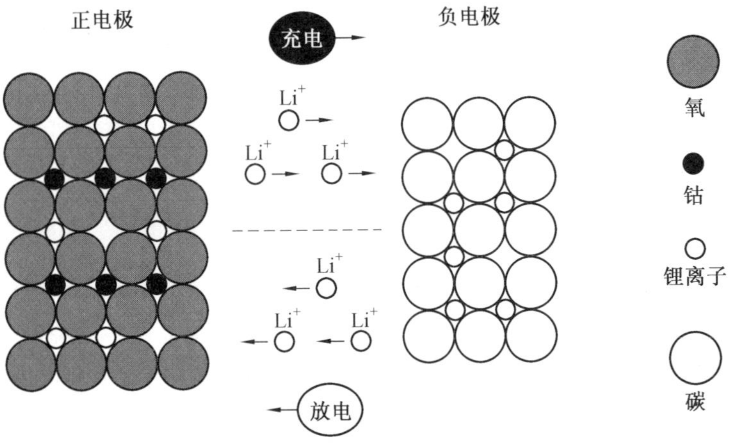

图 19.1　充放电原理

1. 电池的连接

根据电池的电压与容量的需求，可以把电池进行并联、串联及混联连接，如图 19.2 所示。

（1）并联：电压基本不变，容量升高。

（2）串联：电压升高，容量基本不变。

（3）混联：电压与容量都会升高。

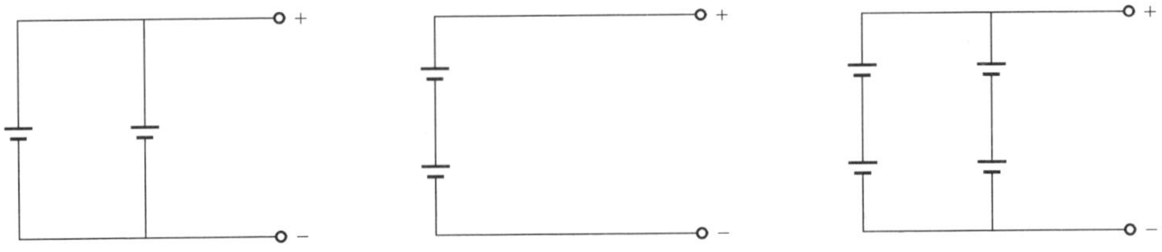

（a）并联　（b）串联　（c）混联

图 19.2　并联、串联及混联连接

2. 化学电池的种类

化学电池按电池外形分类如图 19.3 所示。

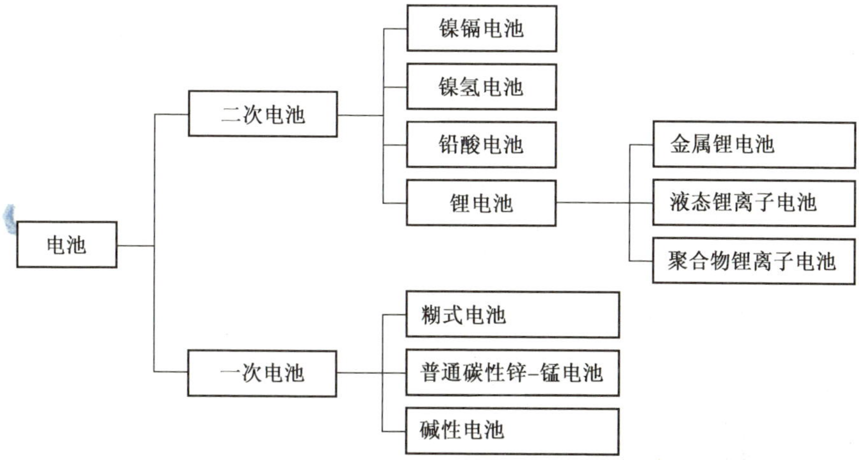

图 19.3　化学电池按电池外形分类

电池型号标识方法如下：

（1）圆柱形电池标识由 3 个字母加 5 个数字加 1 个字母加 2 或 3 个数字组成。

（2）方形电池标识由 3 个字母加 6 个数字加 1 或 2 个字母加 2 或 3 个数字组成。

（3）第一个字母 I 表示有内置锂离子电池。

（4）第二个字母表示电池的正极材料基于钴的电极。

（5）第三个字母表示电池的形状，R 表示圆柱形电池、P 表示方形电池、S 表示软包装电池。

（6）圆柱形电池 5 个数字分别表示电池直径与高度，方形电池 6 个数字分别表示电池的厚、宽、高；单位 mm。

（7）圆柱形电池第四个字母表示电池的级别，有 A 级、C 级；最后 2 或 3 个数字表示电池的容量缩写。

（8）方形电池第四个字母表示电池壳体的材料，A 表示铝壳，S 表示钢壳；第五个字母 R 表示壳体边缘的形状。

例如：圆柱形电池 ICR18650A180（图 19.4）。

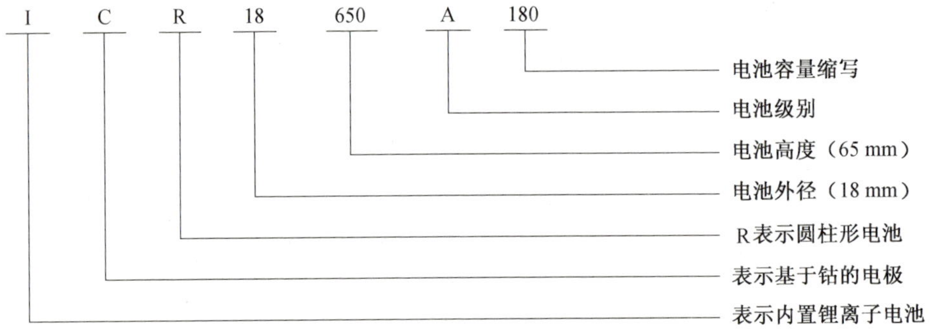

图 19.4　圆柱形电池 ICR18650A180

例如：方形电池 ICP533436AR65（图 19.5）。

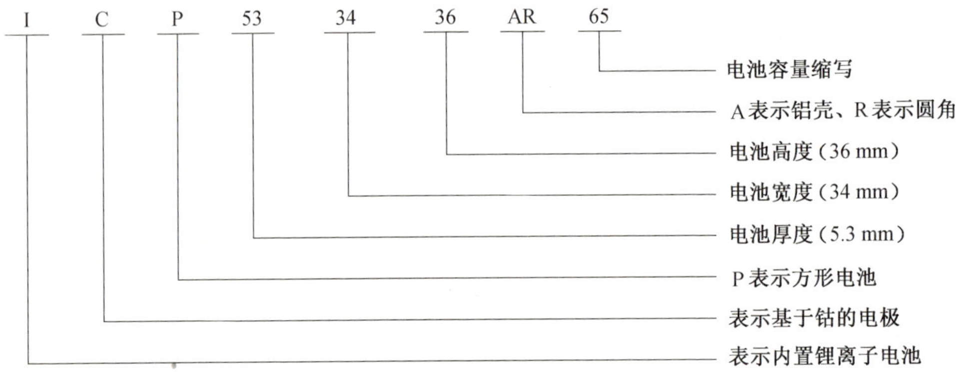

图 19.5　方形电池 ICP533436AR65

19. 1. 3　锂离子电池的主要构成

1. 电池的构成

电池一般由电芯、Fuse（或 PTC）、保护板（或电路板）、五金片、外壳以及一些辅料组成。单节电池的电路示意图如图 19.6 所示。

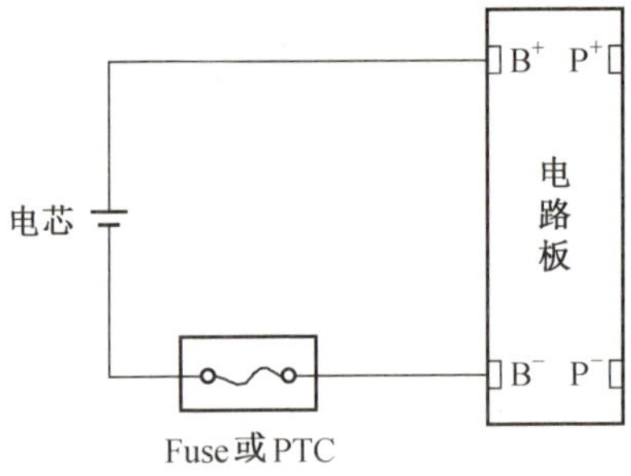

图 19.6　单节电池的电路示意图

锂离子电芯部件如图 19.7 所示。

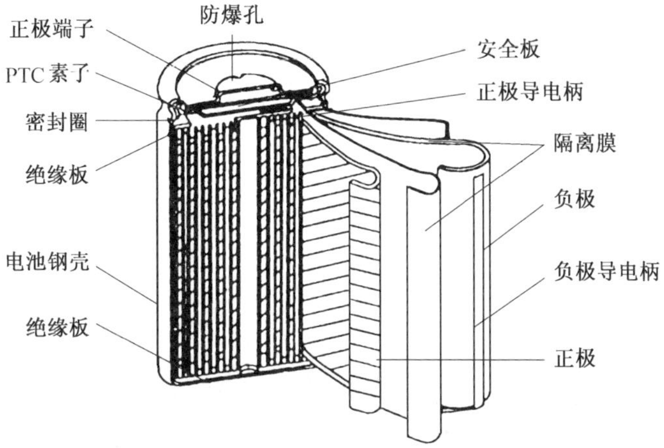

图 19.7　锂离子电芯部件

（1）正极片。

活性物质为 $LiCoO_2$，由锂离子化合物（LiCoO/LiNiO/LiMnO）、导电剂（Super-P）、溶剂（NMP）、黏结剂（PVDF）和铝箔组成。

（2）负极片。

活性物质为碳，由碳粉（CMP2）、黏结剂（SBR）、添加剂（CMC）和铜箔组成。

（3）隔膜纸。

PP、PE、PP/PE/PP 多层复合膜；主要作用是绝缘并传导离子，除此之外，在安全上，当电池内短路温度升高时，隔膜纸亦具有 Shut Down 功能，使内部电阻升高，避免热失控。

（4）电解液。

一般为有机电解液。

2. 保护板

保护板通常包括控制 IC、MOS 开关及辅助配件（图 19.8）。其中控制 IC，在一切正常的情况下控制 MOS 开关导通，使电芯与外电路连接，而当电芯电压或回路电流超过规定值时，它立刻控制 MOS 关断，保护电芯的安全。

保护板的功能如下。

（1）过充保护。

当电芯电压升到一定值（4.40 V 以下）时，保护板会切断充电回路。

（2）过放保护。

当电芯电压低到一定值（2.20 V 以下）时，保护板会切断放电回路。

（3）短路保护。

当电池正、负极两端短路时，可迅速切断回路，保护电芯。

（4）过流保护。

当电池输出电流超过某一定值（2A 左右）时，保护电路会切断输出回路。

（5）其他辅助功能。

保护板上一般还有印制电路板（PCB）、电容、电阻等，主要作用是保护电池与主机及原装充电器正常充电和使用。

图 19.8 保护板

19. 1. 4 锂离子电池的种类

根据锂离子电池所用电解质材料不同，锂离子电池可以分为液态锂离子电池（LIB）和聚合物锂离子电池（LIP）两大类。

液态锂离子电池和聚合物锂离子电池所用的正负极材料与液态锂离子都是相同的，电池的工作原理也基本一致。一般正极使用 $LiCoO_2$，负极使用各种碳材料，如石墨，同时使用铝、铜做集流体。

它们的主要区别在于电解质的不同，液态锂离子电池使用的是液体电解质，而聚合物锂离子电池则以聚合物电解质来代替，这种聚合物可以是“干态”的，也可以是“胶态”的，目前大部分采用聚合物胶体电解质。锂离子电池结构比较见表 19.1。

表 19.1 锂离子电池结构比较

电池种类	电解质	壳体/包装	隔膜	集流体
液态锂离子电池	液体电解质	不锈钢、铝	25 μPE	铜箔和铝箔
聚合物锂离子电池	聚合物胶体电解质	铝/PP 复合膜	没有隔膜	铜箔和铝箔

由于聚合物锂离子电池使用了聚合物胶体电解质，不会像液体电解质那样泄漏，所以装配很容易，使得整体电池很轻、很薄，也不会产生漏液与燃烧爆炸等安全上的问题，因此可以用铝塑复合薄膜制造电池外壳，从而提高整个电池的比容量；聚合物锂离子电

池还可以采用高分子做正极材料，其质量比能量将会比液态锂离子电池提高 50%以上。此外，聚合物锂离子电池在工作电压、充放电循环寿命等方面都比液态锂离子电池有所提高。基于以上优点，聚合物锂离子电池被誉为下一代锂离子电池。

19.1.5　控制锂离子电池性能的关键材料

1. 正极材料的性能和一般制备方法

正极中表征离子输运性质的重要参数是化学扩散系数，通常情况下，正极活性物质中锂离子的扩散系数都比较低。锂嵌入正极材料或从正级材料中脱嵌，伴随着晶相变化。因此，锂离子电池的电极膜都要求很薄，一般为几十微米的数量级。正极材料的嵌锂化合物是锂离子电池中锂离子的临时储存容器。为了获得较高的单体电池电压，倾向于选择高电势的嵌锂化合物。正极材料应满足以下条件。

（1）在所要求的充放电电位范围内，具有与电解质溶液的电化学相容性。

（2）温和的电极过程动力学。

（3）高度可逆性。

（4）全锂化状态下在空气中的稳定性。

研究的热点主要集中在层状 $LiMO_2$ 和尖晶石型 LiM_2O_4 结构的化合物及复合两种 M（M 为 Co，Ni，Mn，V 等过渡金属离子）的类似电极材料上。作为锂离子电池的正极材料，Li^+的脱嵌与嵌入过程中结构变化的程度和可逆性决定了电池的稳定重复充放电性。正极材料制备中，其原料性能和合成工艺条件都会对最终结构产生影响。多种有前途的正极材料，都存在使用循环过程中电容量衰减的情况，这是研究中的首要问题。已商品化的正极材料有 $Li_{(1-x)}CoO_2$（$0<x<0.8$），$Li_{(1-x)}NiO_2$（$0<x<0.8$），$LiMnO_2$。它们作为锂离子电池正极材料各有优劣。锂钴氧为正极的锂离子电池具有开路电压高、比能量大、循环寿命长、能快速充放电等优点，但安全性差；锂镍氧较锂钴氧价格低廉，性能与锂钴氧相当，具有较优秀的嵌锂性能，但制备困难；而锂锰氧价格更为低廉，制备相对容易，而且其耐过充安全性能好，但其嵌锂容量低，并且充放电时尖晶石结构不稳定。从应用前景来看，寻求具有资源丰富、价廉、无公害，在过充电时对电压控制和电路保护的要求较低等优点的高性能的正极材料将是锂离子电池正极材料研究的重点。国外有报道称，$LiVO_2$ 亦能形成层状化合物，可作为正极电极材料。成功的商品化电极材料在制备工艺上都有其独到之处。各种制备方法优缺点列举如下。

（1）固相法。

一般选用碳酸锂等锂盐和钴化合物或镍化合物研磨混合后，进行烧结反应。此方法优点是工艺流程简单，原料易得，属于锂离子电池发展初期被广泛研究开发的生产方法；缺点是所制得正极材料电容量有限，原料混合均匀性差，制备材料的性能稳定性不好，批次与批次之间质量一致性差。

（2）络合物法。

用有机络合物先制备含锂离子和钴或钒离子的络合物前驱体，再烧结制备。该方法的优点是分子规模混合，材料均匀性和性能稳定性好，正极材料电容量比固相法高。国外已试验用作锂离子电池的工业化方法，技术并不成熟，国内目前还鲜有报道。

（3）溶胶凝胶法。

利用 20 世纪 70 年代发展起来的制备超微粒子的方法，制备正极材料，该方法具备了络合物法的优点，而且制备出的电极材料电容量有较大的提高，属于正在国内外迅速发展的一种方法。缺点是成本较高，技术还属于开发阶段。

（4）离子交换法。

用离子交换法制备的 $LiMnO_2$，获得的可逆放电容量值高达 270 (mA·h)/g，此方法成为研究的新热点，它具有所制电极性能稳定、电容量高的特点。但过程涉及溶液重结晶蒸发等费能费时步骤，距离实用化还有相当的距离。

正极材料的研究从国外文献可看出，其电容量以每年以 30～50 (mA·h)/g 的速度在增长，发展趋向于微结构尺度越来越小而电容量越来越大的嵌锂化合物，原材料尺度向纳米级挺进，关于嵌锂化合物结构的理论研究已取得一定进展，但其发展理论还在不断变化中。困扰这一领域的锂电池电容量提高和循环容量衰减的问题，已有研究者提出添加其他组分来克服的方法。

2. 负极材料的性能和一般制备方法

负极材料的电导率一般都较高，则选择电位尽可能接近锂电位的可嵌入锂的化合物，如各种碳材料和金属氧化物。可逆地嵌入脱嵌锂离子的负极材料要求具有以下优点。

（1）在锂离子的嵌入反应中自由能变化小。

（2）锂离子在负极的固态结构中有高的扩散率。

（3）高度可逆的嵌入反应。

（4）有良好的电导率。

（5）热力学上稳定，同时与电解质不发生反应。

研究工作主要集中在碳材料和具有特殊结构的其他金属氧化物。石墨、软碳、中相碳微球已在国内开发和研究，硬碳、碳纳米管、巴基球 C60 等多种碳材料正在被研究中。几乎与研究碳负极同时，寻找电位与 Li^+/Li 电位相近的其他负极材料的工作一直受到重视。锂离子电池中所用碳材料尚存在两方面的问题。

（1）电压滞后，即锂的嵌入反应在 0～0.25 V 之间进行（相对于 Li^+/Li），而脱嵌反应则在 1 V 发生。

（2）循环容量逐渐下降，一般经过 12～20 次循环后，容量降至 400～500 (mA·h)/g。

理论上的进一步深化还有赖于各种高纯度、结构规整的原料及碳材料的制备和更为有效的结构表征方法的建立。日本富士公司开发出了锂离子电池新型锡复合氧化物基负极材料，除此之外，已有的研究主要集中于一些金属氧化物，其质量比能量较碳负极材料大大提高，如 SnO_2、WO_2、MoO_2、VO_2、TiO_2、$Li_xFe_2O_3$、$Li_4Ti_5O_{12}$、$Li_4Mn_5O_{12}$ 等，但不如碳电极成熟。锂在碳材料中的可逆高储存机理主要有锂分子 Li_2 形成机理、多层锂机理、晶格点阵机理、弹性球－弹性网模型、层－边端－表面储锂机理、纳米级石墨储锂机理、碳－锂－氢机理和微孔储锂机理。石墨作为碳材料中的一种，早就被发现它能与锂形成石墨嵌入化合物 LiC_6。但这些理论还处于发展阶段。负极材料要克服的困难也是一个容量循环衰减的问题，但从文献可知，制备高纯度和规整的微结构碳负极材料是发展的一个方向。

一般制备负极材料的方法可综述如下。

（1）在一定高温下加热软碳得到高度石墨化的碳；嵌锂石墨离子型化合物分子式为 LiC_6，其中的锂离子在石墨中嵌入和脱嵌过程动态变化、石墨结构与电化学性能的关系、不可逆电容量损失原因和提高方法等问题，都得到众多研究者的探讨。

（2）将具有特殊结构的交联树脂在高温下分解得到的硬碳，可逆电容量比石墨碳高，其结构受原料影响较大，但一般文献认为这些碳结构中的纳米微孔对其嵌锂容量有较大影响，对其研究主要集中于利用特殊分子结构的高聚物来制备含更多纳米级微孔的硬碳。

（3）高温热分解有机物和高聚物制备的含氢碳。这类材料具有 600～900 (mA·h)/g 的可逆电容量，因而受到关注，但电压滞后和循环容量下降的问题是其最大应用障碍。对其制备方法的改进和理论机理解释将是研究的重点。

（4）各种金属氧化物，其机理与正极材料类似，也受到研究者的关注，研究方向主要是获取新型结构或复合结构的金属氧化物。

（5）作为一种嵌锂材料，碳纳米管、巴基球 C60 等也是当前研究的一个新热点，成为纳米材料研究的一个分支。碳纳米管、巴基球 C60 的特殊结构使其成为高电容量嵌锂材料的最佳选择。从理论上说，纳米结构可提供的嵌锂容量会比目前已有的各种材料高，其微观结构已被广泛研究并取得了很大进展，但如何制备适当堆积方式以获得优异性能的电极材料，这应是研究的一个重要方向。

综上所述，近年来锂离子电池中正负极活性材料的研究和开发应用，在国际上相当活跃，并已取得很大进展。材料的晶体结构规整、充放电过程中结构不发生不可逆变化是获得比容量高、循环寿命长的锂离子电池的关键。然而，对嵌锂材料的结构与性能的研究仍是该领域目前最薄弱的环节。锂离子电池的研究是一类不断更新的电池体系的研究，物理学和化学的很多新的研究成果会对锂离子电池产生重大影响，比如纳米固体电极，有可能使锂离子电池有更高的能量密度和功率密度，从而大大增加锂离子电池的应用范围。总之，锂离子电池的研究是一个涉及化学、物理学、材料学、能源动力学、电子学等众多学科的交叉领域。目前该领域的进展已引起化学电源界和产业界的极大兴趣。可以预料，随着电极材料结构与性能关系研究的深入，从分子水平上设计出来的各种规整结构或掺杂复合结构的正负极材料将有力地推动锂离子电池的研究和应用。锂离子电池将会是继镍镉、镍氢电池之后，在今后相当长一段时间内，市场前景最好、发展最快的一种二次电池。

19.1.6　锂离子电池技术的发展

锂离子电池作为一种新型的化学电源，具有工作电压高、比能量大、放电电位曲线平稳、自放电小、循环寿命长、低温性能好、无记忆、无污染等突出的优点，能够满足人们对便携式电器所需要的电池小型轻量化和有利于环保的双重要求，广泛用于移动通信、笔记本电脑、摄放一体机等小型电子装置，也是未来电动交通工具使用的理想电源。

锂离子电池能否成功应用，关键在于能否可逆地嵌入脱嵌锂离子的负极材料的制备。

目前，研究工作主要集中在碳材料和其他具有特殊结构的化合物。

1. 碳负极材料

碳负极锂离子电池在安全和循环寿命方面显示出较好的性能，并且碳材料价廉、无毒，目前商品化锂离子电池广泛采用碳负极材料。众所周知，碳材料种类繁多，目前研究得较多且较为成功的碳负极材料有石墨、乙炔黑、微珠碳、石油焦、碳纤维、裂解聚合物和裂解碳等。在众多的用作碳负极的材料中，天然石墨具有较低的嵌入电位，优良的嵌入-脱嵌性能，是良好的锂离子电池负极材料。通常锂在碳材料中形成的化合物的理论表达式为 LiC_6，按化学计量的理论比容量为 372 (mA·h)/g。近年来，随着对碳材料研究工作的不断深入，已经发现通过对石墨和各类碳材料进行表面改性和结构调整，或使石墨部分无序化，或在各类碳材料中形成纳米级的孔、洞和通道等结构，锂在其中的嵌入-脱嵌不但可以按化学计量 LiC_6 进行，而且可以有非化学计量嵌入-脱嵌，其比容量大大增加，由 LiC_6 的理论值 372 (mA·h)/g 提高到 700～1 000 (mA·h)/g，因此使锂离子电池的比能量大大增加。所以近年来锂离子电池的研究工作重点在碳负极材料的研究上，且已经取得了许多新的进展。Okuno 等研究了用中间相沥青焦炭（MPC）修饰的焦炭电极，发现焦炭电极的比容量仅为 170～250 (mA·h)/g，焦炭和 MPC 按 4∶1 的比例混合，比容量为 277 (mA·h)/g，而用 MPC 修饰的焦炭电极比容量为 300～310 (mA·h)/g。马树华等在中间相碳微球（MCMB）电极上人工沉积一层 Li_2CO_3 或 LiOH 膜，电极的容量及首次充放电效率均有一定的改善。邓正华等采用热离子体裂解天然气制备的天然气焦炭具有较好的嵌锂能力，初次放电容量为 402 (mA·h)/g，充电量为 235 (mA·h)/g，充放电效率为 58.5%。冯熙康等将石油焦在还原气氛中经 2 600 ℃处理后制得的人造石墨外部包覆碳层，发现处理后的这种材料有较高的比容量[330 (mA·h)/g]，较好的充放电性能，较低的自放电率。

三洋公司采用优质天然石墨做负极，石墨在高温下与适量的水蒸气作用，使其表面无定形化，这样 Li^+较容易嵌入石墨晶格中，从而提高其嵌锂的能力。碳负极的嵌锂能力对不同的材料有所不同，主要是受其结构的影响。如 Sony 公司使用聚糠醇的化合物，三洋公司使用天然石墨，松下公司采用中间相沥青基碳微球。一般说来，无定形碳具有较大的层间距和较小的层平面，如石墨为 0.335 nm、焦炭为 0.34～0.35 nm，有的硬碳高达 0.38 nm，Li^+在其中的扩散速度较快，能使电池更快地充放电。Takami 研究了中间相沥青基纤维在不同温度下的层间距和扩散系数，认为层间距取决于碳的石墨化程度，石墨化程度增加可降低 Li^+扩散的活化能，并有利于 Li^+的扩散。高比容量的碳负极材料，可以极大地提高锂离子电池的比能量，但是部分裂解的碳化物有一个明显的缺陷就是电压滞后，即充电时 Li^+在 0 V（vs. Li^+/Li）左右嵌入，而放电时在 1 V（vs. Li^+/Li）脱嵌，尽管此类电池充电电压有 4 V，但实际上只有 3 V 的工作电压。

2. 非石墨类材料

非石墨类材料根据碳热处理时结晶的难易程度可分为软碳和硬碳。碳材料资源丰富、价格低廉、对各种电解液的适应性强、耐过充过放电性能好；但其比容量较低，一般都低于 200 (mA·h)/g。另外，在焦炭的充放电过程中，充放电电压曲线比较倾斜，不如石墨材料平稳，没有明显的充放电平台。由于硬碳和电解液有较好的相容性，因此将硬碳包覆在石墨材料的表面获得具有外壳结构的碳材料，使其同时具备了石墨和硬碳的优点。缺点在于其充放电过程中有较大的不可逆容量和电压滞后现象，在 1 V 有着一个放电平台，并且材料的密度较小。

3. 其他负极材料

过渡金属氧化物和硫化物、含锂过渡金属氮化物、锡氧化物及锡基氧化物、纳米负极材料、钛酸锂材料是近年来研究较多的负极材料，在这些方面的突破性研究将促进锂离子电池技术的飞跃。

4. 正极材料

正极材料的研究支撑着锂离子电池技术的进步。材料的发展带动了电池性能的个性化发展，也间接适用于不同的需求领域，成就了锂离子电池应用领域的快速拓展。可应用于锂离子电池中做正极材料的化合物有很多种，目前研制成功并得到应用的多为过渡金属嵌锂化合物，大致可分为 3 种结构：层状结构，代表材料为 $LiCoO_2$，$LiNiO_2$，Ni、Co、Mn 复合氧化物；尖晶石结构，代表材料为 $LiMn_2O_4$；橄榄石结构，代表材料为 $LiFePO_4$ 等。

（1）$LiCoO_2$。

$LiCoO_2$ 材料是最早应用于商品化锂离子电池的，也是目前应用最广、工艺最成熟的锂离子电池正极材料，其结构为层状 α-$NaFeO_2$ 结构。$LiCoO_2$ 材料具有制备简单、开路电压高、可逆容量高、比能量高、循环寿命长、电化学性能稳定、振实密度大等优势，缺点是安全性较差，易分解，且世界钴资源的含量稀少，$LiCoO_2$ 材料价格近年来波动较大，影响了其在锂离子电池中的应用。

（2）$LiNiO_2$。

$LiNiO_2$ 是最有替代 $LiCoO_2$ 前景的正极材料之一，与 $LiCoO_2$ 具有相同的结构，理论比容量为 274 (mA·h)/g，实际比容量可达 190～210 (mA·h)/g，工作电压为 3.0～4.2 V。由于 Ni 资源比 Co 资源丰富，在价格上比 $LiCoO_2$ 有优势。但其热稳定性差，同等条件下与 $LiCoO_2$、$LiMn_2O_4$ 相比，$LiNiO_2$ 脱氧温度最低。

（3）复合氧化物。

复合氧化物种类繁多，各有特色，其中以 Ni、Co、Mn 三元复合物最为引人关注。$LiNi1/3Co1/3Mn1/3O_2$ 为层状三元化合物，与 $LiCoO_2$ 结构基本相同。这种材料融合了钴酸锂、镍酸锂、锰酸锂的优势，解决了锰酸锂的 J-Teller 效应，放电比容量高达 160 (mA·h)/g，热稳定性优于 $LiCoO_2$，循环性能较好，价格相对较低，近几年得到了较快的发展，并得到较广泛的应用。

（4）$LiMn_2O_4$。

世界锰矿资源十分丰富，仅陆地锰矿储量就有 9 亿 t。我国是世界上锰产品生产和出口大国。近年来，随着世界钴价的异常波动，$LiCoO_2$ 的价格波动巨大，因此 $LiMn_2O_4$ 成为正极材料研究的热点。$LiMn_2O_4$ 实际比容量为 90～110 (mA·h)/g，虽然比容量相对较低，其良好的热稳定性，使其获得良好的安全性能，成为早期电动车用锂离子电池首选的正极材料之一。其缺点是：材料的振实密度较低（≤2 g/cm^3），电池容量较低；其循环性能较差，尤其是高温循环衰退严重问题，是目前研究改善的重点。

（5）$LiFePO_4$。

$LiFePO_4$ 的原料 Fe 资源更丰富，成本低，对环境无毒。$LiFePO_4$ 实际比容量约 130 (mA·h)/g，具有非常平稳的电压平台；充放电过程中材料结构变化很小，循环性能优异；热稳定性更好，安全性能优异。通过添加导电物质制成的改性 $LiFePO_4$ 不仅具有以上优异的性能，还具有优良的大电流放电性能，成为目前业界瞩目的锂离子动力电池用正极材料。

5. 隔膜和电解液材料

隔膜是锂离子电池的关键材料之一。聚乙烯、聚丙烯多孔膜具有较高的孔隙率、较低的电阻、较高的拉伸强度、较好的耐酸碱能力、良好的弹性以及对非质子溶剂的保持性能，因此在锂离子电池研发初期采用其做隔膜。目前商品化的隔膜仍采用聚乙烯、聚丙烯多孔膜。隔膜具有的热熔断性是锂离子电池解决电池安全问题的手段之一。目前所用的聚丙烯膜（PP）的闭孔温度为 170 ℃，聚乙烯膜（PE）的闭孔温度为 130～140 ℃，PP/PE/PP 多层复合膜的闭孔温度为 140 ℃。锂离子电池生产早期应用较多的是 PP/PE/PP 多层复合膜，其闭孔温度较低，自闭时阻抗高，强度和安全性较好，厚度为 25～40 μm。我国电池业所用的多层隔膜多为进口，成本较高。近几年来，单层隔膜的技术已经提高，厚度可以小于 20 μm，得到较好的应用。电解液作为电池的重要组成部分之一，是电化学反应不可缺少的部分，它的性能直接影响锂离子电池性能的优化和提高。目前常用锂盐主要是 $LiPF_6$、$LiClO_4$、$LiBF_4$、$LiAsF_6$、LiB（C_2H_5）$_3$（C_4H_4N）、LiB（C_6F）$_3$（CF_3）、$LiCFSO_3$ 等无机锂盐和有机锂盐。电解液一般使用有机混合溶剂，它至少由一种挥发性小、介电常数高的有机溶剂（如碳酸乙烯酯 EC、碳酸丙烯酯 PC）和一种较低黏度和易挥发的有机溶剂（如二甲氧基乙烷、乙二醇二甲醚、甲基四氢呋喃）组成。混合溶剂与单一溶剂相比，会使液态电解质电池的离子电导率和其他性能都要好一些。为改善电池的高低温性能、循环性能、安全性能，电解液添加剂始终是研究的热点。低温电解液的使用使电池-40℃放电成为可能，而新耐过充电添加剂的研究可能颠覆锂离子电池安全保护观念，降低锂离子电池的保护成本。

19.1.7　锂离子电池的发展趋势

1. 锂离子电池应用领域的拓展

20 世纪 90 年代，锂离子电池主要应用在摄像机、照相机等高端的便携设备上，到 90 年代末期，随着手机的兴起和普及，高档手机成为锂离子电池的最重要市场。90 年代电池生产技术门槛高、生产条件要求高、产品设计开发技术和生产技术掌握在少数企业手中，造成了当年锂离子电池高昂的价格，并使锂离子电池仅在少数高档消费品中被使用。进入 90 年代末期，更多的企业纷纷进入锂离子电池生产领域，为降低锂离子电池技术和工艺的门槛，并回避电池生产技术的专利保护屏障，各企业不断探讨生产技术的革新，技术革新带来锂离子电池生产难度的快速下降，也带来了制造成本的大幅度降低，这为锂离子电池的市场开拓带来了机会。

2000 年以后，锂离子电池在手机领域占据主导地位，直至垄断手机领域；而锂离子电池在笔记本电脑（NBPC）上的应用，则促进了 NBPC 性能和品质的改善，成为其电源系统的绝对主力。

从市场发展预期可以看出，手机是方形电池的主要应用市场，而 NBPC 电池使用量则占圆柱形电池生产总量的 80%，聚合物电池在手机上的应用增量趋缓，但在 NBPC 上的应用却继续增加。回顾锂离子电池发展，应用领域每年都有增加，并在多个应用领域占据主导地位。

2. 锂离子电池市场发展及未来预期

“十四五”绿色低碳发展和“双碳”目标将加速锂离子电池储能产业的扩张。随着生活效率和安全性的不断提高以及成本的不断降低，电力系统和与基础设施相关的新领域对锂离子电池储能的需求增加。市场空间约 2 000 亿元；预计到 2035 年，中国锂离子电池储能总装机容量将达到 600 GW，市场空间约为 2 万亿元。根据终端应用，锂离子电池下游主要可分为动力、消费和储能三大领域，其中，动力锂电池主要应用领域为电动汽车、电动轻型车、电动工具等，是当前锂离子电池的主要应用场景（汽车动力电池又称“大动力电池”，电动轻型车/电动工具用动力电池又称“小动力电池”）；消费锂电池主要应用于手机、笔记本电脑以及近期兴起的蓝牙耳机、可穿戴设备等消费电子产品，是锂离子电池的重要应用领域；储能锂电池则主要为通信基站、用户侧削峰填谷、离网电站、微电网、轨道交通等的储能需求提供支持，是近年来快速发展的新兴领域和国家政策大力支持的方向。

锂离子电池技术和市场的上升速度是史无前例的，其应用领域的拓展速度超过了以往任何一种化学电池；从应用领域看，NBPC 和动力车的需求量上升将给锂离子电池提供快速增加的市场空间，而锂离子电池对 Ni/MH、Ni/Cd、铅酸电池应用领域的快速蚕食，也有助于锂离子电池生产能力的释放。

19. 2 固态电池

19. 2. 1 固态电池概述

固态电池与目前主流的传统锂离子电池最大的不同在于电解质。固态电池是使用固体电解质，替代了传统锂离子电池的电解液和隔膜。而传统锂离子电池主要由正负极材料、电解液和隔膜组成。正负极材料决定了电池的容量，电解液及隔膜作为传输锂离子的介质。

19. 2. 2 固态电池的结构

固态电池从宏观方面看，也是由固态正电极材料、固态电解质、固态负电极材料构成的，其工作原理和液态电池类似。

固态电池正电极材料是活性物质，其作用是大量地集合锂正离子；在化学电势作用下正离子失去电子，电子由外电路流向负电极；失去电子的锂离子通过固态电解质游离向负电极；固态电池负电极材料的作用是大量地嵌入失去电子的锂离子，这些失去电子的负离子在负电极与电子结合之后的正离子又向正电极游离；固态电解质的作用是让锂离子在正负电极之间顺利地传导。简单地说，固态锂电池也是仅仅依靠锂离子在正负极之间的移动来实现充放电过程的。

图 19.9 是固态锂电池的基本结构，其中的缓冲层是为了让固态电极和固态电解质能够有效地相容结合所使用的；隔膜是为了防止内部的正负极短路而设置的，如果技术再进步，就可以去掉隔离层。简单地说，固态锂电池和液态锂电池在宏观结构方面是一样的，根本的区别在于电解质是固态的。

如图 19.9 所示的含有隔膜的固态锂电池称为准固态电池，没有隔膜的称为全固态电池。目前研发生产的是准固态电池，简称为固态电池。

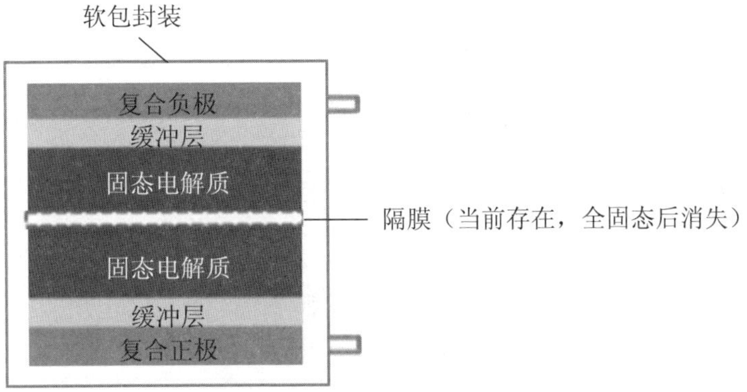

图 19.9　固态锂电池的基本结构

固态锂电池与液态锂电池比较，其优势如下。

（1）完全消除了电解液腐蚀和泄漏的安全隐患，热稳定性更高，不会发生燃爆问题。

（2）电池单体的电压可达 5 V 以上，能量密度也较高，可以匹配高电压电极材料。

（3）固态电解质是单离子导体，不存在副反应，电池使用寿命更长。

（4）电池由固体功能块拼装，不仅能够减轻质量而且能够降低生产成本。

也正是固态电解质的原因，固态锂电池在材料选择和加工方面都产生了新的要求。

（1）“固态电解质”要求能够在室温下具有高电导率和电化学稳定性。

（2）正负电极材料要求能够满足高能量密度要求，材料的热稳定性好。

（3）在固态电极和固态电解质的界面，要求有良好的电导率和相容性。

19.2.3　固态电解质

这里所说的是固态电解质，它要求能够离解锂盐，顺利传导锂离子，还要对正负极材料是相容的。目前比较成熟的有 3 类：一是聚合物固态电解质；二是氧化物固态电解质；三是硫化物固态电解质。

1. 聚合物固态电解质

聚合物固态电解质是由有机的聚合物基体和锂盐构成的，它具有质量较轻、黏弹性好、机械加工性能优良等特点。

常用的锂盐有：$LiClO_4$、$LiAsF_6$、$LiPF_6$、$LiBF_4$等。

常用的聚合物基体有：聚环氧乙烷（PEO）、聚丙烯腈（PAN）、聚偏氟乙烯（PVDF）、聚甲基丙烯酸甲酯（PMMA）、聚环氧丙烷（PPO）、聚偏氯乙烯（PVDC）等。

这些聚合物基体的优点是能够很好地解离锂盐，缺点是离子电导率较低，所以要做改性处理。最为简单有效的改性方法是掺杂 MgO、Al_2O_3、SiO_2等金属氧化物纳米颗粒，这样就可以增加锂离子传输通道，提高电导率。再用这种掺杂聚合物和锂盐一起做成多孔的“聚合物固态电解质”。

2. 氧化物固态电解质

按照分子结构，可以将氧化物固态电解质分为晶态和非晶态两类。

晶态氧化物电解质，例如 LISICON，有晶格结构，在室温下化学稳定性高，有利于全固态电池的规模化生产。

非晶态氧化物电解质，例如 LiPON，分子结构像玻璃一样，无晶格结构，室温离子导电率高，电压高，热稳定性较好，已经得到了商业化应用。

3. 硫化物固态电解质

一般采用“非晶态硫化物固态电解质”及“硫化物陶瓷固态电解质”。

对于非晶态硫化物固态电解质，例如 $Li_2S\text{-}P_2S_5$、$Li_2S\text{-}SiS_2$、$Li_2S\text{-}B_2S_3$，室温离子电导率高，同时具有热稳定性高、安全性能好、电化学稳定窗口宽（达 5 V 以上）的特点，在高功率以及高、低温固态电池方面优势突出，是极具潜力的固态电池电解质材料。

19. 2. 4 固态电解质的性能表现

固态电解质在室温条件下要求具有良好的离子电导率，目前所采用的简单有效的方法是元素替换和元素掺杂。

电解质是固态的，电极材料也是固态的，对于两者界面，要求材料相容，有效地传导离子，降低电池内部阻抗，目前采用的是增加“过渡层材料”。

3 类固态电解质在实际使用中的性能表现见表 19.2。

表 19.2 3 类固态电解质在实际使用中的性能表现

安全性	工艺成熟度	能量密度
氧化物	聚合物	硫化物
聚合物	氧化物	氧化物
硫化物	硫化物	聚合物

19.2.5 固态电池的电极材料

1. 正电极材料

固态电池正电极材料要求离子活性强，为了让正电极材料与电解质材料相容并有利于离子传导，一般采用复合电极，即在电极活性材料中掺入一些固态电解质和导电剂。

正电极活性材料应用较为普遍的有 $LiCoO_2$、$LiFePO_4$、$LiMn_2O_4$ 等氧化物。

正电极材料中，目前越来越多地使用三元锂材料，如 Li、Ni、Co、Mn 材料，Li、Ni、Co、Al 材料。三元锂正极材料电位高（5 V），导电率高，比容量高。

2. 负电极材料

负电极材料也是锂合金，其基本要求如下。

①活性低（电位低）。

②嵌入锂离子强（容量高）。

③充放电过程中体积变化小。

有很多锂合金材料可以使用，例如 Li 和 In、B、Al、Ga、Sn、Si、Ge、Pb、As、Bi、Sb、Cu、Ag、Zn 的合金，能够满足①和②的要求，但是不满足要求③，在循环过程中电极体积变化大，会粉化失效。为了克服这个缺点，多采用纳米合金的多孔结构的新型材料。

用石墨做负电极材料可行，就是比容量稍低。用石墨烯、碳纳米管做成的负电极材料出现在市场上，可以使电池容量扩大到之前的 2～3 倍。

总之，越来越多的新技术用到正负电极的设计方面。很多高性能的正负极材料正在不断地研发出来。

19.2.6 固态电池优缺点

固态电池具有安全性好、能量密度高、循环性能强等优点。缺点是界面阻抗较大，成本较高。

1. 优点

（1）安全性好。

液态电解质的电池易燃易爆，容易造成安全隐患。固态电解质可以抑制锂枝晶，不易燃，不易爆，无电解液走漏风险，不会在高温下发生副反应等，大电流下工作不会因出现锂枝晶而刺破隔膜导致短路，不会因产生气体而发生燃烧。

（2）能量密度高。

根据现有的技术限制和成本考虑，采用全固态电解质后，电池可以不必使用嵌锂的石墨负极，而是直接使用金属锂来做负极，这样可以大大减少负极材料的用量，使得整个电池的能量密度有明显提高。固态电池研发可提供的能量密度基本可达 300～400 (W·h)/kg。

（3）循环性能强。

固态电解质解决了液态电解质在充放电过程中形成的固体电解质界面膜的问题并抑制了锂枝晶现象，大大提升了锂电池的循环性和使用寿命，理想情况循环寿命能够达到 45 000 次。

2. 缺点

（1）界面阻抗较大。

固态电解质与电极材料之间是以固态状态存在联系的，因此电极与电解质之间的有效接触较弱，离子在固体物质中传输动力学低，也就会造成界面阻抗过大的问题。

（2）成本较高。

固态锂电池成本价很难降下来，所以很多电池厂家都退而求其次，先研发更便宜但能量密度也不差的半固态电池。

19. 2. 7 固态电池市场格局

各国政府近年陆续出台政策扶持新能源汽车行业，多个国家明确固态电池发展目标和产业技术规划：2020～2025 年着力提升电池能量密度并向固态电池转变，2030 年研发出商业化全固态电池。

中国方面，部分企业已进入固态锂离子电池（半固态电池）中试阶段，2025 年前或可实现量产，如宁德时代、辉能科技、深圳市格瑞普电池有限公司等。

日韩方面，目前全球范围内，日本企业的固态电池技术较为领先，许多日韩企业选择抱团研发。

欧美国家则谋求在固态电池领域翻盘，各大车企纷纷投资固态电池初创企业。

很明显，固态电池领域市场参与者众多，车企、电池企业、投资机构、科研机构等在资本、技术、人才 3 方面进行博弈。

多数机构预测，按照目前发展情况，2025 年固态电池将实现商业化量产。从演进角度，固态电池技术发展预计采用逐步颠覆策略，液态电解质含量逐步下降，全固态电池是最终形态。

19.3　钠离子电池

19.3.1　钠离子电池概述

钠离子电池是一种依靠钠离子在正负极间移动来完成充放电工作的二次电池，与已被广泛使用的锂离子电池的工作原理与结构相似。钠和锂属同一主族元素，在电池工作中均表现出相似的“摇椅式”电化学充放电行为。钠离子电池在充电过程中，钠离子从阴极脱出并嵌入阳极，同时电子通过外部电路，嵌入阳极的钠离子越多，充电容量越高；放电时，发生相反的过程，回到正极的钠离子越多，放电容量越高。

19.3.2　钠离子电池分类

钠离子电池可分为钠硫电池、钠盐电池、钠空气电池、水系钠离子电池、有机钠离子电池、固态钠离子电池等。已经在储能领域规模化应用的钠电池体系主要包括两种，即高温钠硫电池固体电解质体系和钠–金属氯化物电池体系。它们的负极活性物质均为金属钠，更准确地被称为钠电池。我们现在常说的钠离子电池主要是后 3 种。

钠硫电池主要以金属钠作为负极、非金属硫作为正极、β-$A1_2O_3$ 陶瓷管同时充当电解质和隔膜，是目前唯一同时具备大容量和高能量密度的储能电池。

钠电池的封装形态与制造工艺也与锂离子电池差异不大，均可分为圆柱形、软包和方形硬壳 3 种形态，经过极片制造和电池装配装备完成。

19.3.3　钠离子电池构成

1. 正极材料

正极材料主要为电池提供离子源，决定了电池的能量密度。目前正极材料主要有 3 种路线，分别是层状过渡金属氧化物、普鲁士类化合物和聚阴离子化合物，前两者在商业应用上的实践更为广泛，典型代表分别是中科海钠和宁德时代。

（1）层状过渡金属氧化物。

层状过渡金属氧化物 Na_xMO_2（M 为过渡金属元素，如 Mn、Ni、Cr、Fe、Ti 和 V 及其复合材料）比容量高且易于加工量产，可以分为单金属氧化物、二元金属氧化物、三元金属氧化物和多金属氧化物，在合成和电池制造方面与锂电池有相似之处。其中单层金属氧化物是参照锂电池 $LiCoO_2$ 研究，但是结构不稳定，而掺入多种元素的二元、三元或多金属氧化物可以具有较高的可逆容量及较好的循环寿命，在产业实践方面得到了较为广泛的应用，但同时也提升了成本。英国 Faradion 公司采用 Mn–Ni–Ti–Mg 四元层状氧化物正极材料，电池能量密度超过 160 (W·h)/kg，循环寿命在 3 000 次以上，未来有进一步提升的空间。中科海钠采用了 Cu–Fe–Mn 三元层状氧化物正极材料，电池能量密度达到 135 (W·h)/kg，具有较好的循环稳定性。

（2）鲁士类化合物。

鲁士类化合物是过渡金属六氰基铁酸盐 $Na_xMa[Mb(CN)_6]$（Ma 为 Fe、Mn 或 Ni 等元素，Mb 为 Fe 或 Mn），具有开放框架结构，有利于钠离子的快速迁移，氧化还原活性位点较多，具有较高的理论容量，且结构稳定性较强。但是另一方面晶体骨架中存在较多的空位和大量结晶水，会影响削弱材料的比容量和库伦效率，影响稳定性和循环性能。这些缺点需要通过技术研发来弥补，目前主要方式有采用纳米结构、表面包覆、金属元素掺杂、改进合成工艺、降低配位水和空位等。产业实践以宁德时代为代表，其开发的普鲁士白（$Na_xMn[Fe(CN)_6]$）材料可以较好地控制结合水形成，钠电样品的能量密度达到 160 (W·h)/kg。

（3）聚阴离子化合物。

聚阴离子化合物 $Na_xM_y[(XO_m)_n—]_z$（M 为可变价态的金属离子如 Fe、V 等，X 为 P、S 等元素）具有三维网络结构，结构稳定性很好，同时也具有工作电压高和循环性能好的优点，但是比容量较低且导电性偏低，目前主要采用碳材料包覆、氟化、掺杂、不同阴离子集团混搭、尺寸纳米化及形成多孔结构等方式改善。产业实践相较前两者少一些，典型代表主要是法国 Tiamat 和中国的鹏辉能源。

2. 负极材料

负极材料：优选碳基材料。

负极材料是钠离子电池充放电过程中离子和电子的载体，决定能量储存与释放，优选碳基材料。由于钠离子与锂离子的半径不同，钠离子无法在石墨中有效嵌入脱出，如果要应用石墨就必须要扩大石墨层间距，普通石墨材料很难实现。目前，可应用于钠离子电池的负极材料有无定形碳、金属化合物和合金类材料。由于合金类材料大多体积变化大，循环较差，而金属化合物容量较低，因此无定形碳是目前最为主流的负极材料，比容量可达 200～450 (mA·h)/g，分为硬碳和软碳，主要由随机分布的类石墨微晶构成，没有石墨长程有序和堆积有序的结构。软碳在高温下可以完全石墨化，导电性能优良；硬碳的优点在于储钠容量高、嵌钠电位低、比容量高、易合成，其在钠电的容量[200～450 (mA·h)/g]可与石墨在锂电中的容量[375(mA·h)/g]相媲美，且应用更为广泛。但目前硬碳也面临着如倍率性能弱、平台电位低而在高倍率下电池可能有风险的问题，同时成本较高（10 万～20 万元/t），仍需要进一步优化，降本增效。

3. 电解液与隔膜

电解液与隔膜：近似锂电。

电解液是传输离子的载体，由电解质、溶剂和添加剂构成。钠离子电池的电解质与锂离子电池极为相似，以钠盐替代锂盐，如高氯酸钠等，其成本低于锂盐。溶剂分为水系和非水系，大部分沿用锂电采用的酯类有机溶剂。添加剂方面几乎同锂离子电池相比没有区别。隔膜一方面用以隔开正、负极，一方面形成充放电回路使离子通过，钠离子电池与锂离子电池在隔膜方面技术相近，锂离子电池广泛应用的 PP/PE 隔膜可以复用，但钠离子电池更多采用玻纤隔膜，成本更低。

4. 集流体

钠电集流体采用铝箔，成本远低于锂电。集流体是用来连接粉末状活性物质，并将活性物质产生的电流汇集输出、将电极电流输入给活性物质。在石墨基锂电池中，因为锂会与铝反应产生合金，因此负极必须采用铜箔作为集流体。而在钠离子电池中，钠和铝不会反应产生合金，因此正负极集流体都可以采用铝箔，成本远低于锂电池。

19.3.4　钠离子电池性能及优势

钠离子电池的技术可行性可以从以下几方面考虑。

1. 制造成本低

钠离子电池在制造成本上具有显著优势。这主要得益于其正极材料成本更低，因为碳酸钠的价格远低于碳酸锂，同时钠离子电池通常使用铜、铁等大宗金属材料。此外，由于钠盐比锂盐便宜得多，并且钠离子电池可以不用钴、镍这些稀有贵金属，还能用比铜箔更便宜的铝箔做集流体，因此材料成本预计会比锂离子电池低 30%～40%。

2. 安全性好

钠离子电池在安全性方面表现出色。与锂离子电池相比，钠离子电池在过充、过放、短路、针刺和挤压等极端条件下不会起火或爆炸。这主要归因于钠离子产生枝晶的概率低，从而降低了自燃的风险。此外，钠离子电池的内阻较高，这意味着在短路情况下其瞬时发热量少，温升较低，热失控温度高于锂电池。因此，钠离子电池在−40 ℃到 80 ℃的温度范围内都能正常工作，尤其在−20 ℃的环境下，其容量保持率仍接近 90%，显示出其卓越的安全性。

3. 储量丰富

钠离子电池的一大优点是资源储量丰富。与锂资源在地壳中仅占 0.002%相比，钠在地球上的储量高达 2.74%，是锂的 400 多倍。这种丰富的储量不仅意味着价格相对较低，而且价格水平相对稳定。更为重要的是，钠在海洋中广泛分布，几乎取之不尽。这使得钠离子电池在原材料成本上具有明显优势，有助于降低电池整体成本。此外，钠离子电池不需要使用钴、镍等稀有贵金属，进一步减少了资源受限的担忧。

4. 充放电快

钠离子电池的一大显著优点是其快速的充放电能力。在常温条件下，仅需 15 min 就能将电量充至 80%，这一特性使其在需要快速充电的应用场景中具有明显优势。此外，这种电池在低温环境下的性能也相当优异，例如在−20 ℃的温度下，仍能保持 90%以上的放电率。这种快速的充放电速度和良好的低温性能，使得钠离子电池成为多种应用领域的理想选择。

5. 低温性能优异

钠离子电池在低温环境下表现出色。这主要得益于其电解液在低温时的黏度较低，与锂离子电池相比，其浓度要求也较低。因此，在−40 ℃到 80 ℃的温度范围内，钠离子电池都能正常工作。特别是在−20 ℃时，部分产品的容量保持率能达到 88%，这明显优于磷酸铁锂的 60%～70% 的容量保持率。在更低的温度如−30 ℃下，钠离子电池的电量仍能保持在 81%，而磷酸铁锂电池只有 60%。

6. 环保性好

钠离子电池在环保方面具有显著优势。其主要原材料是金属钠，提取过程相对环保，不会产生大量污染物。此外，与锂离子电池相比，钠离子电池不含稀有金属和有毒化学物质，而是使用常见的金属材料如铁、钒和钛。这些特点使得钠离子电池在环保性方面更为优越。

7. 使用寿命长

钠离子电池具有出色的使用寿命，特别是其长循环寿命。这种电池可以满充满放循环 4 500 次以上，其寿命可以达到 10～15 年。与锂离子电池相比，钠离子电池的能量密度较低，这意味着每次充放电后的容量损失较小。这种较小的容量损失赋予了钠离子电池更长的循环寿命。此外，钠离子电池不存在电池记忆效应，进一步增强了其耐用性。

8. 储能密度高

钠离子电池的储能密度高是其显著优点之一。这意味着单个电池可以存储更多的能量，从而在需要高能量密度的应用中具有明显优势。例如，在电动车辆和可再生能源存储系统中，高储能密度可以提供更长的续航里程和更高的能量转换效率。

9. 耐过放压性能好

钠离子电池的显著优点之一是其出色的耐过放压性能。这主要得益于其使用铝箔作为负极的设计，这一特点消除了过放电的问题。具体来说，这种电池可以放电至 0 V 而不会出现安全问题，为运输过程提供了更高的安全性。

10. 倍率性能好

钠离子电池在倍率性能方面表现出色。在相同浓度的电解液中，其离子电导率高于锂盐电解液，因此具有更好的快充性能。具体来说，宁德时代的钠离子电池能在 15 min 内充电至 80%，而中科海钠的电池则能在 12 min 内充电至 90%。这些充电速度明显高于锂离子电池在 30 min 内充电 80% 的速度。

11. 比能量高

钠离子电池的一个显著优点是其高比能量。这一优势主要源于钠离子的较大离子半径，这使得钠离子电池能够提供更高的电能存储密度。与锂离子电池相比，这一特性使得钠离子电池在能量存储方面具有更高的效能，为各种应用提供了更大的灵活性。

12. 高电压特性

钠离子电池的一个显著优点是其高电压特性。这一特性意味着在相同的电流下，钠离子电池可以提供更高的能量，从而延长设备的运行时间。高电压不仅提高了电池的能量密度，还减少了电池的尺寸和重量，这对于便携式电子设备尤为有利。此外，高电压也有助于提高电池的充电速度，进一步优化使用体验。

13. 库伦效率高

钠离子电池的一个显著优点是其高库伦效率。库伦效率是电池在充放电过程中实际存储或释放的电量与理论电量之比。高库伦效率意味着电池在充放电过程中能量损失较小，从而提高了电池的能量密度和使用寿命。这一特性使得钠离子电池在能量存储和转换方面具有优越性，特别是在需要频繁充放电的应用场景中。

14. 充放电性能好

钠离子电池在充放电性能方面具有显著优势。首先，其充放电速率较快，这意味着在相同的时间内，钠离子电池可以完成更多的充放电循环，从而提高能源利用效率。其次，钠离子电池的充放电效率较高，这意味着在充放电过程中，能量的损失较少，进一步提升了电池的实际使用时间。这些优点使得钠离子电池在需要快速充放电或高效率能源利用的场合具有广泛应用前景。

15. 可持续性好

钠离子电池在可持续性方面具有显著优势。首先，钠离子电池使用钠元素，这是一种在地球上储量丰富的元素，与锂相比，其开采和提炼过程对环境的影响较小。其次，钠离子电池的制造过程相对简单，这有助于减少能源消耗和碳排放。最后，钠离子电池的寿命更长，这意味着在长期使用中，它对环境的负担更小。总体来说，钠离子电池在可持续性方面具有明显的优势，是一种更环保的能源存储解决方案。

16. 温度容忍性好

钠离子电池在温度容忍性方面表现出色。这意味着，与其他类型的电池相比，钠离子电池可以在更广泛的温度范围内工作，而不会出现性能下降或安全问题。这种特性特别适用于需要适应不同环境温度的应用，如汽车、航空和军事设备。此外，良好的温度容忍性还意味着电池在极端温度条件下也能保持相对稳定的性能，从而延长其使用寿命。

17. 系统集成度高

钠离子电池在系统集成度方面具有显著优势。这意味着，与传统的锂离子电池相比，钠离子电池更容易与其他设备或系统整合。这种高度的集成性主要得益于其结构设计和材料选择。具体来说，钠离子电池的组件通常更紧凑，这减少了整体体积和重量。此外，其工作原理与许多现有设备兼容，从而简化了集成过程。这些因素共同使得钠离子电池成为需要高集成度应用（如可穿戴设备或智能能源系统）的理想选择。

18. 工作温区友善

钠离子电池在工作温区方面表现出色，具有友善的特点。这意味着该电池在各种温度条件下都能稳定、高效地工作，不受极端温度环境的影响。这种特性使得钠离子电池在多种应用场景中具有广泛的适用性，无论是高温环境还是低温环境，都能保持其性能和寿命。

19. 宽温度范围适应性

钠离子电池具有出色的宽温度范围适应性。这意味着，无论是在高温环境还是低温环境下，钠离子电池都能保持相对稳定的性能。这种特性主要得益于其独特的化学结构和材料组成。在高温下，电池内部的化学反应能够正常进行，不会因为过热而发生危险。而在低温下，电池的放电能力也相对稳定，不会因为低温而大幅度降低。因此，无论是在炎热的夏季还是寒冷的冬季，钠离子电池都能为用户提供可靠、高效的电力支持。

20. 功率密度高

钠离子电池的一个显著优点是其高功率密度。这意味着在相同的体积或重量下，钠离子电池可以提供更多的能量。高功率密度主要得益于其快速的充放电速率和高效的能量转换。这种特性使得钠离子电池在需要快速能量输出的应用中，如电动汽车、无人机和可再生能源存储中，具有显著的优势。

19.3.5 钠离子电池当前问题及技术展望

1. 钠离子电池当前问题

钠离子电池当前问题主要有：材料欠佳、成本偏高、标准未定。

（1）材料研究有待深入。

目前学术界对于硬碳的储钠机理尚存诸多争议，并未完全阐明。为改善现有硬碳负极首周库仑效率较低等缺陷，必须深入理解其储钠的动力学机制，为技术研发提供最根本的理论指导。现有钠离子电池的材料性能尚有较大的改良空间。总体而言，现阶段的钠离子电池的能量密度与理论值存在较大差距，而且其循环性能也需要进一步提升。一方面，需要对活性材料进行不断改进。另一方面，也需要考虑其整体系统的设计和集成管理。对钠离子电池的实际运行安全性需要审慎评估。当前，对钠离子电池的安全测试实验是在电芯层面，结果显示虽安全性较高，但实际运行后的安全性则亟待观察，不宜盲目乐观。尤其是普鲁士蓝正极，其在热失控情况下会释放出氢氰酸、氰气等剧毒气体。

（2）成本优势有待实现。

钠离子电池成本的降低依赖于持续技术迭代对可变成本的削减，以及规模化量产对固定成本的摊薄。理论上，钠离子电池的确具有很大的材料成本优势，但目前产品的实际总成本在 1 元/（W·h）以上，还高于磷酸铁锂，这主要是由于现阶段的技术成熟度不够而且尚未出现规模效应。一方面，电极材料的种类、制造工艺等都未标准化，而前驱体也缺乏稳定可靠的供应链，这导致电极材料的良率、一致性偏低，实际成本较高，这只能通过持续的技术探索改进。另一方面，生产设备的价格较高且折旧损耗较大，约占制造成本的 20%～30%，这只能通过规模化量产进行摊薄。

（3）技术标准有待制定。

钠离子电池行业需要建立科学的统一标准，以规范企业的生产活动，促进产业健康有序发展。现阶段，从事钠离子电池研发生产的厂商的技术路线各不相同，孰优孰劣存在较大争议。目前，厂商主要是参照锂离子电池，结合钠离子电池特性和产业发展情况，制定适合各自企业的标准或产品规范，并以此指导产品设计及制造工艺、确保产品的合格率，这导致了不同企业之间的产品性能和技术水平参差不齐。行业技术标准的统一制定，能起到较好的行业引领作用，是实现规模效应的必要保障。尤其是安全标准，更是约束产品质量的重要依据，也是规范市场秩序和促进产业健康可持续发展的重要手段。

2. 钠离子电池技术展望

钠离子电池技术展望主要包括：增强安全性、提高比能量等。

（1）水系钠离子电池：安全高性能水系钠离子电池。

以水溶液电解质替换有机电解质，能从根本上提高钠离子电池的安全性。当前的钠离子电池延续了锂离子电池的有机电解液体系，因此无法从根本上规避爆燃风险，若将其替换为水溶液，不仅能大大提高安全性，还能简化生产工艺，同时降低生产过程中的环境污染。目前研究人员已经提出了大量的水系钠离子电池体系方案，其中普鲁士蓝体系的循环性能最佳，已经开始产业化尝试。长期来看，水系钠离子电池非常有发展前景，尤其适用于储能领域。

（2）固态钠离子电池：高能量密度钠离子电池。

以固态电解质材料替换液态有机电解质，能够制造出固态钠离子电池。由于避免了易燃易爆的有机溶剂，电池的安全性得到了实质性提升，并且大大拓宽了电化学窗口，使得高电势正极材料和金属钠负极的使用成为可能，继而大幅提升全电池能量密度。此外，由于正负极之间有刚性的固态电解质阻隔，因而不再需要单独设置隔膜，再配合双极性电极工艺，电池的系统能量密度还能进一步提升。此类材料目前面临室温电导率较低、界面阻抗较大等难题，其产业化尚需时日。

（3）多客体共嵌负极：石墨作为普适性负极。

石墨负极在“多客体共嵌反应”中同样可以实现络合钠离子的有效嵌脱。由于钠离子-石墨嵌入反应的 $\Delta G>0$，因此钠离子在碳酸酯类溶剂中难以对石墨层间进行有效嵌脱，故而难以使用石墨负极。事实上，在醚类溶剂中，钠离子与醚氧原子形成配位键，能以配位离子的形式共同嵌入石墨层间。这种“多客体共嵌反应”具有重要的启发意义。一方面，这意味着石墨负极也可能作为钠离子电池负极，从而与锂离子电池共用材料产线，有利于规模化降低成本。另一方面，这为设计新一代多电荷离子电池提供了可能性。但是，醚类电解液的稳定性偏弱，易与正极发生反应，有待进一步深入研究。

近年来，钠离子电池基础研究数量快速增长，实验室钠离子电池性能实现跨越式提升，能量密度超过 200 W·h/kg，已超越磷酸铁锂电池理论能量密度。长期来看，商业化钠离子电池能量密度有望超越磷酸铁锂电池。但需要注意的是，从技术端向产业端的传导仍需要较长时间的磨合。从目前产业端公布的数据来看，钠离子电池能量密度比磷酸铁锂电池低约 20%，相较于大部分磷酸铁锂电池 6 000 次以上的循环性能，钠离子电池循环性能约为 4 500 次。真正实现钠离子电池产业化可能仍需 2～3 年时间。层状金属氧化物正极路线由于发展最为成熟，可能将走在产业化前列。

19.4 水系电池

19.4.1 水系电池概述

水系电池是指以水为电解液溶剂的蓄能电池。在新能源成为趋势的今天，电池已广泛应用于新能源汽车、消费类电子设备以及各式储能电源系统中。电池的封装形式有所不同但基本组成一致，主要包括正极材料、负极材料、电解液以及隔膜 4 个部分。

19.4.2 水系电池电极材料开发

分子工程设计合成针对水系锌离子电池的开放式硫化钼（MoS_2）平面具有高理论容量[5 851 (mA·h)/cm^3、820 (mA·h)/g]、低氧化还原电位（−0.763 V）的锌负极与水系电解液具有良好的兼容性。同时，锌具有无毒、造价低的优点，这使得锌离子电池在各类水系电池中脱颖而出。然而，锌离子电池存在迁移动力学差和严重的电极结构退化等问题。因此，开发出高效、快速和稳定的正极电极材料是水系锌离子电池的研究重点。

MoS_2 基正极材料具有层状结构，为锌离子提供了快速的二维扩散通道。研究表明，MoS_2 中的 Zn^{2+} 扩散依赖于沿 *ab* 平面的二维扩散路径，而沿 *c* 轴方向的离子迁移路径无法得到充分利用，这成为开发 MoS_2 正极材料的一大阻碍。

刘永昌等人使用原位分子工程策略在 MoS_2 中制造结构缺陷并进行 O 原子掺杂，获得的 D—MoS_2—O 材料具有高效的三维 Zn^{2+} 扩散通道，极大地激发了 MoS_2 层状材料的储锌能力。

D—MoS_2—O 材料的合成过程及形貌结构如图 19.10 所示。

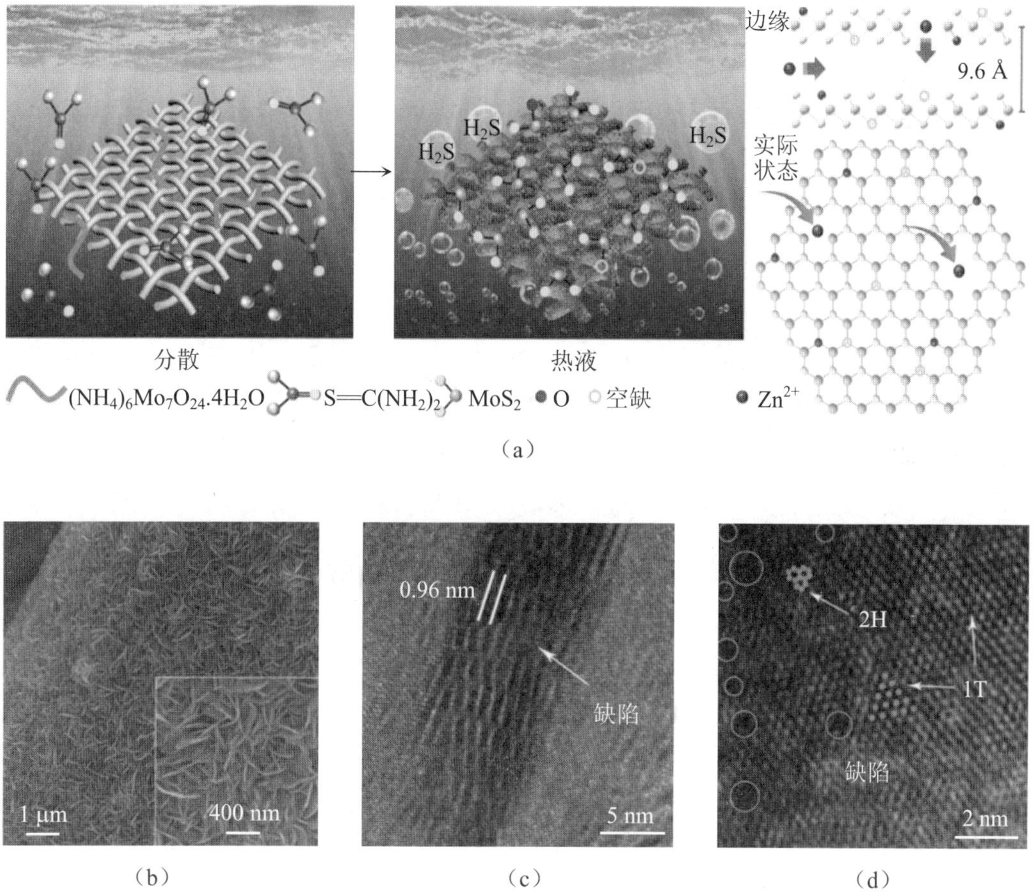

图 19.10　D—MoS_2—O 材料的合成过程及形貌结构

基于 MoS_2 的电极材料的储锌行为主要依赖于层材料的边缘位点。因此，材料的层间距、疏水性和电导率直接决定了材料内的 Zn^{2+}扩散动力学特性，并直接影响了 MoS_2 的储锌性能。研究表明，经过改造的 D—MoS_2—O 层间距增加（由 6.2 增加至 9.6），解锁了惰性基面，DFT 计算证明了结构缺陷和 O 掺杂显著降低了 Zn^{2+}的扩散能垒。同时还赋予了 D—MoS_2—O 材料允许 Zn^{2+}同时沿 *ab* 平面和 *c* 轴进行传输的特殊性质，这种三维 Zn^{2+}扩散通道降低了锌离子在电极材料中穿梭时的能垒，使电极材料的动力学性能得到改善。同时，改造后的 D—MoS_2—O 材料有效改善了材料的亲水性和导电性，有利于水系电解液的充分渗透与促进电荷的快速转移。

综合上述特点，D—MoS_2—O 正极实现了良好的储锌性能，经过 1 000 圈循环后容量保持率达 90.5%，在 10 A/g 的电流下能够提供 102.4 (mA·h)/g 的比容量。基于此正极材料的全固态柔性电池同样也展示出了其稳定的放电能力。这一工作为改造传统的二维层状材料，扩展用于高性能的水系锌离子电池的材料提供了有效的改造思路。

D—MoS_2—O 电极在 AZIBs 中的电化学性能如图 19.11 所示。

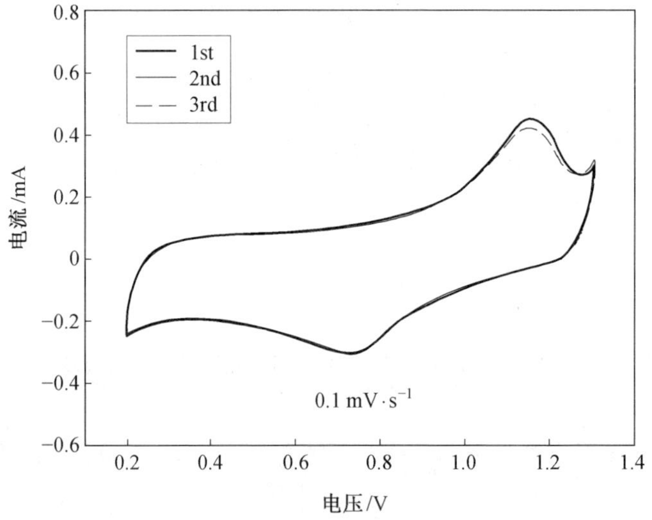

（a）

图 19.11　D—MoS_2—O 电极在 AZIBs 中的电化学性能

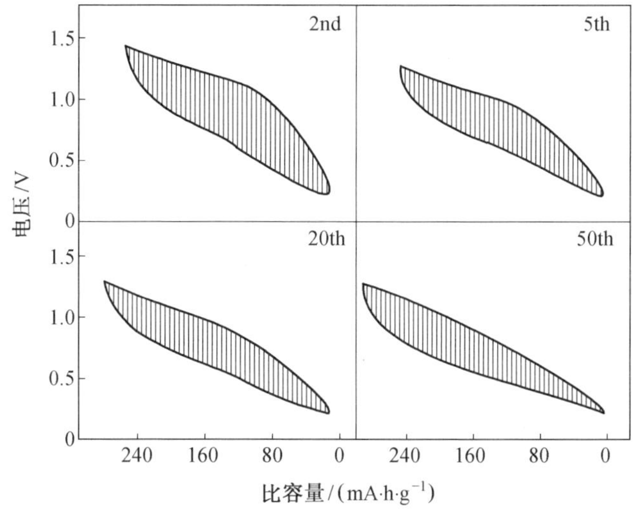
2nd
5th
20th
50th
电压/V
1.5
1.0
0.5
0
240
160
80
比容量/(mA·h·g⁻¹)

（b）

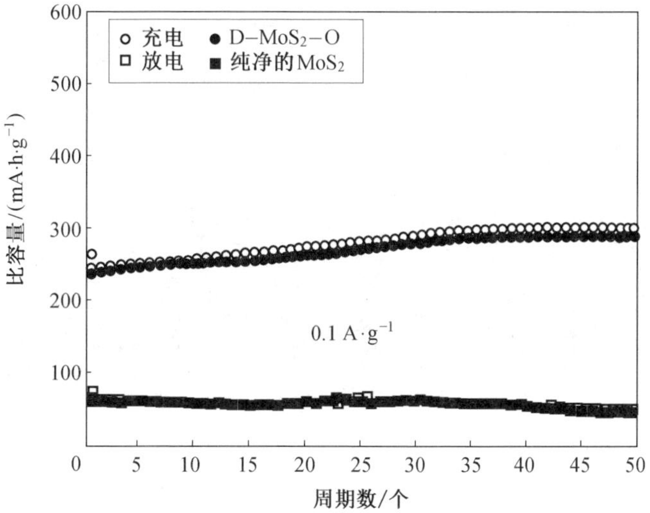
充电
放电
D−MoS₂−O
纯净的MoS₂
0.1 A·g⁻¹
比容量/(mA·h·g⁻¹)
周期数/个
600
500
400
300
200
100
0
5
10
15
20
25
30
35
40
45
50

（c）

图 19.11（续）

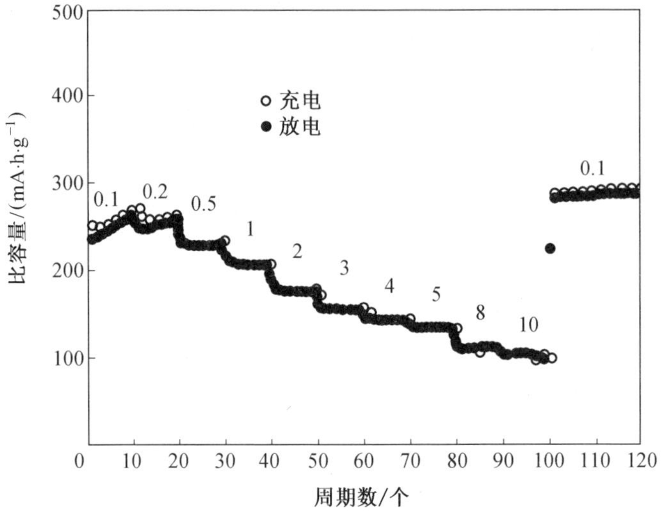
充电
放电
0.1
0.2
0.5
1
2
3
4
5
8
10
0.1
比容量/(mA·h·g⁻¹)
周期数/个

(d)

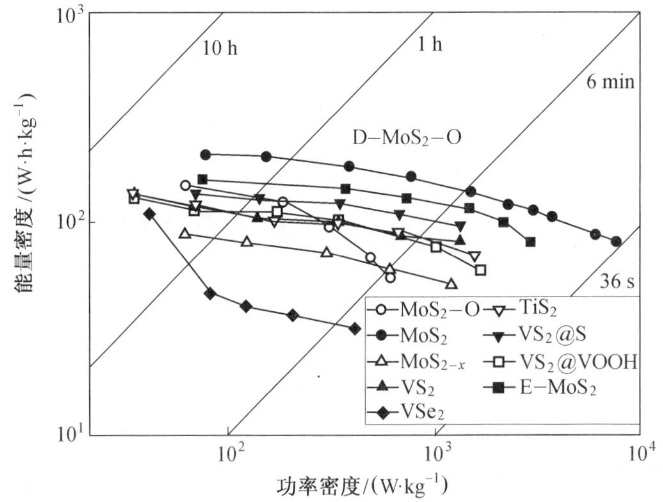
10 h
1 h
6 min
36 s
D−MoS2−O
MoS2−O
TiS2
MoS2
VS2@S
MoS2−x
VS2@VOOH
VS2
E−MoS2
VSe2
能量密度/(W·h·kg⁻¹)
功率密度/(W·kg⁻¹)

(e)

图 19.11(续)

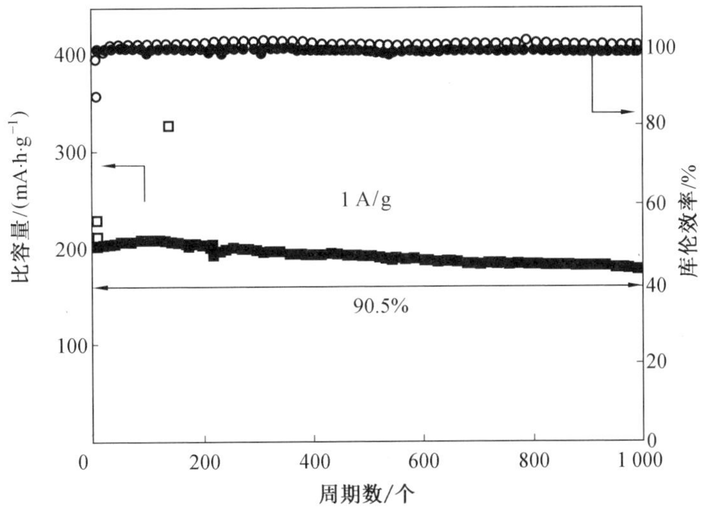

（f）

图 19.11（续）

先进能源材料预嵌入碱离子的层状 MnO_2 纳米片用于锌离子存储。

开发高性能的锌离子电池的重点集中在实现锌金属的无枝晶化生长和寻找适配的正极材料。在众多正极材料中，MnO_2 的理论容量达到了 308 (mA·h)/g，是一种具有高能量密度潜力的材料。在 MnO_2 的众多晶相中，水钠锰矿型的 δ-MnO_2 层间距达 0.7 nm，适用于快速的锌离子嵌入/脱出过程，但在长循环和大电流下容易引发严重的结构变形和相变，因此影响电池的循环稳定性和倍率性能。

将碱离子（Na^+、K^+）和水预嵌入层状δ-MnO_2 材料中。结果证明，利用快速熔盐法制备的材料为具有超薄纳米片形貌的 $K_{0.27}MnO_2·0.54H_2O$ 和 $Na_{0.55}Mn_2O_4·1.5H_2O$ 晶体。其中，嵌入处理后的 MnO_2 晶面距离增大，预嵌入的碱金属离子和水晶体通过支柱作用稳定了层状结构，这确保了 KMO 结构中的锌离子可以快速扩散。

利用原位 XRD 和电化学石英晶体微天平等先进技术剖析了 KMO 在水系锌离子电池中的电荷存储机制，提出电极表面的电荷存储过程主要由 H_3O^+的插入/脱出过程和 KMO 电极表面的 $Zn_4(OH)_6(SO_4)·5H_2O$ 固态产物的进一步溶解/沉积过程决定。

$K_{0.27}MnO_2·0.54H_2O$ 电极在水系锌离子电池中的原位 XRD 测试结果如图 19.12 所示。

经过熔融盐合成的 $K_{0.27}MnO_2$ 纳米片在水系锌离子电池中，在 C/3 下可以实现 280 (mA·h)/g 的容量，在 10 ℃下经过 1 000 圈循环后容量保持率可达 90%。这一结果证明了熔盐法能够成功用于制备高性能纳米材料。作者利用 EQCM、原位 XRD 和热分析技术证明，KMO 电极表面的 ZHS 的溶解-沉积机理是质子插入 KMO 结构中后引起局域 pH 增加的结果。这一研究成果同时展示了在电化学能量储存领域中，应用 EQCM 技术研究复杂的电荷储存机理的有效性。

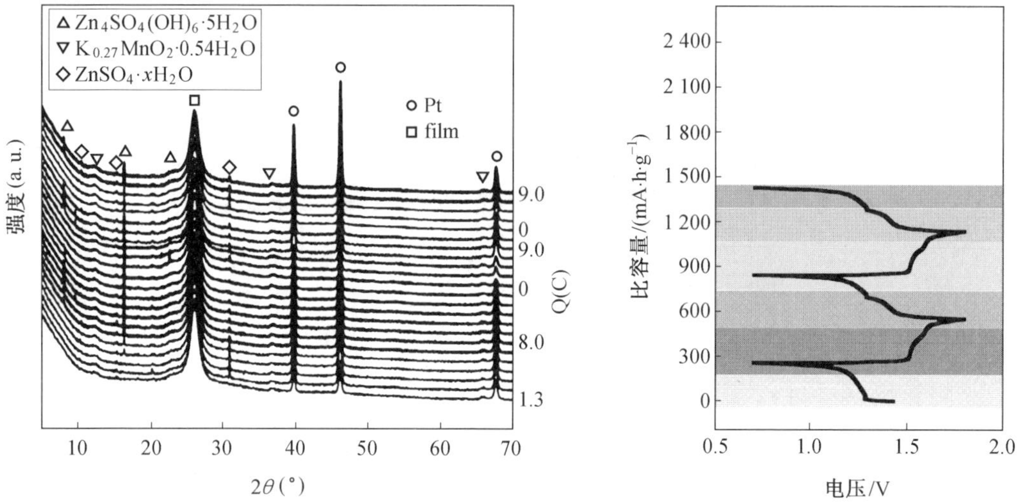

图 19.12　$K_{0.27}MnO_2·0.54H_2O$ 电极在水系锌离子电池中的原位 XRD 测试

$K_{0.27}MnO_2·0.54H_2O$ 电极在水系锌离子电池中的 EQCM 测试结果如图 19.13 所示。

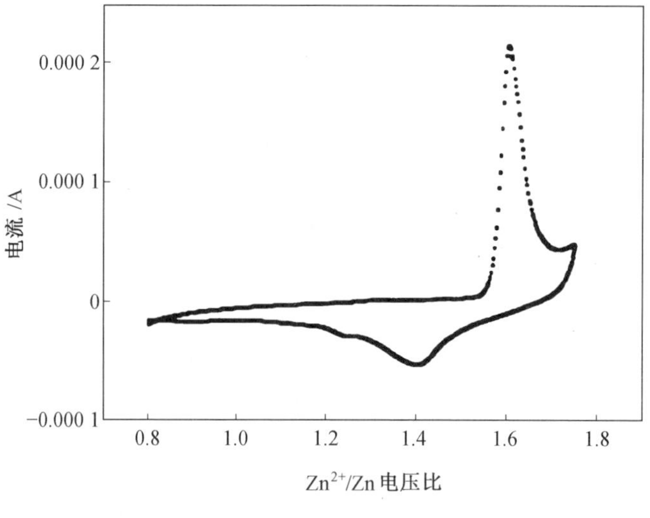

（a）

图 19.13　$K_{0.27}MnO_2·0.54H_2O$ 电极在水系锌离子电池中的 EQCM 测试结果

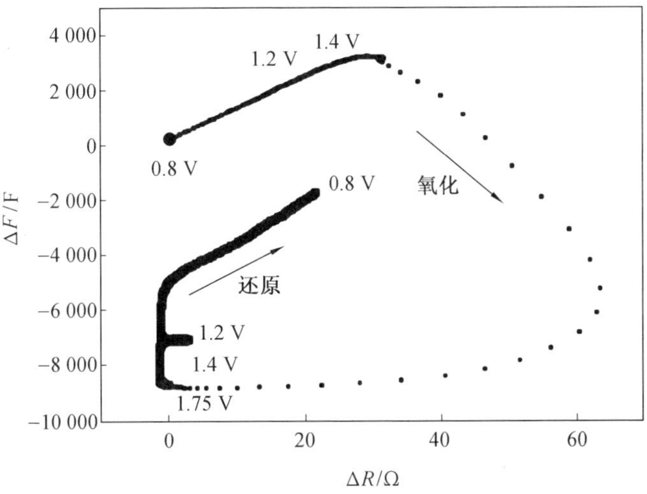
4 000
2 000
0
−2 000
−4 000
−6 000
−8 000
−10 000
ΔF/F
0
20
40
60
ΔR/Ω
1.4 V
1.2 V
0.8 V
0.8 V
氧化
还原
1.2 V
1.4 V
1.75 V

（b）

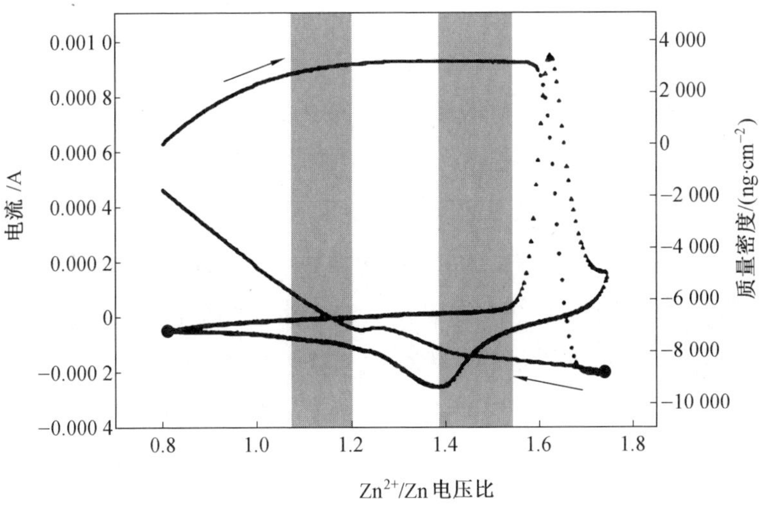
0.001 0
0.000 8
0.000 6
0.000 4
0.000 2
0
−0.000 2
−0.000 4
电流 /A
4 000
2 000
0
−2 000
−4 000
−6 000
−8 000
−10 000
质量密度/(ng·cm⁻²)
0.8
1.0
1.2
1.4
1.6
1.8
Zn²⁺/Zn 电压比

（c）

图 19.13（续）

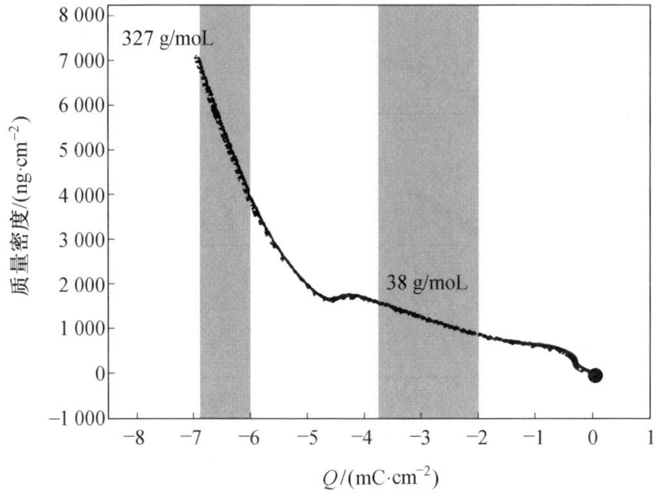

（d）

图 19.13（续）

19. 4. 3 电解液的开发

构建亲锌-疏锌界面层和间断氢键电解质实现高可逆水系锌离子电池。与所有的金属负极一样，锌金属在充放电循环中同样存在枝晶生长问题，同时，锌金属与水系电解液之间存在的副反应使得电池的库伦效率低、电池循环寿命短。水系电解液的高凝固温度特性也限制了锌电池在低温环境中的应用。为了突破上述限制，改善电池的库伦效率，开发高性能水系锌电池的一个研究重点着眼于设计可抑制锌金属枝晶生长的 SEI 膜。

基于此，马里兰大学的王春生团队设计了一种用于水系锌电池的电解液，使用 0.05 M 的 $SnCl_2$ 添加剂加入 7.6 M 的 $ZnCl_2$ 电解液中。这种共溶电解液能够在低温环境下操作，更重要的是可以在电极表面形成亲锌-疏锌的 $Sn/Zn_5(OH)_8Cl_2 \cdot H_2O$ 双层界面。底层的 Sn 具有亲锌特质，能够降低 Zn 的沉积/溶解过电势并且促进 Zn 金属的均匀沉积。同时这一亲锌层能够牢固地锚定沉积的 Zn，抑制 H_2 的析出，同时促进顶层疏锌的 $Zn_5(OH)_8Cl_2 \cdot H_2O$ 层的形成。顶层疏锌层具有较为平整的形态，能够促进 Zn^{2+}的扩散并且抑制锌枝晶的生长。

电解质-电极-双层界面结构示意图如图 19.14 所示。

得益于这种双层界面的设计，即使在较高的电流密度下，经过长期的锌沉积/脱出循环，锌金属负极的结构依旧能够保持稳定。使用这种共溶电解液的 Zn||Ti 半电池在 200 圈循环内的库伦效率始终大于 99.7%。此外，Zn||Zn 电池能够在 3 mA/cm^2 的电流下以小于 8 mV 的低过电势持续循环 500 h，证明了这种水系电解液的电性能优越性。

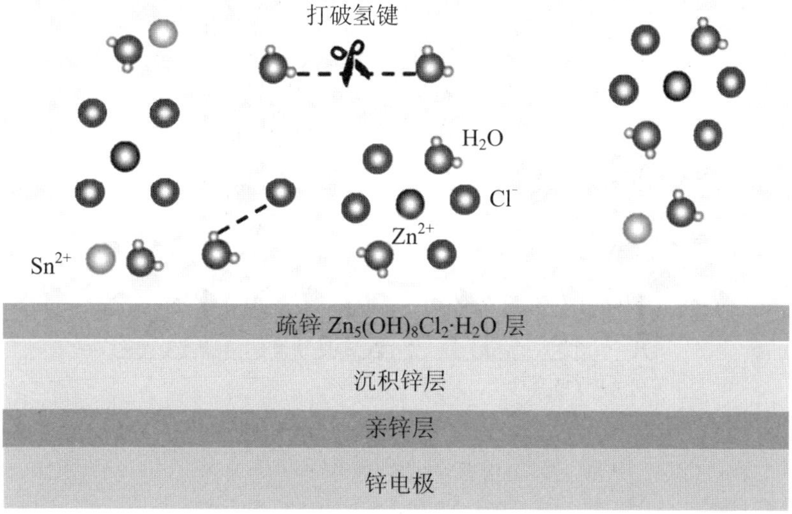

图 19.14　电解质-电极-双层界面结构示意图

此外，在电解液中，溶剂化的 Zn^{2+}和 Cl^-之间存在氢键网络，有效地降低了电解液的凝固点，同时增加了水性电解液的低温电导率。Zn||$VOPO_4$ 电池在−50 ℃下能够以大于 99.9% 的库伦效率循环 200 圈，容量保持率达 95% 以上。在−70 ℃的温度下，氢键网络发生扭曲但依旧能够提供高的离子电导率（约 0.8 ms/cm），储锌容量达到 20 ℃时的 30%。

锌金属负极的电化学表征结果如图 19.15 所示。

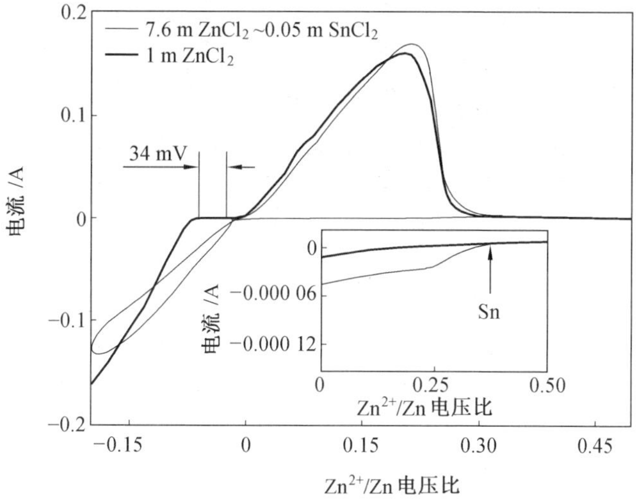

（a）

图 19.15　锌金属负极的电化学表征结果

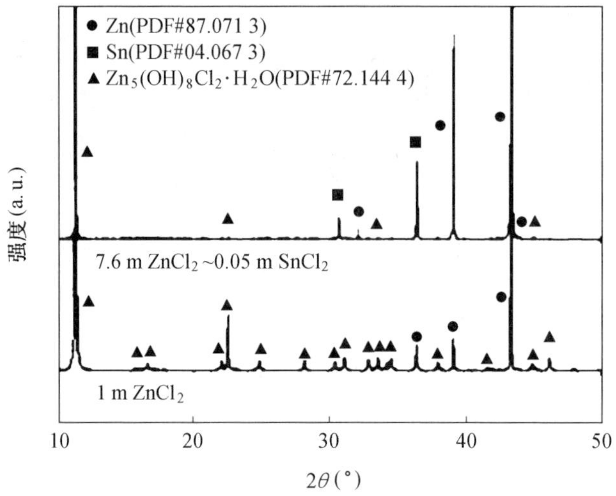
● Zn(PDF#87.071 3)
■ Sn(PDF#04.067 3)
▲ Zn5(OH)8Cl2·H2O(PDF#72.144 4)
强度 (a. u.)
7.6 m ZnCl2 ~0.05 m SnCl2
1 m ZnCl2
10
20
30
40
50
2θ(°)

（b）

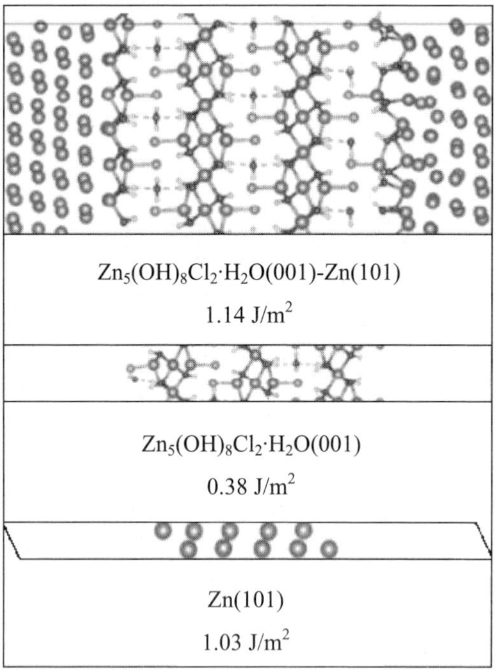
Zn5(OH)8Cl2·H2O(001)-Zn(101)
1.14 J/m2
Zn5(OH)8Cl2·H2O(001)
0.38 J/m2
Zn(101)
1.03 J/m2

（c）

图 19.15（续）

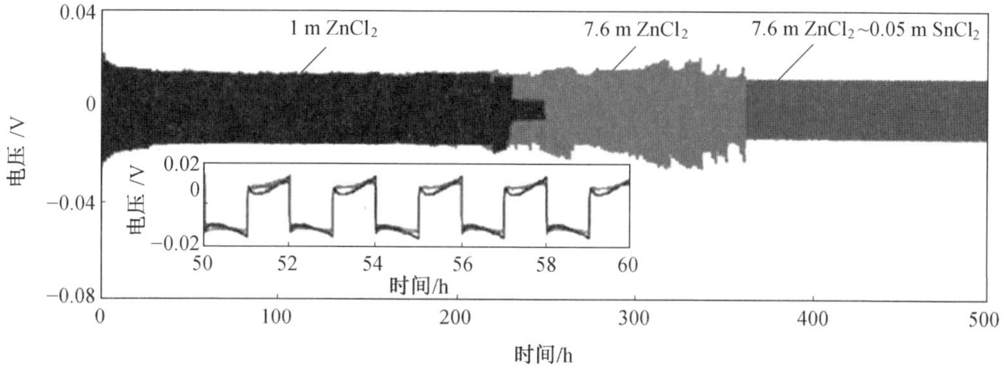

（d）

图 19.15（续）

19. 4. 4　开发新型电池体系

锌/硒转化电池：一种高度适配于有机和水系电解液的锌离子电池，在水性电解质中的电化学性能良好，但碍于水性电解液的性质，其工作电压不尽如人意。同时，由于锌金属负极的枝晶和金属腐蚀问题，水性锌离子体系的电化学性能表现不佳。因此发展出了“盐包水”和熔融水合物电解质，但二者的造价过高，难以得到广泛应用。

基于此，香港城市大学支春义教授团队在能源顶刊 EES 中发表了他们的最新研究成果，展示了一种同时适用于有机和水性电解质的转化型 Zn-Se 电池。受反应中间产物的溶解性限制，插层型正极在有机电解液中的电化学性能表现与在水系电解液中相比具有天然的劣势。具有转化型反应机理的硒正极因此被引入锌离子电池体系中，Se 和 ZnSe 之间的转化反应具有高度可逆性，因此硒正极能够提供平稳的充放电平台，并且表现出了可与离子插层型正极匹敌的倍率性能。组装的 Zn-Se 体系在有机和水系电解液中均具有优异的性能：在有机系统和水性系统中分别可以提供 551 (mA·h)/g_{Se} 和 611 (mA·h)/g_{Se} 的比容量。

此外，Zn-Se 体系在两种电解液体系中均具有非常低的电压平台斜率。上述优越的性质使得 Zn-Se 体系具有超高的能量密度，有机系统中最高可达 581 (W·h)/kg_{Se}［290 (W·h)/$kg_{Se/CMK\text{-}31}$］，水性系统中最高可达 751 (W·h)/kg_{Se}［375 (W·h)/$kg_{Se/CMK\text{-}31}$］。

本书分别应用了非原位的 XRD、XPS、Raman 和 TEM 等表征手段，对 Zn-Se 系统在有机系和水系电解液中的充放电物质转化情况进行了分析。结果观测到了放电过程中 Se 到 ZnSe 的转变，对应于单一的放电平台，证明该放电平台中包含两步转化反应。充电过程中由 ZnSe 相逐步转变为 Se 的过程由两步组成，ZnSe 的一部分首先转化为链状的 Se_n，随后与剩余的另一部分 ZnSe 一起完全转化为链状 Se_8。

比较了在两种电解液中 Zn-Se 电池的电化学性能，得知在水系电解液中的 Zn-Se 电池拥有更高的放电平台电压、更低的充电平台电压和更平稳的放电平台极化电压，这是由于水系电解液能够提供更高的离子电导率。而基于 EMC 的有机电解液体系的放电平台容量贡献更高，这表明 Se 到 ZnSe 的转化反应在有机体系中更加平稳。

总体来看，Zn-Se 电池在水系电解液中的储能表现优于有机系电解液，这是由于多硒化物在水系电解液中难以溶解和扩散。该研究开发了一种新的锌电池化学体系，该体系与有机和水系电解质高度兼容，为实现具有更高能量密度和适配于各种电解质的锌电池开辟了新的思路。

有机系电解液中 Zn-Se 电池的电化学性能如图 19.16 所示。Zn-Se 系统的转化机制解读如图 19.17 所示。

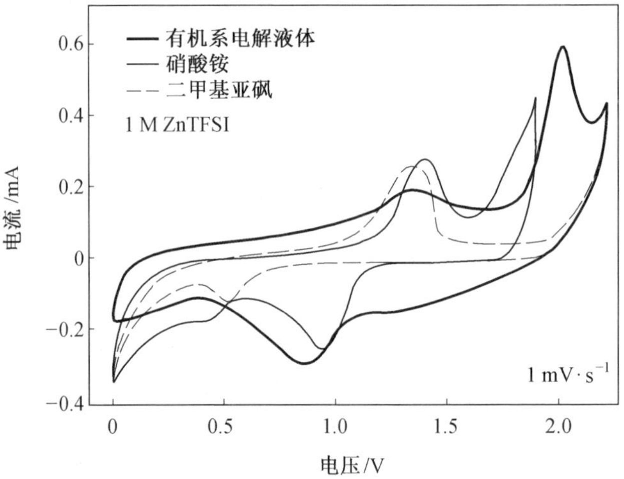

（a）

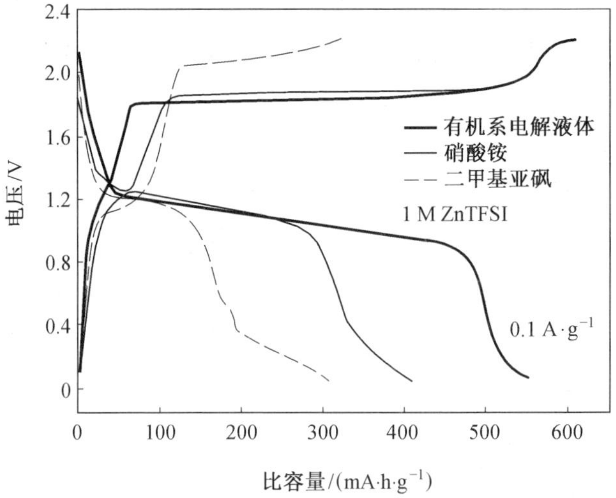

（b）

图 19.16　有机系电解液中 Zn-Se 电池的电化学性能

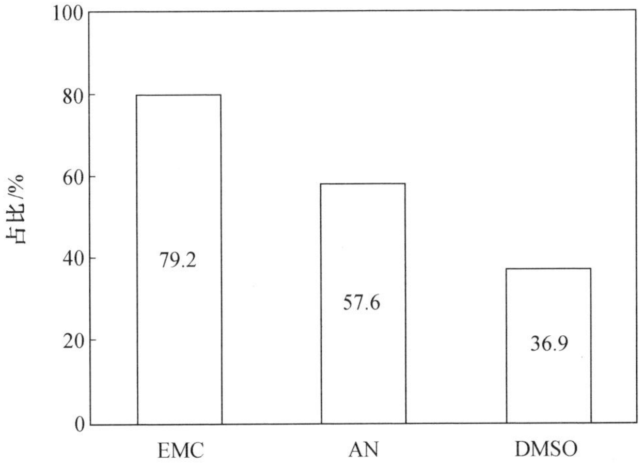
100
80
60
40
20
0
占比/%
79.2
57.6
36.9
EMC
AN
DMSO

（c）

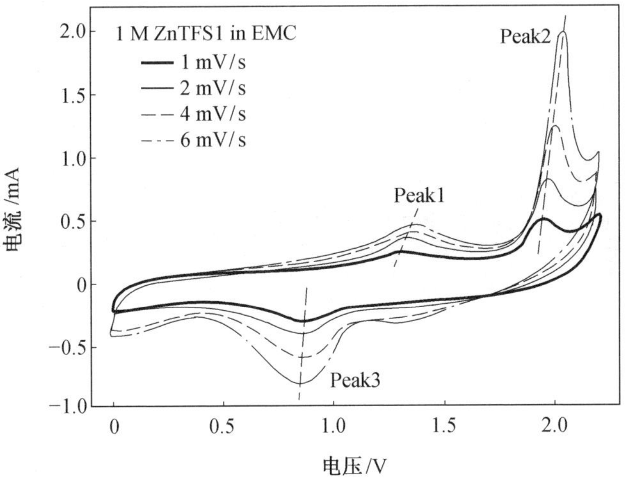
1 M ZnTFS1 in EMC
1 mV/s
2 mV/s
4 mV/s
6 mV/s
Peak1
Peak2
Peak3
电流 /mA
2.0
1.5
1.0
0.5
0
−0.5
−1.0
0
0.5
1.0
1.5
2.0
电压/V

（d）

图 19.16（续）

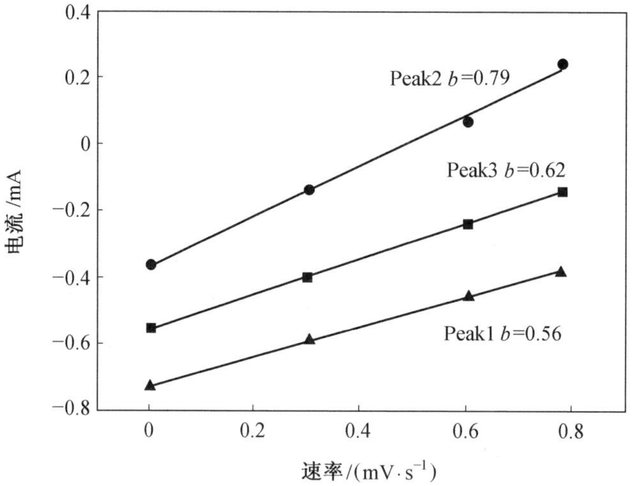

0.4
0.2
0
−0.2
−0.4
−0.6
−0.8
电流 /mA
Peak2 b=0.79
Peak3 b=0.62
Peak1 b=0.56
0
0.2
0.4
0.6
0.8
速率/(mV·s−1)

（e）

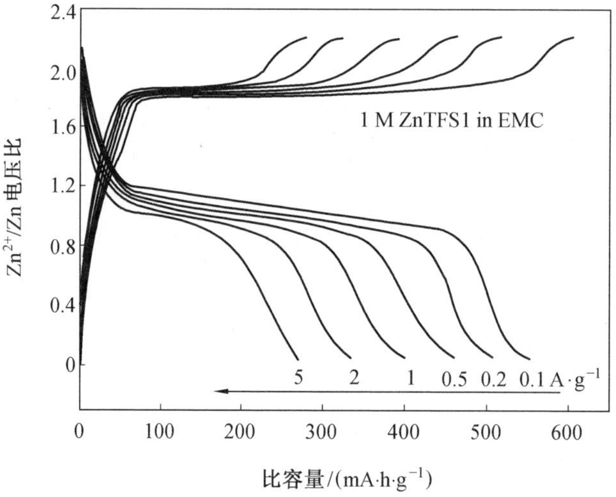

2.4
2.0
1.6
1.2
0.8
0.4
0
Zn2+/Zn 电压比
1 M ZnTFS1 in EMC
5 2 1 0.5 0.2 0.1 A·g−1
0
100
200
300
400
500
600
比容量/(mA·h·g−1)

（f）

图 19.16（续）

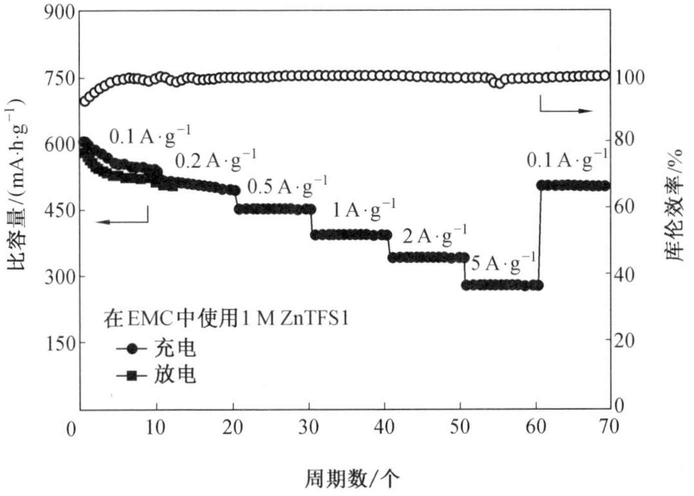
比容量/(mA·h·g^{-1})
库伦效率/%
0.1 A·g^{-1}
0.2 A·g^{-1}
0.5 A·g^{-1}
1 A·g^{-1}
2 A·g^{-1}
5 A·g^{-1}
0.1 A·g^{-1}
在EMC中使用1 M ZnTFS1
充电
放电
周期数/个

（g）

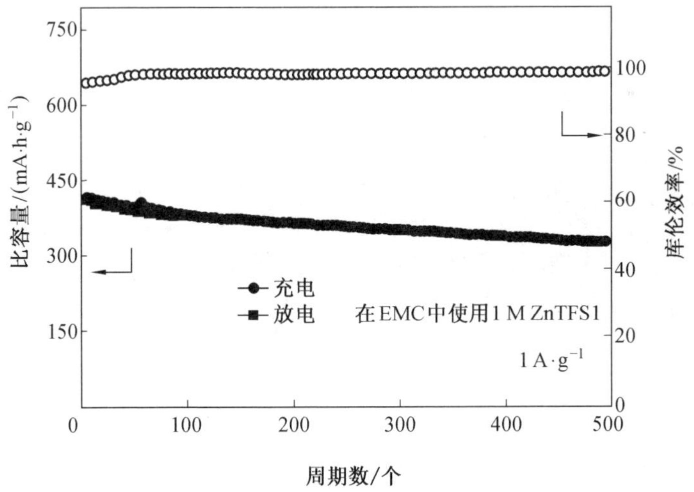
比容量/(mA·h·g^{-1})
库伦效率/%
充电
放电
在EMC中使用1 M ZnTFS1
1 A·g^{-1}
周期数/个

（h）

图 19.16（续）

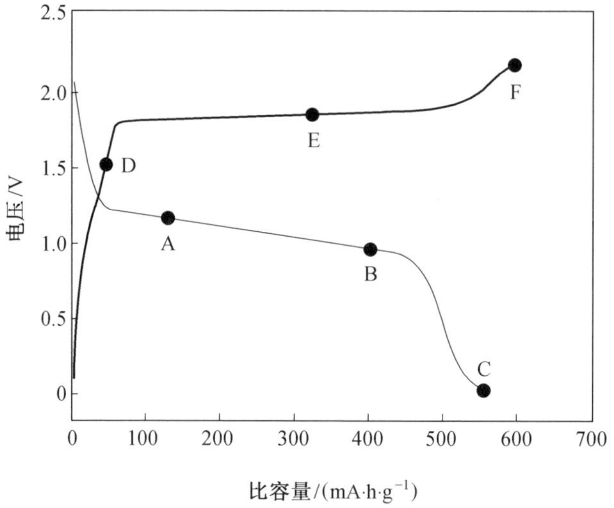

（a）

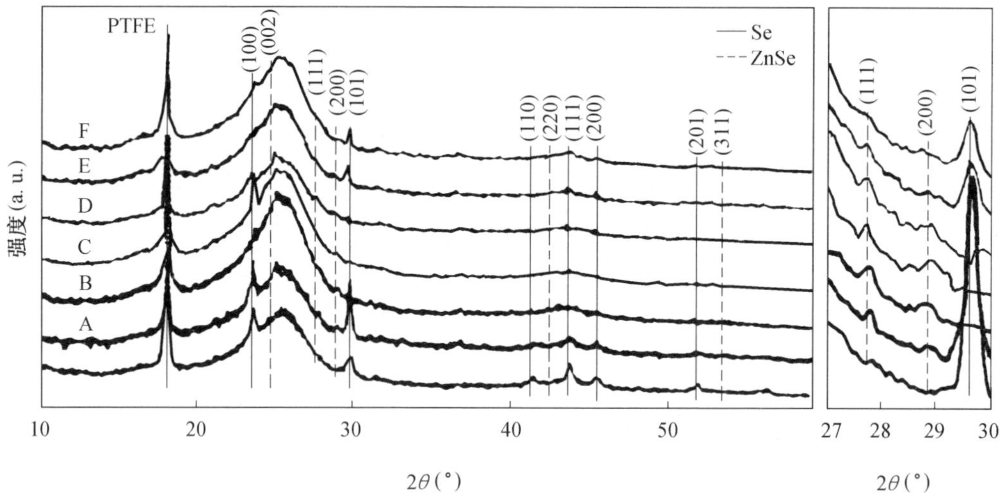

（b）

图 19.17　Zn-Se 系统的转化机制解读

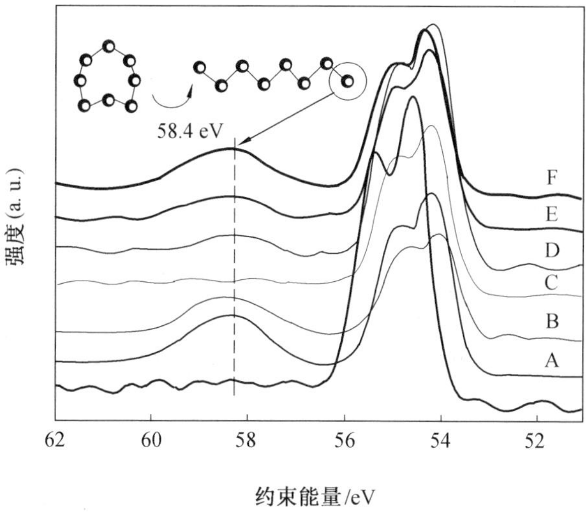
58.4 eV
F
E
D
C
B
A
强度(a. u.)
62
60
58
56
54
52
约束能量/eV

（c）

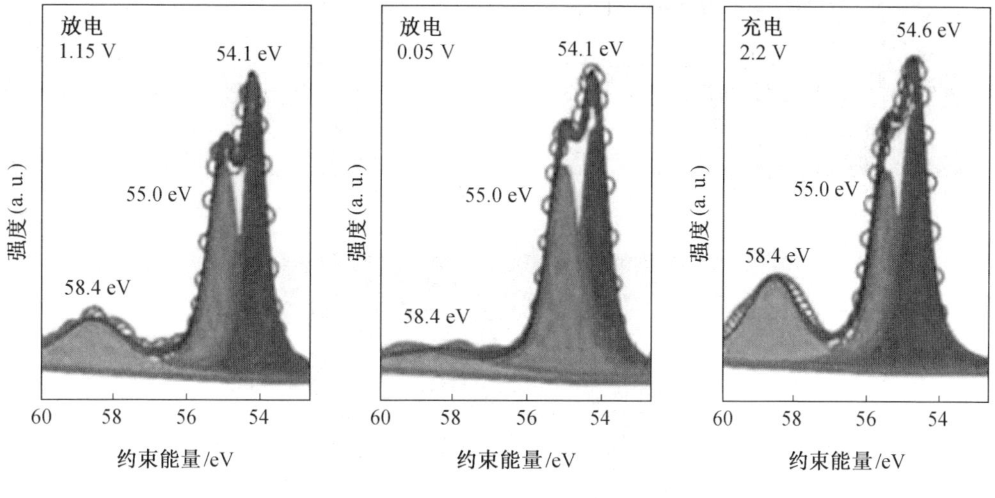
放电
1.15 V
54.1 eV
55.0 eV
58.4 eV
强度(a. u.)
60
58
56
54
约束能量/eV
放电
0.05 V
54.1 eV
55.0 eV
58.4 eV
强度(a. u.)
60
58
56
54
约束能量/eV
充电
2.2 V
54.6 eV
55.0 eV
58.4 eV
强度(a. u.)
60
58
56
54
约束能量/eV

（d） （e） （f）

图 19.17（续）

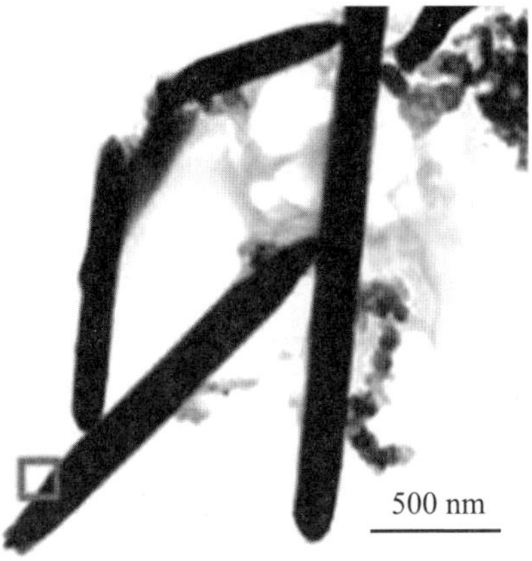

（g）

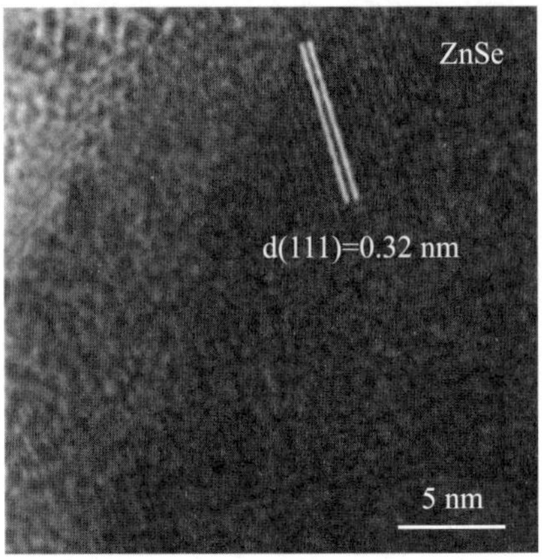

（h）

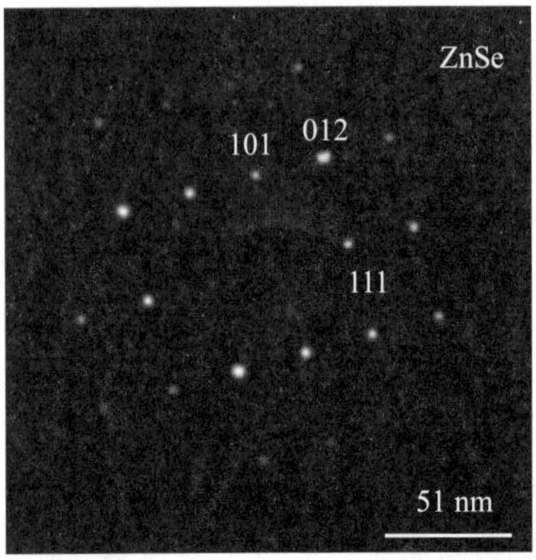

（i）

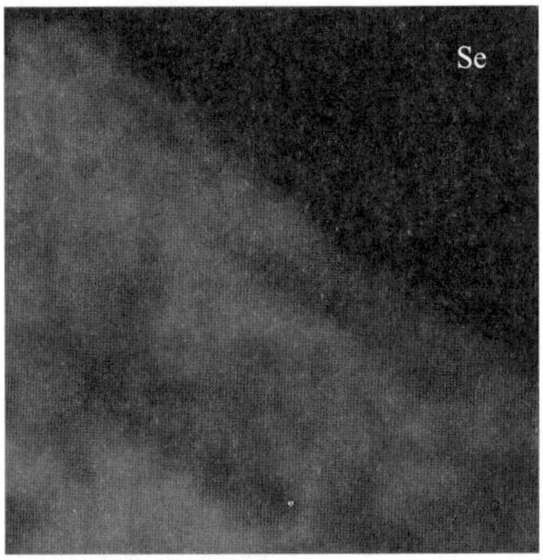

（j）

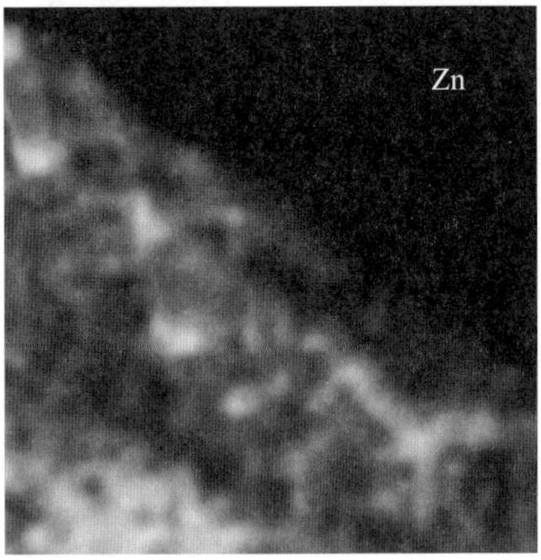

（k）

图 19.17（续）

19.4.5　改性添加剂的研究

高面容量的水系锌锰电池：利用氧化还原介质促进 MnO_2 的溶解。水系锰电池的储能原理基于 MnO_2/Mn^{2+}的溶解沉积反应，由于其低成本、高电压和高安全性而成为一类重要的水系电池。然而，MnO_2 的不完全溶解、表层 MnO_2 剥离和循环过程中机械裂纹等缺点妨碍了 MnO_2 正极在高面容量[2.0 (mA·h)/cm^2]下的长期稳定循环。

针对 Zn-Mn 体系中 MnO_2/Mn^{2+}正极存在的问题，香港中文大学的卢怡君教授课题组提出了一种介体策略，利用 KI 介体参与调节 MnO_2 的放电溶解并从剥落的 MnO_2 中恢复部分“失去”的容量，从而提高了电池在高面容量下的循环稳定性。

KI 介质调节 Zn-Mn 电池的结构示意图如图 19.18 所示。

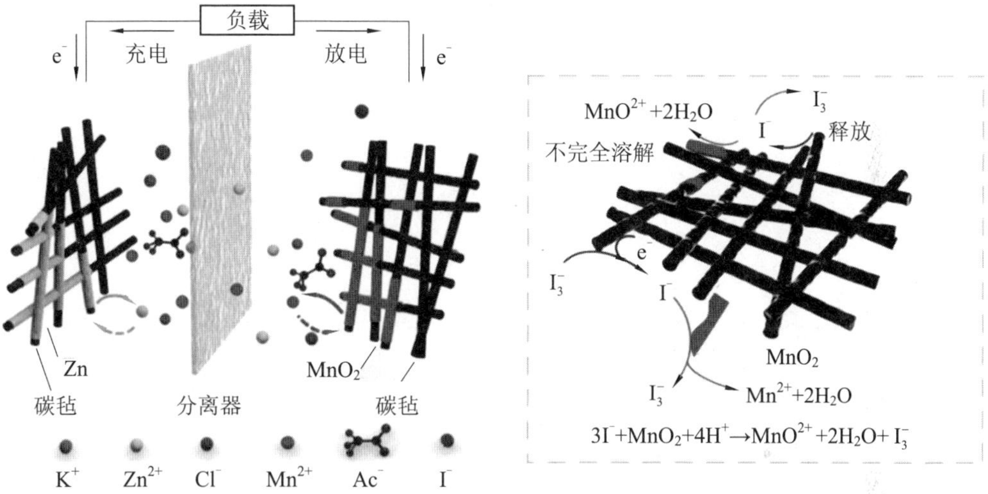

图 19.18　KI 介质调节 Zn-Mn 电池的结构示意图

向 Zn-Mn 电池中加入一定的 KI 后，解离出的 I^-在电解液中以氧化还原介质的身份存在，即能够在电极和活性物质之间穿梭，作为电荷载体沟通游离的固相活性物质和电极，辅助活性物质进行连续的电化学反应。在这个原则上，选用氧化还原电势低于 Mn^{2+}/MnO_2 的放电介质，就可以在放电过程中帮助 MnO_2 进行还原反应。当电池放电时，I_2 还原为 I^-，可以与剩余的 MnO_2 发生化学反应并且消耗多余的质子。与此同时，氧化了的 I_3^-介质可以从电极获取电子并转化为 I^-，持续消耗剩余的游离 MnO_2。

正极电极材料循环前后的 SEM 形貌图像宏观地比较了添加 KI 与否的电极结构，结果显示未添加 KI 的碳纤维覆盖了一厚层未溶解的 MnO_2 壳层，已添加 KI 的电极表面更加平整。未添加 KI 的电池循环后，隔膜上会牢固地黏附一层 MnO_2。这些综合证明了 KI 添加剂能够有效地辅助 MnO_2 的溶解，并在充电过程中防止 MnO_2 的聚集性沉积，从而有效改善电池的循环性能。

$Zn-Mn^{2+}/MnO_2$ 电池的电化学性能和电极形貌如图 19.19 所示。

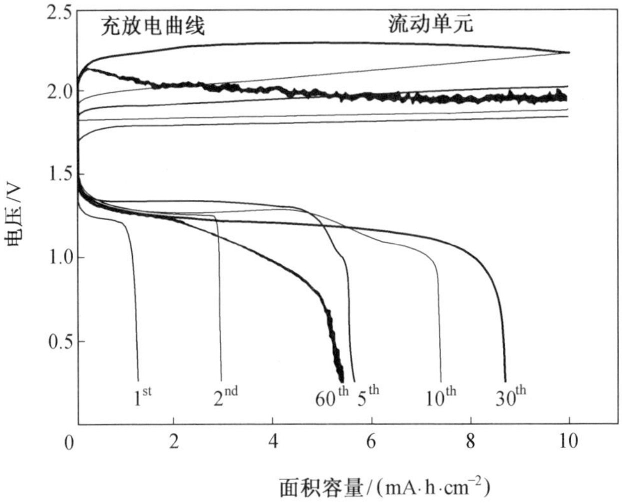

(a)

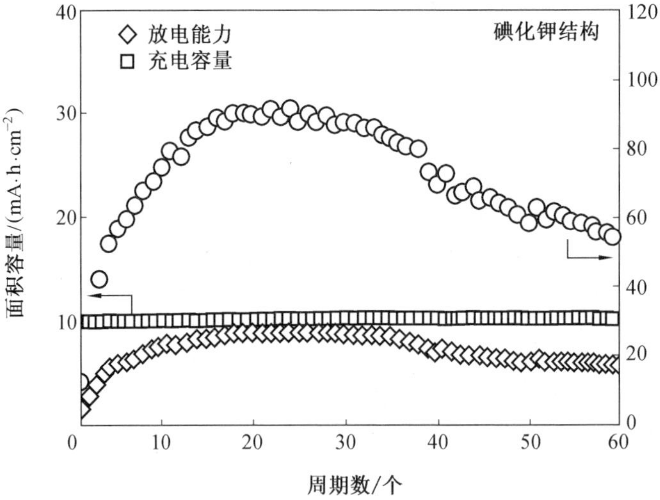

(b)

图 19.19 Zn-Mn^{2+}/MnO_2 电池的电化学性能和电极形貌

分解前
30 个周期后
MnO_2 堆积

（c）

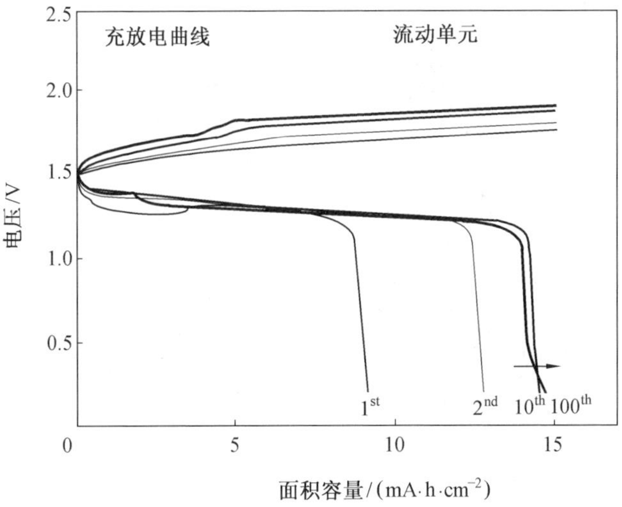
充放电曲线
流动单元
2.5
2.0
1.5
1.0
0.5
电压/V
0
5
10
15
1st
2nd
10th
100th
面积容量/(mA·h·cm⁻²)

（d）

图 19.19（续）

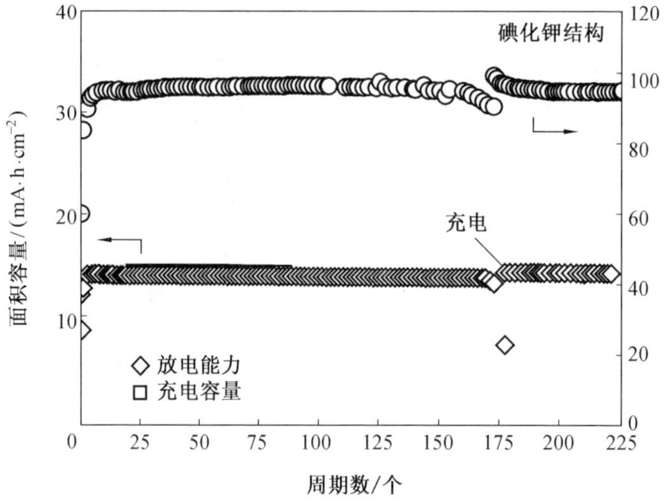

（e）

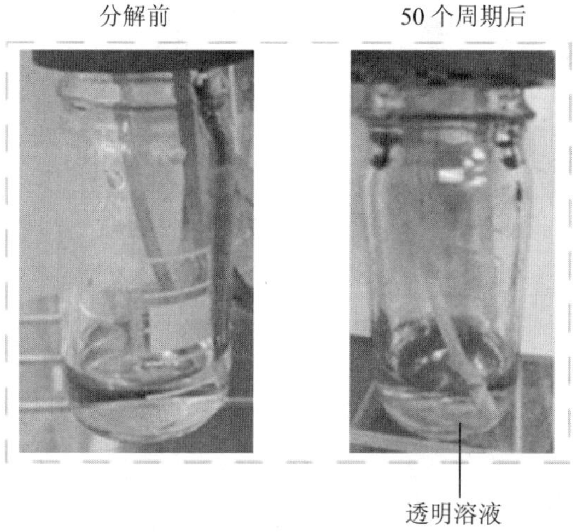

（f）

图 19.19（续）

（g）原始状态

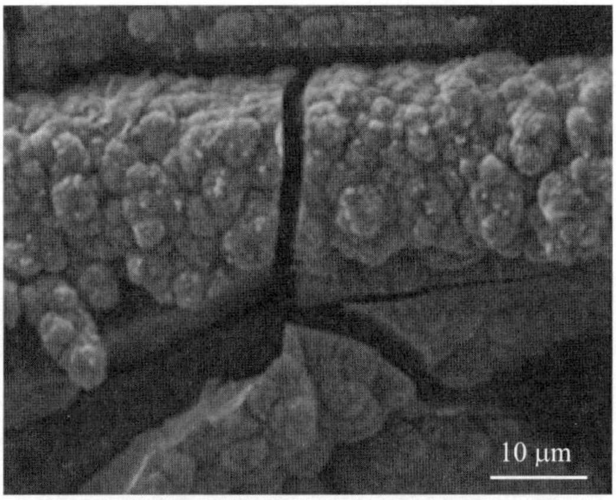

（h）没有碘化钾分解后的状态

（i）有碘化钾分解后的状态

图 19.19（续）

综合来看，使用这种方法调节的 Zn-Mn 电池能够以 2.5 (mA·h)/cm^2 的面容量稳定循环 400 圈，液流电池则在循环 225 圈后能够保持 15 (mA·h)/cm^2 的容量，是现有 Zn-Mn 电池中持有最高循环面容量的电池种类。这一向沉积-溶解型电池中引入氧化还原介质的改性思路为研究其他 Mn 基电池和其他沉积型电池提供了参考。

19.4.6 极端运行条件下的技术突破

能够在-90 ℃下工作的高功率和高能量密度的水系质子电池。电池的低温性能差是电化学储能体系发展至今的一大问题，这一方面是由于低温环境中电极/电解质界面的电荷交换效率低，一方面则是受限于电解质的高凝固点。为了突破储能领域存在的阻碍，开发低温电池成为一个主要的研究方向。为了抑制水系电解液在低温下的凝固，研究者们采用了诸多策略，例如添加有机物、调节电解质以及“盐包水”策略等。

基于此，南开大学的陶占良教授课题组长久以来致力于水系电池的研究与改进，他们的最新研究成果中展示了一种可在-90 ℃下正常运行的水性质子电池。这项工作为在超低温条件下实现具有高功率和能量密度的水系电池提供了一种新方法。

不同温度下含有 2 M HBF_4 和 2 M $Mn(BF_4)_2$ 电解液的低温性质如图 19.20 所示。

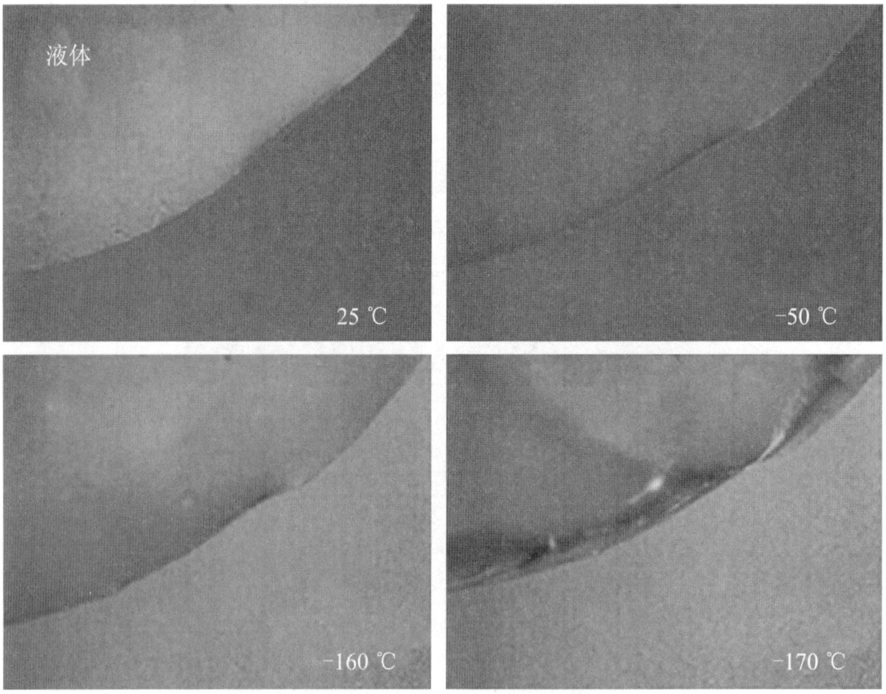

（a）

图 19.20 不同温度下含有 2 M HBF_4 和 2 M $Mn(BF_4)_2$ 电解液的低温性质

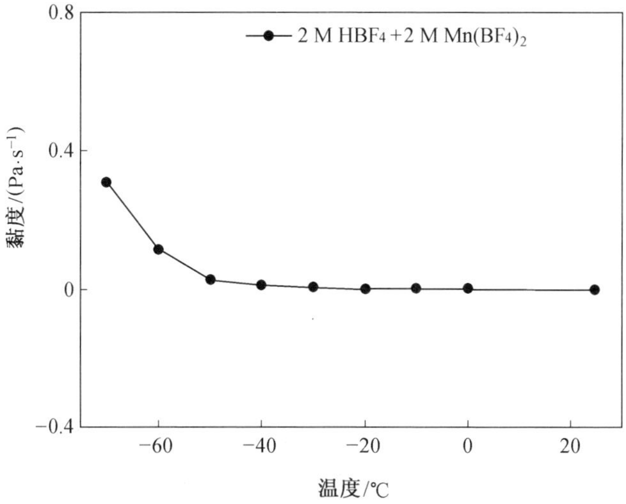
2 M HBF4 +2 M Mn(BF4)2
0.8
0.4
0
−0.4
黏度/(Pa·s−1)
−60
−40
−20
0
20
温度/℃

（b）

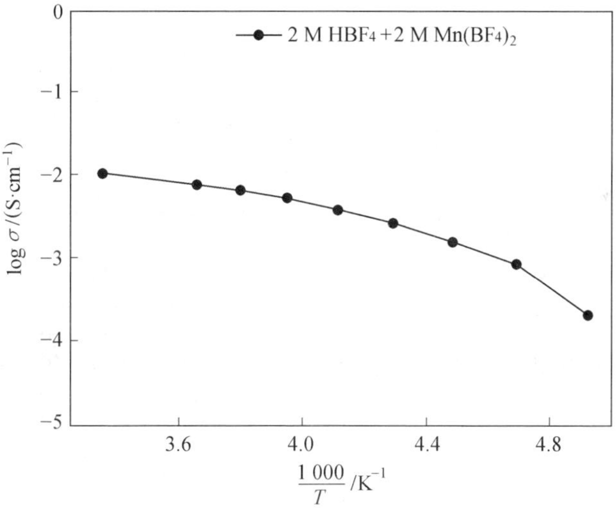
2 M HBF4 +2 M Mn(BF4)2
0
−1
−2
−3
−4
−5
log σ/(S·cm−1)
3.6
4.0
4.4
4.8
1 000/T /K−1

（c）

图 19.20（续）

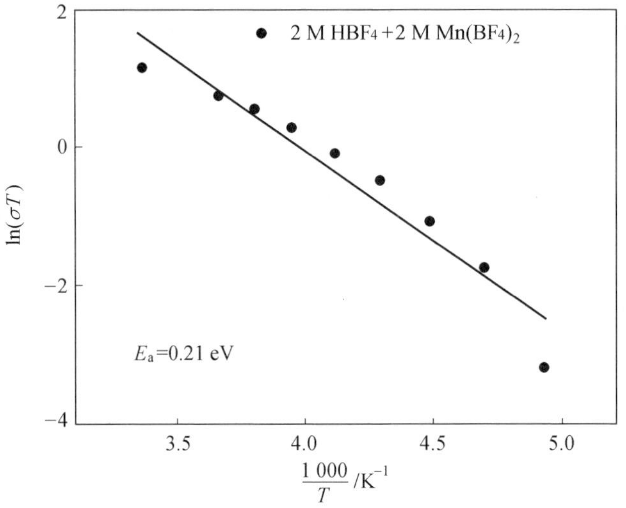

（d）

图 19.20（续）

该系统使用了含有 2 M HBF_4 和 2 M $Mn(BF_4)_2$ 的水溶液作为电解液，其凝固点低于 −160 ℃，在−70 ℃时具有高达 0.21 mS/cm 电导率。在本书所使用的电解液中，BF_4^- 阴离子作为氢键受体，可以提供大量的氢键位点，在温度降低时会与水分子中的氧竞争，从而阻止水分子之间形成有序的氢键网络，因此可以有效降低水溶液的凝固点。

Alloxazine（ALO）层状材料中含有大量的 C═N 和 C═O 活性基团，在温和的电解质中可以储存水合氢离子，是一种适配于所使用的水性电解质的电极材料。使用 ALO 作为负极实现了对 H^+的可逆吸收/脱出储存，匹配碳毡正极中的 MnO_2/Mn^{2+}转化装配了水性质子电池。得益于合适的电解质和电极材料，组装的这种 ALO//2 M HBF_4+2 M $Mn(BF_4)_2$//CF 电池表现出优异的循环稳定性，在 6 ℃下具有 100 (mA·h)/g 的高放电比容量。−60 ℃时的能量密度达到 110 (W·h)/kg，比功率密度达 1 650 (W·h)/kg。电池在−90 ℃下依然能够正常运行，贡献的放电比容量达 84 (mA·h)/g。这种可在超低温下运行的高性能电池的卓越性能得益于由表面扩散控制的离子的电容行为。这项工作为探索新型低温电池提供了新的思路。

ALO 的共轭结构分析如图 19.21 所示。

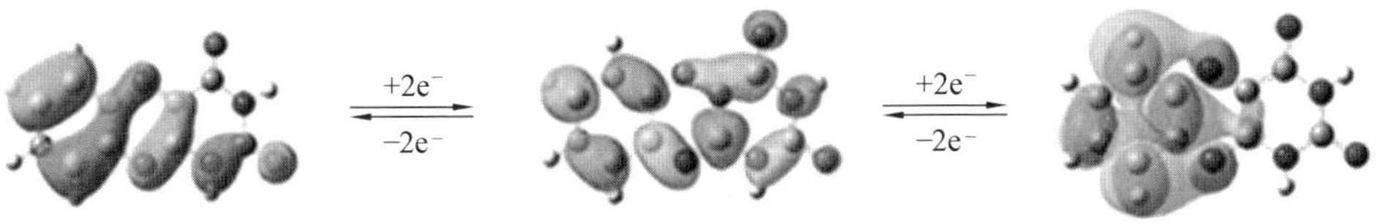

（a）

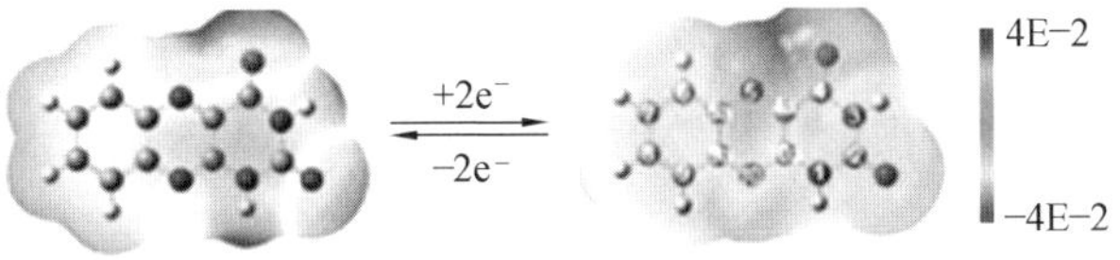

（b）

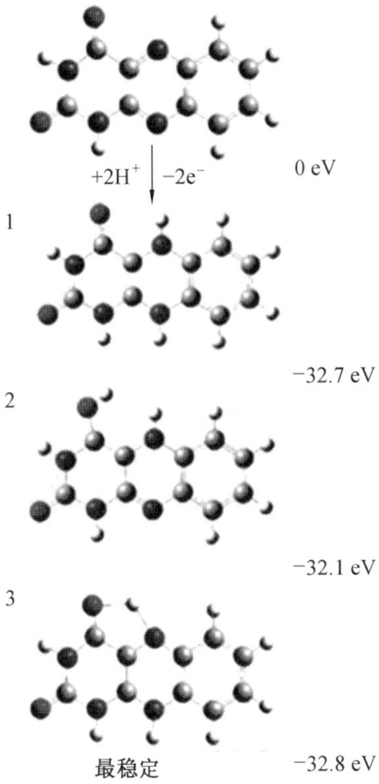

（c）

图 19.21　ALO 的共轭结构分析

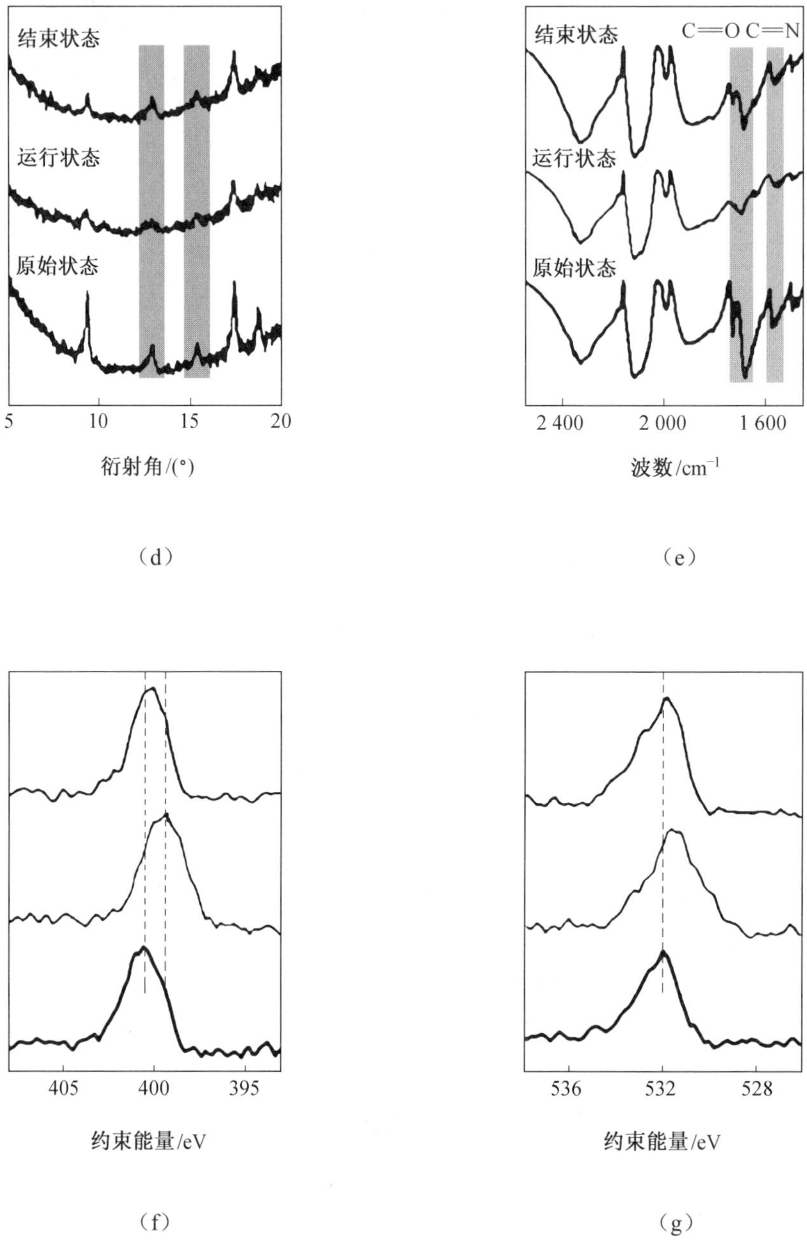
结束状态
运行状态
原始状态
5
10
15
20
衍射角/(°)
（d）
结束状态
C═O C═N
运行状态
原始状态
2 400
2 000
1 600
波数/cm⁻¹
（e）
405
400
395
约束能量/eV
（f）
536
532
528
约束能量/eV
（g）

图 19.21（续）

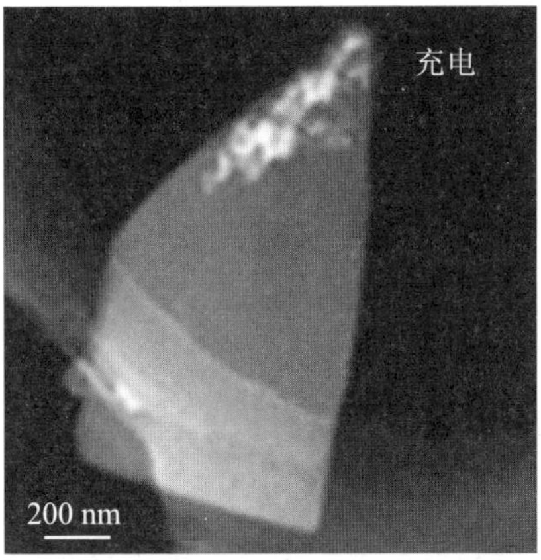

（h）

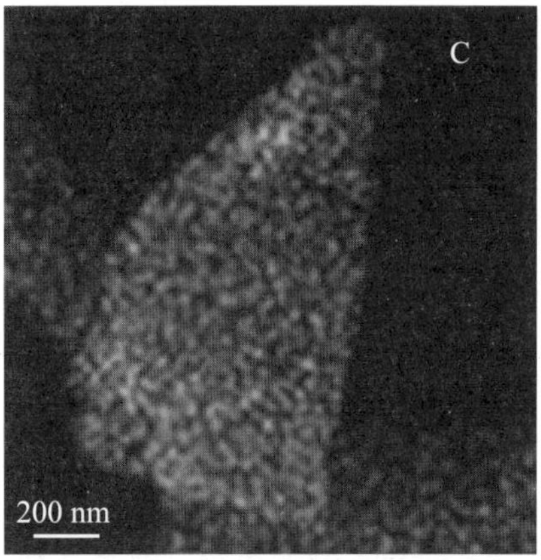

（i）

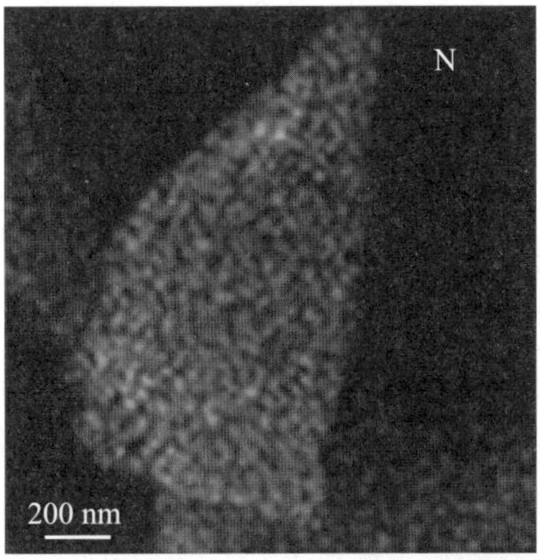

（j）

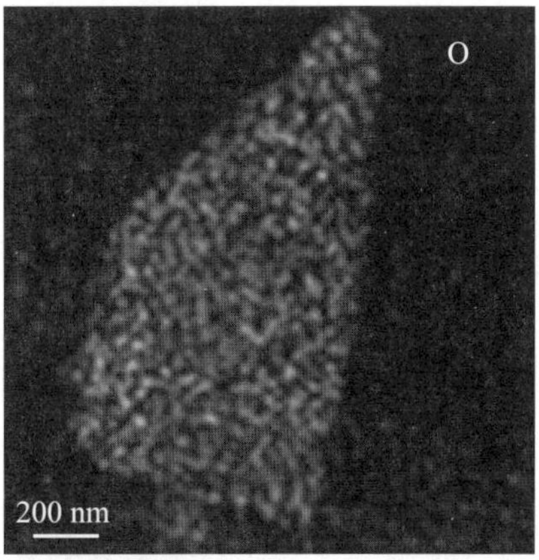

（k）

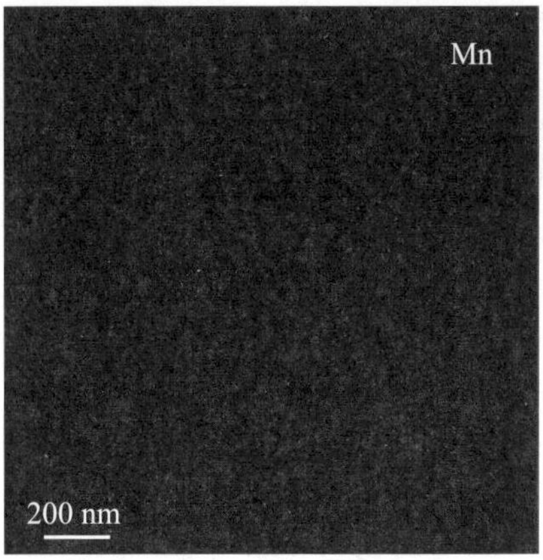

（l）

图 19.21（续）

19.4.7 水系电池的发展

1. 负极材料体系优化

水系电池负极材料体系优化是指选择合适的电池负极材料体系，通过活性炭掺杂、碳包覆等技术提升电池负极材料工作条件下的稳定性，从而提高电池的循环性能。工作环境下，电池负极材料被氧化，是造成水系离子电池容量衰减的主要原因。

2. 水系电解质电化学窗口调控

水的理论分解电压为1.23 V，受此限制，一般水系电池的电化学窗口在0～2 V，狭窄的充放电电压范围限制了水系电池的工作电压和能量输出。水系电解质电化学窗口调控的核心是通过控制电池体系热力学因素拓宽水系电解质的电化学窗口，例如降低自由水分子及其动力学特性、形成保护膜、使用高浓度电解质构筑多重氯键网络结构等，以此提升电池电压、能量密度与循环寿命。

3. 电池单体结构设计

电池单体结构设计是指对电池壳体、正负电极及隔膜组成的极组和电解液等进行统筹设计。水系电池单体结构设计需要解决电池结构尺寸设计与厚电极、集流体的匹配等内部结构问题，从而控制电池的单体容量。此外，电池结构设计还需要实现单体的自定位安装和固定，提高电池空间利用率，降低生产成本，简化后期维护，提高电池一致性。

19.5 镍镉电池

19.5.1 镍镉电池概述

镍镉电池的正极材料为氢氧化亚镍和石墨粉的混合物，负极材料为海绵状镉粉和氧化镉粉，电解液通常为氢氧化钠或氢氧化钾溶液。

镍镉电池充电后，正极板上的活性物质变为氢氧化镍，负极板上的活性物质变为金属镉；镍镉电池放电后，正极板上的活性物质变为氢氧化亚镍，负极板上的活性物质变为氢氧化镉。

镍镉电池可重复 500 次以上的充放电，经济耐用，电阻很小，可实现快速充电，又可为负载提供大电流，而且放电时电压变化很小，是一种比较理想的直流供电。镍镉电池的缺点在于它的记忆效应，而且镉材料资源短缺，价格十分昂贵。

蓄电池的 5 个主要参数为：电池的容量、标称电压、内阻、充电终止电压和放电终止电压。

（1）电池的容量。

电池的容量通常用 Ah（安时）表示，1 Ah 就是能在 1 A 的电流下放电 1 h。单元电池内活性物质的数量决定单元电池含有的电荷量，而活性物质的含量则由电池使用的材料和体积决定，因此，通常电池体积越大，容量越高。与电池容量相关的一个参数是蓄电池的充电电流。蓄电池的充电电流通常用充电速率 C 表示，C 为蓄电池的额定容量。例如，用 2 A 电流对 1 A·h 电池充电，充电速率就是 2 C；同样地，用 2 A 电流对 500 mA·h 电池充电，充电速率就是 4 C。

（2）标称电压。

电池刚出厂时，正负极之间的电势差称为电池的标称电压。标称电压由极板材料的电极电位和内部电解液的浓度决定。当环境温度、使用时间和工作状态变化时，单元电池的输出电压略有变化，此外，电池的输出电压与电池的剩余电量也有一定关系。单元镍镉电池的标称电压约为 1.3 V（但一般认为是 1.25 V），单元镍氢电池的标称电压为 1.25 V。

（3）内阻。

电池的内阻取决于极板的电阻和离子流的阻抗。在充放电过程中，极板的电阻是不变的，但是，离子流的阻抗将随电解液浓度的变化和带电离子的增减而变化。

（4）充电终止电压。

蓄电池充足电时，极板上的活性物质已达到饱和状态，再继续充电，蓄电池的电压也不会上升，此时的电压称为充电终止电压。镍镉电池的充电终止电压为 1.75～1.8 V，镍氢电池的充电终止电压为 1.5 V。

（5）放电终止电压。

放电终止电压是指蓄电池放电时允许的最低电压。如果电压低于放电终止电压后蓄电池继续放电，电池两端电压会迅速下降，形成深度放电，这样，极板上形成的生成物在正常充电时就不易再恢复，从而影响电池的寿命。放电终止电压和放电速率有关。镍镉电池的放电终止电压和放电速率的关系见表 19.3，镍氢电池的放电终止电压一般规定为 1 V。

表 19.3　镍镉电池不同放电速率下的放电终止电压

放电速率/h	放电终止电压/V
8	1.10
5	1.00
3	0.80
1	0.50

19. 5. 2　镍镉电池的工作原理

镍镉电池的正极材料为氢氧化亚镍和石墨粉的混合物，负极材料为海绵状镉粉和氧化镉粉，电解液通常为氢氧化钠或氢氧化钾溶液。当环境温度较高时，使用密度为 1.17～

1.19（15 ℃）的氢氧化钠溶液。当环境温度较低时，使用密度为 1.19～1.21（15 ℃）的氢氧化钾溶液。在-15 ℃以下时，使用密度为 1.25～1.27（15 ℃时）的氢氧化钾溶液。为兼顾低温性能和荷电保持能力，密封镍镉电池采用密度为 1.40（15 ℃时）的氢氧化钾溶液。为了增加蓄电池的容量和循环寿命，通常在电解液中加入少量的氢氧化锂（每升电解液加 15～20 g）。

镍镉电池充电后，正极板上的活性物质变为氢氧化镍，负极板上的活性物质变为金属镉；镍镉电池放电后，正极板上的活性物质变为氢氧化亚镍，负极板上的活性物质变为氢氧化镉。

19.5.3 放电过程中的电化学反应

1. 负极反应

负极上的镉失去两个电子后变成二价镉离子，然后立即与溶液中的两个氢氧根离子结合生成氢氧化镉，沉积到负极板上。

$$Cd - 2e^- \longrightarrow Cd^{2+}$$

$$+)\quad Cd^{2+} + 2OH^- \longrightarrow Cd(OH)_2$$

$$Cd^{2+} - 2e + 2OH^- \longrightarrow Cd(OH)_2$$

2. 正极反应

正极板上的活性物质是氢氧化镍晶体。镍为正三价离子，晶格中每两个镍离子可从外电路获得负极转移出的两个电子，生成两个二价离子。与此同时，溶液中每两个水分子电离出的两个氢离子进入正极板，与晶格上的两个氧负离子结合，生成两个氢氧根离子，然后与晶格上原有的两个氢氧根离子一起，与两个二价镍离子生成两个氢氧化亚镍晶体。

$$2NiOOH \rightleftharpoons 2Ni^{3+} + 2OH^- + 2O^{2-}$$

$$2Ni^{3+} + 2e \longrightarrow 2Ni^{2+} \text{①}$$

$$2H_2O \longrightarrow 2H^+ + 2OH^- \text{②}$$

$$+)\quad 2Ni^{3+} + 2O^{2-} + 2H^+ + 2OH^- \longrightarrow 2Ni(OH)_2$$

$$2NiOOH + 2H_2O + 2e \longrightarrow 2Ni(OH)_2 + 2OH^-$$

将①②两式相加，即得镍镉电池放电时的总反应。

19.5.4 充电过程中的电化学反应

充电时，将蓄电池的正、负极分别与充电机的正极和负极相连，电池内部发生与放电时完全相反的电化学反应，即负极发生还原反应，正极发生氧化反应。

1. 负极反应

充电时负极板上的氢氧化镉，先电离成镉离子和氢氧根离子，然后镉离子从外电路获得电子，生成镉原子附着在极板上，而氢氧根离子进入溶液参与正极反应。

2. 正极反应

在外电源的作用下，正极板上的氢氧化亚镍晶格中，两个二价镍离子各失去一个电子生成三价镍离子，同时，晶格中两个氢氧根离子各释放出一个氢离子，将氧负离子留在晶格上，释放出的氢离子与溶液中的氢氧根离子结合，生成水分子。然后，两个三价镍离子与两个氧负离子和剩下的两个氢氧根离子结合，生成两个氢氧化镍晶体。

$$
\begin{aligned}
&2Ni(OH)_2 \rightleftharpoons 2Ni^{2+} + 2OH^- + 2OH^- \\
&2Ni^{2+} - 2e \longrightarrow 2Ni^{3+} \\
&2OH^- \longrightarrow 2O^{2-} + 2H^+ \quad ① \\
&2Ni^{3+} + 2O^{2-} + 2OH^- \longrightarrow 2NiOOH \quad ② \\
+)\ &2H^+ + 2OH^- \longrightarrow 2H_2O \\
\hline
&2Ni(OH)_2 - 2e + 2OH^- \longrightarrow 2NiOOH + 2H_2O
\end{aligned}
$$

将①②两式相加，即得镍镉电池充电时的电化学反应。

$$2Ni(OH)_2 + Cd(OH)_2 \xrightarrow{\text{充电}} 2NiOOH + Cd + 2H_2O$$

蓄电池充电终了时，充电电流将使电池内发生分解水的反应，在正、负极板上将分别有大量氧气和氢气析出，其电化学反应如下：

$$
\begin{aligned}
&\text{负极 } 2H_2O + 2e \longrightarrow H_2 + 2OH^- \\
+)\ &\text{正极 } 2OH^- - 2e \longrightarrow \frac{1}{2}O_2 + 2H_2O \\
\hline
&\text{总反应 } H_2O \longrightarrow H_2\uparrow + \frac{1}{2}O_2\uparrow
\end{aligned}
$$

从上述电极反应可以看出，氢氧化钠或氢氧化钾并不直接参与反应，只起导电作用。从电池反应来看，充电过程中生成水分子，放电过程中消耗水分子，因此充、放电过程中电解液浓度变化很小，不能用密度计检测充放电程度。

19.5.5 端电压

充足电后，立即断开充电电路，镍镉电池的电动势可达 1.5 V，但很快就下降到 1.31～1.36 V。

镍镉电池的端电压随充放电过程而变化，可用下式表示：

$$U_{充}=E_{充}+I_{充}R_{内}$$

$$U_{放}=E_{放}-I_{放}R_{内}$$

从上式可以看出，充电时，电池的端电压比放电时高，而且充电电流越大，端电压越高；放电电流越大，端电压越低。

当镍镉电池以标准放电电流放电时，平均工作电压为 1.2 V。采用 8 h 放电倍率时，蓄电池的端电压下降到 1.1 V 后，电池即放完电。

19.5.6 容量和影响容量的主要因素

蓄电池充足电后，在一定放电条件下，放至规定的终止电压时，电池放出的总容量称为电池的额定容量，容量 Q 用放电电流与放电时间的乘积来表示。

$$Q = I \cdot t$$

镍镉电池容量与下列因素有关。

（1）活性物质的数量。

（2）放电率。

（3）电解液。

放电电流直接影响放电终止电压。在规定的放电终止电压下，放电电流越大，蓄电池的容量越小。

使用不同成分的电解液，对蓄电池的容量和寿命有一定的影响。通常，在高温环境下，为了提高电池容量，常在电解液中添加少量氢氧化锂，组成混合溶液。实验证明，每升电解液中加入 15～20 g 含水氢氧化锂，在常温下，容量可提高 4%～5%，在 40 ℃时，容量可提高 20%。然而，电解液中锂离子的含量过多，不仅使电解液的电阻增大，还会使残留在正极板上的锂离子慢慢渗入晶格内部，对正极的化学变化产生有害影响。

电解液的温度对蓄电池的容量影响较大。这是因为随着电解液温度升高，极板活性物质的化学反应也逐步改善。

电解液中的有害杂质越多，蓄电池的容量越小。主要的有害杂质是碳酸盐和硫酸盐。它们能使电解液的电阻增大，并且低温时容易结晶，堵塞极板微孔，使蓄电池容量显著下降。此外，碳酸根离子还能与负极板作用，生成碳酸镉附着在负极板表面上，从而引起导电不良，使蓄电池内阻增大，容量下降。

19.5.7 内阻

镍镉电池的内阻与电解液的导电率、极板结构及其面积有关，而电解液的导电率又与密度和温度有关。电池的内阻主要由电解液的电阻决定。氢氧化钾和氢氧化钠溶液的电阻系数随密度而变。18 ℃时氢氧化钾溶液和氢氧化钠溶液的电阻系数最小。通常镍镉电池的内阻可用下式计算。

$$R_{内} = \frac{E - U_{放}}{I_{放}}$$

19. 5. 8　效率与寿命

在正常使用的条件下，镍镉电池的容量效率 $\eta_{A \cdot h}$ 为 67%～75%，电能效率 $\eta_{W \cdot h}$ 为 55%～65%，循环寿命约为 2 000 次。容量效率 $\eta_{A \cdot h}$ 和电能效率 $\eta_{W \cdot h}$ 计算公式如下：

$$\eta_{A \cdot h} = \frac{I_{放} \cdot t_{放}}{I_{充} \cdot t_{充}} \times 100\%$$

$$\eta_{W \cdot h} = \frac{U_{放} \cdot I_{放} \cdot t_{放}}{U_{充} \cdot I_{充} \cdot t_{充}} \times 100\%$$

式中，$U_{充}$和 $U_{放}$应取平均电压。

19. 5. 9　记忆效应

镍镉电池使用过程中，如果电量没有全部放完就开始充电，下次再放电时，就不能放出全部电量。比如，镍镉电池只放出 80% 的电量后就开始充电，充足电后，该电池也只能放出 80% 的电量，这种现象称为记忆效应。

电池全部放完电后，极板上的结晶体很小。电池部分放电后，氢氧化亚镍没有完全变为氢氧化镍，剩余的氢氧化亚镍将结合在一起，形成较大的结晶体。结晶体变大是镍镉电池产生记忆效应的主要原因。

19. 5. 10　电池充电特性

镍镉电池充电特性曲线如图 19.22 所示。当恒定电流刚充入放完电的电池时，由于电池内阻产生压降，所以电池电压很快上升（*A* 点）。

此后，电池开始接受电荷，电池电压以较低的速率持续上升。在这个范围内（*AB* 之间），电化学反应以一定的速率产生氧气，同时氧气也以同样的速率与氢气化合，因此，电池内部的温度和气体压力都很低。

电池充电过程中，产生的氧气高于复合的氧气时，电池内压力升高。

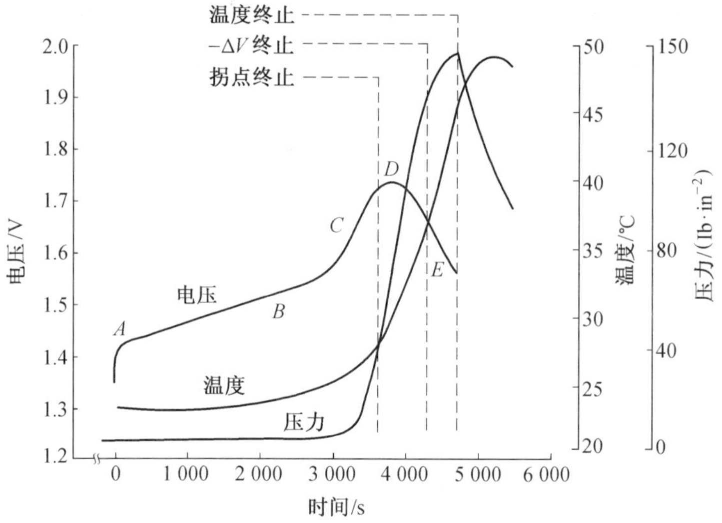

图 19.22 镍镉电池充电特性曲线

研究蓄电池的各种充电方法时，镍镉电池内产生的气体是一个重要问题。气泡聚集在极板表面，将减小极板表面参与化学反应的面积并且增加电池的内阻。过充电时，电池内产生的大量气体，如果不能很快复合，电池内部的压力就会显著增加，这样将损伤电池。此外，压力过大时，密封电池将打开放气孔，从而使电解液逸散。若电解液反复通过放气孔逸散，电解液的黏稠性增大，极板间离子的传输变得困难，因此电池的内阻增加，容量下降。

经过一定时间后（*C* 点），电解液中开始产生气泡，这些气泡聚集在极板表面，使极板的有效面积减小，所以电池的内阻抗增加，电池电压开始较快上升。这是接近充足电的信号。

充足电后，充入电池的电流不是转换为电池的储能，而是在正极板上产生氧气超电位。氧气是由于电解液电解而产生的，不是由于氢氧化镉还原为镉而产生的。在氢氧化钾和水组成的电解液中，氢氧离子变成氧、水和自由电子，反应式为

$$4OH^- \longrightarrow O_2\uparrow + 2H_2O + 4e^-$$

虽然电解液产生的氧气能很快在负极板表面的电解液中复合，但是电池的温度仍显著升高。此外，由于充电电流用来产生氧气，所以电池内的压力也会升高。

由于从大量的氢氧离子中比从很少的氢氧化镉中更容易分解出氧气，所以电池内的温度急剧上升，这样就使电池电压下降。因此电池电压曲线出现峰值（*D* 点）。

电解液中，氧气的产生和复合是放热反应，电池过充电时（*E* 点），不停地产生氧气，从而使电池内的温度和压力升高。如果强制排出气体，将引起电解液减少、电池容量下降并损伤电池。若气体不能很快排出，电池将会爆炸。

采用低速率恒流涓流充电时，电池内将产生枝晶。这些枝晶能够通过隔板在极板之间扩散。在扩散较严重的情况下，这些枝晶会造成电池部分或全部短路。

19.5.11　镍镉电池产业化发展趋势

在新的经济形势下，中国镍镉电池产业将出现以下趋势。

（1）新能源汽车市场的快速崛起，将带动汽车动力电池市场的发展。

（2）随着国家能源政策的不断推进，太阳能发电以及其他新型储能设备将成为新的增长点。

（3）高性能镍镉电池将成为重点，包括高能量密度、高容量、高输出功率等方面的创新。

（4）镍镉电池的环保性问题将受到政府和市场的重视，未来镍镉电池将更加环保，生命周期更长。

19.6　超级电容

19.6.1　超级电容概述

超级电容（SC）是能够快速存储和供应高功率电力以及大量循环（高达数百万次循环）而不会显示性能衰减的电化学装置。

最简单的超级电容器主要由两个电极和插入其中的电解质组成。电荷布置在电极/电解质界面中，并且没有化学氧化还原过程。由于累积的物理过程是有限的，所以材料必须具有高表面积以累积许多电荷。

超级电容器是双层电容器，具有非常高的容量但具有低电压限制。与电容器相比，超级电容器具有更大的面积，用于存储更多电荷，电容达到法拉（F）范围，并且能够比电解电容器存储更多能量。其具有低漏电流，适用于可在 1.8～2.5 V 范围内工作的许多应用。超级电容器的寿命为 10～20 年，但在 8～10 年后，容量会从 100%降到 80%。

由于具有低等效串联电阻（ESR），超级电容器可提供高负载电流和快速充电。微型超级电容器是类似微机电系统（MEMS）的器件，可以承受反复弯曲，因此适用于灵活的应用。这是可穿戴设备和物联网应用的理想选择。

当向超级电容器施加电压时，在表面上产生两个单独的电荷层，其间隔距离小于传统电容器的间隔距离。这就是超级电容器通常被称为双电层电容器或 EDLC 的原因。

19.6.2　超级电容器结构

超级电容器通常包含双电极、电解质、集流体、隔离物 4 个部件。超级电容器利用活性炭多孔化电极和电解质组成的双电层结构获得超大的电容量。在超级电容器中，采用活性炭材料制作成多孔化电极，同时在相对的两个多孔炭电极之间充填电解质溶液，当在两端施加电压时，相对的多孔化电极上分别聚集正负电子，而电解质溶液中的正负离子将由于电场作用分别聚集到与正负极板相对的界面上，从而形成双集电层。超级电容器的工艺流程为：配料→混浆→制电极→裁片→组装→注液→活化→检测→包装。

图 19.23 所示为超级电容器结构示意图。在超级电容器中，多孔化电极采用活性炭粉及活性炭和活性炭纤维制作，电解液采用有机电解质，如碳酸类或乙腈类。其多孔化电极使用多孔性的活性炭有极大的表面积在电解液中吸附着电荷，因而将具有极大的电容量并可以存储很大的静电能量，超级电容器的这一特性介于传统的电容器与电池之间。

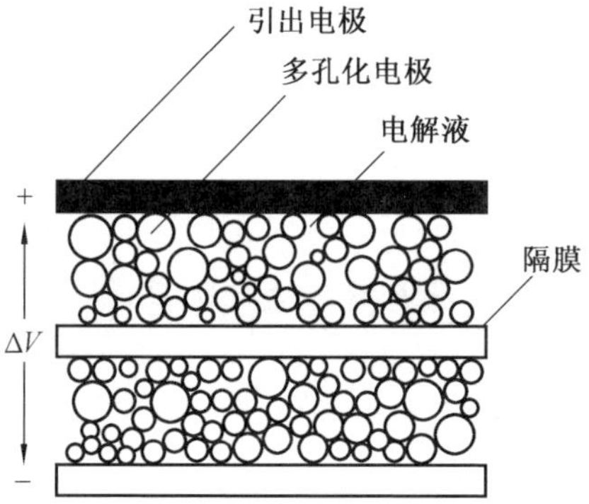

图 19.23　超级电容器结构示意图

工作时，在可极化电极和电解质溶液之间界面上形成的双电层中聚集的电容量 C 由下式确定：

$$C = \left(f \frac{\varepsilon}{4\pi\delta} \right) \mathrm{d}s$$

式中，ε 为电解质的介电常数；δ 为由电极界面到离子中心的距离；s 为电极界面的表面积。

19.6.3　超级电容器工作原理

超级电容器是利用双电层原理的电容器，原理示意图如图 19.24 所示。当外加电压加到超级电容器的两个极板上时，与普通电容器一样，极板的正电极存储正电荷，负极板存储负电荷，在超级电容器的两极板上电荷产生的电场作用下，在电解液与电极间的界面上形成相反的电荷，以平衡电解液的内电场，这种正电荷与负电荷在两个不同相之间不同电极的接触面上，以正负电荷之间极短间隙排列在相反的位置上，这个电荷分布层称为双电层，因此电容量非常大。当两极板间电势低于电解液的氧化还原电极电位时，电解液界面上电荷不会脱离电解液，超级电容器为正常工作状态（通常为 3 V 以下），如电容器两端电压超过电解液的氧化还原电极电位时，电解液将分解，超级电容器为非正常工作状态。由于随着超级电容器放电，正、负极板上的电荷被外电路泄放，电解液的界面上的电荷相应减少。由此可以看出，超级电容器的充放电过程始终是物理过程，没有化学反应。因此性能是稳定的，与利用化学反应的蓄电池不同。

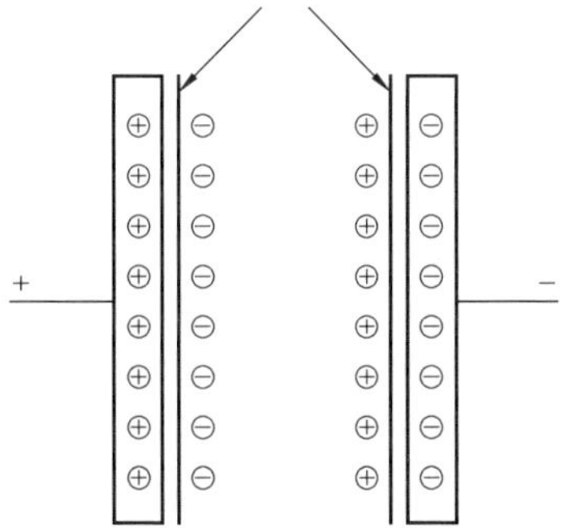

图 19.24　超级电容器原理示意图

19. 6. 4　超级电容器主要特点

超级电容器具有如下特点。

（1）电容量大。

超级电容器采用活性炭粉与活性炭纤维作为可极化电极，与电解液接触的面积大大增加，根据电容量的计算公式，两极板的表面积越大，则电容量越大。因此，一般双电层电容器容量很容易超过 1 F，它的出现使普通电容器的容量范围骤然跃升了 3～4 个数量级，目前单体超级电容器的最大电容量可达 5 000 F。功率密度高，可达 300～5 000 W/kg，相当于电池的 5～10 倍。

（2）充放电寿命长。

可达 500 000 次（或 50 000 h），没有记忆效应。而蓄电池的充放电寿命很难超过 2 000 次。

（3）大电流放电能力强。

能量转换效率高，过程损失小，大电流能量循环效率≥90%（如 2 700 F 的超级电容器额定放电电流不低于 950 A，放电峰值电流可达 1 680 A，一般蓄电池通常不能有如此高的放电电流。一些高放电电流的蓄电池在如此高的放电电流下的使用寿命将大大缩短。

（4）充电速度快。

可在数十秒到数分钟内快速充电，充电 10 s～10 min 可达到其额定容量的 95%以上。而蓄电池在如此短的时间内充满电将是极危险或几乎不可能的。

（5）可以在很宽的温度范围内（-40～+70 ℃）正常工作。

蓄电池很难在高温特别是低温环境下工作。

（6）超级电容器用的材料是安全的和无毒的。

铅酸电池、镍镉电池均具有毒性。

（7）等效串联电阻（ESR）相对常规电容器大。

（8）可以任意并联使用增加电容量。

如采取均压后，还可以串联使用。并联时总容量倍增，电压不变；串联时总容量倍减，电压倍增。

19.6.5 超级电容器特性

1. 额定容量

（1）单位。

法拉（F）。

（2）测试条件。

规定的恒定电流充电到额定电压后保持 2～3 min，在规定的恒定电流放电条件下放电到端电压为零所需的时间与电流的乘积再除以额定电压值，即

$$C = I \cdot \frac{T}{V}$$

由于等效串联电阻（ESR）比普通电容器大，因而充放电时 ESR 产生的电压降不可忽略，如 2.7 V/5 000 F 超级电容器的 ESR 为 0.4 mΩ，在 100 A 电流放电时的 ESR 电压降为 40 mV，占额定电压的 1.5%，950 A 电流放电时的 ESR 电压降为 380 mV，占额定电压的 14%，表明在此电流下放电容量减小 88.5 F。

2. 额定电压

可以使用的最高安全端电压（如 2.3 V、2.5 V、2.7 V、3 V)，除此之外还有承受浪涌电压（可以短时承受的端电压，通常为额定电压的 105%～110%），实际上超级电容器的击穿电压远高于额定电压（为额定电压的 1.5～3 倍，与普通电容器的额定电压/击穿电压比值差不多。

3. 额定电流和脉冲峰值电流

额定电流为 5 s 内放电到额定电压一半的电流。脉冲峰值电流即最大电流，指 2 s 内放电到额定电压一半的电流，理论上为额定电流的 2.5 倍。但实际受内阻等因素的影响，实际值远小于理论值。

4. 最大存储能量

在额定电压时放电到零所释放的能量，以 J 或 W·h 为单位。

5. 能量密度

最大存储能量除以超级电容器的质量或体积，以(W·h)/kg 或(W·h)/L 为单位。

6. 功率密度

在匹配的负载下，超级电容器产生电/热效应各半时的放电功率，以 kW/kg 或 kW/L 为单位。

7. 等效串联电阻

（1）测试条件。

规定的恒定电流和规定的频率下的等效串联电阻。通常交流 ESR 比直流 ESR 小，随温度上升而减小。

（2）超级电容器等效串联电阻较大的原因。

为充分增加电极面积，电极为多孔化活性炭，由于多孔化活性炭电阻率明显大于金属，从而使超级电容器的 ESR 较其他电容器的大。

8. 工作与存储温度

通常为−40～+60 ℃（或+70 ℃），存储温度还可以更高一些。

9. 漏电流

一般为 10 μA/F。

10. 寿命

在 25 ℃环境温度下的寿命通常为 50 000 h，在 60 ℃的环境温度下为 2 000 h。寿命终了的标准为：电容量低于额定容量 20%，ESR 增大到额定值的 1.5 倍。

11. 循环寿命

20 s 充电到额定电压，恒压充电 10 s，10 s 放电到额定电压的一半，间歇 10 s 为一个循环的条件下一般可达 500 000 次。寿命终了的标准为：电容量低于额定容量 20%～30%，ESR 增大到额定值的 3～4 倍。

12. 发热

超级电容器充/放电时，会发热，其发热量将随着电流的增加而增加。超级电容器发热的原因是电流流过超级电容器的等效串联电阻（ESR）产生的功率（能量）损耗转变为热能。由于超级电容器的 ESR 较大，因此在同样充、放电电流条件下发热量比一般电容器大，使用时应注意。

19.6.6 如何选择超级电容器

功率要求、放电时间及系统电压变化起决定作用。

超级电容器的输出电压降由两部分组成，一部分是超级电容器释放能量；另一部分是超级电容器内阻。两部分谁为主取决于时间，在非常快的脉冲中，内阻部分为主，相反，在长时间放电中，容性部分为主。

以下基本参数决定选择电容器的大小。

（1）最高工作电压。

（2）工作截止电压。

（3）平均放电电流。

（4）放电时间。

19.6.7 超级电容器使用注意事项

1. 超级电容器极性

超级电容器具有固定的极性。在使用前，应确认极性。

2. 超级电容器应在标称电压下使用

当电容器电压超过标称电压时，将会导致电解液分解，同时电容器会发热，容量下降，而且内阻增加，寿命缩短，在某些情况下，可导致电容器性能崩溃。

3. 超级电容器的应用

超级电容器不可应用于高频率充/放电的电路中，高频率的快速充放电会导致电容器内部发热，容量衰减，内阻增加，在某些情况下会导致电容器性能崩溃。

4. 超级电容器的寿命

外界环境温度对于超级电容器的寿命有着重要的影响。电容器应尽量远离热源。

5. 当超级电容器被用作后备电源时存在电压降

由于超级电容器具有内阻较大的特点，在放电的瞬间存在电压降

$$\Delta V=IR$$

式中，ΔV 为电压降；I 为电流；R 为电阻。

6. 使用中的环境气体要求

超级电容器不可处于相对湿度大于 85% 或含有有毒气体的场所，这些环境会导致引线及电容器壳体腐蚀，导致断路。

7. 超级电容器的存放

超级电容器不能置于高温、高湿的环境中，应在温度-30 ～+50 ℃、相对湿度小于 60% 的环境下储存，避免温度骤升或骤降，否则会导致产品损坏。

8. 超级电容器在双面线路板上的使用

超级电容器的安装方式会导致短路现象，因此，当超级电容器用于双面电路板上时，需要注意连接处不可经过电容器可触及的地方。

9. 电容器焊接

当把电容器焊接在线路板上时，不可将电容器壳体接触到线路板，不然焊接物会渗入电容器穿线孔内，对电容器性能产生影响。

10. 安装超级电容器

安装超级电容器后，不可强行倾斜或扭动电容器，否则会使电容器引线松动，导致性能劣化。

11. 在焊接过程中避免使电容器过热

若在焊接中使电容器出现过热现象，会降低电容器的使用寿命，例如，如果使用厚度为 1.6 mm 的印刷线路板，焊接过程应为 260 ℃，时间不超过 5 s。

12. 焊接后的清洗

在电容器经过焊接后，线路板及电容器需要经过清洗，因为某些杂质可能会导致电容器短路。

13. 当电容器串联使用时

当超级电容器串联使用时，存在单体间的电压均衡问题，单纯的串联会导致某个或几个单体电容器过压，从而损坏这些电容器，使整体性能受到影响，因此在串联使用电容器时，需得到厂家的技术支持。

19. 6. 8　超级电容器操作方法

1. 超级电容器的充电速率方法

超级电容器的充电速率可用多种方法（如恒电流充电、恒电压充电、恒功率充电）和速率对 HCC 超级电容器进行充电，但充电电压不得超过电容器的工作电压。

2. 超级电容器的放电速率方法

超级电容器的放电速率可用多种方法（如恒电流放电、恒电压放电、恒功率放电）和速率对 HCC 超级电容器进行放电。需要注意的是，电容器放电时电极极性不可接反（该种错误操作在放电时往往容易发生）。

3. 对超级电容器组进行充电

对电容器进行过充电会导致电容器工作寿命的严重衰减。25 ℃为 HCC 超级电容器的最佳工作温度，在该温度下，HCC 超级电容器的连续充放电寿命可达到 500 000 次。

19.6.9 超级电容器与蓄电池的比较

多年以来，蓄电池都是作为数据暂存后备电源或者许多电子时钟设计的唯一解决办法。它们也作为当主电源断电或供应不足时的紧急或短时的第二电源。

在近几年里，由于电容技术的发展，EDLC 已经成为一个和蓄电池一样可行的解决方案。EDLC 的容量为 0.047～100 F，电压为 2.5～6.3 V，并且有多种形状和规格，以迎合设计时的空间考虑。以下是 EDLC 与蓄电池之间的详细比较。

1. 容量

在某些特定的尺寸里，蓄电池的能量储存还是比相同尺寸的 EDLC 大许多倍。

2. 质量

自从蓄电池用笨重的金属来封装后，它们一般都比 EDLC 重得多。蓄电池与 EDLC 在外观上已经有明显的不同和尺寸增加。相同的尺寸下，电池的质量是 EDLC 的 2 倍以上。

3. 充电时间

由于蓄电池是靠化学反应来存储能量，所以它们再次充电一般都会耗时很长。而 EDLC 是依靠电离子的运动来存储能量，它们只需 30～60 s 就可以充电到 60%～80%的电量。

4. 可充次数（周期）

蓄电池大概有 500～1 000 次的使用次数。在使用次数达到几百次之后，电池的容量便会开始减少，直到最后丢失它的大部分存储能量。而 EDLC 能够反复充/放电 10 万次以上，而不会明显减少它的存储电量。

5. 充电电流

当一个蓄电池用旧了之后，通常要用一些有电流限制的电路防止一些来自冲击的充电电流来破坏电池。而 EDLC 没有对充电电流做出限制，当然，充电电压也不允许超过 EDLC 本身的额定电压的两倍（当一个 EDLC 被充电后，它的两极甚至可以短路而不会发生危险）。

19.6.10 超级电容器与传统电容器的区别

（1）超级电容器（法拉电容量）在分离出的电荷中存储能量，用于存储电荷的面积越大，分离出的电荷越密集，其电容量越大。

（2）传统电容器的面积是导体的平板面积，为了获得较大的容量，导体材料卷制得很长，有时用特殊的组织结构来增加它的表面积。传统电容器是用绝缘材料分离它的两极板，一般为塑料薄膜、纸等，这些材料通常要求尽可能薄。

（3）超级电容器的面积是基于多孔炭材料，该材料的多孔结构允许其面积达到 2 000 m^2/g，通过一些措施可实现更大的表面积。超级电容器电荷分离开的距离是由被吸引到带电电极的电解质离子尺寸决定的。该距离（<10 Å）比传统电容器薄膜材料所能实现的距离更小。

（4）这种庞大的表面积再加上非常小的电荷分离距离使得超级电容器较传统电容器而言有极大的静电容量。

19. 6. 11　超级电容的典型应用

1. 备用电源

超级电容可以用作后备电源，类似于 UPS，在系统突然断电后，负责在极短时间内为系统提供能量。在这种应用中，需要后备电源有快速的启动时间。由于超级电容是物理反应的方式储存电能，充放电速度快，相对电池有着更为快速的响应时间。

电池的充/放电大概在 1～10 h，而传统用于滤波的电容，充/放电在 0.03 s，超级电容充放电在 1 s，基本上是 0.1～10 s，这个时间正好是汽车、吊车刹车或启动的时间，其他设备比如风力发电中，风轮机变桨的时候要提供能量也是在这个时间段。

在风力发电风轮机变桨，机车、电动机、汽车、吊车启动时需要的能量远大于其正常工作时需要的能量，超级电容可以辅助电池、发动机等动力系统提供峰值功率，从而减轻电池或发动机的负担。没有超级电容时，在负载启动、维持运行和终止的过程中，能量全部由电池或发动机供给。如果加入了超级电容，负载启动时需要的峰值功率可以由超级电容承担。

在机车、电动机、汽车、吊车刹车时，超级电容可以重新捕获能量。这样，加入了超级电容做辅助电源，可以提高能量利用效率，延长电池或发动机寿命。同时，相对于没有超级电容的动力系统，电池或发动机不需要提供峰值功率，因而尺寸可以更小。

2. 超级电容提供峰值功率的应用案例

集装箱龙门吊车使用柴油机做动力，当龙门下来的时候有一个动能，通常是通过刹车电阻耗散动能，刹车电阻是个耗能电阻，把电变成热耗散掉。如果使用了超级电容，刹车的动能可以转换成电能，通过一定的电路充电到超级电容里面去，反过来当龙门上升的时候通过一定的逆行电路把超级电容的能量反馈到电机里面。

由于使用了超级电容提供峰值功率，柴油机只需要提供维持运行的较小的功率，因而柴油机的尺寸可以减小一半，同时节省了成本。类似的应用还包括叉车、混合动力汽车、轻轨或地铁。

自动抄表系统抄表时，数据发送需要非常大的能量，超级电容能够提供大的能量。超级电容取代锂离子电池，寿命可以延长一倍，占板面积比锂离子电池小。在自动抄表系统中的水表和气表中，超级电容配合电池，延长使用寿命。

3. 超级电容器与蓄电池组合改善汽车启动性能

（1）蓄电池存在的问题。

蓄电池是汽车中的关键电器部件，其性能直接影响汽车的启动。现在的汽车启动无一例外地采用启动电动机启动方式。在启动过程中特别是在启动瞬间，由于启动电动机转速为零，不产生感生电势，故启动电流为

$$l = \frac{E}{R_m + R_b + R_l}$$

式中，E 为蓄电池空载端电压；R_m 为启动电动机的电枢电阻；R_b 为蓄电池内阻；R_l 为线路电阻。

由于 R_m、R_b、R_l 均非常低，启动电流非常大。例如用 12 V、45 A·h 的蓄电池启动安装 1.9 L 柴油机的汽车，蓄电池的电压在启动瞬间由 12.6 V 降到约 3.6 V。启动瞬时的电流达 550 A，约为蓄电池的 12 C 的放电率。尽管车用蓄电池是启动专用蓄电池，可以高倍率放电，但 10 倍以上的高倍率放电时的蓄电池性能变得很差，而且，如此高倍率放电对蓄电池的损伤也是非常明显的。启动过程的电压剧烈变化也是极强的电磁干扰，可以造成电气设备的“掉电”，迫使电气设备在发电机启动过程结束后重新上电，计算机在这个过程中非常容易死机。因此，无论从改善汽车电气设备的电磁环境还是从改善汽车的启动性能和蓄电池的性能、延长使用寿命来考虑，改善汽车电源在启动过程中的性能都是必要的。

可以加大蓄电池的容量，但需要增加很多，使体积增大，这并不是最好的解决方案。将超级电容器与蓄电池并联可以很好地解决这个问题。

（2）电性能的改善。

采用超级电容器与蓄电池并联时启动过程的电压波形相比启动瞬间电压跌落由仅采用蓄电池时的 3.2 V 提升到 7.2 V；启动电流从 560 A 提高到 1 200 A；启动瞬时的电源输出功率从 2 kW 提高到 8.7 kW；启动过程的平稳电压由 7 V 提高到 9.4 V；启动过程的平稳电流由 280 A 提高到 440 A；启动过程的电源平稳输出功率从 2.44 kW 提高到 4.12 kW。

（3）启动性能的改善。

超级电容器与蓄电池并联应用可以提高机车的启动性能，将超级电容（450 F/16.2 V）

与 12 V、45 A·h 的蓄电池并联启动安装 1.9 L 柴油机的汽车，在 10 ℃时平稳启动，尽管在这种情况下，当不连接超级电容器时，蓄电池也可以启动，但采用超级电容器与蓄电池并联时启动电动机的速度和性能都非常好。由于电源输出功率的提高，启动速度由仅用蓄电池时的启动速度 300 r/min，增加到 450 r/min；尤其对于提高汽车在冷天的起动性能（更高的起动转矩），超级电容器是非常有意义的，在−20 ℃时，由于蓄电池的性能大大下降，很可能无法正常启动或需多次启动才能成功，而超级电容器与蓄电池并联时则仅需一次点火。其优点是非常明显的。

（4）对蓄电池应用状态的改善。

超级电容器与蓄电池并联时，由于超级电容器的等效串联电阻（ESR）远低于蓄电池的内阻，因此，在启动瞬间，1 200 A 启动电流中的 800 A 电流由超级电容器提供，蓄电池仅提供 400 A 的电流，明显低于仅采用蓄电池的 560 A，有效地降低了蓄电池极板的极化，阻止了蓄电池内阻的上升，使启动过程的平稳电压得到提高。最主要的是，蓄电池极板极化的减轻不仅有利于延长蓄电池的使用寿命，而且可以消除频繁启动对蓄电池寿命的影响。

19.7　液流电池

19.7.1　液流电池概述

液流氧化还原电池简称液流蓄电站或液流电池，与通常蓄电池活性物质包含在阳极和阴极不同，液流电池作为氧化-还原电对的活性物质分别溶解于装在两个大储液罐中的溶液里，各用一个泵使溶液流经液流电池堆中高选择性离子交换膜的两侧，在其多孔炭毡电极上发生还原和氧化反应。电池堆通过双极板串联，结构类似于燃料电池。目前还发展出在一个或两个电极上发生金属离子（及非金属离子）溶解/沉积反应的液流电池。

由于液流电池的储能容量由储存槽中的电解液容积决定，而输出功率取决于电池的反应面积，通过调整电池堆中单电池的串联数量和电极面积，能够满足额定放电功率要求。两者可以独立设计，因此系统设计的灵活性大，受设置场地限制小。液流电池中的电化学反应是在液相中完成的，充放电过程仅仅改变电解质离子状态，不会引起电极结构变化，此化学反应可逆，理论上可以进行无限次任意程度的充放电循环，极大延长电池的使用寿命。

液流电池已有全钒、钒溴、多硫化钠/溴等多个体系，其中全钒液流电池具有能量效率高、蓄电容量大、能够 100% 深度放电、可实现快速充/放电、寿命长等优点。全钒液流电池的正、负极活性物质均为钒，只是价态不同，经过优化的全钒液流电池系统能量效率可达 75%～85%，充放电循环次数超过 10 000 次，其性能远远高于传统二次电池，通常液流电池主要指全钒液流电池。液流电池储能系统原理如图 19.25 所示。

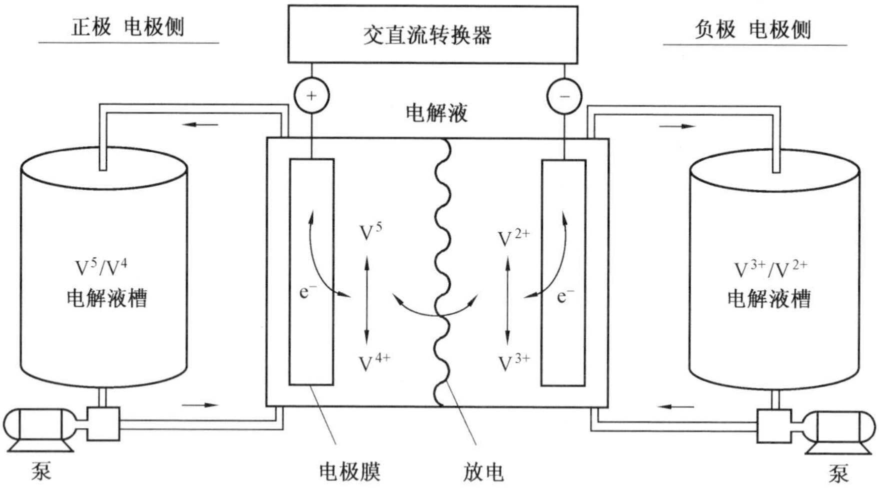

图 19.25 液流电池储能系统原理

19.7.2 液流电池原理

图 19.26 为液流电池的原理图及电堆结构示意图。电池的正极和负极电解液分别装在两个储罐中，利用送液泵使电解液通过电池循环。在电堆内部，正、负极电解液用离子交换膜（或离子隔膜）分隔开，电池外接负载和电源。液流电池技术作为一种新型的大规模高效电化学储能（电）技术，通过反应活性物质的价态变化实现电能与化学能相互转换与能量存储。在液流电池中，活性物质储存于电解液中，具有流动性，可以实现电化学反应场所（电极）与储能活性物质在空间上的分离，电池功率与容量设计相对独立，适合大规模蓄电储能需求。与普通的二次电池不同，液流电池的储能活性物质与电极完全分开，功率和容量设计互相独立，易于模块组合和电池结构的放置；电解液储存于储罐中不会发生自放电；电堆只提供电化学反应的场所，自身不发生氧化还原反应；活性物质溶于电解液，电极枝晶生长刺破隔膜的危险在液流电池中大大降低；同时，流动的电解液可以把电池充/放电过程产生的热量带走，避免由于电池发热而产生的电池结构损害甚至燃烧。

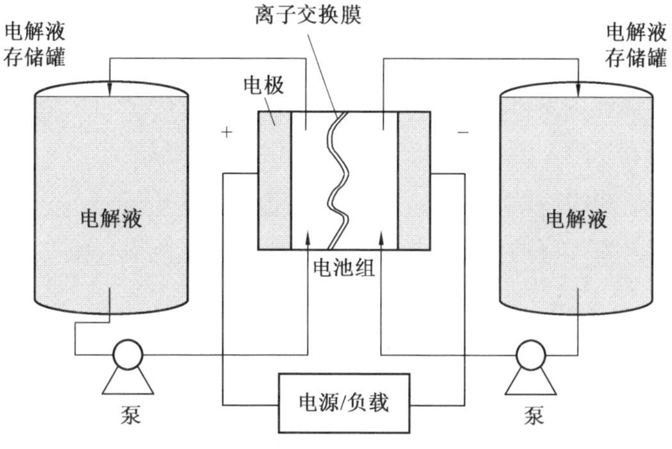

（a）液流电池原理图

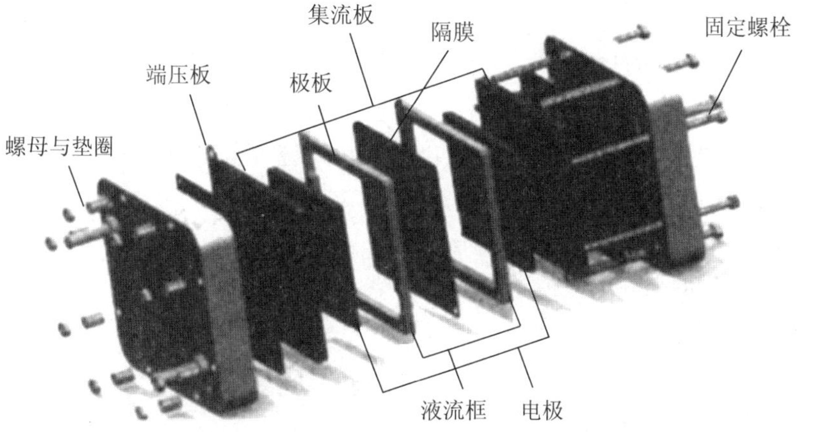

（b）电堆结构示意图

图 19.26　液流电池原理图及电堆结构示意图

19. 7. 3　液流电池分类

液流电池根据电极活性物质的不同，可以分为以下几种。

1. 全钒液流电池

（1）全钒液流电池概述。

作为一种电化学系统，钒电池把能量储存在含有不同价态钒离子氧化还原电对的电解液中。具有不同氧化还原电对的电解液分别构成电池的正、负极电解液，正、负极电解液中间由离子交换膜隔开。通过外接泵把溶液从储液槽压入电池堆体内完成电化学反应，反应后溶液又回到储液槽，活性物质不断循环流动，由此完成充/放电。

（2）全钒液流电池的特点。

与其他储能电池相比，全钒液流电池有以下特点。

①输出功率和储能容量可控。电池的输出功率取决于电堆的大小和数量，储能容量取决于电解液容量和浓度，因此它的设计非常灵活，要增加输出功率，只要增加电堆的面积和电堆的数量；要增加储能容量，只要增加电解液的体积。

②安全性高。开发已有的电池系统主要以水溶液为电解质，电池系统无潜在的爆炸或着火危险。

③启动速度快，如果电堆里充满电解液可在 2 min 内启动，在运行过程中充/放电状态切换只需要 0.02 s。

④电池倍率性能好。全钒液流电池的活性物质为溶解于水溶液的不同价态的钒离子，在全钒液流电池充/放电过程中，仅离子价态发生变化，不发生相变反应，充/放电应答速度快。

⑤电池寿命长。电解质金属离子只有钒离子一种，不会发生正、负电解液活性物质相互交叉污染的问题，电池使用寿命长，电解质溶液容易再生循环使用。

⑥电池自放电可控。在系统处于关闭模式时，储罐中的电解液不会产生自放电现象。

⑦制造和安置便利。液流电池选址自由度大，系统可全自动封闭运行，无污染，维护简单，操作成本低。

⑧电池材料回收和再利用容易。液流电池部件多为廉价的碳材料、工程塑料，材料来源丰富，且在回收过程中不会产生污染，环境友好且价格低廉。此外，电池系统荷电状态（SOC）的实时监控比较容易，有利于电网进行管理、调度。

2. 锂离子液流电池

锂离子液流电池主要由电池反应器、正极悬浮液存储罐、负极悬浮液存储罐、液泵及密封管道等组成。其中，正极悬浮液存储罐盛放正极活性材料颗粒、导电剂和电解液的混合物，负极悬浮液存储罐盛放负极活性材料颗粒、导电剂和电解液的混合物。电池反应器是锂离子液流电池的核心，其结构主要包括：正极集流体、正极反应腔、多孔隔膜、负极反应腔、负极集流体和外壳。锂离子液流电池工作时使用液泵对悬浮液进行循环，悬浮液在液泵或其他动力推动下通过密封管道在悬浮液存储罐和电池反应器之间连续流动或间歇流动，流速可根据悬浮液浓度和环境温度进行调节。

电池工作时，正极悬浮液由正极进液口进入电池反应器的正极反应腔，完成反应后由正极出液口通过密封管道返回正极悬浮液存储罐。与此同时，负极悬浮液由负极进液口进入电池反应器的负极反应腔，完成反应后由负极出液口通过密封管道返回负极悬浮液存储罐。正极反应腔与负极反应腔之间有电子不导电的多孔隔膜，将正极悬浮液中的正极活性材料颗粒和负极悬浮液中的负极活性材料颗粒相互隔开，避免正负极活性材料颗粒直接接触导致电池内部的短路。正极反应腔内的正极悬浮液和负极反应腔内的负极悬浮液可以通过多孔隔膜中的电解液进行锂离子交换传输。

当电池放电时，负极反应腔中的负极活性材料颗粒内部的锂离子脱嵌而出，进入电解液，并通过多孔隔膜到达正极反应腔，嵌入正极活性材料颗粒内部；与此同时，负极反应腔中的负极活性材料颗粒内部的电子流入负极集流体，并通过负极集流体的负极极耳流入电池的外部回路，完成做功后通过正板极耳流入正极集流体，最后嵌入正极反应腔中的正极活性材料颗粒内部。电池充电的过程与之相反。

3. 锌溴液流电池

锌溴液流电池是液流电池的一种，属于能量型储能，能够大容量、长时间地充/放电。我国已经通过自主创新成功研发出第一台锌溴液流储能系统，实现了锌溴电池的隔膜、极板、电解液等关键材料自主生产。

建立在锌/溴电极对基础上的锌溴电池的概念，早已取得了专利，其基本电极反应如下：

负极反应

$$Zn^{2+}+2e^{-} \longleftrightarrow Zn;\ E=0.763\ V（25\ ℃）$$

正极反应

$$2Br^{-} \longleftrightarrow Br_2+2e^{-};\ E=1.087\ V（25\ ℃）$$

总反应

$$ZnBr_2 \longleftrightarrow Zn+Br_2;\ E=1.85\ V（25\ ℃）$$

在此基础上发展起来的锌溴液流电池的基本原理如图 19.27 所示，正/负极电解液同为 ZnBr 水溶液，电解液通过泵循环流过正/负极表面。

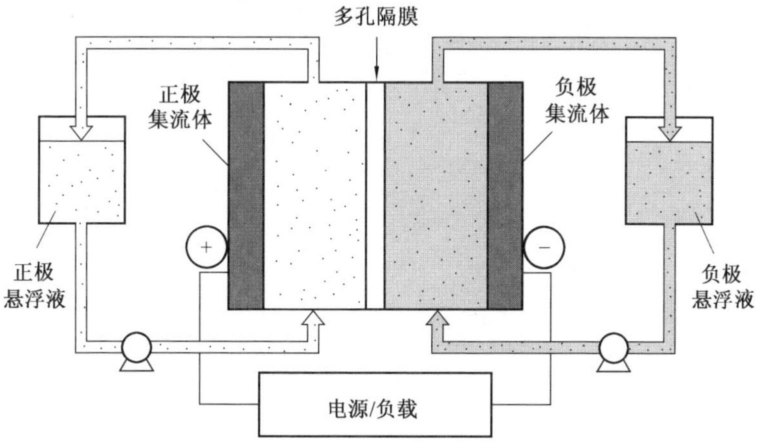

图 19.27　锌溴液流电池基本原理示意图

充电时锌沉积在负极上，而在正极生成的溴会马上被电解液中的溴络合剂络合成油状物质，使水溶液相中的溴含量大幅度减少，同时该物质密度大于电解液，会在液体循环过程中逐渐沉积在储罐底部，大大降低了电解液中溴的挥发性，提高了系统安全性。在放电时，负极表面的锌溶解，同时络合溴被重新泵入循环回路中并被打散，转变成溴离子，电解液回到溴化锌的状态。反应是完全可逆的。

4. 锌铈液流电池

锌铈液流电池储能系统的容量可达 250 000 kW·h 以上，开路电压为 3.33 V。锌铈液流电池以 Ce^{3+}/Ce^{4+}为正极活性电对，ZnO/Zn^{2+}为负极活性电对。正/负极电解液分别储存在两个不同的储液罐里，如图 19.28 所示。

在输送泵的作用下分别循环流过正/负极并发生如下的电极反应：

正极反应

$$2Ce^{4+} + 2e \xleftrightarrow{\text{充电/放电}} 2Ce^{3+}, \quad E^0=1.28-1.72\ \text{V vs. NHE}$$

负极反应

$$Zn \xleftrightarrow{\text{充电/放电}} Zn^{2+} + 2e, \quad E^0=0.762\ \text{V vs. NHE}$$

总反应

$$2Ce^{4+} + Zn \xleftrightarrow{\text{充电/放电}} Zn^{2+} + 2Ce^{3+}$$

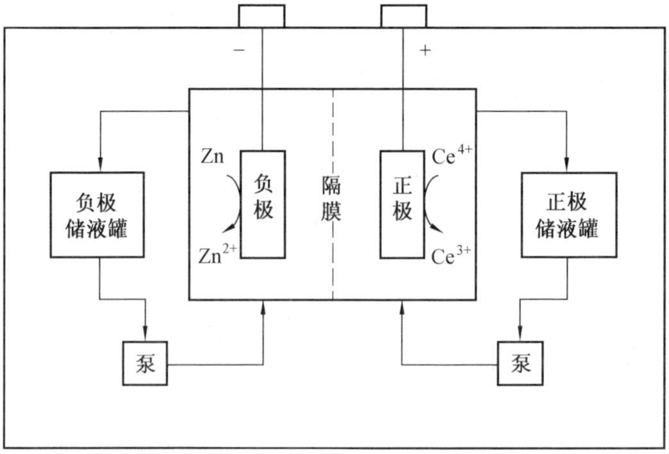

图 19.28　锌铈液流电池基本原理示意图

5. 锌镍液流电池

高浓度的锌酸盐溶解在浓碱中作为支持电解液。充电时，锌酸盐中的锌被还原，电

沉积在负极上，同时 $Ni(OH)_2$ 在正极上被氧化为 NiOOH，放电时，发生相反的反应。电池的正/负极反应为

正极反应

$$2Ni(OH)_2 + 2OH \longrightarrow 2NiOOH + 2H_2O + 2e^- \text{，} \quad E^0=0.490\ V$$

负极反应

$$Zn(OH)_4^{2-} + 2e^- \longrightarrow Zn + 4OH^- \text{，} \quad E^0=-1.215\ V$$

在锌镍单液流电池中，流动的电解液减少了锌电极表面的浓差极化，改变了锌沉积形貌。解决了充电时锌电极变形及产生锌枝晶问题，避免了放电时产生氧化锌钝化膜问题。

6. 铅酸液流电池

为避免双液流电池的诸多缺点，英国的 Pletcher 教授及其研究课题小组在对传统铅酸电池进行深入认识的基础上，于 2004 年提出了一种全沉积型的单液流电池体系，并针对该单液流电池体系开展了一系列深入的研究。该电池体系采用酸性甲基磺酸铅（Ⅰ）溶液作为电解液，正负极均采用惰性导电材料（碳材料）作为电极基底。充电时电解液中的 Pb^{2+} 在负极发生还原反应生成金属 Pb 并沉积在负极基底上；同时 Pb^{2+} 也在正极发生氧化反应生成 PbO_2 并沉积在正极基底上。由于在一定的温度范围内，电沉积生成的活性物质 Pb 和 PbO_2 均不溶于甲基磺酸溶液，因此该液流电池体系不存在正负极活性物质相互接触的问题，所以不需要使用离子交换膜，甚至连单沉积液流电池中的通透性隔膜也不需要，所以也不存在使用两套电解液循环系统的问题。这些都大大降低了液流电池的成本，使得全铅液流电池在储能电池领域有着非常光明的应用前景。这种类型的液流电池体系充放电时在正负极发生反应的方程式为

负极

$$Pb^{2+} + 2e^- \xrightleftharpoons{\text{充电/放电}} Pb$$

正极

$$Pb^{2+} + 2H_2O \xrightleftharpoons{\text{充电/放电}} PbO_2 + 4H^+ + 2e^-$$

全电池

$$2Pb^{2+} + 2H_2O \xrightleftharpoons{\text{充电/放电}} PbO_2 + 4H^+ + Pb$$

该液流电池体系负极电对 Pb^{2+}/Pb 的反应活性较高，可逆性较好。但是同时存在正极二氧化铅成核反应过电位较高的问题，在 PbO_2 电沉积的过程中容易发生析氧副反应，产生的少量氧气泡对已沉积的 PbO_2 有一定的冲刷作用，这导致该体系全铅液流电池的比面容量（电极单位面积上的容量）增加到一定数值后[例如现有的 15～20 $(mA \cdot h)/cm^2$]，正极电沉积的 PbO_2 会出现脱落的情况，这会造成充电能量的损失导致液流电池充放电循环过程中容量效率和能量效率降低的问题。同时，电池放电结束后负极存在有铅剩余的问题，多次循环后造成铅的累积，循环次数过多会导致电池短路的问题，这都大大限制了全铅液流电池的储能能力。

7. 铁铬液流电池

最早的液流储能电池概念于 1974 年由 Thaller 首次提出，它是利用 Cr^{3+}/Cr^{2+} 电对中 Cr^{2+} 的还原性和 Fe^{3+}/Fe^{2+} 电对中 Fe^{3+} 的氧化性，在由质子交换膜隔离开的酸性 Cr^{3+} 电解液与酸性 Fe^{2+} 电解液里进行电化学氧化还原反应。该液流电池以 Fe^{2+}/Fe^{3+} 电对作为充放电过程中正极电化学反应电对，以 Cr^{3+}/Cr^{2+} 电对作为充放电过程中负极电化学反应电对，充放电过程中恒流泵推动电解液分别在正负极半电池和与其对应的电解液储罐之间形成的闭合回路中循环流动。

8. 多硫化钠/溴液流电池

多硫化钠/溴液流电池（PSB）最早是由美国乔治亚理工学院的 Remick 和 Ang 在 1984 年提出的。该液流电池体系分别用 NaBr 和 Na_2S_2 作为正负极电解液，钠离子交换膜作为隔膜组成液流电池系统。该液流电池的开路电压为 1.74 V 左右，其能量密度可达 20～30 W·h·L。多硫化钠/溴液流电池在充电过程中，正极电解液中的 Br^- 在正极电极表面发生氧化反应生成 Br_2 单质，同时负极的活性物质多硫化钠中 S 元素被还原，在整个电化学反应过程中，正极电解液中的 Na^+ 通过钠离子交换膜迁移至负极；而液流电池在放电过程中，则发生与充电过程互逆的电化学反应，与此同时，负极电解液中的 Na^+ 又通过钠离子交换膜迁移向正极。电极反应方程式为

正极

$$2NaBr \xleftrightarrow{\text{充电/放电}} Br^2 + 2Na^+ + 2e^-$$

负极

$$(1+x)Na_2S_x \xleftrightarrow{\text{充电/放电}} 2Na^+ + xNa_2S_x + 1 + 2e^-$$

9. 锌铁液流电池

锌铁液流电池由于安全、稳定、电解液成本低等优点成为电化学储能热点技术之一。

锌铁液流电池电解液可以在很宽的 pH 范围内工作。因此，根据电解液酸碱性的不同，锌铁液流电池可以分为碱性、酸性和中性锌铁液流电池 3 类。

19.7.4　总结与展望

对于传统双液流电池来说，在逐步实现全钒液流电池等成熟技术商业化的同时，开发具有溶解度大、化学性质稳定、电极反应可逆性高、无析氧/析氢副反应、电对平衡电位差大等特点对非水体系是一项很有意义且充满前景的工作。

与双液流电池相比，沉积型单液流电池具有结构简化、比能量高、成本低等特点，但是单液流电池的容量受固体电极所限，寿命有待提高。沉积型金属电极的均匀性和稳定性以及兼顾正负电极性能的电解液等问题也有待进一步解决。

新型液流电池技术，如钒/空气液流电池、（Fe^{3+}/Fe^{2+}）液流/甲醇燃料电池或半固体锂离子液流电池，正处于研究的起步阶段，无论性能还是可靠性和循环寿命，都不能满足实际应用的需求，因此这些新技术要成为成熟的商业化技术还有很长的路要走。

大规模、高效率、低成本、长寿命是未来液流储能电池技术的发展方向和目标。因此，需要加强液流储能电池关键材料（如电解液、离子交换膜、电极材料等）及电池结构的研究，提高电池可靠性和耐久性。同时，应进行关键材料的规模化生产技术开发、实现电池关键材料的国产化以显著降低成本，并且积极开展应用示范，为液流储能电池的产业化和大规模应用奠定基础。

1. 全国产化关键材料研发

液流电池关键材料包括电极、双极板、隔膜及电解质溶液，其材料性能决定了电池的综合性能。需重点突破高机械强度双极板的导电性及导热率调控、质子（离子）传导隔膜的孔径结构及连续性调控、高浓度电解液稳定性调控机制等关键技术。

2. 高功率电堆设计制造

电堆由数节或数十节单体电池按压滤机方式叠合组装而成，其结构设计及制造工艺直接影响液流电池储能系统的性能和成本。需重点开展高功率密度电堆内部的流场、电解液浓度、电场、电流密度、极化等分布特性的影响因素和调控机制研究，突破多物理场耦合作用机理及均匀化调控技术以及电堆的全密封结构设计，规模化和连续化制造等技术。

3. 高可靠系统模块集成

集成组合式电池储能系统模块、开发高效电池管理系统、优化系统控制策略是当前推进液流电池技术产业化所面临的挑战，需重点突破液流电池储能系统模块的设计与集成、高效液流电池的智能控制与模块化耦合、液流电池储能系统成套装备开发等关键技术。

19.8 液态金属电池

19.8.1 运行温度低温化

过高的电池运行温度会带来电池配件的腐蚀、封装等技术难题，从而影响电池寿命。需重点突破新型低温液态金属电池电极/电解质的设计与优化、多重界面反应传递机理及稳定液/液界面构建等关键技术，建立新型低温液态金属电池的基本结构参数。运行温度低温化可有效缓解因高温而引发的系列技术问题。

19.8.2 长寿命及规模化成组

液态金属电池的高温运行环境对电池高温密封绝缘材料提出了高要求，同时成组技术也是规模化应用的关键环节。需要重点突破长效高温密封绝缘关键材料及电池封装、液态金属电池失效机制分析及服役特性调控策略、大容量液态金属电池成组及应用等关键技术。

第20章　机械与电磁储能技术

机械与电磁储能是指将电能转换为机械能或者电磁能存储，在需要使用时再重新转换为电能，其储能方式主要包括气体压缩储能、飞轮储能、超级电容器储能、超导电磁储能等。气体压缩储能采用压缩空气作为储能介质，是一种可规模化应用的能源载体，单机装机功率一般为数十兆瓦至数百兆瓦。飞轮储能是电能通过变流器控制电机驱动飞轮高速旋转，将电能转换为机械能来实现能量存储，在需要能量释放时利用飞轮惯性拖动电机发电，将飞轮存储的机械能转换为电能输出的一种物理储能方式。超级电容器储能以超级电容器为能源载体，将电能转变为双电层或快速法拉第反应存储，其中超级电容器是一种功率型能源存储转换装置，具有大功率、长寿命、安全可靠和对温度差异不敏感等优点。超导电磁储能是利用超导线制成的线圈，将电网供电励磁产生的磁场能量储存起来，在需要时再将储存的能量送回电网。

20.1　飞轮储能

针对以新能源主导的新型电力系统频率稳定性和供电可靠性面临的严峻挑战，新型电力系统面临惯性调节和快速调频稳定的基础性重大战略需求，大力发展高频次、快响应、安全绿色、长寿命的大容量高速惯性飞轮储能技术，提升当前关键指标，开拓新型电力系统高频次、高动态、大容量惯性储能稳定科学新领域，发展和健全飞轮储能电力系统惯性助稳技术体系，主要包括4个基本技术研究方向：①大规模飞轮储能惯性调节、调频稳定与优化调度技术；②飞轮储能关键装备技术与工程；③规模化飞轮储能阵列集群协同控制理论与能量管理技术；④大规模飞轮储能惯性调节、调频稳定与优化调度及工程应用。

飞轮储能利用电动机带动飞轮高速旋转，将电能转化成机械能储存起来，在需要时飞轮带动发电机发电。

飞轮系统运行于真空度较高的环境中，其特点是没有摩擦损耗、风阻小、效率高、寿命长、对环境没有影响，几乎不需要维护，适用于电网调频和电能质量保障。飞轮储能的缺点是能量密度比较低；系统复杂；对转子、轴承要求比较高。保证系统安全性方面的费用很高，在小型场合还无法体现其优势，目前主要应用于为蓄电池系统做补充。

飞轮储能系统原理如图20.1所示。

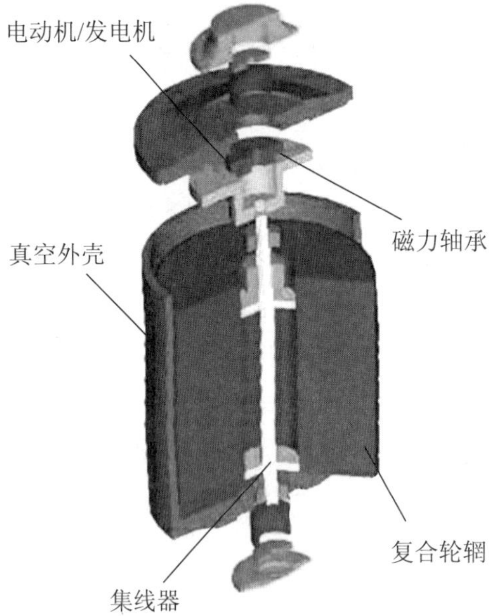

图 20.1　飞轮储能系统原理

国际上大多数飞轮储能系统用于短时间供电支撑，如：1999 年欧洲 UrencPower 公司利用高强度碳纤维和玻璃纤维复合材料制作飞轮，转速为 42 000 r/min，2001 年 1 月系统投入运行，充当 UPS，储能量达到 5 kW·h；日本建成的世界上最大的飞轮储能系统为 340 MW/30 s；美国纽约地铁安装的 1 MW/6 s 飞轮储能系统，是由 10 个 100 kW/1.6 kW·h 飞轮组成飞轮阵列，用于列车启动电压支撑和制动能量回收；美国能源部和 California Energymission 支持建设的 100 kW 的飞轮储能系统用于电网电压和频率控制，2005—2006 年进行了 18 个月的运行测试，该项目最终目标是建设 1 MW/250 kW·h 的飞轮储能系统。还有一些飞轮储能系统用于长时间放电支撑，如输出 2 kW/3 h 的飞轮储能系统。美国波音公司 Phantom 工厂研制的高温超导磁浮轴承的 100 kW/5 kW·h 飞轮储能装置，用于电能质量控制和电力调峰。表 20.1 为典型的世界飞轮储能应用案例。

表 20.1　世界部分飞轮储能应用案例

研发机构	基本参数	技术特点	作用
日本四国综合研究所	8 MW·h，储能放电各 4 h，待机 16 h	高温超导磁浮立式轴承，储能效率 84%	平滑负荷
日本原子力研究所	215 MW/2.22 MW·h	输出电压 18 kV，输出电流 6 896 A，储能效率 85%	UPS

续表 20.1

研发机构	基本参数	技术特点	作用
美国 Vista 公司	277 kW·h	引入风力发电系统	全程调峰
美国马里兰大学	24 kW·h，转速 11 610～46 345 r/min	电磁悬浮轴承，输出恒压 110 V/240 V，全程效率 81%	电力调峰
德国	5 MW/100 MW·h，转速 2 250～4 500 r/min	超导磁浮轴承，储能效率 96%	储能电站
巴西	额定转速 30 000 r/min	超导与永磁悬浮轴承	电压补偿

20.2　超导电磁储能

超导电磁储能系统（SMES）利用超导体制成的线圈将电磁能直接储存起来，需要时再将电磁能返回电网或其他负载。SMES 技术包含超导磁体技术与电力电子技术两个主要方面，是二者的有机结合。超导磁体单元通过超导电感形成能源存储环节；电力电子单元则通过多种变换形式，将储存的有功功率向电网释放，或将电网功率转储在储能电感中。

超导储能在功率输送时无须能源形式的转换，具有响应速度快（毫秒级）、转换效率高（≥96%）、比容量[1～10 (W·h)/kg]/比功率（104～105 kW/kg）大等优点，可以实现与电力系统的实时大规模能量交换和功率补偿，对电网的电压跌落、谐波等进行灵活智能补偿，或提供稳定的短时大功率供电。可以充分满足输配电网电压支撑、功率补偿、频率调节、提高系统稳定性和功率输送能力的要求。但与其他储能技术相比，超导电磁储能系统仍很昂贵，除了超导本身的费用外，维持系统低温导致维修频率提高以及产生的费用也相当可观。超导电磁储能原理如图 20.2 所示。

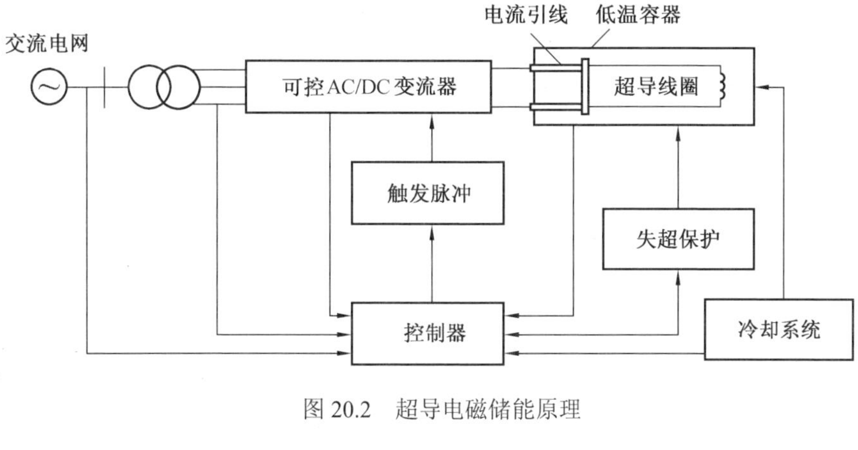

图 20.2　超导电磁储能原理

目前，依托电力电子系统的无功电能质量调节方法和装置已较成熟，美国超导公司推出的动态电压调节器等均有小规模应用，并可进行产品开发，采用 SMES 作为储能元件的有功电能质量调节装置也完成了初步产业化发展。最近，美国超导公司与威斯康辛公共电力公司合作，将世界上第一批分布式的超导电磁蓄能装置（D-SMES）投入商业运行。每一个装置蓄能容量为 3 MJ，以小于 0.5 ms 的响应时间提供有功和无功功率补偿，连续无功补偿调节容量可达 28 MVA，瞬时的有功和无功补偿输出分别为 3 MW、16 MVA，用以防止电压崩溃，提高电网电压稳定性。SMES 在美国、日本、欧洲一些国家的电力系统已得到初步应用，在维持电网稳定、提高输电能力和用户电能质量等方面发挥了极其重要的作用。

目前，世界上 1～5 MJ/MW 低温 SMES 装置已经形成产品，100 MJ 的 SMES 已投入高压输电网中实际运行，MJ 量级的高温超导 SMES 已基本成熟。未来主要发展方向将是采用第Ⅱ代高温超导带材的高温超导 SMES，在世界范围已有许多超导电磁储能工程正在进行或者处于研制阶段。世界超导电磁储能系统典型应用案例见表 20.2。

表 20.2　世界超导电磁储能系统典型应用案例

国家	年份	应用地点	基本参数	作用
美国	1982	美国	30 MJ/10 MW	抑制系统低频振荡和支撑系统电压
	1993	美国阿拉斯加电网	1.8 GJ	提高电网的供电可靠性
	2000	美国威斯康星州公用电力的北方环形输电网	6×3 MJ/8 MVA	避免电压跌落和短路故障
	2002	美国田纳西州 TVA 电管局 500 kV 输电网	8×3 MJ/8 MW	维护输电网电压稳定性
日本	2002	Chubu 电力公司	7.3 MJ/5 MW	提供瞬时电压补偿
	2003	Chubu 电力公司	1 MJ	补偿瞬时电压跌落
	2006	Hosoo 电站	10 MW	提高系统稳定性和供电品质
德国	2002	ACCEL	150 kJ	用于 20 kVAUPS 系统，与电网相连以提高电能质量，同时发挥有源电力滤波器作用
中国	2001	中国电力研究所	1 MJ/300 VA	有效维持系统稳定运行
	2006	中国电力研究所，Hyundai 重工	3 MJ/750 kVA	提高敏感负荷的供电质量

备注：

（1）超导电磁储能习惯用 MJ 表示，1 MW·h=3 600 MJ。

（2）W 与 VA 的关系可以表示为：W=VA×功率因数。功率因数在 0～1 之间，它表示了负载电流做的有用功（W）比例。

根据上述分析，各类储能技术的特征汇总见表 20.3。

表 20.3　储能技术分类及特征

储能类型		优点	缺点
电化学储能	钠硫电池	能量密度大、充电效率高（可达到 80%）、可大电流、高功率放电	需要在高温环境下工作，金属钠和硫磺均为易燃易爆物质、具有一定的安全隐患，生产工艺复杂，对电池材料要求十分苛刻
	液流电池	能量效率高、蓄电容量大、能够 100% 深度放电、可实现快速充放电、寿命长	正负极电解液易交叉污染，需用价格较高的离子交换膜
	锂离子电池	高比能量、高比功率、高能量转换效率、长循环寿命	过充控制的特殊封装要求高，价格成本、安全性、循环寿命及产品的一致性等在满足大规模储能应用上还有待突破
	铅酸电池	成本低、技术成熟、储能容量大	储存能量密度低、可充放电次数少、制造过程中存在污染
	镍镉电池	循环寿命长，可快速充电，经济耐用，电阻小，放电电压变化小	记忆效应，材料资源短缺，价格昂贵
	超级电容器	比功率高、循环寿命长、电阻小、充/放电速度快	比容量小、单位能量投资高
机械储能	抽水储能	规模大、能量转换效率高（70%～85%）	需有合适的场地、一次投入的费用高
	压缩空气	规模大、运行成本低	需有合适的场地、一次投入的费用高
	飞轮储能	摩擦损耗小、效率高、寿命长、对环境没有影响、几乎不需要维护	能量密度比较低、系统复杂、对转子、轴承要求比较高
电磁储能	超导储能	响应速度快、转换效率高、比容量大、比功率大	系统昂贵、维护费用高

20.3 气体压缩储能

新型非补燃压缩空气储能技术具有储能容量大、技术可靠、运行寿命长等技术优势，有潜力成为构建新型电力系统的关键支撑性技术。然而，其发展时间较短，技术体系相对单薄、实践经验相对匮乏。为解决上述问题，须满足构建新型电力系统对大容量、长周期、长寿命、零碳排和高能效新型储能技术的需求。

压缩空气储能技术是在电网负荷低谷期将电能用于压缩空气，将空气高压密封在报废矿井、沉降的海底储气罐、山洞、过期油气井或新建储气井中，在电网负荷高峰期释放压缩的空气推动燃气轮机发电。

压缩空气技术的优点是省去燃气轮机前置的空气压缩段，可使汽轮发电机增加电能输出几十个百分点。压缩空气储能规模大、运行成本低。

压缩空气储能的局限性是要有合适的场地，其对地质条件要求高；一次投入的费用高，并且必须与不装前置空气压缩段的燃气轮机相配合使用，故这种储能方式应用不多。新型非补燃压缩空气储能技术示意图如图 20.3 所示。

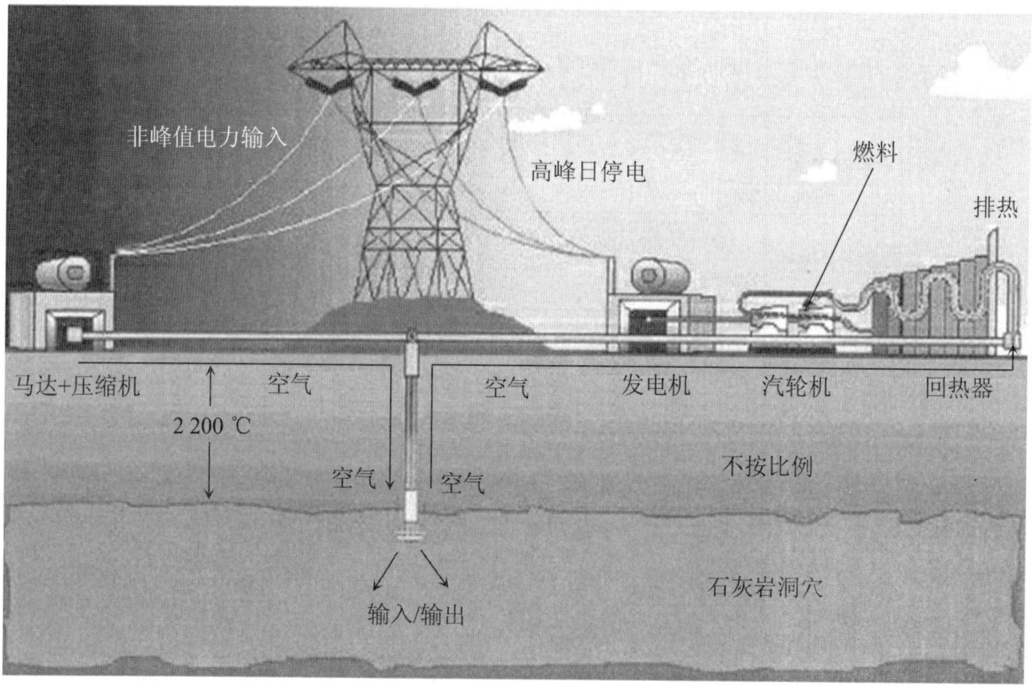

图 20.3　新型非补燃压缩空气储能技术示意图

1. 应用基础方向

重点部署压缩空气储能系统全能流建模仿真技术，解决新型电力系统中气-热-机-电耦合的多物理系统、跨时间尺度建模难题，为新型非补燃压缩空气储能系统优化设计和运行特性分析提供有效仿真工具。

2. 前沿技术方向

重点部署高参数、宽工况、长寿命压缩空气储能装备设计技术，解决面向大规模波动性风光电力消纳的高温宽工况空气压缩机、大温差长寿命蓄换热器和变负荷空气动力膨胀机设计难题，提升关键设备国产化设计生产水平和抗频繁启停交变损伤能力，改善关键设备宽工况运行能力和全系统运行特性。

3. 产业共性技术方向

重点部署含压缩空气储能的“源网荷储一体化”技术，解决新型电力系统中风光电源、电网、多种负荷和压缩空气储能电站的协同控制和调度难题，改善风光电源并网特性，提升全电力系统灵活运行水平和综合运行效益。

世界上第一个商业化压缩空气储能电站（CAES）1978 年建于德国 Hundorf，机组为 290 MW，换能效率 77%，运行至今累计启动超过 7 000 次，主要用于热备用和平滑负荷。1991 年建于美国亚拉巴马州的压缩空气储能系统是一个优秀的成功案例，它把压缩空气储存在地下 450 m 的废盐矿中，用 110 MW 的汽轮机连续提供 26 h 的压缩空气，能在 14 min 并网。日本于 1998 年在道三井砂川矿，利用矿坑做储气库，2001 年开始运行，输出功率为 2 MW。ABB 公司在瑞士建立的大规模联合循环 CAES 电站，输出功率 442 MW，运行时间为 8 h。2005 年美国 Ridge 和 EIPaso 能源公司在 Texas 建造的 Markham 电站，容量为 540 MW。此外，俄罗斯、法国、意大利、卢森堡、以色列等国也长期致力于 CAES 的开发。

20.4　超级电容器储能

超级电容器储能技术发展的主要方向是在保持长寿命、高安全和高可靠性的前提下，提高超级电容的能量密度和功率密度，降低超级电容的成本。未来几年，将着力发展以下几方面技术。

1. 低成本高性能碳材料

碳材料是超级电容器核心的关键原材料，开发出高比表面积、高电压、低阶煤基碳材料，显著降低生产成本，实现碳材料国产化率大幅度提升是超级电容器行业技术发展的主要趋势。

2. 宽温区、高电压、高电导率的电解液技术

在寒冷的北方作为主动力电源、汽车低温冷启动、冶金行业和数据中心的高使用温度，都需超级电容器具有宽的工作温度范围。另外，需要高电导率电解液保证高功率密度，针对双电层电容器还需提高电解液的工作电压，来提升产品的能量密度。宽温区、高电压、高电导率的电解液开发迫在眉睫。

3. 先进的电极制造工艺

干电极制造工艺，不使用溶剂，可降低成本，简化工艺，可制备厚电极，从而提升产品能量密度。开发具有自主知识产权的干电极生产工艺及设备，打破国外垄断格局。

4. 高比能量、高功率混合电容器技术

高比能量、高功率和高低温性能优异的新型储能电极材料的可控制备，开发高离子传导性隔膜，低内阻集流体，使其在保持超级电容高比功率、长寿命和快速充电特性的同时大幅提高比能量，是超级电容器行业追求的目标。

20.5 高温超导储能

高温超导储能技术发展的主要方向是探索系统新型设计原理，突破 2.5 MW/5 MJ 以上高温超导储能磁体设计技术，并实现大型高温超导储能装置示范运营。

技术发展主要包括以下几方面。

1. 装置层面—— 模块化

现代电力系统的容量越来越大，网络结构也越来越复杂，单台超导电磁储能系统在进行系统稳定控制时存在一定的局限性，而模块化超导电磁储能具有布置灵活、可靠性高、便于扩展等优点。模块化超导电磁储能技术包括模块化储能磁体的电磁热力综合优化设计、大容量模块化变流器与协调控制技术、超导电磁储能模块化集成和保护技术。

2. 应用层面—— 多元复合储能技术

在应用层面，通过超导电磁储能与其他储能装置组合，构成多元复合储能系统，以充分发挥储能装置各自的优势。超导电磁储能与蓄电池分别用双向 DC/DC 新波器与网侧 DC/AC 变流器直流母线相连。具有快速补偿能力的超导电磁储能承担瞬态或持续时间较短的动态功率补偿，具有大容量储能的蓄电池承担时间尺度较长的功率补偿、能量调节任务。

3. 控制层面—— 状态评估

超导电磁储能的功率输出能力与变流器拓扑结构、参数及超导磁体电流密切相关。基于 SMES 状态评估，明确超导电磁储能功率输出特性对磁体热稳定性的影响，能够根据磁体温度在线评估超导电磁储能的最大可输出功率，提高超导电磁储能在系统中应用的安全性，并最大化利用超导电磁储能。

第 21 章　相变储能技术

相变储能技术包括相变储热技术和储冷技术，具有低成本、大容量和长寿命等优点。储热技术是利用固体、液体或者相变储热材料作为储热介质，通过各种能量与热能的相互转化，实现能量的储存和管理。储热可分为显热储热、相变储热和热化学储热。储冷技术主要指利用储冷介质的显热或潜热将冷量存储起来，在需要时进行释放，满足用冷需求的技术。储冷技术，特别是大规模储冷技术具备消纳可再生能源富余电力和电网低谷电力的能力。

21.1　储热技术

1. 高温熔盐储热材料与装置的研发

开发 600 ～800 ℃系列高温熔盐传热储热材料；研究储能材料微结构与宏观输运过程的量化规律，储能材料结构-组成-热物性-传蓄热性能多尺度多物理现象间的关系，建立材料基础热力学和动力学数据库；高温熔盐储热设备研发，如高温吸热器、熔盐泵、储罐、换热器等；复合高温熔盐储能系统流程优化和集成技术。

2. 低成本储热传热一体化装置的研发

不同温度段高密度储热材料的研发；模块式储热装置的储热传热性能提升技术；模块式储热装置的集成优化与动态调控。

3. 电加热高温熔盐蓄热

电加热高温熔盐蓄热的冷热电联供储能调峰电站关键技术研发与集成示范低成本高温传热蓄热混合熔盐材料的配方优选、性能提升与批量制备技术；大容量电加热大温差高温熔盐换热器的强化传热、设计优化与制造技术；大容量高电压熔盐电加热器的设计优化与制造技术、大容量高温蓄热罐的设计制造与地基处理技术；长轴高温熔盐泵的设计制造技术；大温差熔盐-水/蒸汽换热器的设计制造技术；大容量熔盐蓄热系统的设计、优化与运行调控技术；熔盐的熔化与填充技术。高温熔盐蓄热的冷热电联供储能调峰电站设计优化与集成技术；电站的动态仿真、在线监测与运行调控策略；电站的冷热电匹配优化、一体化能量管理与调度技术；大容量熔盐蓄热电站技术的长期运行考核和试验验证。

4. 集成储热的分布式太阳能热电联供关键技术研发与示范

研究开发适合分布式太阳能热电联供的储热材料和储热装置，进行储热装置、太阳能集热装置、动力装置、热电比的优化匹配，研究分布式太阳能热电联供系统的动态特性和运行调控策略，进行分布式太阳能热电联供系统的集成与示范。

21.2 储冷技术

1. 冰浆储冷技术

冰浆不仅是良好的储冷介质，也是优异的高密度冷量输送介质，在中央空调储冷、区域供冷、快速预冷及果蔬保鲜等领域都有成功应用案例。因此，应大力推广冰浆储冷技术的发展，重点加强动态冰浆储冷技术研发，展开多种高效的动态冰浆制取技术研究，攻克过冷水制取冰浆系统不稳定性技术难题，着力优化系统配置，提高冰浆制取系统的能效。

2. 区域供冷技术

区域供冷是构建储冷体系的主要承担者和关键环节，要加强区域供冷的技术难点攻关，发展区域供冷结合技术与跨季节蓄冷技术、废弃冷量回收有机结合大力发展区域供冷先行示范工程，加大区域供冷的规模建设工作，加快冷量流动交换过程的信息化管理，加强区域供冷行业标准化建设，推进区域供冷与冷链网络的接驳建设，统筹协调区域供冷与区域供暖的发展。

3. 储冷与大规模储能结合

以大电网为核心，利用电网对能量产生和使用的解耦特性，储冷技术联合其他储能技术，如液态空气储能技术、热泵储能技术和超导飞轮储能技术等，充分利用不同储能技术之间的优势，提高整个能量体系的能效。

4. 多温区低成本高能量密度储冷材料开发和应用

提高储冷材料能量密度可以大幅降低储冷介质的需求质量，提升储冷的适用范围。开展各温区的新型高能量密度储冷材料的技术研发，开发纯物质相变材料、均相混合相变材料、纳米添加剂与复合相变材料、可泵送胶囊相变材料和浆态相变材料等，掌握关键制备技术以及关键部件设计制造技术，形成可行的多温区高能量密度储冷材料的实际方案和技术路线。

第 22 章　大规模储能发展模式及实施路线

22.1　大规模储能发展模式

2030 年前后，我国将形成以抽蓄和电化学为主、多类型储能协同发展的格局，储能对电力系统灵活性调节的定位包括电力保障性调节与电力市场化调节。依据储能配置的不同定位，将储能的发展模式分为基本型、保障型与市场型 3 类。对于基本型，在高比例新能源地区，推进储能作为新能源场站并网的基本配置，形成“新能源+储能”的基本型模式，改善高比例新能源消纳和新能源并网安全稳定问题。对于保障型，具有主动支撑能力的大容量电化学储能电站集成技术实现突破后，储能作为主要调节资源参与电力系统的惯性支撑、紧急功率支撑、调压等维护电网安全稳定的保障性功能场景，对于储能的需求是迫切刚性的，应推广纳入电网公司监管。对于市场型，随着电力市场改革的不断推进，储能参与电网二次调频、调峰以及用户侧广域聚合等功能场景，将以独立或与其他调节电源共同参与电力辅助服务市场的模式，通过市场化模式发展。

22.2　大规模储能实施路线

立足储能在能源互联网的发展定位，进一步深化储能产业，培育电力系统变革新业态，建立大规模储能分阶段实施路线。

1. 近期目标（2025 年）

预计 2025 年前后，电化学储能建设成本与抽蓄相当，突破大规模电化学储能系统高压化、电源化集成技术，技术成熟度可支撑规模化应用需求。100 MW 压缩空气储能系统的转换效率将达到 65%，单位容量成本预计降低 30%。飞轮储能技术成熟度提升，成本进一步下降。

2. 中期目标（2030 年）

形成下一代储能研发能力和装置制备技术。电化学储能突破高比能量电池技术，如金属空气电池，大幅提高电池的容量、单位储能密度，实现长寿化、低成本化突破，成本低于抽蓄，大规模光+储联合发电成本将低于标杆机组电价。

3. 远期目标（2060 年）

基于高效协同管理和统一规划，大容量、低成本、高安全的电化学储能，高效率、低成本压缩空气储能，大规模广域分布的分布式储能，蓄冷/蓄热相变储能等多种储能技术实现大容量、长寿命、跨季节突破，在能源转换和消纳各环节大范围推广应用。广义储能装机比例超过20%，可支撑电网消纳非水可再生能源发电量的比例达到50%。

储能系统的作用从以能源互联为导向，形成以清洁能源为主导、以电为中心、多类型能源互联互通的格局，实现电-冷-热的多类型能源网络柔性互联、大容量协同运行、多时空联合调控。以储能作为核心承载技术的多能互补、双向互动一体化示范工程将实现全方位支撑高比例可再生能源，实现新一代电力系统的发展愿景。

第 6 篇

能源互联网

第 23 章　能源互联网的主要特征

能源互联网将能源行业与互联网思维、互联网技术高度融合，其特征主要有以下几点。

（1）开放。

能源互联网在产业层面与技术层面都具有高度的开放特性，为能源行业与其他行业的相互融合提供交流媒介，同时具备普适性的接入端口，能够实现对分布式电源、储能等多种设备的适应性对接，保证能量与信息的双向流动。

（2）互联。

一方面，能源互联网能够保证局部能源设备之间的互联互通，保证分散式能源模块的内部供需自平衡；另一方面，能源互联网能够保证分散式能源模块与集中式能源模块之间的互联协调，发挥两者之间的互补协同作用，有效提高系统运行的安全性与经济性。

（3）对等。

能源互联网将改变各能源传统网络“自上而下”的组织形式，各参与主体既是“生产者”又是“消费者”，各能源设备都具备发出与接收能量及能量信息的能力，在智能化的信息处理和能量流动过程中，各能量节点都是平等的。

（4）分享。

能源互联网终端包括大量能源信息交互设备，这使得能源互联网成为各能量节点、信息节点之间进行能量流和信息流双向流动的平台，每个能源节点都有获取数据信息的权限与能力，这将进一步促进能源资源在广域范围内的优化配置。

23.1　能源互联网背景下运营模式

自“智能电网”的概念提出后，随着电力电子技术、通信技术、自动控制技术以及大数据技术的发展，智能电网的概念和内涵也得到不断深化和发展，从最早强调电网自动控制与保护，逐步发展到注重网络信息流的价值以及电网中能量流与信息流的整合。目前智能电网已经能够将 ICT 技术、自动远程控制技术和原有的输、配电基础设施高度集成。

在能源互联网架构下，传统能源体系将被重构为扁平化的能源体系结构。在这个过程中，作为我国目前能源体系中最为重要的二次能源，电力将是链接能源生产与能源需求、清洁能源与直接可用能量、清洁能源与传统化石能源的重要途径，也是实现能源互联网中能源生产、运输、市场消费等各个环节之间协调互补的关键。因此，智能电网应当是能源互联网的基础支撑平台和资源配置中心，发挥重要的核心及纽带关系。

23.1.1 传统“源网荷储”运营模式

电力系统“源网荷储”运营模式中做了相应的深化。从传统意义上讲，“源网荷储”协调优化模式与技术是指电源、电网、负荷与储能 4 部分通过多种交互手段，更经济、高效、安全地提高电力系统的功率动态平衡能力，从而实现能源资源最大化利用的运行模式和技术，该模式是包含“电源、电网、负荷、储能”整体解决方案的运营模式。该模式主要包含以下几方面内容。

1. 源源互补

“源-源互补”强调不同电源之间的有效协调互补，通过灵活发电资源与清洁能源之间的协调互补，克服清洁能源发电出力受环境和气象因素影响而产生的随机性、波动性问题，形成多能聚合的能源供应体系。

2. 源网协调

“源-网协调”要求提高电网对多样化电源的接纳能力，利用先进调控技术将分散式和集中式的能源供应进行优化组合，突出不同组合之间的互补协调性，发挥微网、智能配电网技术的缓冲作用，降低接纳新能源电力给电网安全稳定运行带来的不利影响。

3. 网荷储互动

“网荷储互动”要求把需求侧资源的定义进一步扩大化，将储能、分布式能源视为广义的需求侧资源，从而将需求侧资源作为与供应侧相对等的资源参与到系统调控运行中，引导需求侧主动追寻可再生能源出力波动，配合储能资源的有序（智能）充放电，从而增强系统接纳新能源的能力。

23.1.2 能源互联网“源网荷储”协调优化运营模式基本架构

作为能源互联网的核心和纽带，电力系统的“源网荷储”协调优化模式能够更为广泛地应用于整个能源行业，与能源互联网的技术与体制相结合，形成整个能源系统的协调优化运营模式。

在能源互联网背景下，“源网荷储”协调优化有了更深层次的含义。“源”包括石油、电力、天然气等多种能源资源；“网”包括电网、石油管网、供热网等多种资源网络；“荷”不仅包括电力负荷，还有用户的多种能源需求；而“储”则主要指能源资源的多种仓储设施及储备方法。具体来讲，主要包含以下两方面内容。

1. 横向多源互补

“横向多源互补”是从电力系统“源源互补”的理念衍生而来的，能源互联网中的

"横向多源互补"是指电力系统、石油系统、供热系统、天然气供应系统等多种能源资源之间的互补协调，突出强调各类能源之间的"可替代性"，用户不仅可以在其中任意选择不同能源，也可自由选择能源资源的取用方式。

2. 纵向"源网荷储"协调

纵向"源网荷储"协调是从电力系统"源网协调"和"网荷储互动"的理念中衍生而来的。能源互联网中的纵向"源网荷储"协调主要指以下两个方面。

（1）通过多种能量转换技术及信息流、能量流交互技术，实现能源资源的开发利用和资源运输网络、能量传输网络之间的相互协调。

（2）将用户的多种用能需求统一为一个整体，使电力需求侧管理进一步扩大化成为全能源领域的"综合用能管理"，将广义需求侧资源在促进清洁能源消纳、保证系统安全稳定运行方面的作用进一步扩大化。

能源互联网"源网荷储"协调优化运营模式的主要架构如图 23.1 所示。

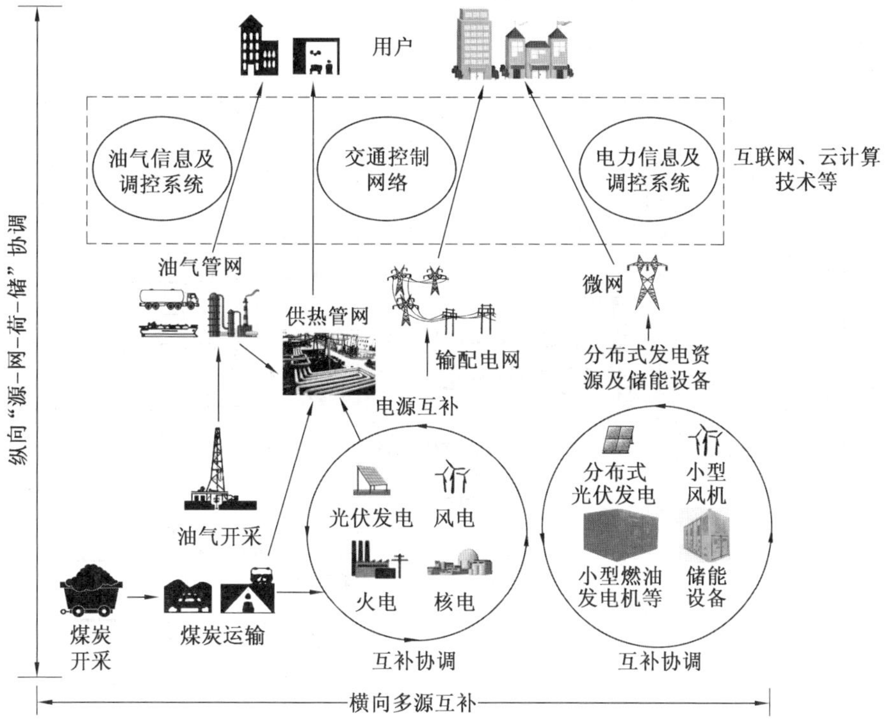

图 23.1 能源互联网"源网荷储"协调优化运营模式主要架构

23.1.3 能源互联网“源网荷储”协调优化运营模式的基本方法

能源互联网广义“源网荷储”协调优化运营模式主要分为 4 个部分，如图 23.2 所示。

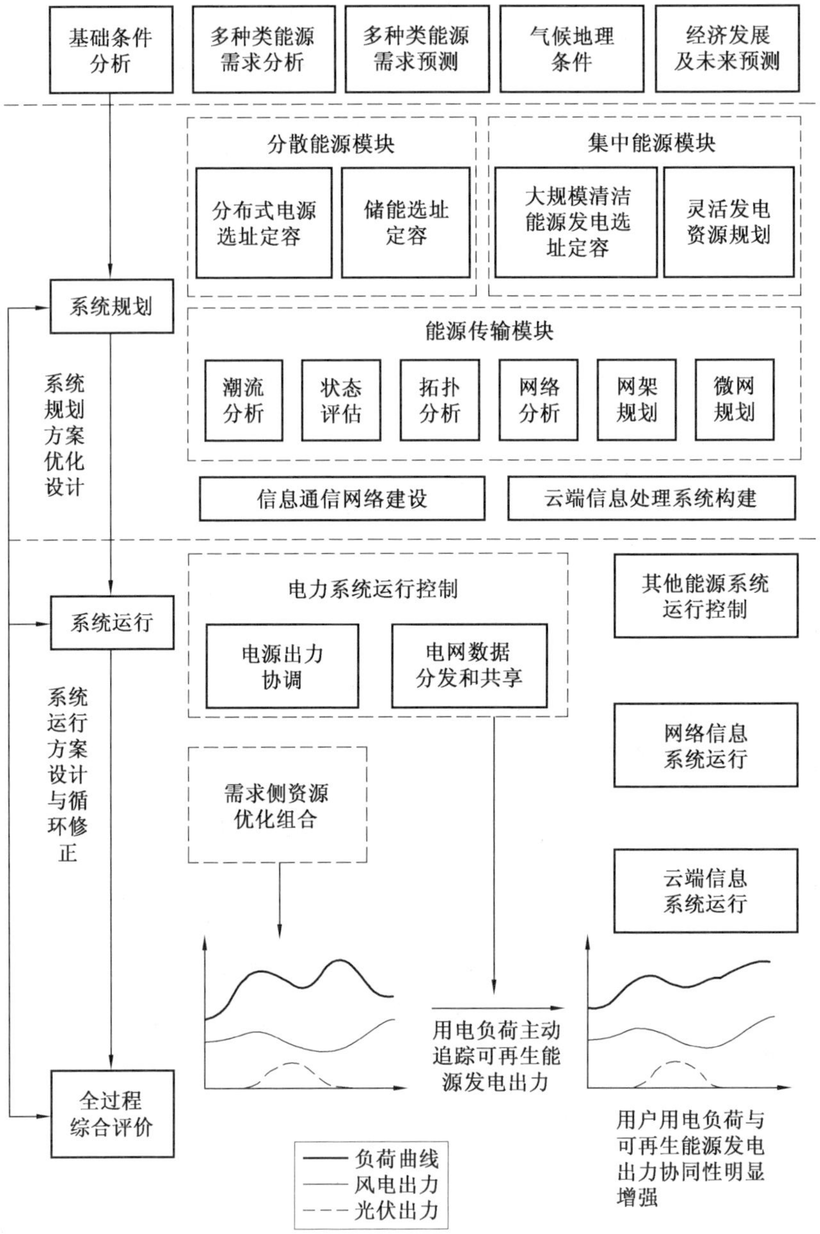

图 23.2 能源互联网“源网荷储”协调优化运营模式基本流程

本书从能源互联网系统投资运营商的角度来阐述整个能源互联网“源网荷储”协调优化运营模式的流程。

1. 基础条件分析

在系统规划方案设计前，系统运营商需对建设目标区域进行经济现状评估及未来发展趋势预测，在此基础上，结合地理信息系统（GIS）、信息物理融合系统（CPS）等技术对用户的多种类能源需求做出预测，分析目前该地区已有的能源供应渠道和方式，这方面不仅包括用户的用电需求预测、负荷特征刻画及负荷发展特性预测，还包括用户供热需求、供水需求、天然气需求等多方面用能需求预测。此外，还应分析目标地区的气候地理条件，为集中式和分布式能源模块的选址提供数据信息支撑。

2. 系统规划

以基础条件分析所获取的数据信息为依据，选择合适的地点开展分散能源模块和集中能源模块的构建，分散能源模块以分布式电源及其配套设施为主，集中能源模块以大规模清洁能源发电及灵活发电资源为主。在规划阶段就要充分考虑到未来的系统运营需求，分散能源模块要在能源供需内部自平衡的基础上，为集中能源模块提供有效补充；另一方面，集中能源模块的规划要为运行阶段清洁能源与灵活发电资源的互补协调提供基础。

同时，系统运营商需完成能源传输模块构建，为集中和分散能源模块提供连接用户的能源通道，分散能源模块应通过微网与主能源系统相连，微网技术在其中起到缓冲和优化作用。此外，还需建设信息通信网络及云端信息处理系统，计算系统规划方案的可行性并在多个方案中实现选择、优化，同时汇总能源信息并制定优化的系统运行方案。

3. 系统运行

在系统运行阶段，系统运营商通过信息通信网络采集用户的全部用能信息及能源供应侧的基础数据，通过云端信息处理系统的分析处理为用户提供优化的用能方案，通过合理的电价机制及需求侧响应措施引导用户用电主动追踪清洁能源发电出力；同时根据发电侧数据信息设计合理的调度排序和出力安排，结合分散能源模块“自发自用、余量上网”的模式，实现系统的双侧协调优化、双向自适应过程。同时应充分发挥电力系统的纽带效应，优化其他能源模块（如供热、供水、燃气供应等）的运行。

在系统运营过程中，由于向用户承担了供电、供热、供气以及用电诊断、用能方案优化设计等职责，还为能源互联网覆盖区域内的用户提供了能源输送渠道，因此系统运营商的收益可包括电费、输配电费、能源信息服务费、供暖费及其他能源费用等。

4. 全过程综合评价

在能源互联网项目建成运营后的3～5年间，对该项目的运营情况进行评价分析，构建包括可再生能源使用效率、供电可靠性、设备使用率等多方面指标体系，运用综合评价方法进行对比分析，寻找项目缺陷并进行循环修正。

从能源互联网“源网荷储”协调优化模式的主要内容来看，这种优化模式能够将能源互联网的能源开发、能源输送、能源需求与使用等几个环节协调统一为一个有机整体，这样的协调优化不仅能够从更高的层面出发，实现能源资源的优化配置，而且能够促进清洁能源的高效开发利用，提高清洁能源在终端能源消费中的比重。

23.2 “源网荷储”协调优化关键技术

23.2.1 “源网荷储”协调优化的技术框架

为支撑上述能源互联网协调优化模式的流畅运行，需要有一定的技术架构作为基础来实现能源互联网不同模块之间的能量流与信息流互联互通，根据能量流与信息流的流动方向，能源互联网“源网荷储”协调优化模式的技术架构如图23.3所示。

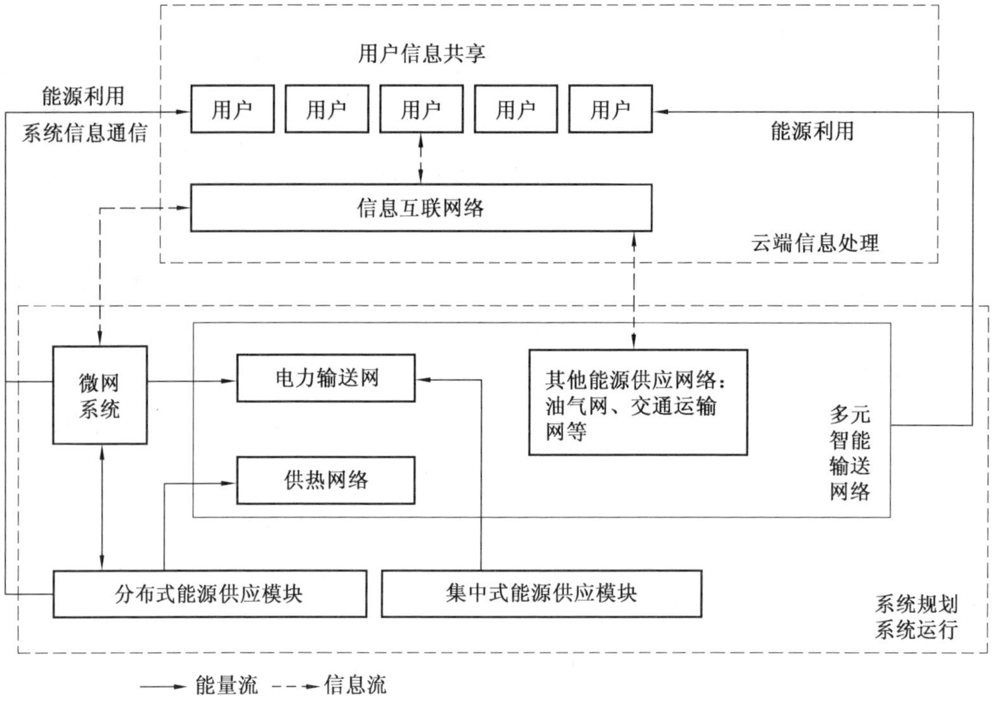

图 23.3　能源互联网“源网荷储”协调优化模式技术架构

为实现能源互联网在广域范围内的“源网荷储”协调优化，技术框架包含 4 个主要部分。

1. 系统规划部分

在系统规划部分，需要有专项技术优化各类型电源（包括集中式与分布式）的选址定容、微网及主网的规划设计，为“源网荷储”协调优化运行奠定基础。

2. 系统运行部分

在系统运行部分，需要有专项技术能够在微观层面上控制各分布式电源及储能设备的充放电，实现用户端各模块的内部自优化、自适应，提高各模块的可控性。在宏观层面上，形成新能源发电与传统化石能源发电出力的优化组合，通过分布式发电、储能设备等技术，引导用户用电负荷主动追踪发电侧出力。

3. 系统信息通信部分

在系统信息通信部分，需要有专项信息交互技术保证信息流在各个能源模块间的双向自由流动，收集各个模块的数据信息并进行初步的分类、处理，随时满足用户的初级数据需求，并且将收集来的数据输入云端信息处理部分。

4. 云端信息处理部分

在云端信息处理部分，需要有专项技术把能源供应模块、能源网络模块以及能源需求的数据信息进行集成、处理、分析以对外公布，同时反馈到优化模块来编制系统的优化运行计划，在较为长远的时间尺度上，将全能源系统的数据信息反馈到系统能源规划模块中，以进一步循环优化、修正系统规划设计。

23.2.2　“源网荷储”协调优化关键技术

在“源网荷储”协调运营的技术框架下，包括与 4 个技术部分相对应的 4 种协调优化关键技术。

1. 广域能源优化配置规划技术

广域能源优化配置规划技术要求能够统筹兼顾、因地制宜地协调一定能源区域内的各种能源资源，如太阳能、风能、水资源、燃气资源、煤炭资源等，在规划阶段，分析资源开发利用的具体模式，结合区域内铁路网、燃气供应网络、供热网络的整体情况，确定光伏发电、燃气发电、传统煤电的容量及选址，设计相应的能源规划方案及系统运行方案，通过模型测算保证规划的合理性、可靠性，实现电力系统、铁路网系统、油气网系统的统筹协调。这方面的研究重点主要是规划模型研究，未来将以现有的智能电网规划模型为基础进一步延伸，并且以模型为依据构建软件平台和信息处理分析系统。目前这方面的模型研究包括多类型能源协调互补协调优化模型、能源互联网示范工程规划设计模型、考虑供需双侧能源需求的清洁能源并网消纳模型等。

2. 多能流互补控制技术

能源互联网是多能源网络的耦合，这表现在能源网络架构之间的相互耦合，同时也包括网络能量流动之间的互补协调、安全控制。在能源供应与输配环节，未来能源互联网通过柔性接入端口、能源路由器、多向能源自动配置技术、能量携带信息技术等，能够显著提高电网的自适应能力，实现多能源网络接入端口的柔性化、智能化，降低网络中多能源交叉流动出现冲突、阻塞的可能性。在系统出现故障时，能够加速网络的快速重构，重新调整能源潮流分布和走向。

目前多能流互补控制技术主要聚焦于控制策略与控制技术方面，控制策略主要指多类型能源发电的优化调度模型、控制模型等；控制技术主要指以数字信号处理为基础的非传统控制策略及模型，包括神经网络控制、预测控制、电网自愈自动控制技术、互联网远程控制技术、模糊控制技术、接入端口控制技术等。

在这方面，目前国内已有相关研究，从能源互联网的角度介绍电转气技术的基本理论，并提出电转气应用于电力系统与天然气网络的规划与运行的可能方式，包含风电、光伏、火电调峰机组及燃油机组在内的多能源协同控制、协调互补优化方法及体系架构。此外，与智能电网中对于分布式电源以及储能设备的局部消纳和控制模式不同，能源互联网要实现可再生分布式电源与分布式储能的广域协调控制。能源互联网的建设整合多类型的能源供应网络，并在此基础上向着自适应、协调化的方向延伸。

3. 多能源计量监测及信息交互技术

信息监测技术方面，智能电网的高级量测体系是基础，其未来的研发过程要向着智能化、计量能力多元化、信息交互多向化方向发展，通过无线传感器技术、遥测技术等实现能源信息的自动采集、自动分析处理。

信息交互技术方面，未来需重点研发信息交互自动感知技术、 通用信息接口技术、数据清洗技术、信息数据压缩技术、数据信息融合技术等，实现用户与用户之间、用户与各个能源互联网模块之间的自由信息交换与动态反馈。

目前已有这方面的相关研究，虚拟电机电路拓扑和控制策略，为能量路由器和能源互联网的研究提供了一种新的模型和方法。关于能量信息化与互联网化管控的核心思想为：在物理上将能量进行离散化（碎片化），进而通过计算能力赋予能量信息属性（信息化），改变能量的时空控制粒度，实现个性化、定制化的能量运营服务；以用户家庭为单位的能量流与信息流归集分析机制。

通过总结分析，多能源计量监测及信息交互技术的主要应用体现在以下两点。

（1）信息收集与实时分析。

借助于互联网技术、“大数据”与“云计算”技术对 AMI 系统的通信模块和数据管理模块进行升级，增强其数据吞吐处理、数据存储能力、数据分析能力等。实时收集用户的用能信息及其他环境信息，对这些基础信息进行初步数据挖掘，获取用户用能行为特征、刻画用户用能特点等。

（2）与智能控制终端相互整合。

借助能源互联网的普适性接入端口，构建能源互联网多种类能源设备的信息交互平台，借助完善的信息分析处理能力，结合数据挖掘分析结果为用户提供多能协调的综合用能方案，在一定程度上实现对用户用能设备、分布式能源设备的自动控制、自动优化协调。这种以多能源计量检测和信息交互技术为基础的综合用能管理系统将是未来实现用户侧能源利用梯级优化的重要支撑。

4. 智能云端大数据分析处理技术

在能源互联网的技术框架下，云端信息处理技术将与大数据技术实现有机结合。

在微观层面上，利用互联网营销技术、云存储和云计算技术，一方面，用户可以随时随地、按自身需求定制信息服务，便捷地获取能源资源信息；另一方面，大数据信息处理技术能够在精确分析用户综合用能习惯的基础上，在多个用户之间进行比较分析，为用户提供能源综合利用优化方案，引导用户用能与能源供应相协调。

在宏观层面上，云端大数据技术将发挥数据汇总、分析、传输的职能，起到衔接各技术模块的关键作用。规划前期，能源规划的基础数据通过大数据采集技术汇总到云端，由大数据可视化技术、大数据分析及展现技术分析计算各个规划方案的经济指标，与广域能源优化配置规划技术相结合，制定优化的规划方案； 在系统运行过程中，各能源模块之间的实时运行数据也将上传至云端，通过大数据分析技术、大数据展现技术等模拟仿真技术，预测能源模块之间的能量流，与多能流互补控制技术相结合，实现能源资源的实时优化调度与合理化分配。

23.3　能源互联网国内外实践基础

目前国内外对能源互联网的研究不仅限于理论方面，已经有国家及地区开展相关的实践研究，部分国家已经将上述 4 部分关键技术纳入能源互联网实践过程中。

23.3.1　美国 FREEDM 能源管理系统

FREEDM 是由美国北卡罗莱纳州立大学提出的未来可再生电力传输和管理系统，经过对该系统进一步的研发，目前已经成为初步具备能源互联网特征的能量管理系统。

FREEDM 在云端大数据信息处理技术与综合能源优化相结合方面的研究目前走在世界能源互联网研究的前列。自 FREEDM 创立之初，基于 DNP3.0 的信息传输与控制系统就是 FREEDM 的重点研究工程，目前该系统已经具备与云端系统直接进行信息双向传导的功能，并且实现自优化、自反馈过程。上述系统功能的实现主要依靠 FREEDM 中的 3 项关键技术。

1. 具备普适性的能量与信息交互接口

该接口能够保证分布式储能、光伏以及其他分布式交流电机的接入，提供类似于 USB 的网络接口，保证即插即用。

2. 云端信息传输分析技术

各能源模块的信息流自动上传云端处理分析系统，并由云端将计算结果反馈至控制系统的运行和规划模块，实现对规划方案和系统运行方案的循环修正。

3. 能源供需状态动态监测技术

能量管理系统能够对接入的设备进行状态检测，同时收集能源供需数据，实现对其精细化的控制。对于负荷不再是简单的开关控制，而是能够对其功率和电压进行调节。FREEDM 的信息流流动方向及技术架构如图 23.4 所示。

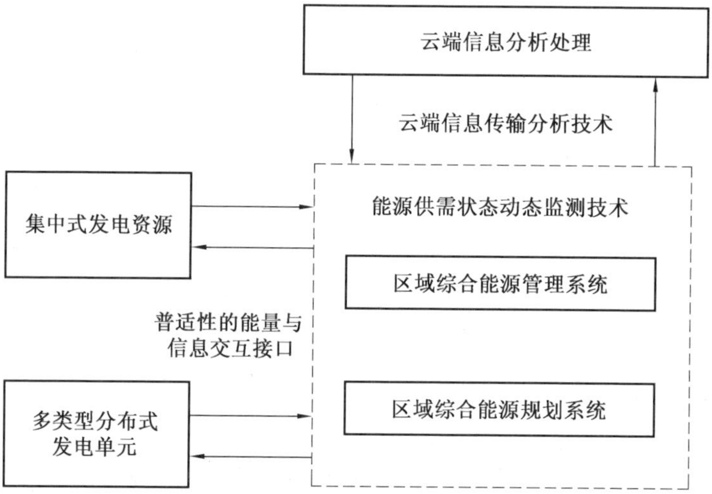

图 23.4　FREEDM 基本架构

23.3.2　德国 E-Energy

2008 年，德国联邦经济与技术部和环境部联合推出技术创新计划（E-Energy），该计划旨在打造以 ICT 技术为基础的未来能源体系，随着研究的进一步深入，E-Energy 从 ICT 技术与现有整个电力系统融合的角度，提出了德国能源互联网的概念，目前 E-Energy 在系统运行方面的技术能够为其他国家的能源互联网建设提供经验借鉴。这主要体现在以下 3 个方面。

（1）通过智能 ICT 技术对用户进行负荷优化管理控制，可深入到用户的家用电器层面，不论是负荷相对较低的照明负荷还是用电量较大的个人泳池、冷冻设备、电动汽车等，都可以自由选择用电时间。

（2）先进的电子测量仪表将密集地采集用户的用电信息大数据，为智能 E-Energy 系统的网络节点提供所需信息，E-Energy 系统将在网络节点大数据基础上自动分析用户的用电习惯等数据信息。

（3）系统同时还将收集及预测影响区域内能源供应的大数据信息，如光照、风速等，将这些信息连同用户用电信息、发电信息等一方面发送至能源用户的 ICT 网关，另一方面发送至能源供应者、输送者、系统运营商的控制系统，并同时为双方提供优化的发电计划及用电计划，从而实现电力供需的双侧协同和优化。

综上所述，德国的 E-Energy 在运用 ICT 技术实现系统运行双侧协调方面取得了较为显著的应用效果，其技术架构如图 23.5 所示。

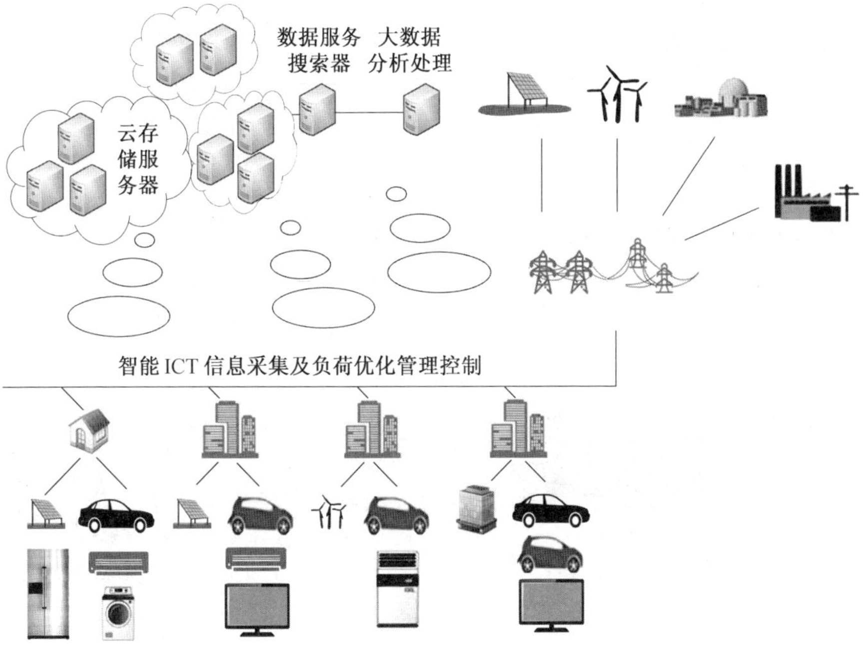

图 23.5　德国 E-Energy 技术架构

23.3.3　日本数字电网

2011 年，东京大学与日本国家仪器公司、日立横滨研究实验室、日本电气公司等成立了日本“数字电网联盟”。数字电网建立在互联网的基础之上，利用数字电网路由器，电网中的发电设施、储能装置、能源转化装置等电网基础设施都可以被分配一个 IP 地址，依据 IP 地址，各电力设备就如同互联网的设备一样，可以被网络识别和调配。

日本数字电网目前的研究方向将能源互联网中的信息交互技术提升到了一个新的层

次，使电力本身携带信息进行电力调度和电力系统运行优化。这主要表现为以下两个方面。

1. 数字电网网络路由器的研发

数字电网网络路由器的研发的主要功能是实现电网与互联网相连，主要用于系统结算和电力交易买卖信息传递。

2. 数字电网能量信息路由器研发

数字电网能量信息路由器研发的主要功能是将云端能源系统各环节的系统运行优化结果高速下载至每一个相对应环节的能量信息路由器，每一个路由器将能量信息赋予电力流，由电力携带信息传导至调度机构，调度机构将根据电力所携带的信息自动完成调度操作，并赋予新的能量信息，再传导至系统各设备处完成信息交换，设备根据电力携带的信息自动完成用电行为，并将用电信息大数据通过云技术返回至控制系统。

日本数字电网的“电力携带信息”技术目前仍处在研发阶段，但是已经初具规模，其基本架构如图 23.6 所示。数字电网的这项实践将成为能源互联网信息交互技术的革命。

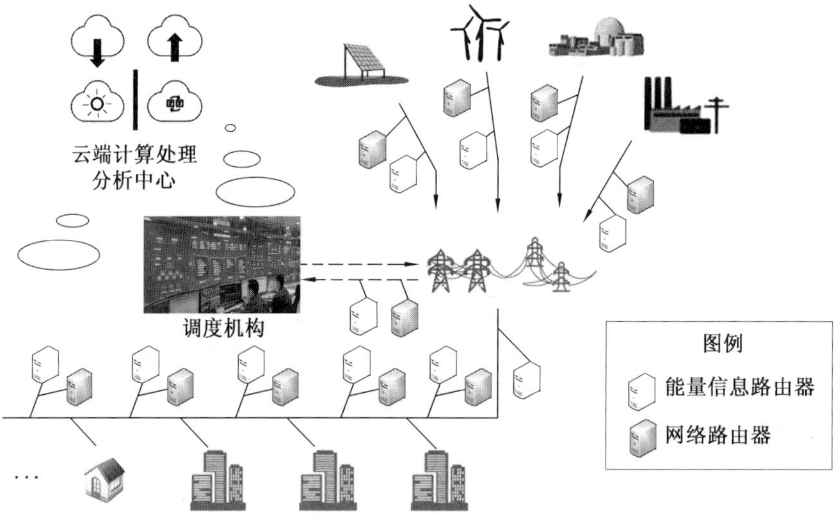

图 23.6　日本数字电网基本架构

23.3.4　我国能源互联网实践基础

我国的能源互联网目前还处于起步阶段，已经有部分依托智能电网的能源互联网基础项目，如全球能源互联网、国家风光储输示范工程等。目前国内在能源资源优化规划方面技术较为突出的是泛能网项目。

泛能网是基于系统能效技术，将能源生产供应、输送储存、能源梯级利用、废料回收循环利用 4 个环节的能量流与信息流相互耦合，实现对整个能源开发利用的全过程管理，通过综合用能系统实现能源供需双侧的协同匹配，达到能源梯级优化利用从而显著提高能源资源利用效率。泛能网输出的能源是具备自适应、自优化特征的高效智能能源。

泛能网以因地制宜的能源资源优化规划为基础，首先以充分考察各电源点、能源开发利用点的能源供应情况为基础，充分考虑到未来“源网荷储”协调优化运营的需要，进行能源资源选址定容优化设计，在项目投建前开展项目实践前评估，项目建成投产 3～5 年后开展项目后评价，并进行能源资源规划循环修正。泛能网项目投资建设层级关系如图 23.7 所示。

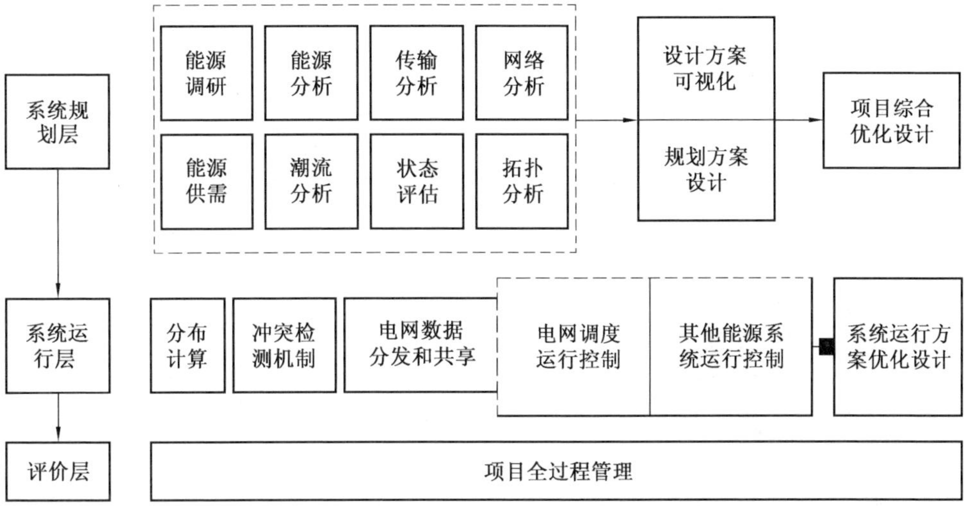

图 23.7　泛能网项目投资建设层级关系

泛能网以中德生态园工程为主要案例，该生态园体系的主要能源资源是清洁化的天然气，以风能、光伏、地热能、水资源等可再生能源为辅，将互联网技术、云计算技术、能源网络智能控制技术相融合的能源资源生态化体系。与传统能源系统的规划设计相比，泛能网以优化协调区域内能源资源、实现这些能源资源的综合利用为主要目标，同时保证智能配电网、热力管网、燃气网等能源运输网络的互补协同。泛能网项目在规划设计阶段就将为用户设计气、电、热等能源的梯级利用体系，为系统运行阶段的能源供需互动提供保障。

23.4　小　　结

能源互联网的建设旨在推动我国能源行业的产业技术升级和结构调整，通过对能源供需结构的根本性变革，解决我国目前所面临的能源与发展问题，是实现我国经济社会跨越式发展，提升我国综合国力的重要手段。作为二次能源的核心，电力具有连接能源供应侧与需求侧的重要桥梁作用，而将电力系统的“源网荷储”运营模式进一步扩大到能源互联网领域内，形成更为广泛的能源互联网协调优化模式，是构建坚强能源供应体系、实现我国能源优化目标的关键途径。现有的国内外相关工程实践也充分证明了这一点。

因此，在构建能源互联网的过程中，不仅要实现各类高新技术的整合与集中应用，将互联网技术引入能源行业的发展过程中，更需要完善与之配套的宏观政策措施、发展战略、市场机制，实现技术与政策的有机结合。从目前来看，应当尽快开展能源互联网的架构设计、制定能源互联网相关规范和标准体系，并且选取适宜开展能源互联网项目的地区开展试点工作，累积经验后向更大的范围推广，从而形成以能源互联网技术为支撑、项目实践经验为依托的新型能源行业未来发展模式，进一步推动我国能源优化的发展。

参 考 文 献

[1] 舒印彪，陈国平，贺静波，等. 构建以新能源为主体的新型电力系统框架研究[J]. 中国工程科学，2021，23（6）：61-69.

[2] 舒印彪. 新型电力系统导论[M]. 北京：中国科学技术出版社，2022.

[3] 杨天宝. 电力工程技术[M]. 北京：中国电力出版社，2018.

[4] 杨天宝. 高低压配电技术手册[M]. 哈尔滨：哈尔滨工业大学出版社，2022.

[5] SCHOLTENS B. Why finance should care about ecology[J]. Trends in ecology & evolution，2017，32（7）：500-505.

[6] JEUCKEN M. Sustainable finance and banking[M]. USA：The Earthscan Publication，2006.

[7] 刘钰俊. 绿色金融发展现状、需关注问题及建议[J]. 金融与经济，2017（1）：76-78.

[8] 李俊峰，李广. 碳中和——中国发展转型的机遇与挑战[J]. 环境与可持续发展，2021（1）：50-57.

[9] 杜莉，韩丽娜. 论碳金融体系及其运行架构[J]. 吉林大学社会科学学报，2010（5）：55-61.

[10] 马骏，施娱. 绿色金融政策和在中国的运用[J]. 新金融评论，2014（2）：79-107.

[11] 陈博文，陶建宏. 绿色金融研究综述与展望[J]. 经营与管理，2021（2）：157-162.

[12] 谭林. 警惕“绿天鹅”[J]. 中国金融，2020（12）：72-73.

[13] 王颖，张昕，刘海燕，等. 碳金融风险的识别和管理[J]. 西南金融，2019（2）：41-48.

[14] 王波，岳思佳. 我国绿色金融激励约束保障机制研究[J]. 西南金融，2020（10）：79-87.

[15] 刘振亚. 智能电网技术[M]. 北京：中国电力出版社，2010.

[16] 许晓慧. 智能电网导论[M]. 北京：中国电力出版社，2009.

[17] 杨军，张哲，尹项根，等. 高温超导电缆在电力系统中的应用[J]. 电网技术，2004，28（21）：63-68.

[18] 庞启成. 高温超导电缆的发展及应用前景[J]. 大众用电，2005（12）：19-21.

[19] ISHIGOHkA T. A feasibility study on a world-wide-scale superconducting power

transmission system [J]. IEEE Trans. on Applied Superconductivity，1995，5(2)：949-952.

[20] 张勇刚. 引发输电技术革命的高温超导电缆[J]. 黑龙江电力，2005，27(4)：241-245.

[21] DO-WOON K，HYUN-MAN J. Development of the 22.9 kV class HTS power cable in LG cable [J]. IEEE Trans. on Applied Superconductivity，2005，15（2）：1723-1726.

[22] 刘永奇，邹鹏，燕争上，等. 山西电力调频市场机制设计与运营实践[J]. 电力系统自动化，2019，43（16）：175-182.

[23] 陈启鑫，张维静，滕飞，等.欧洲跨国电力市场的输电机制与耦合方式[J]. 全球能源互联网，2020，3（5）：423-429.

[24] 郑亚先，杨争林，冯树海，等. 碳达峰目标场景下全国统一电力市场关键问题分析[J]. 电网技术，2022，46（1）：1-20.

[25] 陈启鑫，房曦晨，郭鸿业，等. 储能参与电力市场机制：现状与展望[J]. 电力系统自动化，2021，45（16）：14-28.

[26] 李嘉龙，陈雨果，刘思捷，等. 考虑碳排放成本的电力市场均衡分析[J]. 电网技术，2016，40（5）：1558-1563.

[27] 包铭磊，丁一，邵常政，等. 北欧电力市场评述及对我国的经验借鉴[J]. 中国电机工程学报，2017，37（17）：4881-4892，5207.

[28] 郭鸿业，陈启鑫，夏清，等. 电力市场中的灵活调节服务：基本概念、均衡模型与研究方向[J]. 中国电机工程学报，2017，37（11）：3057-3066.

[29] 信赢，侯波. 21 世纪电力传输新材料高温超导电缆综述与展望[J]. 电线电缆，2004（1）：3-9.

[30] 杨勇. 超导技术的发展及其在电力系统中的应用[J]. 电网技术，2001，25(9)：48-51.